第二級アマチュア無線技士試験

集中ゼミ

吉川忠久 著

重要知識

直前Check!

国家試験問題

東京電機大学出版局

まえがき

本書は，第二級アマチュア無線技士（二アマ）の国家試験を受験しようとする方のために，短期間で国家試験に合格できることを目指してまとめたものです．

しかし，国家試験に出題される問題の種類は多く，単なる暗記で全部の問題を解答できるようになるには，なかなかたいへんです．そこで本書は，二アマに必要な要点を分かりやすくまとめて，しかも出題された問題を理解しやすいように項目別にまとめました．また，国家試験問題を解答するために必要な用語や公式は，チェックボックスによって理解度を確認できるようにしました．

これらのツールを活用して学習すれば，短期間で国家試験に合格する実力をつけることができます．なお，本書の姉妹書である「合格精選　試験問題集」により，試験問題の演習をすることで，合格をより確実なものとすることができます．

二アマの国家試験問題の出題範囲は，第一級アマチュア無線技士（一アマ）とほぼ同じですが，二アマの無線工学の問題は，一アマに比べると計算問題がやさしいので，わりと短期間の学習でも合格することが可能です．また，一アマを取得したい方も，いきなり一アマの国家試験を受験するより，試験問題が理解しやすい二アマを取得してから，一アマを受験する方が一アマを取得する早道です．

二アマの免許をとれば，空中線電力が200ワット以下の無線設備を操作することができます．四アマの資格ではできなかったモールス符号による電信で運用することもきます．また，上級の資格にチャレンジして資格の取得とともに知識を深めることが，趣味の醍醐味ではないでしょうか．

国家試験を受験したときに，点数を上げることを狙うには選択式の問題に対応した解き方のテクニックを学ぶことも必要です．そこで本書は，マスコットキャラクターが内容を理解するポイントを教えてくれますので理解力が上がります．また，問題を解くためのテクニックも教えてくれますので，点数アップが狙えます．マスコットキャラクターと一緒に楽しく学習して二アマの資格を取得しましょう．

2022年12月

著者しるす

目　次

国 家 試 験

1　国家試験科目

第二級アマチュア無線技士の国家試験科目は，法規と無線工学の2科目です．

無線従事者規則には，試験科目について次のように定められています．

法規　　電波法およびこれに基づく命令の概要
国際電気通信連合憲章，国際電気通信連合条約および国際電気通信連合憲章に規定する無線通信規則の概要

無線工学　　無線設備の理論，構造および機能の基礎
空中線系の理論，構造および機能の基礎
無線設備および空中線系などのための測定機器の理論，構造および機能の基礎
無線設備および空中線系ならびに無線設備および空中線系などのための測定機器の保守および運用の基礎

法規の試験においてモールス符号の理解度を確認する問題が出題されます．

2　試験問題の形式

問題の形式，問題数，満点，合格点，試験時間を表1に示します．また，法規の試験問題の一例を様式1に，無線工学の試験問題の一例を様式2に示します．試験問題（B4サイズ）と答案用紙（A4サイズ）が同時に配られます．答案用紙はマークシート形式で，正解の番号を一つだけ鉛筆でぬりつぶします．なお，問題用紙は持ち帰ることができます．

午前に法規，午後に無線工学の試験が行われます．合格するには，法規，無線工学いずれも合格点を取らなくてはなりません，

法規のA問題は1問5点で24問あり，合計が120点．B問題は各問題が五つの選択問題に分かれていて，6×5=30の分肢問題が各1点なので，B問題の合計が30点．これらのAB問題の合計が150点になります．合格点は150点満点のうち70％で，105点以上が合格です．無線工学のA問題は1問5点で20問あり，合計が100点．B問題は5×5=25の分肢問題があるので合計が25点．これらのAB問題の合計は125点になります．合格点は，125点満点のうちの70％で，87点以上が合格です．

表1　試験問題の形式

科目		問題の形式	問題数		満点	合格点	試験時間
法規	A	4または5肢択一式	24	30	150点	105点以上	2時間30分
	B	正誤式または穴埋め補完式	6				
無線工学	A	4または5肢択一式	20	25	125点	87点以上	2時間
	B	正誤式または穴埋め補完式	5				

第二級アマチュア無線技士「法規」試験問題

３０問　　２時間３０分

A－１　電波法の用語の定義に関する次の記述のうち、電波法（第２条）の規定に照らし、この規定に定めるところに適合するものはどれか。下の**１**から**４**までのうちから一つ選べ。

1　「無線電話」とは、電波を利用して、音声を送り、又は受けるための電気的設備をいう。
2　「無線局」とは、無線設備及び無線設備を運用する者の総体をいう。ただし、受信のみを目的とするものを含まない。
3　「無線設備」とは、無線電信、無線電話その他電波を送り、又は受けるための電気的設備をいう。
4　「無線従事者」とは、無線設備の運用又はその監督を行う者であって、総務大臣の免許を受けたものをいう。

A－２　次の記述は、免許を要しない無線局のうち発射する電波が著しく微弱な無線局について述べたものである。電波法施行規則（第６条）の規定に照らし、［　　］内に入れるべき最も適切な字句の組合せを下の**１**から**４**までのうちから一つ選べ。

①　電波法第４条（無線局の開設）第１号に規定する発射する電波が著しく微弱な無線局を次のとおり定める。
(1)　当該無線局の無線設備から３メートルの距離において、その電界強度（注）が、次の表の左欄の区分に従い、それぞれ同表の右欄に掲げる値以下であるもの

注　総務大臣が別に告示する試験設備の内部においてのみ使用される無線設備については当該試験設備の外部における電界強度を当該無線設備からの距離に応じて補正して得たものとし、人の生体内に植え込まれた状態又は一時的に留置された状態においてのみ使用される無線設備については当該生体の外部におけるものとする。

周　波　数　帯	電　界　強　度
３２２ＭＨｚ以下	毎メートル［A］
３２２ＭＨｚを超え１０ＧＨｚ以下	毎メートル［B］
１０ＧＨｚを超え１５０ＧＨｚ以下	次式で求められる値（毎メートル５００マイクロボルトを超える場合は毎メートル５００マイクロボルト）　毎メートル３．５ｆマイクロボルト　ｆは、ＧＨｚを単位とする周波数とする。
１５０ＧＨｚを超えるもの	毎メートル５００マイクロボルト

(2)　当該無線局の無線設備から５００メートルの距離において、その電界強度が毎メートル［C］以下のものであって、総務大臣が用途並びに電波の型式及び周波数を定めて告示するもの
(3)　標準電界発生器、ヘテロダイン周波数計その他の測定用小型発振器
②　①の(1)の電界強度の測定方法については、別に告示する。

	A	B	C
1	１００マイクロボルト	３５マイクロボルト	５００マイクロボルト
2	５００マイクロボルト	３５マイクロボルト	２００マイクロボルト
3	１００マイクロボルト	１５０マイクロボルト	２００マイクロボルト
4	５００マイクロボルト	１５０マイクロボルト	５００マイクロボルト

A－３　次に掲げる者のうち、総務大臣が無線局の免許を与えないことができる者に該当するものはどれか。電波法（第５条）の規定に照らし、下の**１**から**４**までのうちから一つ選べ。

1　刑法に規定する罪を犯し罰金以上の刑に処せられ、その執行を終わり、又はその執行を受けることがなくなった日から２年を経過しない者
2　電波法第７６条に規定する無線局の運用許容時間の制限を受け、その制限の期間の終了の日から２年を経過しない者
3　電波法第７２条に規定する電波の発射の停止の命令を受け、その停止の命令の解除の日から２年を経過しない者
4　電波法第７６条に規定する無線局の免許の取消しを受け、その取消しの日から２年を経過しない者

A－４　次に掲げる事項のうち、総務大臣が無線局の免許を与えたときに交付する免許状に記載しなければならない事項に該当しないものはどれか。電波法（第１４条）の規定に照らし、下の**１**から**４**までのうちから一つ選べ。

1　無線局の種別
2　送信空中線の型式
3　空中線電力
4　通信の相手方及び通信事項

様式１　法規の試験問題の一例

答案用紙記入上の注意：答案用紙のマーク欄には、正答と判断したものを一つだけマークすること。

第二級アマチュア無線技士「無線工学」試験問題

25問　2時間

A－1　次の記述は、電気と磁気の一般的な関係について述べたものである。［　］内に入れるべき字句の正しい組合せを下の番号から選べ。なお、同じ記号の［　］内には、同じ字句が入るものとする。

(1)　磁界中で磁界の方向と直角に置かれた導線に電流を流すと、導線には［A］が働く。

(2)　磁界中で磁界の方向と直角に導線を動かすと、導線には［B］が発生する。このときの磁界の方向、導線を動かす方向及び［B］の方向の関係を表すのが、フレミングの［C］の法則である。

	A	B	C
1	起電力	力	右手
2	起電力	力	左手
3	力	起電力	右手
4	力	起電力	左手

A－2　図に示すように耐圧50〔V〕で静電容量200〔μF〕のコンデンサC_1と、耐圧60〔V〕で静電容量100〔μF〕のコンデンサC_2を直列に接続したとき、その両端に加えることができる最大電圧Vの値として、正しいものを下の番号から選べ。ただし、各コンデンサは、接続前に電荷は蓄えられていないものとする。

1　70〔V〕
2　90〔V〕
3　110〔V〕
4　180〔V〕

A－3　図に示す回路において、電流Iの値として、正しいものを下の番号から選べ。

1　0.2〔A〕
2　0.3〔A〕
3　0.4〔A〕
4　0.5〔A〕
5　0.6〔A〕

A－4　次の図は、論理回路とその入力に$A=0$、$B=1$を加えたときの出力Xの値の組合せを示したものである。このうち誤っているものを下の番号から選べ。ただし、正論理とする。

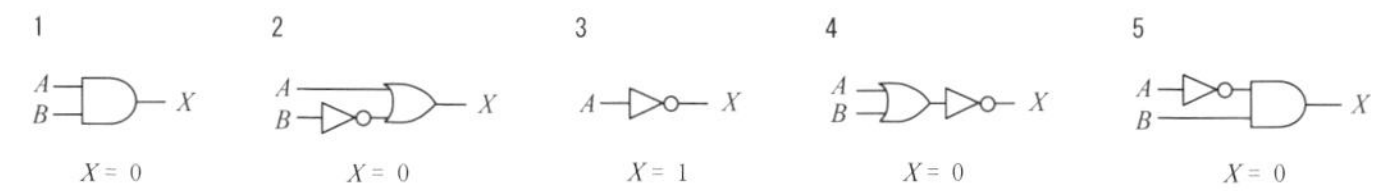

A－5　図に示す電界効果トランジスタ(FET)の形名及び図中のAに該当する電極の名称として、正しい組合せを下の番号から選べ。

	形名	Aの名称
1	Pチャネル MOS 形	ソース
2	Pチャネル接合形	ドレイン
3	Nチャネル MOS 形	ドレイン
4	Nチャネル接合形	ソース

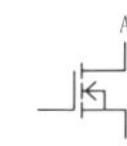

様式2　無線工学の試験問題の一例

3　各項目ごとの出題数

各項目ごとのおおよその出題数は，表2のようになります．

表2　項目ごとの出題数

法規

項　目	問題数
目的・定義／無線局の免許	5
無線設備	5
無線従事者	1
運用	10
監督／電波利用料／罰則	4
国際法規	5
合計	30

運用の範囲には，モールス符号の理解度を確認するための問題が含まれます．

無線工学

項　目	問題数
電気物理	3
電気回路	2
半導体・電子管	3
電子回路	2
送信機	3
受信機	2
電源	2
空中線および給電線	3
電波伝搬	2
測定	3
合計	25

4　試験の申請

① **試験地**　全国11の試験地で試験が行われます．

② **試験の日程**　毎年4月，8月，12月に実施されます．

③ **試験開始時刻**　法規が9時30分，無線工学が13時00分です．

④ **試験時間**　法規が2時間30分，無線工学が2時間です．

⑤ **試験の受付期間**　4月の試験は，2月1日から20日まで
8月の試験は，6月1日から20日まで
12月の試験は，10月1日から20日まで

(注) 試験地、日時，受付期間などについては，(公財)日本無線協会（以下「協会」といいます.）のホームページで確認してください.

(公財)日本無線協会のホームページ
https://www.nichimu.or.jp/

5　申請手続き

①　申請方法

協会のホームページ（https://www.nichimu.or.jp/）からインターネットを利用してパソコンやスマートフォンを使って申請します．

②　申請時に提出する写真

デジタルカメラなどで撮影した顔写真を試験申請に際してアップロード（登録）します．受験の際には，顔写真の持参は不要です．

③　インターネットによる申請

インターネットを利用して申請手続きを行うときの流れを次に示します．

（ア）協会のホームページから「無線従事者国家試験等申請・受付システム」にアクセスします．

（イ）「個人情報の取り扱いについて」をよく確認し，同意される場合は，「同意する」チェックボックスを選択の上，「申請開始」へ進みます．

（ウ）初めての申請またはユーザ未登録の申請者の場合，「申請開始」をクリックし，画面にしたがって試験申請情報を入力し，顔写真をアップロードします．

（エ）「整理番号の確認・試験手数料の支払い手続き」画面が表示されるので，試験手数料の支払方法をコンビニエンスストア，ペイジー（金融機関ATMやインターネットバンキング）またはクレジットカードから選択します．

（オ）「お支払いの手続き」画面の指示にしたがって，試験手数料を支払います．

支払期限日までに試験手数料の支払を済ませておかないと，申請の受付が完了しないので注意してください．

手数料は協会のホームページの試験案内で確認してください．

④　受験票の送付

受験票は試験期日のおよそ2週間前に電子メールにより送付されます．

⑤　試験当日の注意

電子メールにより送付された受験票を自身で印刷（A4サイズ）して試験会場へ持参します．試験開始時刻の15分前までに試験場に入場します．受験票の注意をよく読んで受験してください．

⑥　自己採点

受験した国家試験問題は持ち帰れますので，試験終了後に発表される協会のホームページの解答によって，自己採点して合否をあらかじめ確認することができます．

⑦　試験結果の通知

試験会場で知らされる試験結果の発表日以降になると，協会の結果発表のホームページで試験結果を確認することができます．また，試験結果通知書も結果発表のホームページでダウンロードすることができます．

6　無線従事者免許の申請

国家試験に合格したときは，無線従事者免許を申請します．定められた様式の申請書は総務省の電波利用ホームページより，ダウンロードできますので，これを印刷して使用します．

添付書類等は次のとおりです．

（ア）氏名及び生年月日を証する書類（住民票の写しなど．ただし，申請書に住民票コードまたは現に有する無線従事者の免許の番号などを記載すれば添付しなくてもよい．）

（イ）手数料（収入印紙を申請書に貼付する．）

（ウ）写真1枚（縦30mm×横24mm．申請書に貼付する．）

（エ）返信先（住所，氏名等）を記載し，切手を貼付した免許証返信用封筒

本書の使い方

1　本書の構成

本書は，章ごとに**重要知識**，**国家試験問題**で構成しています．

まず，国家試験問題を解くために必要な用語や公式などを，**重要知識**で学習してください．重要知識では，現在，出題されている国家試験の問題に合わせて，試験問題を解くために必要な知識をまとめてあります．

重要知識をマスターしたら，次に，**国家試験問題**を解いてみてください．

本書を最初のページから順番に読んでいけば，**短期間で国家試験合格**への知識が身につくようになっています．

2　重要知識

① 国家試験問題を解答するために必要な知識をまとめてあります．

② 各節の**出題項目 Check !** には，各節から出題される項目があげてありますので，学習のはじめに国家試験に出題されるポイントを確認することができます．また，試験直前に，出題項目をチェックして，学習した項目を確認するときに利用してください．

✔ 学習したらチェック

出題項目 Check!

☑ 電波法の目的とは
☐ 無線局等の用語の定義

③ **太字**の部分は，国家試験問題を解答するときのポイントになる部分です．特に注意して学習してください．

④ POINT には，国家試験問題を解くために必要な用語や公式などについてまとめてあります．

⑤ 用語，計算は，本文を理解するために必要な用語や数学の計算方法などを説明してあります．

3　国家試験問題

① 最近出題された問題を中心に，項目ごとに必要な問題をまとめてあります．

② 各問題の**解説**のうち，計算問題については，計算のやり方を示してあります．公式を覚えることは重要ですが，それだけでは答えを出せませんので，計算のやり方をよく確かめて計算方法になれてください．また，いくつかの用語のうちから一つを答える問題では，そのほかの用語も示してありますので，それらも合わせて学習してください．

③ 各節の**試験の直前 Check!** には，国家試験問題を解くために必要な用語や公式などをあげてあります．学習したらチェックしたり，試験の直前に覚えにくい内容のチェックに利用してください．

✔ 学習したらチェック

■ 覚えにくい内容は，ぬりつぶして試験直前にチェック

試験の直前 Check!

- ✔ **電波法の目的** ≫ 公平かつ能率的な利用を確保する，公共の福祉を増進．
- ■ **電波** ≫ 300 万メガヘルツ以下，電磁波．
- □ **無線電信** ≫ 符号，通信設備．
- □ **無線電話** ≫ 音声，音響，通信設備．
- □ **無線設備** ≫ 無線電信，無線電話，電気的設備．
- □ **無線局** ≫ 無線設備，操作を行う者の総体，受信のみを含まない．
- □ **無線従事者** ≫ 無線設備の操作又は監督，総務大臣の免許を受けたもの

また，各問題にも□□のチェックボックスがあります．学習したらチェックしたり，試験の直前に見直す問題のチェックに利用してください．

解説のポイントや問題のヒントなどはマスコットキャラクターが教えてくれます．

法規編

1 電波法

1.1 電波法の目的・用語の定義 重要知識

出題項目 Check!

- □ 電波法の目的とは
- □ 無線局等の用語の定義

1 電波法の目的（法１条）

この法律は，電波の**公平かつ能率的な利用を確保する**ことによって，公共の福祉を増進することを目的とする．

「公共の福祉」とは，国民全体の幸福のことだよ．

太字の部分が試験問題の穴埋め部分や誤った字句になって出題されるので，注意して覚えてね．

2 電波法令

電波法及び電波法に規定する規則等をまとめて電波法令といいます．第二級アマチュア無線技士（二アマ）の国家試験に関係する法令を次に示します．

法律　電波法（法）
政令　電波法施行令（施行令）
省令　電波法施行規則（施）
　　　　無線局免許手続規則（免）
　　　　無線設備規則（設）
　　　　無線従事者規則（従）
　　　　無線局運用規則（運）

（　）内は，本文中で用いられる条文の略記を示します．

電波法に「総務省令で定める」あるいは「電波法に基づく命令」との規定があるときは，これらの省令のことです．

3 用語の定義（法2条，施3～5条，運2条）

電波法令に基本的な用語が規定されています．

① 「電波」とは，**300万メガヘルツ**以下の周波数の電磁波をいう．
② 「無線電信」とは，電波を利用して，**符号**を送り，又は受けるための**通信設備**をいう．
③ 「モールス無線電信」とは，電波を利用して，モールス符号を送り，又は受ける**通信設備**をいう．
④ 「無線電話」とは，電波を利用して，**音声その他の音響**を送り，又は**受けるための通信設備**をいう．
⑤ 「無線設備」とは，無線電信，無線電話その他電波を送り，又は受けるための**電気的設備**をいう．
⑥ 「無線局」とは，無線設備及び**無線設備の操作を行う者**の総体をいう．ただし，受信のみを目的とするものを含まない．
　この受信のみを目的とするものには，中央集中方式，二重通信方式等の方式により通信を行なう場合に設置する受信設備等自己の使用する送信設備に機能上直結する受信設備は含まれない．
⑦ 「無線従事者」とは，無線設備の**操作又はその監督**を行う者であって，総務大臣の免許を受けたものをいう．
⑧ 「アマチュア業務」とは，金銭上の利益のためでなく，もっぱら個人的な無線技術の興味によって行う自己訓練，通信及び技術的研究その他総務大臣が別に告示する業務を行う無線通信業務をいう．
⑨ 「アマチュア局」とは，アマチュア業務を行う無線局をいう．

無線局は無線設備とそれを操作する人のことだよ．
受信設備だけでも無線設備になるけど無線局ではないよ．

試験の直前 Check!

- ☐ **電波法の目的** ≫≫ 公平かつ能率的な利用を確保する，公共の福祉を増進．
- ☐ **電波** ≫≫ 300万メガヘルツ以下，電磁波．
- ☐ **無線電信** ≫≫ 符号，通信設備．
- ☐ **無線電話** ≫≫ 音声，音響，通信設備．
- ☐ **無線設備** ≫≫ 無線電信，無線電話，電気的設備．
- ☐ **無線局** ≫≫ 無線設備，操作を行う者の総体，受信のみを含まない．
- ☐ **無線従事者** ≫≫ 無線設備の操作又は監督，総務大臣の免許を受けたもの．

国家試験問題

問題 1

電波法の目的及び用語の定義に関する次の記述のうち，電波法（第１条及び第２条）の規定に照らし，これらの規定に定めるところに適合するものはどれか．下の１から４までのうちから一つ選べ．

1　電波法は，電波の公平かつ効率的な利用を促進することによって，公共の福祉の向上に寄与することを目的とする．
2　「無線電信」とは，電波を利用して，符号を送り，又は受けるための通信設備をいう．
3　「無線局」とは，無線電信，無線電話その他電波を送り，又は受けるための通信設備をいう．ただし，受信のみを目的とするものを含まない．
4　「無線従事者」とは，電波を利用する通信設備の操作及び監督を行う者であって，総務大臣の免許を受けたものをいう．

「無線従事者」とは，無線設備の操作又はその監督を行う者であって，総務大臣の免許を受けたものをいうよ．

問題 2

次の記述は，電波法の目的及び用語の定義について述べたものである．電波法（第１条及び第２条）の規定に照らし，［　　］内に入れるべき最も適切な字句の組合せを下の１から４までのうちから一つ選べ．

① この法律は，電波の［ A ］な利用を確保することによって，公共の福祉を増進することを目的とする．
② 「電波」とは，［ B ］以下の周波数の電磁波をいう．
③ 「無線電話」とは，電波を利用して，［ C ］を送り，又は受けるための通信設備をいう．
④ 「無線局」とは，無線設備及び［ D ］の総体をいう．ただし，受信のみを目的とするものを含まない．

	A	B	C	D
1	公平かつ能率的	300万ギガヘルツ	音声	無線従事者
2	公平かつ能率的	300万メガヘルツ	音声その他の音響	無線設備の操作を行う者
3	効率的かつ平等	300万メガヘルツ	音声	無線設備の操作を行う者
4	効率的かつ平等	300万ギガヘルツ	音声その他の音響	無線従事者

穴あきに入る字句が全部分からなくても答えが見つかるよ.
正確に用語を覚えておいて正しい字句を見つけてね.

問題 3

次の記述は，電波法に定める用語の定義について述べたものである．電波法（第2条）の規定に照らし，□内に入れるべき最も適切な字句を下の1から10までのうちからそれぞれ一つ選べ．

① 「電波」とは，[ア]以下の周波数の電磁波をいう．

② 「無線電信」とは，電波を利用して，[イ]を送り，又は受けるための通信設備をいう．

③ 「無線電話」とは，電波を利用して，[ウ]を送り，又は受けるための通信設備をいう．

④ 「無線設備」とは，無線電信，無線電話その他電波を送り，又は受けるための[エ]をいう．

⑤ 「無線局」とは，無線設備及び無線設備の[オ]を行う者の総体をいう．ただし，受信のみを目的とするものを含まない．

1 30万メガヘルツ　2 モールス符号　3 音声　4 電気的設備
5 管理　6 300万メガヘルツ　7 符号
8 音声その他の音響　9 通信設備　10 操作

注意

無線電信と無線電話は通信設備で,
無線設備は電気的設備だよ.

解答

問題1 →2　問題2 →2
問題3 →ア－6　イ－7　ウ－8　エ－4　オ－10

2.1 無線局の免許・再免許

重要知識

出題項目 Check!

- □ 無線局の開設，不法開設の罰則，欠格事由
- □ 発射する電波が著しく微弱な無線局の範囲
- □ 免許の申請書，申請の審査事項
- □ 予備免許（再免許）のときに指定される事項
- □ 落成検査，検査の一部を省略するとき
- □ 免許が拒否される場合
- □ 免許の有効期間，再免許の申請期間
- □ 免許状に記載される事項

1 無線局の免許（法４条）

無線局を開設しようとする者は，総務大臣の**免許**を受けなければならない．ただし，次に掲げる無線局については，この限りでない．

① **発射する電波が著しく微弱な無線局**で総務省令で定めるもの

② 26.9 メガヘルツから 27.2 メガヘルツまでの周波数の電波を使用し，かつ，空中線電力が 0.5 ワット以下である無線局のうち総務省令で定めるものであって適合表示無線設備のみを使用するもの

③ 空中線電力が 1 ワット以下である無線局のうち総務省令で定めるものであって，第 4 条の 3 の規定により指定された呼出符号又は呼出名称を自動的に送信し，又は受信する機能その他総務省令で定める機能を有することにより他の無線局にその運用を阻害するような混信その他の妨害を与えないように運用することができるもので，かつ，適合表示無線設備のみを使用するもの

④ 第 27 条の 21 第 1 項の登録を受けて開設する無線局（以下「登録局」という．）

「免許」とは，普通は禁止されていることが特定の条件に合う者に限って許されることだよ．アマチュア局は「免許」だけど，「登録」を受ける登録局もあるんだね．

2 発射する電波が著しく微弱な無線局（施６条）

1 法第 4 条第 1 項第一号（**1** の①）に規定する発射する電波が著しく微弱な無線局を次のとおり定める．

① 当該無線局の無線設備から 3 メートルの距離において，その電界強度（総務大臣が

別に告示する試験設備の内部においてのみ使用される無線設備については当該試験設備の外部における電界強度を当該無線設備からの距離に応じて補正して得たものとし，人の生体内に植え込まれた状態又は一時的に留置された状態においてのみ使用される無線設備については当該生体の外部におけるものとする.）が，次の表（抜粋）の左欄の区分に従い，それぞれ同表の右欄に掲げる値以下であるもの

周波数帯	電界強度
322 MHz以下	毎メートル 500 マイクロボルト
322 MHzを超え 10 GHz以下	毎メートル 35 マイクロボルト

② 当該無線局の無線設備から 500 メートルの距離において，その電界強度が毎メートル 200 マイクロボルト以下のものであって，総務大臣が用途並びに電波の型式及び周波数を定めて告示するもの

③ 標準電界発生器，ヘテロダイン周波数計その他の測定用小型発振器

2 前項第一号（1の①）の電界強度の測定方法については，別に告示する.

3 不法に無線局を開設した場合の罰則（法 110 条）

次の各号のいずれかに該当する場合には，当該違反行為をした者は，1年以下の懲役又は 100 万円以下の罰金に処する.

① 第4条の規定による免許がないのに，無線局を開設したとき.

② 第4条の規定による免許がないのに，無線局を運用したとき.

免許を受けないで，電波が出せるハンディトランシーバを持ち歩いていると，不法開設で捕まっちゃうよ.

4 アマチュア局の免許が与えられないことのある者（法5条）

総務大臣は，次のいずれかに該当する者には，無線局の免許を与えないことができる.

① 電波法又は放送法に規定する罪を犯し**罰金以上の刑**に処せられ，その執行を終わり，又はその執行を受けることがなくなった日から**2年**を経過しない者

② 第 75 条第1項の規定により無線局の**免許の取消しを受け，その取消しの日から2年**を経過しない者

5 アマチュア局の免許の手続き（法6条，免15条）

1　無線局の免許を受けようとする者は，申請書に次に掲げる事項を記載した書類を添えて，総務大臣に提出しなければならない．
①　目的
②　開設を必要とする理由
③　通信の相手方及び通信事項
④　無線設備の設置場所
⑤　電波の型式並びに希望する周波数の範囲及び空中線電力
⑥　希望する運用許容時間（運用することができる時間をいう．）
⑦　無線設備の工事設計及び工事落成の予定期日
⑧　運用開始の予定期日

2　アマチュア局（人工衛星等のアマチュア局を除く．）の免許を申請しようとするときは，法第6条の規定する記載事項のうち，**次の事項の記載を省略**することができる．
開設を必要とする理由，**通信の相手方**，希望する運用許容時間及び**運用開始の予定期日**

「申請」とは，あらかじめ総務大臣にお願いして許可や免許を求めることだよ．

用語の定義

「人工衛星等のアマチュア局」とは，人工衛星に開設するアマチュア局及び人工衛星に開設するアマチュア局の無線設備を遠隔操作するアマチュア局をいう（免8条）．

アマチュア局の免許は，総務大臣から権限が委任されているので地方の総合通信局長（沖縄総合通信事務所長を含む．）が交付します（法104条の3）．

6 申請の審査（法7条）

総務大臣は，第6条第1項の申請書を受理したときは，遅滞なくその申請が次の各号のいずれにも適合しているかどうかを審査しなければならない．
①　**工事設計が第3章に定める技術基準に適合する**こと．
②　周波数の**割当て**が可能であること．
③　主たる目的及び従たる目的を有する無線局にあっては，その従たる目的の遂行がその主たる目的の遂行に支障を及ぼすおそれがないこと．
④　前3号（①から③）に掲げるもののほか，総務省令で定める**無線局（基幹放送局を除**

く.）の**開設の根本的基準に合致**すること.

普通に見ているテレビやラジオの放送をしているのが基幹放送局だよ.

7 予備免許（法8条）

総務大臣は，第7条の規定により審査した結果，その申請が同条第1項各号又は第2項各号に適合していると認めるときは，申請者に対し，次に掲げる事項を指定して，無線局の予備免許を与える.

① **工事落成の期限**
② **電波の型式及び周波数**
③ **呼出符号**，呼出名称その他の総務省令で定める識別信号（以下「**識別信号**」という.）
④ **空中線電力**
⑤ **運用許容時間**

①から⑤の事項を「指定事項」というよ.
再免許のときも②から⑤の事項が指定されて免許が与えられるよ.

「呼出符号」と「識別信号」はどちらも同じもので，アマチュア無線ではコールサインといってるね．無線局の免許に関する試験問題では「識別信号」が用いられるよ.

8 落成後の検査，免許の拒否，免許の付与（法10，11，12条）

1　第8条の予備免許を受けた者は，**工事が落成したとき**は，その旨を総務大臣に届け出て，その**無線設備**，無線従事者の資格及び員数並びに時計及び書類（「無線設備等」という.）について検査を受けなければならない.

2　前項の検査は，同項の検査を受けようとする者が，当該検査を受けようとする無線設備等について第24条の2第1項又は第24条の13第1項の登録を受けた者が総務省令で定めるところにより行った当該登録に係る**点検の結果**を記載した書類を添えて前項の届出をした場合においては，**その一部を省略**することができる.

3　第8条第1項第一号の期限（同条第2項の規定による期限の延長があったときは，その期限）経過後2週間以内に第10条（1）の規定による届出がないときは，総務大臣は，その**無線局の免許を拒否しなければならない**.

4　総務大臣は，第10条の規定による検査を行った結果，その無線設備が第6条第1項第七号又は同条第2項第二号の工事設計（第9条第1項の規定による変更があったときは，変更があったもの）に合致し，かつ，その無線従事者の資格及び員数が第39条又は第39条の13，第40条及び第50条の規定に，その時計及び書類が第60条の規定にそれぞれ違反しないと認めるときは，遅滞なく申請者に対し免許を与えなければならない.

第24条の2第1項は検査等事業者の登録のこと，第24条の13第1項は外国点検事業者の登録のことです.

第二級アマチュア無線技士（二アマ）の資格で開局することができるアマチュア局の場合は，適合表示無線設備を使用することによって，予備免許と検査が省略されて免許を受けることができます.

9　免許の有効期間・再免許（法13条，免18条）

免許の有効期間は，免許の日から起算して**5年を超えない範囲内**において総務省令で定める．ただし，再免許を妨げない.

再免許の申請は，アマチュア局（人工衛星等のアマチュア局を除く.）にあっては免許の**有効期間満了前1箇月以上1年**を超えない期間において行わなければならない.

アマチュア局の免許の有効期間は，免許の日から起算して5年と定められています．起算とは，免許の日を含んでということです．免許の日が7月7日のときは，5年後の7月6日までが免許の有効期間になります.

10　免許状（法14条）

1　総務大臣は，免許を与えたときは，免許状を交付する.

2　免許状には，次に掲げる事項を記載しなければならない.

①　免許の年月日及び免許の番号
②　**免許人（無線局の免許を受けた者をいう．以下同じ.）の氏名又は名称及び住所**
③　**無線局の種別**
④　**無線局の目的**
⑤　**通信の相手方**及び**通信事項**
⑥　無線設備の設置場所
⑦　免許の有効期間
⑧　識別信号

⑨ 電波の型式及び周波数
⑩ 空中線電力
⑪ **運用許容時間**

無線局免許状

免許の番号		識別信号	

氏名又は名称					
免許人の住所					
無線局の種別		無線局の目的		運用許容時間	
免許の年月日		免許の有効期間			
通信事項				通信の相手方	
移動範囲					
無線設備の設置/常置場所					
電波の型式、周波数及び空中線電力					
備考					

法律に別段の定めがある場合を除くほか、この無線局の無線設備を使用し、特定の相手方に対して行われる無線通信を傍受してその存在若しくは内容を漏らし、又はこれを窃用してはならない。

年　月　日

（何）総合通信局長　㊞

←216ミリメートル→　↕152ミリメートル

様式 2.1　アマチュア局に交付される免許状

Point

無線局免許状に記載される事項

免許人の氏名と住所，有効期間，通信事項などの無線局を運用するときの条件，免許のときに指定される事項など．

無線設備に関係することや無線従事者の資格などは，免許状の記載事項ではないよ．

試験の直前 Check!

- □ **無線局の開設** ≫ 総務大臣の免許．発射する電波が著しく微弱は限りでない．
- □ **電波が著しく微弱** ≫ 3 メートルの距離，322 MHz 以下は毎メートル 500 マイクロボルト，322 MHz を超え 10 GHz 以下は毎メートル 35 マイクロボルト．500 メートルの距離，毎メートル 200 マイクロボルト以下で総務大臣が告示する．標準電界発生器，ヘテロダイン周波数計，測定用小型発振器．
- □ **不法開設の罰則** ≫ 1 年以下の懲役，100 万円以下の罰金．
- □ **免許を与えない** ≫ 電波法，放送法の罰金以上の刑：2 年，免許取消し：2 年．
- □ **申請書記載省略** ≫ 開設を必要とする理由．通信の相手方．希望する運用許容時間．運用開始の予定期日．
- □ **申請の審査** ≫ 工事設計が第 3 章の技術基準に適合．周波数割当てが可能．無線局の開設の根本的基準に合致．
- □ **予備免許の指定事項** ≫ 工事落成の期限．電波の型式及び周波数．呼出符号（識別信号）．空中線電力．運用許容時間．
- □ **検査** ≫ 工事が落成したとき．登録に係る点検：一部省略．
- □ **免許拒否** ≫ 落成期限経過後 2 週間以内，落成届未提出．
- □ **免許の有効期間** ≫ 5 年を超えない範囲．
- □ **再免許の申請期間** ≫ 有効期間満了前 1 箇月以上 1 年を超えない期間．
- □ **免許状記載事項** ≫ 免許の年月日，番号，有効期間，免許人の氏名又は名称，住所，無線局の種別，目的，通信の相手方，通信事項，無線設備の設置場所，呼出符号又は呼出名称（識別信号），電波の型式及び周波数，空中線電力，運用許容時間．

国家試験問題

問題 1

次の記述は，免許を要しない無線局のうち発射する電波が著しく微弱な無線局について述べたものである．電波法施行規則（第 6 条）の規定に照らし，□内に入れるべき最も適切な字句の組合せを下の 1 から 4 までのうちから一つ選べ．

① 電波法第 4 条（無線局の開設）第 1 項第 1 号に規定する発射する電波が著しく微弱な無線局を次のとおり定める．

(1) 当該無線局の無線設備から 3 メートルの距離において，その電界強度（注）が，次の表の左欄の区分に従い，それぞれ同表の右欄に掲げる値以下であるもの

注　総務大臣が別に告示する試験設備の内部においてのみ使用される無線設備については当該試験設備の外部における電界強度を当該無線設備からの距離に応じて補正して得たものとし，人の生体内に植え込まれた状態又は一時的に留置された状態においてのみ使用される無線設備については当該生体の外部におけるものとする．

周波数帯	電界強度
322 MHz 以下	毎メートル［A］
322 MHz を超え 10 GHz 以下	毎メートル［B］

(2) 当該無線局の無線設備から 500 メートルの距離において，その電界強度が毎メートル 200 マイクロボルト以下のものであって，総務大臣が用途並びに電波の型式及び周波数を定めて告示するもの

② ①の (1) の電界強度の測定方法については，別に告示する．

	A	B
1	100 マイクロボルト	35 マイクロボルト
2	500 マイクロボルト	35 マイクロボルト
3	100 マイクロボルト	150 マイクロボルト
4	500 マイクロボルト	150 マイクロボルト

問題 2

総務大臣が無線局の免許を与えないことができる者に関する次の記述のうち，電波法（第 5 条）の規定に照らし，この規定に定めるところに適合するものはどれか．下の 1 から 4 までのうちから一つ選べ．

1　総務大臣は，刑法に規定する罪を犯し罰金以上の刑に処せられ，その執行を終わり，又はその執行を受けることがなくなった日から 2 年を経過しない者には，無線局の免許を与えないことができる．

2　総務大臣は，無線局の運用の停止の命令を受け，その停止の期間の終了の日から 2 年を経過しない者には，無線局の免許を与えないことができる．

3　総務大臣は，電波の発射の停止の命令を受け，その停止の命令の解除の日から 2 年を経過しない者には，無線局の免許を与えないことができる．

4　総務大臣は，無線局の免許の取消しを受け，その取消しの日から 2 年を経過しない者には，無線局の免許を与えないことができる．

問題 3

次に掲げる電波法（第6条）に定める免許申請書に添付する書類の記載事項のうち，無線局免許手続規則（第15条）の規定に照らし，アマチュア局（注）の免許を申請しようとするときに記載を省略することができるものを1，記載を省略することができないものを2として解答せよ．

注　人工衛星に開設するアマチュア局及び人工衛星に開設するアマチュア局の無線設備を遠隔操作するアマチュア局を除く．

ア　無線局の目的

イ　開設を必要とする理由

ウ　通信の相手方

エ　通信事項

オ　無線設備の工事設計

問題 4

次の記述は，アマチュア無線局の免許の欠格事由について述べたものである．電波法（第5条）の規定に照らし，[　　]内に入れるべき最も適切な字句の組合せを下の1から4までのうちから一つ選べ．

次の(1)又は(2)のいずれかに該当する者には，無線局の免許を与えないことができる．

(1) 電波法又は放送法に規定する罪を犯し[A]に処せられ，その執行を終わり，又はその執行を受けることがなくなった日から**2年**を経過しない者

(2) 無線局の[B]から**2年**を経過しない者

	A	B
1	罰金以上の刑	免許の取消しを受け，その取消しの日
2	罰金以上の刑	運用の停止の命令を受け，その停止の期間が終了した日
3	懲役	免許の取消しを受け，その取消しの日
4	懲役	運用の停止の命令を受け，その停止の期間が終了した日

太字は穴あきになった用語として，出題されたことがあるよ．

問題 5

次の記述は，アマチュア無線局の免許の申請の審査について述べたものである．電波法（第 7 条）の規定に照らし，［　　］内に入れるべき最も適切な字句の組合せを下の 1 から 4 までのうちから一つ選べ．

総務大臣は，電波法第 6 条（免許の申請）第 1 項の申請書を受理したときは，遅滞なくその申請が次の (1) から (3) までのいずれにも適合しているかどうかを審査しなければならない．

(1) 工事設計が［ A ］に適合すること．

(2) 周波数の［ B ］が可能であること．

(3) (1) 及び (2) に掲げるもののほか，総務省令で定める［ C ］に合致すること．

	A	B	C
1	電波法施行令に定めるところ	指定の変更	無線局（基幹放送局を除く．）の開設の根本的基準
2	電波法第 3 章（無線設備）に定める技術基準	割当て	無線局（基幹放送局を除く．）の開設の根本的基準
3	電波法施行令に定めるところ	割当て	特定無線局の開設の根本的基準
4	電波法第 3 章（無線設備）に定める技術基準	指定の変更	特定無線局の開設の根本的基準

普通に見てるテレビやラジオの放送をしているのが基幹放送局だよ．
特定無線局は携帯電話の陸上移動局などの無線局だよ．

問題 6

次の記述は，アマチュア無線局の予備免許について述べたものである．電波法（第8条）の規定に照らし，［　　］内に入れるべき最も適切な字句の組合せを下の1から4までのうちから一つ選べ．

① 総務大臣は，電波法第7条の規定により無線局の免許の申請を審査した結果，その申請が同条第1項各号に適合していると認めるときは，申請者に対し，次の(1)から(5)までに掲げる事項を指定して，無線局の予備免許を与える．

(1) **工事落成の期限**

(2) ［A］

(3) 呼出符号

(4) ［B］

(5) ［C］

② 総務大臣は，①の予備免許を受けた者から申請があった場合において，相当と認めるときは，①の(1)の期限を延長することができる．

	A	B	C
1	電波の型式及び周波数	空中線電力及び空中線の型式	業務取扱時間
2	発射可能な電波の型式及び周波数の範囲	空中線電力及び空中線の型式	運用許容時間
3	電波の型式及び周波数	空中線電力	運用許容時間
4	発射可能な電波の型式及び周波数の範囲	空中線電力	業務取扱時間

問題 7

無線局の予備免許に関する次の事項のうち，電波法（第8条）の規定に照らし，この規定に定めるところにより総務大臣が予備免許を与えるときに申請者に対し指定する事項に該当するものはどれか．下の1から4までのうちから一つ選べ．

1　無線設備の設置場所

2　通信の相手方及び通信事項

3　電波の型式及び周波数

4　無線局の種別

問題 8

次の記述は，アマチュア無線局の落成後の検査等について述べたものである．電波法（第10条及び第11条）の規定に照らし，[　　]内に入れるべき最も適切な字句の組合せを下の1から4までのうちから一つ選べ．

① 電波法第8条の予備免許を受けた者は，**工事が落成した**ときは，その旨を総務大臣に届け出て，その[A]，無線従事者の資格及び員数並びに時計及び書類について検査を受けなければならない．

② ①の検査は，①の検査を受けようとする者が，当該検査を受けようとする[A]，無線従事者の資格及び員数並びに時計及び書類について，登録検査等事業者（注1）又は登録外国点検事業者（注2）が総務省令で定めるところにより行った当該登録に係る**点検の結果**を記載した書類を添えて①の届出をした場合においては，その[B]を**省略する**ことができる．

注1　電波法第24条の2（検査等事業者の登録）第1項の登録を受けた者をいう．
　2　電波法第24条の13（外国点検事業者の登録等）第1項の登録を受けた者をいう．

③ 電波法第8条第1項第1号の工事落成の期限（同条第2項の規定による期限の延長があったときは，その期限）経過後2週間以内に①の規定による届出がないときは，[C]．

	A	B	C
1	電波の型式，周波数及び空中線電力	一部	予備免許は，その効力を失う
2	無線設備	検査	予備免許は，その効力を失う
3	電波の型式，周波数及び空中線電力	検査	総務大臣は，その無線局の免許を拒否しなければならない
4	無線設備	一部	総務大臣は，その無線局の免許を拒否しなければならない

点検によって，その一部を省略だよ．

第2章　無線局

問題 9

次の記述は，無線局の免許の有効期間等について述べたものである．電波法（第13条）及び無線局免許手続規則（第18条）の規定に照らし，[　　]内に入れるべき最も適切な字句の組合せを下の1から4までのうちから一つ選べ．なお，同じ記号の[　　]内には，同じ字句が入るものとする．

① 免許の有効期間は，免許の日から起算して[A]内において総務省令で定める．ただし，[B]を妨げない．

② [B]の申請は，アマチュア局（人工衛星に開設するアマチュア局及び人工衛星に開設するアマチュア局の無線設備を遠隔操作するアマチュア局を除く．）にあっては免許の有効期間満了前[C]を超えない期間において行わなければならない．

	A	B	C
1	5年を超えない範囲	免許の更新	3箇月以上6箇月
2	10年を超えない範囲	再免許	3箇月以上6箇月
3	5年を超えない範囲	再免許	1箇月以上1年
4	10年を超えない範囲	免許の更新	1箇月以上1年

問題 10

次の記述のうち，総務大臣が無線局の免許を与えたときに交付する免許状に記載しなければならない事項として，電波法（第14条）に規定されていないものはどれか．下の1から4までのうちから一つ選べ．

1 無線局の種別
2 空中線の型式及び構成
3 免許の年月日
4 免許の有効期間

正しい記載事項として，「免許人の住所」，「無線局の目的」，「通信の相手方及び通信事項」，「運用許容時間」も出題されているよ．

解答

問題1 →2　問題2 →4
問題3 →ア－2　イ－1　ウ－1　エ－2　オ－2　問題4 →1
問題5 →2　問題6 →3　問題7 →3　問題8 →4　問題9 →3
問題10 →2

2.2 変更・廃止

重要知識

出題項目 Check!

- □ 予備免許中に変更するときの手続き
- □ 免許後に変更するときの手続き
- □ 変更検査，検査の一部を省略するとき
- □ 免許状の訂正，再交付，返納
- □ 無線局の廃止，免許が効力を失ったときの措置

1 予備免許中の変更（法8，9，19条）

1 工事落成期限の変更（法8条）

総務大臣は，予備免許を受けた者から**申請があった場合において**，**相当と認める**ときは，第8条第1項第一号の期限（**工事落成の期限**）**を延長する**ことができる．

2 工事設計等の変更（法9条）

① 第8条の予備免許を受けた者は，工事設計を変更しようとするときは，あらかじめ，総務大臣の許可を受けなければならない．ただし，総務省令で定める軽微な事項については，この限りでない．

② 前項（①）ただし書の事項について工事設計を変更したときは，遅滞なくその旨を総務大臣に届け出なければならない．

③ 第1項（①）の変更は，**周波数**，**電波の型式**又は**空中線電力**に変更を来すものであってはならず，かつ，第7条第1項第一号又は第2項第一号の技術基準（次章に定めるものに限る．）に合致するものでなければならない．

④ 第8条の予備免許を受けた者は，無線局の目的，**通信の相手方**，**通信事項**，**無線設備の設置場所**を変更しようとするときは，あらかじめ**総務大臣の許可を受けなければならない**．

3 指定事項の変更（法19条）

総務大臣は，第8条の予備免許を受けた者が**識別信号**，**電波の型式**，**周波数**，**空中線電力**又は運用許容時間の指定の変更を申請した場合において，**混信の除去その他特に必要があると認めるときは**，その指定を変更することができる．

2 免許後の変更（法9，17，19条，施43条）

1　**通信事項，無線設備の設置場所等の変更（法17条）**

免許人は，無線局の目的，通信の相手方，**通信事項**若しくは**無線設備の設置場所を変更**をし，又は**無線設備の変更の工事**をしようとするときは，**あらかじめ，総務大臣の許可を受けなければならない**．

2　**無線設備の常置場所の変更（施43条）**

移動するアマチュア局の免許人は，その無線局の**無線設備の常置場所を変更したときは**，できる限り速やかに，**総務大臣又は総合通信局長に届け出なければならない**．

3　**無線設備の軽微な事項の変更（法9，17条）**

無線設備の変更の工事のうち総務省令で定める軽微な事項について，無線設備を変更したときは，遅滞なくその旨を総務大臣に届け出なければならない．

無線設備の変更の工事は，**周波数**，**電波の型式又は空中線電力**に変更を来すものであってはならず，かつ，第7条（申請の審査）の**技術基準に合致**するものでなければならない．

「第7条（申請の審査）の技術基準に合致する」と規定している条文は，試験問題では第7条の規定によって「第3章の技術基準に合致する」と書いてあるよ．

4　**指定事項の変更（法19条）**

総務大臣は，免許人が**識別信号**，**電波の型式**，**周波数**，**空中線電力**又は運用許容時間の指定の変更を申請した場合において，**混信の除去その他特に必要があると認めるときは**，その指定を変更することができる．

5　**社団局の手続き（施43条）**

社団（公益社団法人を除く．）であるアマチュア局の免許人は，その**定款又は理事**に関し**変更しようとするときは**，**あらかじめ**総合通信局長に**届け出**なければならない．

届け出は，普通は変更した後だけど，
あらかじめ届け出る規定もあるよ．

3 変更検査（法 18 条）

① 第 17 条第 1 項の規定により無線設備の設置場所の変更又は無線設備の変更の工事の許可を受けた免許人は，総務大臣の検査を受け，当該変更又は工事の結果が同条同項の許可の内容に適合していると認められた後でなければ，**許可に係る無線設備を運用してはならない**．ただし，総務省令で定める場合は，この限りでない．

② 前項（①）の検査は，同項（①）の検査を受けようとする者が，当該検査を受けようとする無線設備等について第 24 条の 2 第 1 項又は第 24 条の 13 第 1 項の登録を受けた者が総務省令で定めるところにより行った当該登録に係る**点検の結果**を記載した書類を総務大臣に提出した場合においては，**その一部を省略**することができる．

第 24 条の 2 第 1 項は検査等事業者の登録のこと，第 24 条の 13 第 1 項は外国点検事業者の登録のことです．

4 無線局免許状の訂正，再交付（法 21 条，免 22，23 条）

1 免許状の訂正（法 21 条）

免許人は，免許状に記載した事項に変更を生じたときは，**その免許状を総務大臣に提出し，訂正を受けなければならない**．

2 免許状の訂正申請（免 22 条）

① 免許人は，法第 21 条の免許状の訂正を受けようとするときは，次に掲げる事項を記載した申請書を総務大臣又は総合通信局長に提出しなければならない．

(1) 免許人の氏名又は名称及び住所並びに法人にあっては，その代表者の氏名

(2) 無線局の種別及び局数

(3) **識別信号**

(4) **免許の番号**

(5) 訂正を受ける箇所及び**訂正を受ける理由**

② 前項（①）の申請書の様式は，別表第 6 号の 5 のとおりとする．

③ 第 1 項（①）の申請があった場合において，総務大臣又は総合通信局長は，新たな免許状の交付による訂正を行うことがある．

④ 総務大臣又は総合通信局長は，第 1 項（①）の申請による場合のほか，職権により免許状の訂正を行うことがある．

⑤ 免許人は，新たな免許状の交付を受けたときは，**遅滞なく旧免許状を返さなければならない**．

3 免許状の再交付（免 23 条）

① 免許人は，免許状を破損し，汚し，失った等のために免許状の再交付の申請をしよ

うとするときは，次に掲げる事項を記載した申請書を総務大臣又は総合通信局長に提出しなければならない．

(1) 免許人の氏名又は名称及び住所並びに法人にあっては，その代表者の氏名
(2) 無線局の種別及び局数
(3) 識別信号
(4) 免許の番号
(5) 再交付を求める理由

② 前項（①）の申請書の様式は，別表第6号の8のとおりとする．

③ 前条第5項（**2**の⑤）の規定は，第1項（①）の規定により免許状の再交付を受けた場合に準用する．ただし，免許状を失った等のためにこれを返すことができない場合は，この限りでない．

電波法では「総務大臣」と規定されているけど，無線局免許手続規則などの規則では「総務大臣又は総合通信局長（沖縄総合通信事務所長を含む.）」と規定されていることがあるよ．権限が委任されているからだよ．

5 廃止（法22，23，24，78条）

1　免許人は，その無線局を**廃止するとき**は，**その旨を総務大臣に届け出なければならない．**

2　免許人が無線局を廃止したときは，免許は，その効力を失う．

3　**免許が効力を失ったとき**は，免許人であった者は**1箇月以内に，その免許状を返納しなければならない．**

4　無線局の免許等がその効力を失ったときは，免許人等であった者は，**遅滞なく空中線の撤去**その他の総務省令で定める電波の発射を防止するために必要な措置を講じなければならない．

「廃止するとき」に届け出るんだよ．
免許状を返す期限は，「遅滞なく」と「1箇月以内に」があるよ．

「遅滞なく」とは，遅れることがないように，ということだよ．「速やかに」よりも早くしなさいという厳しい規定だよ．
「免許等」とは，免許と登録のことだよ．アマチュア局の場合は免許だよ．

無線局の免許がその効力を失うのは，次の場合があります．

① 免許人が無線局を廃止したとき（法 23 条）．

② 総務大臣から無線局の免許の取消しを受けたとき（法 76 条）．

③ 無線局の免許の有効期間が満了したとき（法 24 条）．

6 廃止に関する罰則（法 113，116 条）

① 第 78 条の規定に違反して，電波の発射を防止するために必要な措置を講じなかった者は，**30 万円以下の罰金**に処する．

② 第 24 条の規定に違反して，免許状を返納しない者は 30 万円以下の過料に処する．

「罰金」は司法処分の刑罰で，「過料」は行政処分だから行政上の制裁のことだよ．

Point

免許状の返納

無線局を廃止したとき，免許の取消しを受けたとき，有効期間が満了したときは無線局免許状を返納する．無線局の運用を休止したときや運用の停止を命ぜられたときは返納しない．

試験の直前 Check!

- □ **予備免許中の工事落成期限の変更** ≫ 申請．相当と認めるとき，工事落成期限の延長．
- □ **予備免許中の工事設計の変更** ≫ あらかじめ総務大臣の許可．周波数，電波の型式，空中線電力を変更しない．
- □ **予備免許中の指定の変更** ≫ 申請．識別信号，電波の型式，周波数，空中線電力，運用許容時間の変更．混信の除去その他特に必要を認めるとき変更．
- □ **予備免許中の通信の相手方等の変更** ≫ あらかじめ総務大臣の許可．通信の相手方，通信事項，設置場所の変更．
- □ **免許後の通信の相手方等の変更** ≫ あらかじめ総務大臣の許可．通信の相手方，通信事項，設置場所，無線設備の変更．
- □ **常置場所の変更** ≫ 変更したとき，速やかに，届け出．
- □ **指定事項の変更** ≫ 識別信号，電波の型式，周波数，空中線電力の変更，その旨を申請，混信の除去その他特に必要があるとき指定変更．
- □ **変更検査** ≫ 許可に係る無線設備，変更検査後に運用．登録に係る点検の結果を記載した書類提出：一部省略．
- □ **免許状の訂正，再交付** ≫ 氏名，無線局の種別及び局数，識別信号，免許の番号，訂正を受ける箇所及び理由，再交付は再交付を求める理由，を記載した申請書．総務大臣が職権による交付がある．交付後，遅滞なく，旧免許状を返す．

□ **免許が効力を失ったとき** ≫≫ 1箇月以内に免許状を返納．遅滞なく空中線の撤去．電波の発射を防止するために必要な措置を講じる．

国家試験問題

問題 1

次の記述は，アマチュア無線局の予備免許を受けた者が工事設計を変更しようとする場合等について述べたものである．電波法（第8条及び第9条）の規定に照らし，［　　］内に入れるべき最も適切な字句の組合せを下の1から4までのうちから一つ選べ．

① 総務大臣は，電波法第8条の予備免許を受けた者から［A］ときは，予備免許を与える際に指定した工事落成の期限を延長することができる．

② 電波法第8条の予備免許を受けた者は，工事設計を変更しようとするときは，あらかじめ［B］なければならない．ただし，総務省令で定める軽微な事項については，この限りでない．

③ ②の変更は，［C］に変更を来すものであってはならず，かつ，電波法第3章（無線設備）の技術基準に合致するものでなければならない．

	A	B	C
1	届出があった	総務大臣に届け出	周波数，電波の型式又は空中線電力
2	申請があった場合において，相当と認める	総務大臣の許可を受け	周波数，電波の型式又は空中線電力
3	届出があった	総務大臣の許可を受け	送信装置の発射可能な電波の型式及び周波数の範囲
4	申請があった場合において，相当と認める	総務大臣に届け出	送信装置の発射可能な電波の型式及び周波数の範囲

選択肢が四つで，穴あきがABCの三つある問題は，ABCの穴のうち二つに埋める字句が分かれば，たいてい答えが見つかるよ．正確に用語を覚えて答えれば一つ分からなくても大丈夫だよ．

問題 2

無線局の予備免許を受けた者が，総務省令で定める軽微な事項について工事設計を変更したときにとるべき措置に関する記述として，電波法（第 9 条）の規定に適合するものはどれか．下の 1 から 4 までのうちから一つ選べ．

1　電波法第 8 条の予備免許を受けた者は，総務省令で定める軽微な事項について工事設計を変更したときは，遅滞なくその旨を総務大臣に届け出なければならない．

2　電波法第 8 条の予備免許を受けた者は，総務省令で定める軽微な事項について工事設計を変更したときは，電波法第 10 条（落成後の検査）の検査に際しその旨を検査職員に申し出なければならない．

3　電波法第 8 条の予備免許を受けた者は，総務省令で定める軽微な事項について工事設計を変更したときは，総務省令で定めるところにより，その旨を総務大臣に申請し，その登録を受けなければならない．

4　電波法第 8 条の予備免許を受けた者は，総務省令で定める軽微な事項について工事設計を変更したときは，電波法第 10 条（落成後の検査）の検査が終了した後に交付される無線局検査結果通知書の所定の欄にその旨を記載しなければならない．

問題 3

無線局の無線設備の変更の工事（総務省令で定める軽微な事項を除く．）に関する次の記述のうち，電波法（第 17 条）の規定に照らし，この規定に定めるところに適合するものはどれか．下の 1 から 4 までのうちから一つ選べ．

1　免許人は，無線設備の変更の工事をしたときは，遅滞なくその旨を総務大臣に届け出なければならない．

2　免許人は，無線設備の変更の工事をしようとするときは，あらかじめその旨を総務大臣に届け出なければならない．

3　免許人は，無線設備の変更の工事をしようとするときは，あらかじめ総務大臣の許可を受けなければならない．

4　免許人は，無線設備の変更の工事をしたときは，その変更について電波法第 24 条の 2（検査等事業者の登録）第 1 項の登録を受けた者が行った点検の結果を記載した書類を総務大臣に提出しなければならない．

無線設備の変更の工事が無線設備の設置場所の変更になった問題も出るよ．答えは同じだよ．

問題4

次の記述は，予備免許中の変更について述べたものである．電波法（第8条及び第19条）の規定に照らし，［　　］内に入れるべき最も適切な字句を下の1から10までのうちからそれぞれ一つ選べ．

① 総務大臣は，予備免許を受けた者から［ア］があった場合において，相当と認めるときは，［イ］を［ウ］することができる．

② 総務大臣は，予備免許を受けた者が［エ］，電波の型式，周波数，空中線電力又は運用許容時間の指定の変更を申請した場合において，［オ］と認めるときは，その指定を変更することができる．

1	申請	2	届出
3	免許の有効期間	4	工事落成の期限
5	短縮	6	延長
7	識別信号	8	通信の相手方，通信事項
9	電波の規整その他公益上必要がある	10	混信の除去その他特に必要がある

問題5

次の記述は，無線局の免許人の申請による周波数等の変更について述べたものである．電波法（第19条）の規定に照らし，［　　］内に入れるべき最も適切な字句の組合せを下の1から4までのうちから一つ選べ．

総務大臣は，免許人が［A］又は運用許容時間の指定の変更を申請した場合において，［B］と認めるときは，その指定を変更することができる．

	A	B
1	識別信号，電波の型式，周波数，空中線電力	電波の規整その他公益上必要がある
2	識別信号，電波の型式，周波数，空中線電力	混信の除去その他特に必要がある
3	電波の型式，周波数，無線設備の設置場所	電波の規整その他公益上必要がある
4	電波の型式，周波数，無線設備の設置場所	混信の除去その他特に必要がある

問題6

次の記述は，アマチュア無線局の予備免許を受けた者が行う工事設計等の変更について述べたものである．電波法（第9条）の規定に照らし，［　　］内に入れるべき最も適切な字句の組合せを下の1から4までのうちから一つ選べ．

① 電波法第8条の予備免許を受けた者は，工事設計を変更しようとするときは，あらかじめ**総務大臣の許可を受け**なければならない．ただし，総務省令で定める軽微な事項については，この限りでない．

② ①の変更は，［A］に変更を来すものであってはならず，かつ，電波法第3章（無線設備）の技術基準に合致するものでなければならない．

③ 電波法第8条の予備免許を受けた者は，[B]を変更しようとするときは，あらかじめ**総務大臣の許可を受け**なければならない．

	A	B
1	周波数，電波の型式又は空中線電力	通信の相手方，通信事項又は無線設備の設置場所
2	周波数，電波の型式又は空中線電力	運用開始の予定期日
3	送信装置の発射可能な電波の型式及び周波数の範囲	通信の相手方，通信事項又は無線設備の設置場所
4	送信装置の発射可能な電波の型式及び周波数の範囲	運用開始の予定期日

太字は穴あきになった用語として，出題されたことがあるよ．

問題 7

次の記述は，アマチュア局の無線設備の常置場所の変更について述べたものである．電波法施行規則（第43条）の規定に照らし，[ ]内に入れるべき最も適切な字句の組合せを下の1から4までのうちから一つ選べ．

移動するアマチュア局の免許人は，その局の[A]ときは，できる限り速やかに，その旨を文書によって，総務大臣又は総合通信局長（沖縄総合通信事務所長を含む．）に[B]．

	A	B
1	無線設備の常置場所を変更した	届け出て検査を受けなければならない
2	無線設備の常置場所を変更した	届け出なければならない
3	無線設備の常置場所を変更しようとする	届け出て検査を受けなければならない
4	無線設備の常置場所を変更しようとする	届け出なければならない

移動する局は「常置場所」，
移動しない局は「設置場所」だよ．

問題8

次の記述は，無線局の変更検査について述べたものである．電波法（第18条）の規定に照らし，[　　]内に入れるべき最も適切な字句の組合せを下の1から4までのうちから一つ選べ．

① 電波法第17条（変更等の許可）第1項の規定により無線設備の設置場所の変更又は無線設備の変更の工事の許可を受けた免許人は，総務大臣の検査を受け，当該変更又は工事の結果が同条同項の許可の内容に適合していると認められた後でなければ，[A]を運用してはならない．ただし，総務省令で定める場合は，この限りでない．

② ①の検査は，①の検査を受けようとする者が，当該検査を受けようとする無線設備について登録検査等事業者（注1）又は登録外国点検事業者（注2）が総務省令で定めるところにより行った当該登録に係る[B]を記載した書類を総務大臣に提出した場合においては，[C]を省略することができる．

注1　電波法第24条の2（検査等事業者の登録）第1項の登録を受けた者をいう．
　2　電波法第24条の13（外国点検事業者の登録等）第1項の登録を受けた者をいう．

	A	B	C
1	許可に係る無線設備	検査の結果	当該検査
2	当該無線局の無線設備	検査の結果	その一部
3	当該無線局の無線設備	点検の結果	当該検査
4	許可に係る無線設備	点検の結果	その一部

問題9

無線局の免許状及び免許状の訂正に関する次の記述のうち，電波法（第14条）及び無線局免許手続規則（第22条）の規定に照らし，これらの規定に適合するものを1，適合しないものを2として解答せよ．

ア　総務大臣は，免許を与えたときは，免許状を交付する．

イ　免許人から免許状の訂正の申請があった場合において，総務大臣又は総合通信局長（沖縄総合通信事務所長を含む．以下ウ及びエにおいて同じ．）は，新たな免許状の交付による訂正を行うことがある．

ウ　免許人は，氏名又は住所に変更を生じたときは，免許状に記載された氏名又は住所を訂正し，その写しにこれらの変更の事実を証する書類を添えて総務大臣又は総合通信局長に届け出るものとする．

エ　総務大臣又は総合通信局長は，免許人からの免許状の訂正の申請による場合のほか，職権により免許状の訂正を行うことがある．

オ　免許人は，新たな免許状の交付を受けたときは，1箇月以内に旧免許状を返さなければならない．

電波法では「総務大臣」と規定されているけど，無線局免許手続規則などの規則では「総務大臣又は総合通信局長（沖縄総合通信事務所長を含む.）」と規定されていることがあるよ．権限が委任されているからだよ．

問題 10

無線局の免許状の訂正に関する次の記述のうち，電波法（第 21 条）の規定に適合するものはどれか．下の 1 から 4 までのうちから一つ選べ．

1　免許人は，免許状に記載した事項に変更を生じたときは，その免許状を訂正しておかなければならない．

2　免許人は，免許状に記載した事項に変更を生じたときは，その免許状を訂正するとともに，その旨を総務大臣に届け出なければならない．

3　免許人は，免許状に記載した事項に変更を生じたときは，その免許状を訂正するとともに，その事実を証する書面を添えてその旨を総務大臣に届け出なければならない．

4　免許人は，免許状に記載した事項に変更を生じたときは，その免許状を総務大臣に提出し，訂正を受けなければならない．

問題 11

次の記述は，アマチュア無線局の廃止等について述べたものである．電波法（第 22 条，第 23 条，第 24 条，第 78 条及び第 113 条）の規定に照らし，［　　］内に入れるべき正しい字句を下の 1 から 10 までのうちからそれぞれ一つ選べ．

① 免許人は，その無線局を**廃止する**ときは，［ア］なければならない．

② 免許人が無線局を廃止したときは，免許は，その効力を失う．

③ 免許がその効力を失ったときは，免許人であった者は，［イ］以内にその免許状を［ウ］しなければならない．

④ 無線局の免許がその効力を失ったときは，免許人であった者は，遅滞なく［エ］を撤去しなければならない．

⑤ ④に違反した者は，30 万円以下の［オ］に処する．

1	総務大臣の許可を受け	2	3 箇月	3	返納
4	送信装置	5	罰金	6	その旨を総務大臣に届け出
7	1 箇月	8	廃棄	9	空中線
10	過料				

問題 12

アマチュア無線局の廃止，免許状の返納及び電波の発射の防止に関する次の記述のうち，電波法（第22条，第23条，第24条及び第78条）の規定に照らし，これらの規定に定めるところに適合しないものはどれか．下の1から4までのうちから一つ選べ．

1　免許人は，その無線局を廃止するときは，あらかじめ総務大臣の許可を受けなければならない．
2　免許人が無線局を廃止したときは，免許は，その効力を失う．
3　無線局の免許がその効力を失ったときは，免許人であった者は，1箇月以内にその免許状を返納しなければならない．
4　無線局の免許がその効力を失ったときは，免許人であった者は，遅滞なく空中線の撤去その他の総務省令で定める電波の発射を防止するために必要な措置を講じなければならない．

「廃止するとき」と「廃止したとき」があるよ．

解説

1　免許人は，その無線局を**廃止するときは，その旨を総務大臣に届け出なければならない**．

太字は誤っている箇所を正しくしてあるよ．
次に出題されるときは正しい選択肢になっていることもあるよ．

解答

問題 1 →2　問題 2 →1　問題 3 →3
問題 4 →ア－1　イ－4　ウ－6　エ－7　オ－10　問題 5 →2
問題 6 →1　問題 7 →2　問題 8 →4
問題 9 →ア－1　イ－1　ウ－2　エ－1　オ－2　問題 10 →4
問題 11 →ア－6　イ－7　ウ－3　エ－9　オ－5　問題 12 →1

3 無線設備

3.1 用語の定義・電波の型式の表示 重要知識

出題項目 Check!

- □ 無線設備に関係する用語の定義
- □ 電波の型式を表示する記号
- □ 電波の型式ごとの空中線電力の表示

1 無線設備に関係する用語の定義（施2条）

① 「**送信設備**」とは，**送信装置と送信空中線系**とから成る電波を送る設備をいう．

② 「**送信装置**」とは，無線通信の送信のための**高周波エネルギーを発生する装置**及びこれに付加する装置をいう．

③ 「送信空中線系」とは，送信装置の発生する高周波エネルギーを空間へ輻（ふく）射する装置をいう．

④ 「**周波数の許容偏差**」とは，発射によって占有する周波数帯の**中央の周波数**の**割当周波数**からの許容することができる最大の偏差又は発射の**特性周波数**の基準周波数からの許容することができる最大の偏差をいい，**百万分率又はヘルツ**で表わす．

⑤ 「**占有周波数帯幅**」とは，その上限の**周波数を超えて**輻射され，及びその下限の**周波数未満において**輻射される平均電力がそれぞれ与えられた発射によって輻射される全平均電力の**0.5パーセント**に等しい上限及び下限の周波数帯幅をいう．

⑥ 「**必要周波数帯幅**」とは，与えられた発射の種別について，特定の条件のもとにおいて，使用される方式に必要な**速度及び質**で情報の伝送を確保するためにじゅうぶんな占有周波数帯幅の**最小値**をいう．この場合，**低減搬送波方式**の搬送波に相当する発射等**受信装置**の良好な動作に有用な発射は，これに含まれるものとする．

⑦ 「**スプリアス発射**」とは，**必要周波数帯外**における**1又は2以上の周波数**の電波の発射であって，そのレベルを情報の伝送に影響を与えないで低減することができるものをいい，**高調波発射**，**低調波発射**，**寄生発射**及び**相互変調積**を含み，帯域外発射を含まないものとする．

⑧ 「**帯域外発射**」とは，**必要周波数帯**に近接する周波数の電波の発射で情報の伝送のための変調の過程において生ずるものをいう．

⑨ 「**不要発射**」とは，スプリアス発射及び帯域外発射をいう．

2 電波の型式の表示（施4条の2）

電波の型式を次のように分類し，それぞれに掲げる記号をもって表示する．

		記号
1 主搬送波の変調の型式		記号
① 振幅変調	(1) 両側波帯	A
	(2) 残留側波帯	C
	(3) 全搬送波による単側波帯	H
	(4) 抑圧搬送波による単側波帯	J
	(5) 低減搬送波による単側波帯	R
② 角度変調	(1) 周波数変調	F
	(2) 位相変調	G
③ 同時に，又は一定の順序で振幅変調及び角度変調を行うもの		D
2 主搬送波を変調する信号の性質		記号
① デジタル信号である単一チャネルのもの		
	(1) 変調のための副搬送波を使用しないもの	1
	(2) 変調のための副搬送波を使用するもの	2
② アナログ信号である単一チャネルのもの		3
③ デジタル信号である2以上のチャネルのもの		7
④ アナログ信号である2以上のチャネルのもの		8
⑤ デジタル信号の1又は2以上のチャネルとアナログ信号の1又は2以上のチャネルを複合したもの		9
3 伝送情報の型式		記号
① 電信		
	(1) 聴覚受信を目的とするもの	A
	(2) 自動受信を目的とするもの	B
② ファクシミリ		C
③ データ伝送，遠隔測定又は遠隔指令		D
④ 電話（音響の放送を含む．）		E
⑤ テレビジョン（映像に限る．）		F
⑥ これらの組合せのもの		W

主搬送波の変調の型式は，周波数変調がFrequencyのFで，その次のGが位相変調だよ．伝送情報の型式は，ファクシミリがCで，テレビジョンがFだから注意してね．

電波型式の記号は無線局免許状に記載される記号ですが，アマチュア局の場合は，これらの記号のいくつかを一つにまとめた「2HA」などの記号が用いられます．

Point

電波の型式の表示例

A1A　振幅変調の両側波帯；デジタル信号の単一チャネルで変調のための副搬送波を使用しない；電信で聴覚受信を目的とするもの.

J3E　振幅変調の抑圧搬送波による単側波帯；アナログ信号の単一チャネル；電話（音響の放送を含む.）.

C3F　振幅変調の残留側波帯；アナログ信号の単一チャネル；テレビジョン（映像に限る.）.

R3E　振幅変調の低減搬送波の単側波帯；アナログ信号の単一チャネル；電話（音響の放送を含む.）.

F2B　周波数変調；デジタル信号の単一チャネルで変調のための副搬送波を使用する；電信で自動受信を目的とするもの.

F3E　周波数変調；アナログ信号の単一チャネル；電話（音響の放送を含む.）.

G1B　位相変調；デジタル信号の単一チャネルで変調のための副搬送波を使用しない；電信で自動受信を目的とするもの.

D7D　同時に，又は一定の順序で振幅変調及び角度変調を行う；デジタル信号である2以上のチャネル；データ伝送，遠隔測定又は遠隔指令.

3 空中線電力の表示（施4条の4）

アマチュア局の空中線電力は，電波の型式のうち電波の主搬送波の変調の型式及び主搬送波を変調する信号の性質によって，次に掲げる電力をもって表示する.

A1　尖(せん)頭電力
A3　平均電力
J　尖頭電力
F　平均電力

電波の型式のうちの1文字あるいは2文字で空中線電力の表示は決まるけど，試験問題では，A1はA1Aとして，JはJ3Eとして，FはF3Eとして，空中線電力の表示を答える問題が出題されるよ.

試験の直前 Check!

- □ **送信設備** ≫ 送信装置，送信空中線系，電波を送る設備.
- □ **送信装置** ≫ 高周波エネルギーを発生する装置，付加する装置.
- □ **周波数の許容偏差** ≫ 中央の周波数の割当周波数からの偏差，特性周波数の基準周波数からの偏差，百万分率又はヘルツで表す.

- □ **占有周波数帯幅** ≫ 上限の周波数を超えて輻射，下限の周波数未満において輻射，全平均電力の 0.5 パーセント．
- □ **必要周波数帯幅** ≫ 使用される方式に必要な速度及び質，情報の伝送を確保するためにじゅうぶんな占有周波数帯幅の最小値．受信装置に有用な発射を含む．
- □ **スプリアス発射** ≫ 必要周波数帯外における１又は２以上の周波数の電波の発射．情報の伝送に影響を与えないで低減．高調波発射，低調波発射，寄生発射，相互変調積を含み，帯域外発射を含まない．
- □ **帯域外発射** ≫ 必要周波数帯に近接する周波数の発射．変調の過程において生ずる．
- □ **不要発射** ≫ スプリアス発射及び帯域外発射．
- □ **変調の型式（電波型式）** ≫ 振幅変調，A：両側波帯，C：残留側波帯，H：全搬送波による単側波帯，J：抑圧搬送波による単側波帯，R：低減搬送波による単側波帯．角度変調，F：周波数変調，G：位相変調．D：振幅変調及び角度変調．
- □ **信号の性質（電波型式）** ≫ デジタル信号の単一チャネル，1：副搬送波を使用しない，2：副搬送波を使用する．3：アナログ信号の単一チャネル．7：デジタル信号である２以上のチャネル．
- □ **伝送情報の型式（電波型式）** ≫ 電信，A：聴覚受信，B：自動受信．C：ファクシミリ．D：データ伝送，遠隔測定又は遠隔指令．E：電話．F：テレビジョン．
- □ **空中線電力の表示** ≫ A1A：尖頭電力．A3E：平均電力．J3E：尖頭電力．F2A：平均電力．F3E：平均電力．

国家試験問題

問題１

次の記述は，「送信設備」及び「送信装置」の定義について述べたものである．電波法施行規則（第２条）の規定に照らし，［　　］内に入れるべき最も適切な字句の組合せを下の１から４までのうちから一つ選べ．

① 「送信設備」とは，［ A ］とから成る電波を送る設備をいう．

② 「送信装置」とは，無線通信の送信のための［ B ］をいう．

	A	B
1	送信装置と電源回路のしゃ断器等保護装置	高周波エネルギーを発生する装置及びこれに付加する装置
2	送信装置と電源回路のしゃ断器等保護装置	高周波エネルギーを発生する装置
3	送信装置と送信空中線系	高周波エネルギーを発生する装置及びこれに付加する装置
4	送信装置と送信空中線系	高周波エネルギーを発生する装置

空中線系は，アンテナと給電線などのことだよ．電波を送るには，送信機の送信装置と送信空中線系が必要だね．

問題 2

次の記述は,「周波数の許容偏差」等の定義である．電波法施行規則（第 2 条）の規定に照らし, ［　　］内に入れるべき最も適切な字句を下の 1 から 10 までのうちからそれぞれ一つ選べ.

① 「周波数の許容偏差」とは，発射によって占有する周波数帯の［ア］の周波数の［イ］からの許容することができる最大の偏差又は発射の**特性周波数**の**基準周波数**からの許容することができる最大の偏差をいい，百万分率又はヘルツで表す.

② 「占有周波数帯幅」とは，その上限の周波数を超えて輻射され，及びその下限の周波数未満において輻射される平均電力がそれぞれ与えられた発射によって輻射される全平均電力の［ウ］に等しい上限及び下限の周波数帯幅をいう.

③ 「必要周波数帯幅」とは，与えられた発射の種別について，特定の条件のもとにおいて，使用される方式に必要な［エ］情報の伝送を確保するために十分な占有周波数帯幅の［オ］をいう．この場合，**低減搬送波方式**の搬送波に相当する発射等**受信装置**の良好な動作に有用な発射は，これに含まれるものとする.

1	上限又は下限	2	割当周波数	3	0.5 パーセント	4	速度及び質で
5	最大値	6	中央	7	特性周波数	8	0.05 パーセント
9	量の	10	最小値				

太字は穴あきになった用語として，出題されたことがあるよ.

問題 3

次の記述は,「不要発射」,「スプリアス発射」及び「帯域外発射」の定義である．電波法施行規則（第 2 条）の規定に照らし，［　　］内に入れるべき最も適切な字句を下の 1 から 4 までのうちから一つ選べ.

① 「不要発射」とは，スプリアス発射及び帯域外発射をいう.

② 「スプリアス発射」とは，**必要周波数帯外**における［A］の周波数の電波の発射であって，そのレベルを情報の伝送に影響を与えないで低減することができるものをいい，［B］を含み，帯域外発射を含まないものとする.

③ 「帯域外発射」とは，必要周波数帯に近接する周波数の電波の発射で情報の伝送のための変調の過程において生ずるものをいう.

	A	B
1	2以上	高調波発射，低調波発射，寄生発射及び相互変調積
2	1又は2以上	高調波発射及び低調波発射
3	2以上	高調波発射及び低調波発射
4	1又は2以上	高調波発射，低調波発射，寄生発射及び相互変調積

問題４

次の表の各欄の記述は，それぞれ電波の型式の記号表示と主搬送波の変調の型式，主搬送波を変調する信号の性質及び伝送情報の型式に分類して表す電波の型式を示したものである．電波法施行規則（第4条の2）の規定に照らし，電波の型式の記号表示と電波の型式の内容が適合するものを下の表の1から4までのうちから一つ選べ．

区分／番号	電波の型式の記　号	電波の型式		
		主搬送波の変調の型式	主搬送波を変調する信号の性質	伝送情報の型式
1	J3E	振幅変調であって抑圧搬送波による単側波帯	アナログ信号である2以上のチャネルのもの	電話（音響の放送を含む．）
2	G2B	角度変調であって位相変調	デジタル信号である単一チャネルのものであって変調のための副搬送波を使用するもの	データ伝送，遠隔測定又は遠隔指令
3	A1A	振幅変調であって両側波帯	デジタル信号である単一チャネルのものであって変調のための副搬送波を使用しないもの	電信であって聴覚受信を目的とするもの
4	F7D	角度変調であって周波数変調	デジタル信号である2以上のチャネルのもの	ファクシミリ

信号の性質の記号で，デジタル信号である2以上のチャネルのものは7で，アナログ信号である2以上のチャネルのものは8だよ．

問題 5

次の表の各欄の記述は，それぞれ電波の型式の記号表示と主搬送波の変調の型式，主搬送波を変調する信号の性質及び伝送情報の型式に分類して表す電波の型式を示したものである．電波法施行規則（第 4 条の 2）の規定に照らし，電波の型式の記号表示と電波の型式の内容が適合しないものを下の表の 1 から 4 までのうちから一つ選べ．

区分 / 番号	電波の型式の記号	電波の型式		
		主搬送波の変調の型式	主搬送波を変調する信号の性質	伝送情報の型式
1	R3E	振幅変調であって低減搬送波による単側波帯	アナログ信号である単一チャネルのもの	電話（音響の放送を含む．）
2	F7D	角度変調であって周波数変調	アナログ信号である 2 以上のチャネルのもの	データ伝送，遠隔測定又は遠隔指令
3	G1B	角度変調であって位相変調	デジタル信号である単一チャネルのものであって変調のための副搬送波を使用しないもの	電信であって自動受信を目的とするもの
4	D3C	同時に，又は一定の順序で振幅変調及び角度変調を行うもの	アナログ信号である単一チャネルのもの	ファクシミリ

信号の情報で，アナログ信号で 2 以上のチャネルは 8 だよ．
7 はデジタル信号だよ．

第3章　無線設備

問題 6

次の表の各欄の記述は，それぞれ電波の型式の記号表示と主搬送波の変調の型式，主搬送波を変調する信号の性質及び伝送情報の型式に分類して表す電波の型式を示したものである．電波法施行規則（第4条の2）の規定に照らし，電波の型式の記号表示と電波の型式の内容が適合するものを1，適合しないものを2として解答せよ．

区分	電波の型式の記　号	電波の型式		
		主搬送波の変調の型式	主搬送波を変調する信号の性質	伝送情報の型式
ア	C3F	振幅変調であって残留側波帯	アナログ信号である単一チャネルのもの	ファクシミリ
イ	D7D	同時に，又は一定の順序で振幅変調及び角度変調を行うもの	デジタル信号である2以上のチャネルのもの	テレビジョン（映像に限る.）
ウ	F2A	角度変調であって周波数変調	アナログ信号である2以上のチャネルのもの	電信であって聴覚受信を目的とするもの
エ	G1B	角度変調であって位相変調	デジタル信号である単一チャネルのものであって変調のための副搬送波を使用しないもの	電信であって自動受信を目的とするもの
オ	H3E	振幅変調であって全搬送波による単側波帯	アナログ信号である単一チャネルのもの	電話（音響の放送を含む.）

伝送情報の型式の記号で，データ伝送はDだから覚えやすいけど，ファクシミリはCだから覚えにくいね．

解答

問題 1 →3　**問題 2** →ア－6　イ－2　ウ－3　エ－4　オ－10
問題 3 →4　**問題 4** →3　**問題 5** →2
問題 6 →ア－2　イ－2　ウ－2　エ－1　オ－1

3.2 電波の質・無線設備の条件

重要知識

出題項目 Check!

- □ 電波の質として定められている事項
- □ 周波数の安定のための条件，水晶発振子の条件
- □ 周波数測定装置の備え付けを要しない送信設備

1 電波の質（法 28 条）

送信設備に使用する電波の**周波数の偏差及び幅，高調波の強度等**電波の質は，総務省令で定めるところに適合するものでなければならない．

電波の周波数の偏差，電波の周波数の幅，高調波の強度等の許容値が総務省令の無線設備規則に定められています．

2 周波数の許容偏差（設 5 条）

送信設備に使用する電波の周波数の許容偏差は，別表第 1 号（抜粋）に定めるとおりとする．

別表第 1 号　周波数の許容偏差の表（抜粋）

周波数帯	無線局	周波数の許容偏差（百万分率）
9 kHz を超え 526.5 kHz 以下	アマチュア局	100
1,606.5 kHz を超え 4,000 kHz 以下 ～ 10.5 GHz を超え 134 GHz 以下	アマチュア局	500

「1,606.5 kHz を超え 4,000 kHz 以下」から「10.5 GHz を超え 134 GHz 以下」の間の省略した周波数帯について，アマチュア局の送信設備の周波数の許容偏差は同じ値です．

3 空中線電力の許容偏差（設 14 条）

空中線電力の許容偏差は，次の表（抜粋）の左欄に掲げる送信設備の区別に従い，それぞれ同表の右欄に掲げるとおりとする．

送信設備	許容偏差	
	上限（パーセント）	下限（パーセント）
アマチュア局の送信設備	20	

アマチュア局は下限が規定されてないんだよ.
電力は小さくした方が混信しなくていいね.

4 周波数の安定のための条件（設 15 条）

送信周波数は，外部の温度や電源の変動などのいろいろな条件によって変動しやすいので，周波数の安定のための条件が規定されています.

① 周波数をその**許容偏差内**に維持するため，送信装置は，できる限り**電源電圧又は負荷の変化**によって**発振周波数**に影響を与えないものでなければならない.
② 周波数をその**許容偏差内**に維持するため，発振回路の方式は，できる限り**外囲の温度若しくは湿度の変化**によって影響を受けないものでなければならない.
③ 移動するアマチュア局の送信装置は，実際上起こり得る**振動又は衝撃**によっても周波数をその**許容偏差内**に維持するものでなければならない.

5 水晶発振回路に使用する水晶発振子（設 16 条）

水晶発振回路に使用する水晶発振子は，周波数をその許容偏差内に維持するため，次の条件に適合するものでなければならない.
① 発振周波数が**当該送信装置の水晶発振回路**により又はこれと同一の条件の回路によりあらかじめ試験を行って決定されているものであること.
② 恒温槽を有する場合は，恒温槽は水晶発振子の**温度係数に応じて**その温度変化の許容値を正確に維持するものであること.

周囲温度が変化すると，水晶発振子を用いた発振回路の発振周波数は変化するよ.
恒温槽は周囲温度が変化しても水晶発振子を一定の温度に保つ部品だよ．水晶発振子の特性に合わせて温度変化を許容値に納める必要があるね.

6 周波数測定装置（法 31 条，施 11 条の3）

1　**周波数測定装置の備え付け（法 31 条）**

総務省令で定める送信設備には，その誤差が使用周波数の**許容偏差の２分の１以下**である周波数測定装置を備え付けなければならない．

2　**周波数測定装置を備え付ける無線設備（施 11 条の３）**

法第 31 条の総務省令で定める送信設備は，次に掲げる送信設備以外のものとする．

① **26.175 MHz を超える**周波数の電波を利用するもの

② 空中線電力 **10 ワット以下**のもの

③ 法第 31 条に規定する周波数測定装置を備え付けている相手方の無線局によってその使用電波の周波数が測定されることとなっているもの

④ 当該送信設備の無線局の免許人が別に備え付けた法第 31 条に規定する周波数測定装置をもってその使用電波の周波数を随時測定し得るもの

⑤ アマチュア局の送信設備であって，当該設備から発射される電波の**特性周波数**を **0.025 パーセント以内**の誤差で測定することにより，その電波の占有する周波数帯幅が，当該無線局が動作することを許される周波数帯内にあることを確認することができる装置を備え付けているもの

⑥ その他総務大臣が別に告示するもの

アマチュア局が動作することを許される周波数帯の上下の周波数を確認することができる装置には，マーカ発振器などがあるよ．

試験の直前 Check!

- □ **電波の質** ≫ 周波数の偏差，幅，高調波の強度等．
- □ **周波数の許容偏差** ≫ 9 kHz を超え 526.5 kHz 以下：100（百万分率），それ以外の周波数帯：500（百万分率）
- □ **空中線電力の許容偏差** ≫ 上限 20 パーセント，下限は規定されていない．
- □ **送信装置（周波数安定の条件）** ≫ 許容偏差内に維持．電源電圧，負荷の変化，発振周波数に影響を与えない．
- □ **発振回路（周波数安定の条件）** ≫ 許容偏差内に維持．外囲の温度，湿度の変化，影響を受けない．
- □ **移動するアマチュア局（周波数安定の条件）** ≫ 許容偏差内に維持．振動又は衝撃．
- □ **水晶発振子** ≫ 当該送信装置の水晶発振回路，同一の条件の回路，あらかじめ試験．恒温槽は水晶発振子の温度係数に応じて許容値に維持．
- □ **周波数測定装置** ≫ 誤差が許容偏差の 2 分の 1 以下．
- □ **周波数測定装置を要しない** ≫ 26.175 MHz を超える．空中線電力 10 ワット以下．相

第3章 無線設備

手方の無線局，免許人の別の無線局が測定．特性周波数を0.025パーセント以内の誤差で測定することにより許された周波数帯内を確認．

国家試験問題

問題 1

電波の質に関する記述として，電波法（第28条）の規定に適合するものはどれか．下の1から4までのうちから一つ選べ．

1　送信設備に使用する電波の周波数の安定度及び幅，空中線電力の許容偏差等電波の質は，総務省令で定めるところに適合するものでなければならない．

2　送信設備に使用する電波の周波数の安定度，空中線電力の許容偏差等電波の質は，総務省令で定めるところに適合するものでなければならない．

3　送信設備に使用する電波の周波数の偏差及び幅，高調波の強度等電波の質は，総務省令で定めるところに適合するものでなければならない．

4　送信設備に使用する電波の周波数の偏差及び安定度等電波の質は，総務省令で定めるところに適合するものでなければならない．

電波の質は，周波数の偏差及び幅，高調波の強度等の三つだよ．

問題 2

次の記述は，電波の質について述べたものである．電波法（第28条）の規定に照らし，□内に入れるべき最も適切な字句の組合せを下の1から4までのうちから一つ選べ．

送信設備に使用する電波の［A］及び［B］，［C］の強度等電波の質は，総務省令で定めるところに適合するものでなければならない．

	A	B	C
1	変調度	歪（ひずみ）率	高調波
2	周波数の偏差	歪（ひずみ）率	帯域外発射
3	周波数の偏差	幅	高調波
4	変調度	幅	帯域外発射

問題 3

次の記述は，周波数の許容偏差について述べたものである．電波法施行規則（第2条）及び無線設備規則（第5条及び別表第1号）の規定に照らし，□内に入れるべき最も適切な字句の組合せを下の1から4までのうちから一つ選べ．

① 「周波数の許容偏差」とは，発射によって占有する周波数帯の中央の周波数の割当周波数からの許容することができる最大の偏差又は発射の［A］の基準周波数からの許容することができる最大の偏差をいい，［B］で表す．

② 4 MHz を超え 29.7 MHz 以下の周波数の電波を使用するアマチュア局の送信設備に使用する電波の周波数の許容偏差は［C］とする．

	A	B	C
1	搬送周波数	100万分率	100万分の500
2	搬送周波数	100万分率又はヘルツ	100万分の50
3	特性周波数	100万分率	100万分の50
4	特性周波数	100万分率又はヘルツ	100万分の500

アマチュア局の送信設備の周波数の許容偏差は，9 kHz を超え 526.5 kHz が 100万分の100で，それ以外の周波数は100万分の500だよ．

問題 4

送信装置の周波数の安定のための条件に関する次の記述のうち，無線設備規則（第15条）の規定に照らし，この規定に定めるところに適合しないものはどれか．下の1から4までのうちから一つ選べ．

1 周波数をその許容偏差内に維持するため，送信装置は，できる限り電源電圧又は負荷の変化によって発振周波数に影響を与えないものでなければならない．

2 周波数をその許容偏差内に維持するため，発振回路の方式は，できる限り外囲の温度又は湿度の変化によって影響を受けないものでなければならない．

3 移動局（移動するアマチュア局を含む．）の発振回路は，できる限り外部の水滴及び粉じんの侵入によって発振周波数が影響を受けないものでなければならない．

4 移動局（移動するアマチュア局を含む．）の送信装置は，実際上起こり得る振動又は衝撃によっても周波数をその許容偏差内に維持するものでなければならない．

振動又は衝撃は，周波数の偏差に影響するけど，水滴及び粉じんの侵入はほぼ影響ないよ．

問題５

アマチュア局の送信設備の空中線電力の許容偏差に関する次の記述のうち，無線設備規則（第14条）の規定に照らし，この規定に定めるところに適合するものはどれか．下の1から4までのうちから一つ選べ．

1　アマチュア局の送信設備の空中線電力の許容偏差は，上限50パーセントとする．
2　アマチュア局の送信設備の空中線電力の許容偏差は，上限40パーセントとする．
3　アマチュア局の送信設備の空中線電力の許容偏差は，上限30パーセントとする．
4　アマチュア局の送信設備の空中線電力の許容偏差は，上限20パーセントとする．

問題６

次の記述は，送信装置の周波数の安定のための条件について述べたものである．無線設備規則（第15条）の規定に照らし，□内に入れるべき最も適切な字句を下の1から10までのうちからそれぞれ一つ選べ．なお，同じ記号の□内には，同じ字句が入るものとする．

①　周波数をその［ア］内に維持するため，送信装置は，できる限り［イ］によって［ウ］に影響を与えないものでなければならない．
②　周波数をその［ア］内に維持するため，発振回路の方式は，できる限り［エ］によって影響を受けないものでなければならない．
③　移動局（移動するアマチュア局を含む．）の送信装置は，実際上［オ］によっても周波数をその［ア］内に維持するものでなければならない．

1	基準周波数	2	許容偏差
3	負荷電流の変動	4	電源電圧又は負荷の変化
5	外囲の気圧又は温度の変化	6	変調周波数
7	発振周波数	8	加えられる加速度の変動
9	外囲の温度又は湿度の変化	10	起り得る振動又は衝撃

送信装置と電源電圧又は負荷，発振回路と温度又は湿度，移動局と振動又は衝撃の組合せを間違えないようにね．

問題 7

次の記述は，周波数測定装置の備付けについて述べたものである．電波法（第 31 条）及び電波法施行規則（第 11 条の 3）の規定に照らし，[　　]内に入れるべき最も適切な字句を下の 1 から 10 までのうちからそれぞれ一つ選べ．

① 総務省令で定める送信設備には，その誤差が使用周波数の許容偏差の[ア]以下である周波数測定装置を備え付けなければならない．

② ①の総務省令で定める送信設備は，次の (1) から (5) までに掲げる送信設備以外のものとする．

(1) [イ]周波数の電波を利用するもの

(2) 空中線電力[ウ]以下のもの

(3) ①の周波数測定装置を備え付けている相手方の無線局によってその使用電波の周波数が測定されることとなっているもの

(4) 当該送信設備の無線局の免許人が別に備え付けた①の周波数測定装置をもってその使用電波の周波数を随時測定し得るもの

(5) アマチュア局の送信設備であって，当該設備から発射される電波の[エ]を[オ]以内の誤差で測定することにより，その電波の占有する周波数帯幅が，当該無線局が動作することを許される周波数帯内にあることを確認することができる装置を備え付けているもの

1	2 分の 1	2	4 分の 1	3	26.175 MHz 以下の
4	26.175 MHz を超える	5	20 ワット	6	10 ワット
7	0.025 パーセント	8	0.25 パーセント	9	割当周波数
10	特性周波数				

アマチュア局の周波数の許容偏差は 100 万分の 500 だけど，それは 0.05 パーセントのことだよ．その2分の1が0.025パーセントだね．特性周波数は容易に識別し，かつ，測定することのできる周波数のことで，割当周波数は周波数帯（バンド）の中央の周波数だよ．

第3章 無線設備

問題8

次の記述は，送信装置の水晶発振回路に使用する水晶発振子について述べたものである．無線設備規則（第16条）の規定に照らし，[　　]内に入れるべき最も適切な字句の組合せを下の1から4までのうちから一つ選べ．

水晶発振回路に使用する水晶発振子は，周波数をその許容偏差内に維持するため，次の条件に適合するものでなければならない．

(1) 発振周波数が[A]の水晶発振回路により又はこれと同一の条件の回路によりあらかじめ試験を行って決定されているものであること．

(2) 恒温槽を有する場合は，恒温槽は水晶発振子の[B]維持するものであること．

	A	B
1	当該送信装置	発振周波数を一定に
2	当該送信装置	温度係数に応じてその温度変化の許容値を正確に
3	試験用	発振周波数を一定に
4	試験用	温度係数に応じてその温度変化の許容値を正確に

解答

問題1 →3　問題2 →3　問題3 →4　問題4 →3　問題5 →4

問題6 →ア－2　イ－4　ウ－7　エ－9　オ－10

問題7 →ア－1　イ－4　ウ－6　エ－10　オ－7　問題8 →2

3.3 送信装置の条件・安全施設・受信設備の条件 重要知識

出題項目 Check!

- □ 変調の条件
- □ 空中線の型式，構成，指向特性の条件
- □ 無線設備の安全施設の条件
- □ 電波の強度に対する安全施設の条件と適用が除外される設備
- □ 高圧電気の意義と高圧電気の機器，空中線等の条件
- □ 避雷器，接地装置を設ける設備とその条件
- □ 受信設備の条件

1 通信速度（設 17 条）

アマチュア局の送信装置は，通常使用する通信速度でできる限り安定に動作するものでなければならない．

2 変調の条件（設 18 条）

① 送信装置は，**音声その他の周波数**によって搬送波を変調する場合には，変調波の**尖**（せん）**頭値**において（±）**100 パーセントを超えない**範囲に維持されるものでなければならない．
② アマチュア局の送信装置は，通信に秘匿性を与える機能を有してはならない．

秘匿性を与える機能を有するというのは，交信相手以外のアマチュア局が受信しても通信内容が分からない秘話装置などを使うことだよ．

3 送信空中線の条件（設 20，22 条）

1　型式及び構成の条件（設 20 条）

送信空中線の型式及び構成は，次の各号に適合するものでなければならない．

① 空中線の**利得及び能率**がなるべく大であること．
② **整合**が十分であること．
③ **満足な指向特性**が得られること．

2　**指向特性（設 22 条）**

空中線の指向特性は，次に掲げる事項によって定める．

① **主輻射方向**及び副輻射方向

② **水平面の主輻射の角度の幅**

③ 空中線を設置する位置の近傍にあるものであって**電波の伝わる方向を乱すもの**

④ **給電線よりの輻射**

4　安全施設等（法 30 条，施 21 条の３，22 ～ 25 条）

1　**安全性の確保（法 30 条）**

無線設備には，**人体に危害を及ぼし，又は物件に損傷を与える**ことがないように，総務省令で定める施設をしなければならない．

2　**電波の強度に対する安全施設（施 21 条の３）**

① 無線設備には，当該無線設備から発射される電波の強度（**電界強度，磁界強度，電力束密度及び磁束密度**をいう．）が別表第２号の３の２に**定める値を超える場所**（**人が通常，集合し，通行し，その他出入りする場所に限る．**）に**取扱者**のほか容易に出入りすることができないように，施設をしなければならない．ただし，次の各号に掲げる無線局の無線設備については，この限りではない．

(1) 平均電力が **20 ミリワット以下**の無線局の無線設備

(2) **移動する無線局**の無線設備

(3) 地震，台風，洪水，津波，雪害，火災，暴動その他**非常の事態が発生し，又は発生するおそれがある場合**において，臨時に開設する無線局の無線設備

(4) 前３号（(1) から (3)）に掲げるもののほか，この規定を適用することが不合理であるものとして総務大臣が別に告示する無線局の無線設備

② 前項（①）の電波の強度の算出方法及び測定方法については，総務大臣が別に告示する．

3　**高圧電気に対する安全施設（施 22，23，24，25 条）**

① 高圧電気（**高周波若しくは交流の電圧 300 ボルト**又は**直流の電圧 750 ボルト**を超える電気をいう．）を使用する電動発電機，変圧器，ろ波器，整流器その他の機器は，**外部より容易にふれることができないように，絶縁しゃへい体**又は**接地された金属しゃへい体**の内に収容しなければならない．但し，取扱者のほか出入できないように設備した場所に装置する場合は，この限りでない．

② 送信設備の各単位装置相互間をつなぐ電線であって高圧電気を通ずるものは，線溝若しくは丈夫な絶縁体又は接地された金属しゃへい体の内に収容しなければならない．但し，取扱者のほか出入できないように設備した場所に装置する場合は，この限りでない．

③　送信設備の調整盤又は外箱から露出する電線に高圧電気を通ずる場合においては，その電線が絶縁されているときであっても，電気設備に関する技術基準を定める省令の規定するところに準じて保護しなければならない．

④　送信設備の空中線，給電線若しくはカウンターポイズであって高圧電気を通ずるものは，その高さが人の歩行その他起居する平面から**2.5メートル以上**のものでなければならない．但し，次の各号の場合は，この限りでない．

(1) **2.5メートルに満たない高さ**の部分が，**人体に容易に触れない構造**である場合又は**人体が容易に触れない位置**にある場合

(2) **移動局**であって，その移動体の構造上困難であり，且つ，**無線従事者以外の者が出入しない**場所にある場合

④に規定する「起居する平面」や「無線従事者以外の者が出入しない」移動局は，船舶にある無線局のことだね．

5　保安施設等（施26条，設9条）

1　空中線等の保安施設（施26条）

無線設備の**空中線系**には**避雷器又は接地装置**を，また，カウンターポイズには**接地装置**をそれぞれ設けなければならない．ただし，**26.175MHzを超える周波数**を使用する無線局の無線設備及び陸上移動局又は携帯局の無線設備の空中線については，この限りでない．

2　保護装置（設9条）

無線設備の電源回路には，ヒューズ又は自動しゃ断器を装置しなければならない．但し，負荷電力10ワット以下のものについては，この限りでない．

6　受信設備の条件（法29条，設24，25条）

1　受信設備は，その**副次的に発する電波又は高周波電流**が，総務省令で定める限度を超えて**他の無線設備の機能に支障を与える**ものであってはならない．

2　法第29条に規定する**副次的に発する電波**が**他の無線設備の機能に支障**を与えない限度は，受信空中線と**電気的常数の等しい擬似空中線回路**を使用して測定した場合に，その回路の電力が**4ナノワット**以下でなければならない．

3　受信設備は，なるべく次の各号に適合するものでなければならない．

①　**内部雑音**が小さいこと．

②　**感度**が十分であること．

③　選択度が適正であること.
④　了解度が十分であること.

試験の直前 Check!

- □ **変調** ≫ 音声その他の周波数，尖頭値，（±）100 パーセント超えない.
- □ **空中線の型式，構成** ≫ 利得及び能率が大．整合が十分．満足な指向特性.
- □ **指向特性** ≫ 主輻射方向，副輻射方向．水平面の主輻射角度の幅．近傍で電波の伝わる方向を乱す．給電線よりの輻射.
- □ **総務省令で定める施設** ≫ 人体に危害を及ぼし，物件に損傷を与えることがない.
- □ **電波の強度** ≫ 電界強度，磁界強度，電力束密度，磁束密度.
- □ **電波の強度に対する安全施設** ≫ 規定値を超える，人が通常，集合，通行，出入する場所，取扱者のほか容易に出入りすることができないように施設.
- □ **電波の強度に対する安全施設適用外** ≫ 平均電力 20 ミリワット以下．移動する無線局．非常の事態が発生，発生するおそれがある場合，臨時に開設.
- □ **高圧電気** ≫ 高周波，交流の電圧 300 ボルト，直流の電圧 750 ボルトを超える.
- □ **高圧電気の機器** ≫ 電動発電機，変圧器，ろ波器，整流器その他の機器．絶縁しゃへい体，接地された金属しゃへい体の内に収容．取扱者のほか出入できない場合はこの限りでない.
- □ **高圧電気の空中線，給電線，カウンターポイズ** ≫ 2.5 メートル以上．限りでないのは，2.5 メートルに満たない高さの部分が人体に容易に触れない，人体が容易に触れない位置，移動体の構造上困難で無線従事者以外出入しない.
- □ **避雷器，接地装置** ≫ 空中線系に避雷器又は接地装置．カウンターポイズに接地装置．26.175 MHz を超える周波数はこの限りでない.
- □ **副次的に発する電波，高周波電流** ≫ 他の無線設備の機能に支障を与えない.
- □ **副次的に発する電波の限度** ≫ 受信空中線と電気的定数が等しい擬似空中線回路使用．4ナノワット以下.
- □ **受信設備** ≫ 内部雑音が小．感度が十分．選択度が適正．了解度が十分.

国家試験問題

問題 1

次の記述は，送信装置の変調について述べたものである．無線設備規則（第18条）の規定に照らし，[　　]内に入れるべき最も適切な字句の組合せを下の1から4までのうちから一つ選べ．

送信装置は，[A]によって搬送波を変調する場合には，変調波の[B]において[C]パーセントを超えない範囲に維持されるものでなければならない．

	A	B	C
1	音声その他の周波数	尖(せん)頭値	（±）100
2	音声その他の周波数	平均値	（±）90
3	音声	平均値	（±）100
4	音声	尖(せん)頭値	（±）90

問題 2

次に掲げる送信空中線に関する事項のうち，送信空中線の型式及び構成が適合しなければならない条件に該当しないものはどれか．無線設備規則（第20条）の規定に照らし，下の1から4までのうちから一つ選べ．

1　空中線の利得及び能率がなるべく大であること．
2　空中線の周波数帯域がなるべく大であること．
3　満足な指向特性が得られること．
4　整合が十分であること．

問題3

次の記述は，送信空中線の型式及び構成について述べたものである．無線設備規則（第20条）の規定に照らし，[　　]内に入れるべき最も適切な字句の組合せを下の1から4までのうちから一つ選べ．

送信空中線の型式及び構成は，次の(1)から(3)までに適合するものでなければならない．

(1) 空中線の[A]がなるべく大であること．
(2) [B]が十分であること．
(3) 満足な[C]が得られること．

	A	B	C
1	風圧荷重強度	整合	電界強度
2	利得及び能率	整合	指向特性
3	風圧荷重強度	耐久性	指向特性
4	利得及び能率	耐久性	電界強度

問題4

空中線の指向特性を定める次の事項のうち，無線設備規則（第22条）の規定に照らし，この規定に定めるところに該当しないものはどれか．下の1から4までのうちから一つ選べ．

1　主輻（ふく）射方向及び副輻（ふく）射方向
2　水平面の主輻（ふく）射の角度の幅
3　空中線を設置する位置の近傍にあるものであって電波の伝わる方向を乱すもの
4　空中線の利得及び能率

利得及び能率は空中線の特性を表すけど，指向特性じゃないよ．

もう一つの正しい事項に，「給電線よりの輻射」があるよ．正しい選択肢として出題されたことがあるよ．

問題 5

無線設備の安全施設に関する次の記述のうち，電波法（第 30 条）の規定に照らし，この規定に定めるところに適合するものはどれか．下の 1 から 4 までのうちから一つ選べ．

1　無線設備のうち送信装置は，強制空冷機能その他総務省令で定める機能を有するものでなければならない．

2　無線設備には，他の電気的設備から当該無線設備の機能に障害を受けることがないように，静電誘導作用又は電磁誘導作用による破損を防止するための装置その他総務省令で定める装置を備えなければならない．

3　無線設備には，人体に危害を及ぼし，又は物件に損傷を与えることがないように，総務省令で定める施設をしなければならない．

4　無線設備の電源回路には，ヒューズ又は自動しゃ断器を装置しなければならない．ただし，負荷電力 50 ワット以下のものについては，この限りでない．

この問題は電波法の規定だよ．電波法では装置の詳細なことはあまり規定されていないよ．

問題 6

次の記述は，無線設備の安全施設について述べたものである．電波法（第 30 条）の規定に照らし，[　　]内に入れるべき最も適切な字句を下の 1 から 4 までのうちから一つ選べ．

無線設備には，[　　]ことがないように，総務省令で定める施設をしなければならない．

1　電磁環境に影響を与える

2　他の電気的設備の機能に障害を与える

3　他の無線設備の機能に重大な障害を与える

4　人体に危害を及ぼし，又は物件に損傷を与える

問題７

送信設備の空中線，給電線又はカウンターポイズであって高圧電気(注)を通ずるものは，その高さが人の歩行その他起居する平面から2.5メートル以上のものでなければならないが，これによらないことができる場合として，電波法施行規則（第25条）に規定されているものを１，規定されていないものを２として解答せよ．

注　高周波若しくは交流の電圧300ボルト又は直流の電圧750ボルトをこえる電気をいう．

ア　無線従事者以外の者が立ち入らないよう警告書を掲示している場合

イ　2.5メートルに満たない高さの部分が，人体に容易にふれない構造である場合

ウ　2.5メートルに満たない高さの部分が，人体が容易にふれない位置にある場合

エ　2.5メートルに満たない高さの部分が，容易に識別できるよう赤色灯で照明されている場合

オ　移動局であって，その移動体の構造上困難であり，かつ，無線従事者以外の者が出入しない場所にある場合

選択肢オの移動局は船舶局などのことだよ．一般に自動車などの陸上移動局やアマチュア局では，無線従事者しか出入りしない場所はないよね．

問題８

次の記述は，高圧電気に対する安全施設について述べたものである．電波法施行規則（第22条）の規定に照らし，[　　]内に入れるべき最も適切な字句を下の１から10までのうちからそれぞれ一つ選べ．

高圧電気（高周波若しくは交流の電圧[ア]又は直流の電圧[イ]を超える電気をいう．）を使用する電動発電機，変圧器，ろ波器，整流器その他の機器は，[ウ]，絶縁しゃへい体又は[エ]の内に収容しなければならない．ただし，[オ]のほか出入できないように設備した場所に装置する場合は，この限りでない．

1　400ボルト	2　850ボルト	3　750ボルト
4　金属しゃへい体	5　物件に損傷を与えないように	6　300ボルト
7　無線従事者	8　取扱者	
9　接地された金属しゃへい体	10　外部より容易にふれることができないように	

300ボルト，750ボルトを超える，だよ．数値に注意してね．金属のしゃへい体に電気が漏れたとき，その金属を接地していないと感電しちゃうよ．

第3章　無線設備

問題 9

次の記述は，電波の強度に対する安全施設について述べたものである．電波法施行規則（第 21 条の 3）の規定に照らし，[　　]内に入れるべき最も適切な字句を下の 1 から 10 までのうちからそれぞれ一つ選べ．なお，同じ記号の[　　]内には，同じ字句が入るものとする．

① 無線設備には，当該無線設備から発射される電波の強度（[ア]，電力束密度及び磁束密度をいう．以下同じ．）が電波法施行規則別表第 2 号の 3 の 2（電波の強度の値の表）に定める値を超える[イ]（人が通常，集合し，通行し，その他出入りする[イ]に限る．）に[ウ]のほか容易に出入りすることができないように，施設をしなければならない．ただし，次の（1）から（4）までに掲げる無線局の無線設備については，この限りではない．

(1) 平均電力が[エ]の無線局の無線設備

(2) [オ]の無線設備

(3) 地震，台風，洪水，津波，雪害，火災，暴動その他非常の事態が発生し，又は発生するおそれがある場合において，臨時に開設する無線局の無線設備

(4) (1) から (3) までに掲げるもののほか，この規定を適用することが不合理であるものとして総務大臣が別に告示する無線局の無線設備

② ①の電波の強度の算出方法及び測定方法については，総務大臣が別に告示する．

1 電気量，磁気量	2 区域	3 無線従事者
4 50 ミリワット以下	5 20 ミリワット以下	6 電界強度，磁界強度
7 場所	8 取扱者	9 移動する無線局
10 標準周波数局		

選択肢アからオの穴に入る字句は，同じ種類の二つから一つだよ．あらかじめ分けてから答えを見つけてね．二つずつに分けると，1と6，2と7，3と8，4と5，9と10だね．

問題 10

次の記述は，高圧電気に対する安全施設について述べたものである．電波法施行規則（第 25 条）の規定に照らし，［　　］内に入れるべき最も適切な字句の組合せを下の 1 から 4 までのうちから一つ選べ．なお，同じ記号の［　　］内には，同じ字句が入るものとする．

送信設備の空中線，給電線又はカウンターポイズであって高圧電気（高周波若しくは交流の電圧 300 ボルト又は直流の電圧［ A ］を超える電気をいう．）を通ずるものは，その高さが人の歩行その他起居する平面から［ B ］以上のものでなければならない．ただし，次の (1) 及び (2) の場合は，この限りでない．

(1) ［ B ］に満たない高さの部分が，人体に容易に触れない構造である場合又は人体が容易に触れない位置にある場合

(2) 移動局であって，その移動体の構造上困難であり，かつ，［ C ］以外の者が出入しない場所にある場合

	A	B	C
1	750 ボルト	2.5 メートル	無線従事者
2	350 ボルト	2.5 メートル	取扱者
3	750 ボルト	3.5 メートル	取扱者
4	350 ボルト	3.5 メートル	無線従事者

問題 11

次の記述は，空中線等の保安施設について述べたものである．電波法施行規則（第 26 条）の規定に照らし，［　　］内に入れるべき最も適切な字句の組合せを下の 1 から 4 までのうちから一つ選べ．

無線設備の**空中線系**には［ A ］を，また，カウンターポイズには［ B ］をそれぞれ設けなければならない．ただし，**26.175 MHz を超える周波数を使用する無線局の無線設備**及び陸上移動局又は携帯局の無線設備の空中線については，この限りでない．

	A	B
1	避雷器及び接地装置	避雷器
2	避雷器又は接地装置	避雷器
3	避雷器又は接地装置	接地装置
4	避雷器及び接地装置	接地装置

太字は穴あきになった用語として，出題されたことがあるよ．

カウンターポイズは，大地に接地する代わりに大地と水平に張る導線のことだよ．

問題 12

次の記述は，受信設備の条件について述べたものである．電波法（第29条）及び無線設備規則（第24条及び第25条）の規定に照らし，[　　]内に入れるべき最も適切な字句の組合せを下の1から4までのうちから一つ選べ．

① 受信設備は，その**副次的に発する電波**又は高周波電流が，総務省令で定める限度を超えて**他の無線設備の機能に支障**を与えるものであってはならない．

② ①に規定する**副次的に発する電波**が**他の無線設備の機能に支障**を与えない限度は，[A]と**電気的常数**の等しい**擬似空中線回路**を使用して測定した場合に，その回路の電力が[B]以下でなければならない．ただし，無線設備規則第24条（副次的に発する電波等の限度）第2項以下の規定において，別に定めのある場合は，その定めるところによるものとする．

③ その他の条件として受信設備は，なるべく次の(1)から(4)までに適合するものでなければならない．

(1) 内部雑音が小さいこと．

(2) 感度が十分であること．

(3) 選択度が適正であること．

(4) [C]が十分であること．

	A	B	C
1	等方性空中線	4ナノワット	周波数安定度
2	受信空中線	4ナノワット	了解度
3	等方性空中線	10ナノワット	了解度
4	受信空中線	10ナノワット	周波数安定度

受信設備から発する電波を測定するから，使うのは受信空中線と電気的常数の等しい擬似空中線回路だね．

解答

問題 1 →1　**問題 2** →2　**問題 3** →2　**問題 4** →4　**問題 5** →3
問題 6 →4　**問題 7** →ア－2　イ－1　ウ－1　エ－2　オ－1
問題 8 →ア－6　イ－3　ウ－10　エ－9　オ－8
問題 9 →ア－6　イ－7　ウ－8　エ－5　オ－9　**問題 10** →1
問題 11 →3　**問題 12** →2

4 無線従事者

4.1 資格・操作範囲・無線従事者免許証（重要知識）

出題項目 Check!

- □ 無線従事者の免許を与えない場合
- □ 無線従事者が業務に従事しているときの免許証について
- □ 免許証の再交付を受ける場合と手続き
- □ 免許証を返納する場合と手続き

1 無線従事者の資格と操作範囲（法39条の13）

アマチュア無線局の無線設備の操作は，第40条の定めるところにより，無線従事者でなければ行ってはならない．ただし，外国において同条第1項第五号に掲げる資格に相当する資格として総務省令で定めるものを有する者が総務省令で定めるところによりアマチュア無線局の無線設備の操作を行うとき，その他総務省令で定める場合は，この限りでない．

用語

「無線設備の操作」は，機器のスイッチを切り替えるなどの技術操作と，モールス符号を送ることや話をするなどの通信操作がある．アマチュア局の無線設備の操作は，そのどちらの操作も無線従事者でなければ行うことができない．

2 操作範囲（施行令3条）

次の表の左欄に掲げる資格の無線従事者は，それぞれ同表の右欄に掲げる無線設備の操作を行うことができます．

表4.1　各級アマチュア無線技士の資格と操作範囲

資　格	操作範囲
第一級アマチュア無線技士	アマチュア無線局の無線設備の操作
第二級アマチュア無線技士	アマチュア無線局の空中線電力200ワット以下の無線設備の操作
第三級アマチュア無線技士	アマチュア無線局の空中線電力50ワット以下の無線設備で18メガヘルツ以上又は8メガヘルツ以下の周波数の電波を使用するものの操作
第四級アマチュア無線技士	アマチュア無線局の無線設備で次に掲げるものの操作（モールス符号による通信操作を除く.） ①　空中線電力10ワット以下の無線設備で21メガヘルツから30メガヘルツまで又は8メガヘルツ以下の周波数の電波を使用するもの ②　空中線電力20ワット以下の無線設備で30メガヘルツを超える周波数の電波を使用するもの

 3 無線従事者の免許（法41条，従46条）

1　無線従事者になろうとする者は，総務大臣の免許を受けなければならない.

2　無線従事者の免許は，次の各号のいずれかに該当する者でなければ，受けることができない.

① 資格別に行う無線従事者国家試験に合格した者

② 第二級，第三級及び第四級アマチュア無線技士の資格について，総務大臣が認定した養成課程を修了した者

3　免許を受けようとする者は，所定の様式の申請書に次に掲げる書類を添えて，総務大臣又は総合通信局長に提出しなければならない.

① 氏名及び生年月日を証する書類（戸籍抄本又は住民票の写しのこと．ただし，申請書に住民票コード等を記載したときは添付しなくてよい.）

② 写真（注）1枚

注：6月以内に撮影した無帽，正面，上三分身，無背景で縦30ミリメートル，横24ミリメートルのもの

③ 法第41条第2項第二号（2の②）に規定する認定を受けた養成課程の修了証明書等（同号に該当する者が免許を受けようとする場合に限る.）

 4 免許が与えられないことがある者（法42条，従45条）

1　次のいずれかに該当する者は，無線従事者の免許を与えないことができる.

① **第9章の罪**を犯し**罰金以上の刑**に処せられ，その執行を終わり，又はその執行を受けることがなくなった日から**2年を経過しない**者

② 第79条第1項第一号又は第二号の規定により無線従事者の免許を**取り消され**，取消しの日から**2年を経過しない**者

③ **著しく心身に欠陥**があって無線従事者たるに適しない者

2　法第42条の規定により免許を与えない者は，次の各号のいずれかに該当する者とする.

① 法第42条第一号又は第二号（1の①又は②）に掲げる者（総務大臣又は総合通信局長が特に支障がないと認めたものを除く.）

② 視覚，聴覚，音声機能若しくは言語機能又は精神の機能の障害により無線従事者の業務を適正に行うに当たって必要な認知，判断及び意思疎通を適切に行うことができない者

3　前項（2）（第一号（①）を除く.）の規定は，同項第二号（2の②）に該当する者であって，総務大臣又は総合通信局長がその資格の無線従事者が行う無線設備の操作に支障がないと認める場合は，適用しない.

4　第１項（2）第二号（②）に該当する者（精神の機能の障害により無線従事者の業務を適正に行うに当たって必要な認知，判断及び意思疎通を適切に行うことができない者を除く．）が次に掲げる資格の免許を受けようとするときは，前項（3）の規定にかかわらず，第１項（2）（第一号（①）を除く．）の規定は適用しない．
① 第一級アマチュア無線技士
② 第二級アマチュア無線技士
③ 第三級アマチュア無線技士
④ 第四級アマチュア無線技士

5 無線従事者免許証（従 47 条，施 38 条）

1　総務大臣又は総合通信局長は，無線従事者の免許を与えたときは，別表第 13 号様式（様式 4.1）の免許証を交付する．
2　前項（1）の規定により免許証の交付を受けた者は，無線設備の操作に関する知識及び技術の向上を図るように努めなければならない．
3　無線従事者は，その業務に従事しているときは，免許証を携帯していなければならない．

第二級アマチュア無線技士の免許証は，総務大臣から交付されます．

「携帯」というのは，持っていてすぐに出せることだよ．
「従事している」というのは，アマチュア局を運用していることだよ．

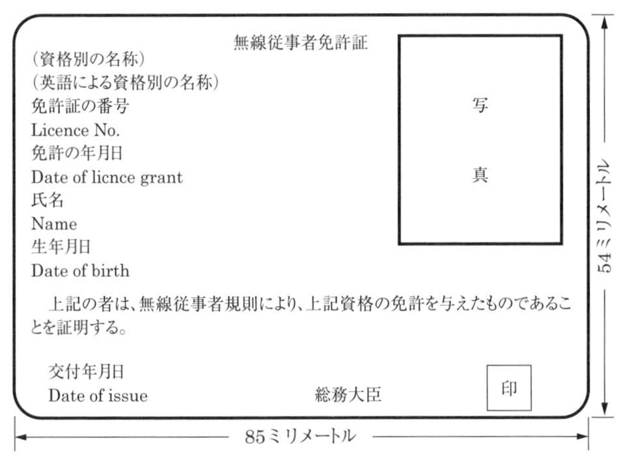

様式 4.1　無線従事者免許証

6 免許証の再交付（従50条）

無線従事者は，**氏名に変更を生じた**とき又は**免許証を汚し，破り，若しくは失った**ために免許証の再交付を受けようとするときは，別表第11号様式の申請書に次に掲げる書類を添えて総務大臣又は総合通信局長に提出しなければならない．

① 免許証（免許証を失った場合を除く．）
② **写真1枚**
③ **氏名の変更の事実を証する書類**（氏名に変更を生じたときに限る．）

7 免許証の返納（従51条）

① 無線従事者は，**免許の取消しの処分を受けた**ときは，その処分を受けた日から**10日以内**に免許証を総務大臣又は総合通信局長に返納しなければならない．免許証の再交付を受けた後**失った免許証を発見したとき**も同様とする．
② 無線従事者が死亡し，又は失そうの宣告を受けたときは，戸籍法による死亡又は失そう宣告の届出義務者は，**遅滞なく**，その免許証を返納しなければならない．

無線従事者の免許は有効期間が定められていないので，生涯有効だよ．

Point

「失そう宣告」とは，事故などで行方がわからなくなってしまった人について家族などが裁判所に請求して，その人が死んだものとみなしてもらう宣告を受けること．また届出義務者とは，家族などの身近にいる人のこと．

無線従事者免許証の返納は「10日以内」か「遅滞なく」，無線局免許状の返納は「1箇月以内」か「遅滞なく」だよ．

試験の直前 Check!

- □ **免許が与えられない** ≫ 罰金以上の刑：2年．免許の取消し：2年．著しく心身に欠陥，無線従事者たるに適しない．
- □ **無線従事者が業務に従事** ≫ 免許証を携帯．
- □ **免許証の再交付** ≫ 氏名に変更を生じた．免許証を汚し，破り，失った．

□ **免許証の再交付の書類** ≫≫ 申請書．免許証（免許証を失った場合を除く）．写真１枚．氏名の変更の事実を証する書類（氏名に変更）．

□ **免許証の返納** ≫≫ 免許の取消し処分を受けた．失った免許証を発見した．死亡，失そうの宣告を受けた．

□ **免許証を返す期間** ≫≫ 免許の取消し処分：10日以内．失った免許証を発見：10日以内．死亡，失そう宣告：遅滞なく．

国家試験問題

問題 1

総務大臣が無線従事者の免許を与えない場合に関する記述として，電波法（第42条）の規定に適合するものはどれか．下の１から４までのうちから一つ選べ．

1　刑法に規定する罪を犯し罰金以上の刑に処せられ，その執行を終わり，又はその執行を受けることがなくなった日から２年を経過しない者に対しては，無線従事者の免許を与えないことができる．

2　電波法に基づく処分に違反し，無線従事者の免許を取り消され，取消しの日から２年を経過しない者に対しては，無線従事者の免許を与えないことができる．

3　電波法の規定に違反し過料に処せられた者に対しては，無線従事者の免許を与えないことができる．

4　日本の国籍を有しない者に対しては，無線従事者の免許を与えないことができる．

問題 2

次の記述は，無線従事者の免許を与えないことができる場合について述べたものである．電波法（第42条）の規定に照らし，[　　]内に入れるべき最も適切な字句の組合せを下の１から４までのうちから一つ選べ．なお，同じ記号の[　　]内には，同じ字句が入るものとする．

次のいずれかに該当する者に対しては，無線従事者の免許を与えないことができる．

①　電波法第９章（罰則）の罪を犯し[　A　]に処せられ，その執行を終わり，又はその執行を受けることがなくなった日から[　B　]を経過しない者

②　電波法第79条（無線従事者の免許の取消し等）第１項第１号又は第２号の規定により無線従事者の免許を取り消され，取消しの日から[　B　]を経過しない者

③　**著しく心身に**欠陥があって無線従事者たるに適しない者

	A	B
1	罰金以上の刑	２年
2	罰金以上の刑	５年
3	懲役	２年
4	懲役	５年

太字は穴あきになった用語として，出題されたことがあるよ．

問題 3

無線従事者の免許証に関する次の記述のうち，無線従事者規則（第 50 条）の規定に適合しないものはどれか．下の 1 から 4 までのうちから一つ選べ．

1　無線従事者は，免許証を汚したために免許証の再交付を受けようとするときは，無線従事者規則別表第 11 号様式の申請書に免許証及び写真 1 枚を添えて総務大臣又は総合通信局長（沖縄総合通信事務所長を含む．以下 2，3 及び 4 において同じ．）に提出しなければならない．

2　無線従事者は，本籍に変更を生じたときは，無線従事者規則別表第 11 号様式の申請書に免許証及び本籍の変更の事実を証する書類を添えて総務大臣又は総合通信局長に提出し，免許証の訂正を受けなければならない．

3　無線従事者は，免許証を失ったために免許証の再交付を受けようとするときは，無線従事者規則別表第 11 号様式の申請書に写真 1 枚を添えて総務大臣又は総合通信局長に提出しなければならない．

4　無線従事者は，氏名に変更を生じたときは，無線従事者規則別表第 11 号様式の申請書に免許証及び写真 1 枚並びに氏名の変更の事実を証する書類を添えて総務大臣又は総合通信局長に提出しなければならない．

問題 4

無線従事者の免許証の返納に関する次の記述のうち，無線従事者規則（第 51 条）の規定に照らし，この規定に定めるところに適合するものはどれか．下の 1 から 4 までのうちから一つ選べ．

1　無線従事者は，免許がその効力を失ったときは，1 箇月以内にその免許証を総務大臣又は総合通信局長（沖縄総合通信事務所長を含む．以下 2，3 及び 4 において同じ．）に返納しなければならない．

2　無線従事者は，免許の取消しの処分を受けたときは，その処分を受けた日から 10 日以内にその免許証を総務大臣又は総合通信局長に返納しなければならない．

3　無線従事者は，無線設備の操作を 5 年以上行わなかったときは，遅滞なくその免許証を総務大臣又は総合通信局長に返納しなければならない．

4　無線従事者は，その業務に従事することを停止する処分を受けたときは，その処分を受けた日から 10 日以内にその免許証を総務大臣又は総合通信局長に返納しなければならない．

問題 5

次の記述は，無線従事者の免許証の返納について述べたものである．無線従事者規則（第 51 条）の規定に照らし，［　　］内に入れるべき最も適切な字句の組合せを下の 1 から 4 までのうちから一つ選べ．

① 無線従事者は，免許の取消しの処分を受けたときは，その処分を受けた日から［A］その免許証を総務大臣又は総合通信局長（沖縄総合通信事務所長を含む．以下同じ.）に返納しなければならない．免許証の再交付を受けた後［B］ときも同様とする．

② 無線従事者が死亡し，又は失そうの宣告を受けたときは，戸籍法（昭和22年法律第224号）による死亡又は失そう宣告の届出義務者は，［C］，その免許証を総務大臣又は総合通信局長に返納しなければならない．

	A	B	C
1	1箇月以内に	電波法第42条（免許を与えない場合）第1号に該当するに至った	遅滞なく
2	1箇月以内に	失った免許証を発見した	1箇月以内に
3	10日以内に	電波法第42条（免許を与えない場合）第1号に該当するに至った	1箇月以内に
4	10日以内に	失った免許証を発見した	遅滞なく

問題６

無線従事者の免許証に関する次の記述のうち，電波法施行規則（第38条）及び無線従事者規則（第50条及び第51条）の規定に照らし，これらの規定に定めるところに適合しないものはどれか．下の1から4までのうちから一つ選べ．

1 無線従事者は，その業務に従事しているときは，免許証を携帯していなければならない．

2 無線従事者は，免許証の再交付を受けた後失った免許証を発見したときは，その免許証を発見した日から10日以内にその免許証を総務大臣又は総合通信局長（沖縄総合通信事務所長を含む．以下3及び4において同じ.）に返納しなければならない．

3 無線従事者は，住所に変更を生じたときは，無線従事者規則別表第11号様式の申請書に免許証及び写真1枚並びに住所の変更の事実を証する書類を添えて総務大臣又は総合通信局長に提出し，免許証の再交付を受けなければならない．

4 無線従事者は，氏名に変更を生じたときに免許証の再交付を受けようとするときは，無線従事者規則別表第11号様式の申請書に免許証及び写真1枚並びに氏名の変更の事実を証する書類を添えて総務大臣又は総合通信局長に提出しなければならない．

解答

問題１→2　問題２→1　問題３→2　問題４→2　問題５→4
問題６→3

5.1 免許状記載事項の遵守・秘密の保護 重要知識

出題項目 Check!

- □ 無線局免許状記載事項の遵守と目的外通信として運用できる通信
- □ 非常通信を行う場合
- □ 無線局を運用するときの空中線電力
- □ 無線通信の秘密の保護
- □ 無線通信の原則として定められていること

1 無線局免許状記載事項の遵守（法 52, 53, 55, 110 条）

1　無線局は，免許状に記載された**目的**又は**通信の相手方**若しくは**通信事項**の範囲を超えて運用してはならない．ただし，次に掲げる通信については，この限りでない．

① 遭難通信
② 緊急通信
③ 安全通信
④ **非常通信**
⑤ 放送の受信
⑥ **その他総務省令で定める通信**

2　無線局を運用する場合においては，**無線設備の設置場所，識別信号，電波の型式及び周波数**は，**免許状**に記載されたところによらなければならない．ただし，**遭難通信**については，この限りでない．

3　無線局は，免許状に記載された運用許容時間内でなければ，運用してはならない．ただし，**第 52 条各号**（1 の ① から ⑥ まで）**に掲げる通信**を行う場合及び総務省令で定める場合は，この限りでない．

4　第 52 条，第 53 条又は第 55 条（**1**，**2** 又は **3**）の規定に違反して無線局を運用した者は，**1 年以下の懲役**又は **100 万円以下の罰金**に処する．

アマチュア局の免許状には，目的等の事項が次のように記載されます．

目的	アマチュア業務用
通信の相手方	アマチュア局
通信事項	アマチュア業務に関する事項

用語

「識別信号」とは，呼出符号，呼出名称その他の総務省令で定める識別信号をいう．

2 目的外通信等（法 52 条，施 37 条）

1　次に掲げる通信は，法第 52 条第六号（**1** の 1 の⑥）の通信とする．

①　**無線機器の試験又は調整**をするために行う通信

②　電波の規正に関する通信

③　法第 74 条第 1 項に規定する通信（非常の場合の無線通信）の訓練のために行う通信

④　**人命の救助**又は人の生命，身体若しくは財産に重大な危害を及ぼす犯罪の捜査若しくはこれらの犯罪の現行犯人若しくは被疑者の逮捕に関し**急を要する通信**（他の電気通信系統によっては，当該通信の目的を達することが困難である場合に限る．）

2　非常通信

非常通信とは，地震，台風，洪水，津波，雪害，火災，暴動その他**非常の事態が発生し，又は発生するおそれがある場合**において，**有線通信を利用することができない**か又はこれを**利用することが著しく困難**であるときに**人命の救助，災害の救援，交通通信の確保又は秩序の維持**のために行われる無線通信をいう．

3 空中線電力（法 54，110 条）

1　無線局を運用する場合においては，空中線電力は，次に定めるところによらなければならない．ただし，**遭難通信**については，この限りでない．

①　**免許状に記載されたものの範囲内**であること．

②　**通信を行うため必要最小**のものであること．

2　**第 54 条第一号（1 の①）の規定に違反**して無線局を運用した者は，**1 年以下の懲役**又は **100 万円以下の罰金**に処する．

免許状記載事項の範囲内で運用するのだけど，特に空中線電力については，「必要最小のもの」という条件があるよ．

4 秘密の保護（法 59，109 条）

1　**無線通信の秘密の保護（法 59 条）**

何人も，法律に別段の定めがある場合を除くほか，**特定の相手方に対して行われる**無線通信を傍受してその**存在若しくは内容**を漏らし，又はこれを**窃用**してはならない．

2　**罰則（法 109 条）**

① 無線局の取扱中に係る無線通信の秘密を漏らし，又は窃用した者は，**1年以下の懲役又は50万円以下の罰金**に処する．

② 無線通信の業務に従事する者がその業務に関し知り得た前項（①）の秘密を漏らし，又は窃用したときは，2年以下の懲役又は100万円以下の罰金に処する．

用語

「傍受」とは，聞こうという意思をもって（たとえば，ダイアルを合わせて）受信すること．

「窃用」とは，通信の内容を通信している者の意思に反して利用すること．

「秘密を漏らす」ことには，メモをとって他人が見ることができるようにしたり，他人に通信を聞かせることも含まれる．

罰則の規定が,「1年以下の懲役又は50万円以下の罰金」と「2年以下の懲役又は100万円以下の罰金」だよ．ほかの規定で「1年以下の懲役又は100万円以下の罰金」もあるから注意して覚えてね．

5 無線通信の原則（運10条）

① **必要のない無線通信**は，これを行なってはならない．

② 無線通信に使用する**用語**は，**できる限り簡潔**でなければならない．

③ 無線通信を行うときは，**自局の識別信号**を付して，その**出所を明らかに**しなければならない．

④ 無線通信は，**正確に行う**ものとし，通信上の誤りを知ったときは，**直ちに訂正**しなければならない．

「直ちに」というのは，時間を少しも置かずに，すぐにという意味だよ．

試験の直前 Check!

- □ **免許状の記載範囲を超えない** ≫ 目的，通信の相手方，通信事項．
- □ **目的等を超えて運用できる通信** ≫ 遭難通信．緊急通信．安全通信．非常通信．放送の受信．省令で定める通信．
- □ **免許状の記載により運用** ≫ 無線設備の設置場所，識別信号（呼出符号），電波の型式，周波数．
- □ **省令で定める目的外通信** ≫ 無線機器の試験又は調整．非常の場合の無線通信の訓練．人命の救助に関し急を要する．

□ **非常通信** ≫ 地震，台風，洪水，津波，雪害，火災，暴動その他非常の事態が発生，発生するおそれがある．有線通信を利用することができない，著しく困難である．人命の救助，災害の救援，交通通信の確保，秩序の維持のために行う．
□ **免許状の範囲内，必要最小で運用** ≫ 空中線電力．
□ **免許状の記載範囲を超えて運用した者** ≫ 1年以下の懲役，100万円以下の罰金．
□ **秘密の保護** ≫ 何人も，法律に別段の定め除くほか，特定の相手方の無線通信，傍受して，存在，内容を漏らし，窃用しない．
□ **秘密を漏らし，窃用した者** ≫ 1年以下の懲役，50万円以下の罰金．
□ **無線通信の原則** ≫ 必要のない通信を行わない．用語は簡潔．呼出符号で出所を明らかに．正確に行い誤りは直ちに訂正．

国家試験問題

問題 1

無線局の免許状の記載事項の順守に関する次の記述のうち，電波法（第53条から第55条まで）の規定に照らし，これらの規定に定めるところに適合しないものはどれか．下の1から4までのうちから一つ選べ．

1　無線局を運用する場合においては，空中線電力は，その無線局の免許状に記載されたところによらなければならない．ただし，遭難通信，緊急通信，安全通信及び非常通信については，この限りでない．

2　無線局を運用する場合においては，電波の型式及び周波数は，その無線局の免許状に記載されたところによらなければならない．ただし，遭難通信については，この限りでない．

3　無線局を運用する場合においては，無線設備の設置場所は，その無線局の免許状に記載されたところによらなければならない．ただし，遭難通信については，この限りでない．

4　無線局は，免許状に記載された運用許容時間内でなければ，運用してはならない．ただし，遭難通信，緊急通信，安全通信，非常通信，放送の受信，その他総務省令で定める通信を行う場合及び総務省令で定める場合は，この限りでない．

空中線電力は，免許状に記載されたものの範囲内で，通信を行うため必要最小のものだよ．この限りでない通信は遭難通信だよ．

問題 2

次の記述は，アマチュア無線局の目的外使用の禁止等について述べたものである．電波法（第 52 条から第 55 条まで）の規定に照らし，[　　]内に入れるべき最も適切な字句を下の 1 から 10 までのうちからそれぞれ一つ選べ．

① 無線局は，免許状に記載された目的又は[ア]の範囲を超えて運用してはならない．ただし，次の (1) から (6) までに掲げる通信については，この限りでない．

(1) 遭難通信　(2) 緊急通信　(3) 安全通信　(4) [イ]　(5) 放送の受信

(6) その他総務省令で定める通信

② 無線局を運用する場合においては，[ウ]，識別信号，電波の型式及び周波数は，その無線局の免許状に記載されたところによらなければならない．ただし，遭難通信については，この限りでない．

③ 無線局を運用する場合においては，空中線電力は，次の (1) 及び (2) に定めるところによらなければならない．ただし，遭難通信については，この限りでない．

(1) 免許状に[エ]であること．

(2) 通信を行うため[オ]であること．

④ 無線局は，免許状に記載された運用許容時間内でなければ，運用してはならない．ただし，**①の (1) から (6) までに**掲げる通信を行う場合及び総務省令で定める場合は，この限りでない．

1	通信の相手方	2	通信の相手方若しくは通信事項
3	非常通信	4	記載されたもの
5	電波法第 74 条（非常の場合の無線通信）第 1 項に規定する通信	6	記載されたものの範囲内
7	無線設備	8	無線設備の設置場所
9	必要十分なもの	10	必要最小のもの

太字は穴あきになった用語として，出題されたことがあるよ．

アマチュア局の免許状に記載された目的は「アマチュア業務用」，通信の相手方は「アマチュア局」だよ．

問題 3

次の記述は，非常通信について述べたものである．電波法（第52条）の規定に照らし，□内に入れるべき最も適切な字句の組合せを下の1から4までのうちから一つ選べ．

非常通信とは，地震，台風，洪水，津波，雪害，火災，暴動その他［A］において，**有線通信を利用することができないか又はこれを利用することが**［B］**である**ときに人命の救助，［C］，交通通信の確保又は秩序の維持のために行われる無線通信をいう．

	A	B	C
1	非常の事態が発生し，又は発生するおそれがある場合	著しく困難	災害の救援
2	非常の事態が発生した場合	著しく困難	財貨の保全
3	非常の事態が発生し，又は発生するおそれがある場合	非能率的	財貨の保全
4	非常の事態が発生した場合	非能率的	災害の救援

問題 4

無線局がその免許状に記載された目的等にかかわらず運用することができる通信に関する次の事項のうち，電波法施行規則（第37条）の規定に照らし，この規定に定めるところに適合するものを1，適合しないものを2として解答せよ．

ア　人命の救助に関し急を要する通信（他の電気通信系統によっては，当該通信の目的を達することが困難である場合に限る．）

イ　他人の依頼による通報であって，急を要するものを送信するために行うアマチュア局相互間の通信

ウ　電波法第74条（非常の場合の無線通信）第1項に規定する通信の訓練のために行う通信

エ　アマチュア局が自己の金銭上の利益を目的とする業務のために行う通信

オ　電波の規正に関する通信

問題 5

次の記述は，アマチュア無線局の免許状に記載された事項の遵守について述べたものである．電波法（第53条，第54条及び第110条）の規定に照らし，［　　］内に入れるべき最も適切な字句の組合せを下の1から4までのうちから一つ選べ．

① 無線局を運用する場合においては，［ A ］，識別信号，**電波の型式及び周波数**は，その無線局の**免許状**に記載されたところによらなければならない．ただし，遭難通信については，この限りでない．

② 無線局を運用する場合においては，空中線電力は，次の(1)及び(2)に定めるところによらなければならない．ただし，遭難通信については，この限りでない．

(1) 免許状に記載されたものの範囲内であること．

(2) 通信を行うため［ B ］であること．

③ ①又は②（(2)を除く．）の規定に違反して無線局を運用した者は，1年以下の懲役又は［ C ］に処する．

	A	B	C
1	無線設備の工事設計	確実かつ十分なもの	100万円以下の罰金
2	無線設備の工事設計	必要最小のもの	50万円以下の罰金
3	無線設備の設置場所	確実かつ十分なもの	50万円以下の罰金
4	無線設備の設置場所	必要最小のもの	100万円以下の罰金

この問題の「1年以下の懲役」と罰金の組合せは，「1年以下の懲役又は100万円以下の罰金」だけど，ほかの問題には「1年以下の懲役又は50万円以下の罰金」もあるよ．

問題 6

次の記述は，無線通信（注）の秘密の保護について述べたものである．電波法（第59条及び第109条）の規定に照らし，［　　］内に入れるべき最も適切な字句の組合せを下の1から4までのうちから一つ選べ．

注　電気通信事業法第4条（秘密の保護）第1項又は第164条（適用除外等）第3項の通信であるものを除く．

① **何人も**法律に別段の定めがある場合を除くほか，［A］無線通信を傍受してその［B］を漏らし，又はこれを**窃用**（せつ）してはならない．

② 無線局の取扱中に係る無線通信の秘密を漏らし，又は窃（せつ）用した者は，［C］の罰金に処する．

	A	B	C
1	特定の相手方に対して行われる	内容	2年以下の懲役又は100万円以下
2	特定の相手方に対して行われる	存在若しくは内容	1年以下の懲役又は50万円以下
3	すべての相手方に対して行われる	存在若しくは内容	2年以下の懲役又は100万円以下
4	すべての相手方に対して行われる	内容	1年以下の懲役又は50万円以下

問題 7

一般通信方法における無線通信の原則に関する次の記述のうち，無線局運用規則（第10条）の規定に適合しないものはどれか．下の1から4までのうちから一つ選べ．

1　無線通信は，試験電波を発射した後でなければ行ってはならない．
2　必要のない無線通信は，これを行ってはならない．
3　無線通信に使用する用語は，できる限り簡潔でなければならない．
4　無線通信を行うときは，自局の識別信号を付して，その出所を明らかにしなければならない．

問題 8

次の記述は，一般通信方法における無線通信の原則について述べたものである．無線局運用規則（第 10 条）の規定に照らし，［　　］内に入れるべき最も適切な字句の組合せを下の 1 から 4 までのうちから一つ選べ．

① ［ A ］無線通信は，これを行ってはならない．

② 無線通信に使用する用語は，［ B ］なければならない．

③ 無線通信を行うときは，自局の［ C ］を付して，その出所を明らかにしなければならない．

④ 無線通信は，正確に行うものとし，通信上の誤りを知ったときは，直ちに訂正しなければならない．

	A	B	C
1	機器の起動直後の	なるべく略符号又は略語を使用し	識別信号
2	必要のない	なるべく略符号又は略語を使用し	識別信号及び送信局の地名
3	必要のない	できる限り簡潔で	識別信号
4	機器の起動直後の	できる限り簡潔で	識別信号及び送信局の地名

識別信号は呼出符号のことだよ．

第5章 運用

解答

問題 1 →1　問題 2 →ア－2　イ－3　ウ－8　エ－6　オ－10
問題 3 →1　問題 4 →ア－1　イ－2　ウ－1　エ－2　オ－1
問題 5 →4　問題 6 →2　問題 7 →1　問題 8 →3

5.2 混信等の防止・アマチュア局の運用の特則・業務書類（重要知識）

出題項目 Check!

- □ 混信等の防止と適用を除外する通信
- □ 擬似空中線回路を使用する場合
- □ アマチュア局の運用について特に定められていること
- □ 免許状の備え付け場所

1 混信等の防止（法 56 条）

無線局は，**他の無線局**又は電波天文業務（宇宙から発する電波の受信を基礎とする天文学のための当該電波の受信の業務をいう.）の用に供する受信設備その他の総務省令で定める受信設備（無線局のものを除く.）で総務大臣が指定するものにその**運用を阻害するような混信その他の妨害を与えないように運用しなければならない**. 但し，第 52 条第一号から第四号までに掲げる通信（**遭難通信，緊急通信，安全通信及び非常通信**）については，この限りでない.

2 擬似空中線回路の使用（法 57 条）

無線局は，次に掲げる場合には，**なるべく擬似空中線回路**を使用しなければならない.

① **無線設備の機器の試験又は調整を行うために運用する**とき.

② **実験等無線局**を運用するとき.

3 アマチュア無線局の運用の特則（法 58 条, 運 257 ～ 261 条）

1　アマチュア無線局の行う通信には，暗語を使用してはならない.

2　アマチュア局においては，**その発射の占有する周波数帯幅に含まれているいかなるエネルギーの発射**も，その局が動作することを許された周波数帯から逸脱してはならない.

3　アマチュア局は，自局の発射する電波が**他の無線局の運用**又は**放送の受信**に支障を与え，若しくは与えるおそれのあるときは，速やかに当該周波数による電波の発射を中止しなければならない. ただし，遭難通信，緊急通信，安全通信及び法 74 条第 1 項に規定する通信（非常の場合の無線通信）を行う場合は，この限りでない.

4　アマチュア局の送信する通報は，他人の依頼によるものであってはならない.

5 アマチュア局の無線設備の操作を行う者は，そのアマチュア局の免許人（免許人が社団である場合は，その構成員）以外の者であってはならない．

6 アマチュア局の運用については，この章に規定するものの外，第4章（固定業務等の無線局の運用）の規定を準用する．

アマチュア局が動作することを許された周波数帯の一部を表5.1に示します．

表5.1 アマチュア局が動作することを許された周波数帯（抜粋）

指定周波数	動作することを許される周波数帯
7,100 kHz	7,000 kHz から 7,200 kHz まで
14,175 kHz	14,000 kHz から 14,350 kHz まで
21,225 kHz	21,000 kHz から 21,450 kHz まで
52 MHz	50 MHz から 54 MHz まで
145 MHz	144 MHz から 146 MHz まで
435 MHz	430 MHz から 440 MHz まで

1,000〔Hz〕= 1〔kHz〕，1,000〔kHz〕= 1〔MHz〕

4 備え付けを要する業務書類（法60条，施38条）

1 備え付け書類（法60条）

無線局には，正確な時計及び無線業務日誌その他総務省令で定める書類を備え付けておかなければならない．ただし，総務省令で定める無線局については，これらの全部又は一部の備付けを省略することができる．

2 免許状の備え付け（施38条）

① 法第60条の規定により無線局に備え付けておかなければならない書類は，次の無線局につき，それぞれに掲げるとおりとする．

アマチュア局　　無線局免許状

② 移動するアマチュア局（人工衛星に開設するものを除く．）にあっては，第1項（①）の規定にかかわらず，その**無線設備の常置場所に同項（①）の免許状を備え付け**なければならない．

アマチュア局は，免許状だけ備え付ければいいんだね．

試験の直前 Check!

- □ **他の無線局又は電波天文業務** ≫ 運用を阻害するような混信，妨害を与えない．遭難通信，緊急通信，安全通信，非常通信は限りでない．
- □ **擬似空中線回路の使用** ≫ 無線設備の機器の試験，調整．実験等無線局を運用．
- □ **アマチュア局の運用** ≫ 発射の占有する周波数帯幅に含まれているいかなるエネルギーの発射：動作することを許された周波数帯から逸脱しない．他の無線局の運用，放送の受信に支障：速やかに電波の発射を中止．
- □ **免許状の備え付け場所（移動するアマチュア局）** ≫ 無線設備の常置場所．

国家試験問題

問題 1

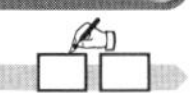

次の記述は，混信等の防止について述べたものである．電波法（第56条）の規定に照らし，□内に入れるべき最も適切な字句の組合せを下の１から４までのうちから一つ選べ．

無線局は，[A]又は電波天文業務(注)の用に供する受信設備その他の総務省令で定める受信設備（無線局のものを除く．）で総務大臣が指定するものにその[B]**その他の妨害を与えないように運用し**なければならない．ただし，[C]については，この限りでない．

注　宇宙から発する電波の受信を基礎とする天文学のための当該電波の受信の業務をいう．

	A	B	C
1	放送の受信を目的とする受信設備	運用を不可能にする混信	遭難通信，緊急通信，安全通信及び非常通信
2	放送の受信を目的とする受信設備	運用を阻害するような混信	遭難通信
3	他の無線局	運用を不可能にする混信	遭難通信
4	他の無線局	運用を阻害するような混信	遭難通信，緊急通信，安全通信及び非常通信

太字は穴あきになった用語として，出題されたことがあるよ．

問題 2

混信等の防止に関する次の記述のうち，電波法（第 56 条）の規定に適合するものはどれか．下の 1 から 4 までのうちから一つ選べ．

1 無線局は，他の無線局にその運用を阻害するような混信その他の妨害を与えないように運用しなければならない．ただし，遭難通信，緊急通信，安全通信及び非常通信については，この限りでない．

2 無線局は，電波を発射しようとするときは，総務省令で定めるところにより試験電波の発射を行い，他の無線局の運用に混信その他の妨害を与えないことを確かめなければならない．ただし，遭難通信については，この限りでない．

3 無線局は，他の無線局から自局の運用を阻害するような混信その他の妨害を受けたときは，総務大臣に対して，その妨害を除去するために必要な措置をとることを求めることができる．ただし，遭難通信については，この限りでない．

4 無線局は，長時間継続して通報を送信するときは，10 分ごとを標準としてその送信する電波の周波数により聴守を行い，他の無線局の運用に混信その他の妨害を与えないことを確かめなければならない．ただし，遭難通信，緊急通信，安全通信及び非常通信については，この限りでない．

問題 3

擬似空中線回路の使用に関する次の記述のうち，電波法（第 57 条）の規定に照らし，この規定に定めるところに適合するものはどれか．下の 1 から 4 までのうちから一つ選べ．

1 無線局は，電波を発射しようとするときは，なるべく擬似空中線回路を使用して送信装置が正常に動作することを確かめなければならない．

2 無線局は，電波法第 18 条（変更検査）の検査に際して運用を必要とするときは，擬似空中線回路を使用しなければならない．

3 無線局は，無線設備の機器の試験又は調整を行うために運用するときは，なるべく擬似空中線回路を使用しなければならない．

4 無線局は，自局の発射する電波の周波数を測定するときは，擬似空中線回路を使用しなければならない．

問題 4

次の記述は，無線局の擬似空中線回路の使用について述べたものである．電波法（第 57 条）の規定に照らし，□内に入れるべき最も適切な字句の組合せを下の 1 から 4 までのうちから一つ選べ．

無線局は，次の (1) 又は (2) に掲げる場合には，**なるべく**擬似空中線回路を使用しなければならない．

(1) [A] に運用するとき．

(2) [B] を運用するとき．

	A	B
1	電波法第74条（非常の場合の無線通信）に規定する通信の訓練を行うため	実用化試験局
2	無線設備の機器の試験又は調整を行うため	実験等無線局
3	電波法第74条（非常の場合の無線通信）に規定する通信の訓練を行うため	実験等無線局
4	無線設備の機器の試験又は調整を行うため	実用化試験局

問題 5

次の記述は，アマチュア局の運用に係る発射の制限等について述べたものである．無線局運用規則（第257条及び第258条）の規定に照らし，[ ] 内に入れるべき最も適切な字句の組合せを下の1から4までのうちから一つ選べ．

① アマチュア局においては，その [A]，その局が動作することを許された周波数帯から逸脱してはならない．

② アマチュア局は，自局の発射する電波が [B] の運用又は放送の受信に支障を与え，若しくは与えるおそれがあるときは，すみやかに当該周波数による電波の発射を中止しなければならない．ただし，遭難通信，緊急通信，安全通信及び電波法第74条（非常の場合の無線通信）第1項に規定する通信を行う場合は，この限りでない．

	A	B
1	発射の占有する周波数帯幅に含まれているいかなるエネルギーの発射も	重要無線通信を行う無線局
2	発射する電波の周波数帯の中央の周波数が	他の無線局
3	発射する電波の周波数帯の中央の周波数が	重要無線通信を行う無線局
4	発射の占有する周波数帯幅に含まれているいかなるエネルギーの発射も	他の無線局

解答

問題1 → 4　問題2 → 1　問題3 → 3　問題4 → 2　問題5 → 4

5.3 略符号の種類・呼出し応答の送信方法 重要知識

出題項目 Check!

- □ Q符号，略符号の種類と意義
- □ 呼出しを行うために電波を発射する前の措置
- □ 呼出し応答のときに送信する事項と回数
- □ 呼出しを反復するときの時間と回数
- □ 不確実な呼出しに対する応答の方法
- □ 呼出し又は応答の簡易化ができる事項

1 略符号（運 13 条）

無線電信による通信の業務用語には，別表第 2 号に定める略語又は符号（以下「略符号」という.）を使用するものとする.

1 Q符号

QRH?　こちらの周波数は，変化しますか.
QRH　そちらの周波数は，変化します.
QRK?　こちらの信号の明りょう度は，どうですか.
QRL?　そちらは，通信中ですか.
QRL　こちらは，通信中です．妨害しないでください.
QRM?　こちらの伝送は，混信を受けていますか.
QRN?　そちらは，空電に妨げられていますか.
QRO　送信機の出力を増加してください.
QRP　送信機の電力を減少してください.
QRQ?　こちらは，もっと速く送信しましょうか.
QRQ　もっと速く送信してください（1 分間に……語）.
QRS?　こちらは，もっとおそく送信しましょうか.
QRS　もっとおそく送信してください（1 分間に……語）.
QRT　送信を中止してください.
QRU?　そちらは，こちらへ伝送するものがありますか.
QRU　こちらは，そちらへ伝送するものはありません.
QRV?　そちらは，用意ができましたか.
QRV　こちらは，用意ができました.
QRZ?　誰かこちらを呼んでいますか.
QSB　そちらの信号には，フェージングがあります.
QSM?　こちらは，そちらに送信した最後の電報を反復しましょうか.

QSU　その周波数（又は……kHz（若しくはMHz））で（種別……の発射で）送信又は応答してください．
QSY?　こちらは，他の周波数に変更して伝送しましょうか．
QSY　他の周波数に変更して伝送してください．

2　略符号

$\overline{\text{AS}}$　送信の待機を要求する符号
BK　送信の中断を要求する符号
C　肯定する（又はこの前の集合の意義は，肯定と解されたい．）．
CFM　確認してください（又はこちらは，確認します．）．
CL　こちらは，閉局します．
$\overline{\text{HH}}$　訂正（欧文通信及び自動機通信の訂正符号）
NO　否定する（又は誤り）．
NW　今

2　呼出しの方法（運18，19条の2，20～22，127条）

1　呼出しを行うために電波を発射する前の措置（運19条の2）

① 無線局は，相手局を呼び出そうとするときは，電波を発射する前に，**受信機を最良の感度に調整**し，自局の発射しようとする電波の周波数その他必要と認める周波数によって聴守し，他の通信に混信を与えないことを確かめなければならない．ただし，遭難通信，緊急通信，安全通信及び法第74条第1項に規定する通信（非常の場合の無線通信）を行なう場合は，この限りでない．

② 前項（①）の場合において，他の通信に混信を与えるおそれがあるときは，**その通信が終了した後でなければ**呼出しをしてはならない．

2　特定の相手局を呼び出す方法（運20条）

呼出しは，順次送信する次に掲げる事項（以下「呼出事項」という．）によって行うものとする．

① 相手局の呼出符号　　3回以下
② DE　　1回
③ 自局の呼出符号　　3回以下

3　不特定の相手局を一括して呼び出す方法（運127条）

免許状に記載された通信の相手方である無線局を一括して呼び出そうとするときは，次の事項を順次送信するものとする．

① **CQ**　　**3回**
② DE　　1回
③ **自局の呼出符号**　　**3回以下**

④　K　　　　　　　　　1回

4　特定の相手局を一括して呼び出す方法（運127条の3）

2以上の特定の無線局を一括して呼び出そうとするときは，次に掲げる事項を順次送信して行なうものとする．

①　相手局の呼出符号　　　　それぞれ2回以下
②　DE　　　　　　　　　1回
③　自局の呼出符号　　　　3回以下
④　K　　　　　　　　　1回

前項第一号（①）に掲げる相手局の呼出符号は，「CQ」に**地域名**を付したものをもって代えることができる．

5　呼出しの反復及び再開（運21条）

①　海上移動業務における呼出しは，**1分間以上の間隔**をおいて**2回反復**することができる．呼出しを反復しても応答がないときは，少なくとも**3分間の間隔**をおかなければ，呼出しを再開してはならない．
②　海上移動業務における呼出し以外の呼出しの反復及び再開は，できる限り前項（①）の規定に準じて行うものとする．

6　呼出しの中止（運22条）

無線局は，自局の呼出しが他の既に行われている通信に混信を与える旨の通知を受けたときは，直ちにその呼出しを中止しなければならない．

7　規定の準用（運18，261条）

無線電話通信の方法については，運20条第2項の呼出し（海上移動業務における呼出し）その他特に規定があるものを除くほか，この規則の無線電信通信の方法に関する規定を準用する．

アマチュア局の運用については，第8章（アマチュア局の運用）に規定するものの外，第4章（固定業務，陸上移動業務及び携帯移動業務の無線局，簡易無線局並びに非常局の運用）の規定を準用する．

3　応答の方法（運23，26条）

1　無線局は，自局に対する呼出しを受けたときは，直ちに応答しなければならない．

2　前項の規定による応答は，順次送信する次に掲げる事項（以下「応答事項」という．）によって行うものとする．

①　**相手局の呼出符号**　　　　**3回以下**
②　DE　　　　　　　　　1回
③　**自局の呼出符号**　　　　**1回**

3　前項（2）の応答に際して直ちに通報を受信しようとするときは，応答事項の次に「K」を送信するものとする．但し，直ちに通報を受信することができない事由があるときは，

「K」の代りに「$\overline{AS}$」及び分で表す概略の待つべき時間を送信するものとする．概略の待つべき時間が 10 分以上のときは，その理由を簡単に送信しなければならない．

4　無線局は，**自局に対する呼出しであることが確実でない呼出しを受信したときは**，その呼出しが反復され，且つ，自局に対する呼出しであることが**確実に判明するまで応答してはならない**．

5　自局に対する呼出しを受信した場合において，**呼出局の呼出符号が不確実**であるときは，応答事項のうち相手局の呼出符号の代りに**「QRZ?」の略符号を使用して，直ちに応答**しなければならない．

用語

略符号はモールス無線通信で，略語は無線電話通信で用いられる．

「**CQ**」の略語は「**各局**」

「DE」の略語は「こちらは」

「K」の略語は「送信してください」

「$\overline{AS}$」の略語は「お待ちください」（「$\overline{\quad}$」は文字の間隔をあけずに送信する．）

「**QRZ?**」の略語は「**誰かこちらを呼びましたか**」

呼出しのときの自局の呼出符号は 3 回以下，
応答のときの自局の呼出符号は 1 回だよ．

4　呼出し又は応答の簡易化（運 126 条の2）

1　空中線電力 50 ワット以下の無線設備を使用して呼出し又は応答を行う場合において，確実に連絡の設定ができると認められるときは，第 20 条第 1 項第二号及び第三号又は第 23 条第 2 項第一号の事項（**呼出事項の「DE　1 回」及び「自局の呼出符号　3 回以下」**，応答事項の「相手局の呼出符号　3 回以下」）の送信を省略することができる．

2　前項の規定により第 20 条第 1 項第二号及び第三号に掲げる事項（呼出事項の「DE　1 回」及び「自局の呼出符号　3 回以下」）の送信を省略した無線局は，その通信中**少なくとも 1 回以上自局の呼出符号を送信**しなければならない．

1　呼出しの簡易化

空中線電力 50 ワット以下の無線設備を使用して呼出しを行う場合において，確実に連絡の設定ができると認められるときは，次の事項を順次送信して行うことができる．

①　相手局の呼出符号　　　3 回以下

2 応答の簡易化

空中線電力 50 ワット以下の無線設備を使用して応答を行う場合において，確実に連絡の設定ができると認められるときは，次の事項を順次送信して行うことができる．

① DE 1 回
② 自局の呼出符号 1 回

試験の直前 Check!

- □ **Q 符号** ≫ QRH：周波数変化．QRK：明りょう度．QRL：通信中．QRM：混信．QRN：空電．QRO：送信出力増加．QRP：送信電力減少．QRQ：速度速く．QRS：速度遅く．QRT：送信中止．QRV：用意できた．QSB：フェージング．QSY：周波数変更．
- □ **略符号** ≫ BK：送信中断．C：肯定．CFM：確認．CL：閉局．$\overline{\mathrm{HH}}$：訂正．NO：否定．NW：今．
- □ **発射前の措置** ≫ 受信機を最良の感度に調整，発射周波数，必要と認める周波数を聴守，他の通信に混信を与えないことを確かめる．
- □ **呼出しが混信のおそれがあるとき** ≫ その通信が終了した後に呼出し．
- □ **一括して呼び出す** ≫ 各局（CQ）3 回，こちらは（DE）1 回，自局の呼出符号 3 回以下，どうぞ（K）1 回．
- □ **呼出しの反復** ≫ 1 分間以上の間隔，2 回反復．
- □ **呼出しの再開** ≫ 3 分間の間隔．
- □ **応答事項** ≫ 相手局の呼出符号 3 回以下，こちらは（DE）1 回，自局の呼出符号 1 回．
- □ **自局に対する呼出しが確実でない** ≫ 確実に判明するまで応答しない．
- □ **自局に対する呼出しを受信** ≫ 直ちに応答．
- □ **呼出しの簡易化** ≫ こちらは（DE）1 回，自局の呼出符号 1 回を省略．通信中少なくとも 1 回以上自局の呼出符号．

回数がいろいろあるので正確に覚えてね．

国家試験問題

問題 1

次に掲げるQ符号及び意義のうち，無線局運用規則（第13条及び別表第2号）の規定に照らし，Q符号とその意義の組合せが適合するものを1，適合しないものを2として解答せよ．

	Q符号	意義
ア	QRO	送信を中止してください．
イ	QRL	こちらは，通信中です（又はこちらは，…（名称又は呼出符号）と通信中です．）．妨害しないでください．
ウ	QRP	送信機の電力を減少してください．
エ	QRS	こちらは，そちらへ伝送するものはありません．
オ	QSY	他の周波数（又は…kHz（若しくはMHz））に変更して伝送してください．

QROは電力増加，
QRSは速度おそくだよ．

問題 2

次の記述は，無線電信通信における電波の発射前の措置について述べたものである．無線局運用規則（第19条の2）の規定に照らし，[ ]内に入れるべき最も適切な字句の組合せを下の1から4までのうちから一つ選べ．

① 無線局は，相手局を呼び出そうとするときは，電波を発射する前に，[A]に調整し，自局の発射しようとする電波の周波数その他必要と認める周波数によって聴守し，他の通信に混信を与えないことを確かめなければならない．ただし，遭難通信，緊急通信，安全通信及び電波法第74条（非常の場合の無線通信）第1項に規定する通信を行う場合並びに海上移動業務以外の業務において他の通信に混信を与えないことが確実である電波により通信を行う場合は，この限りでない．

② ①の場合において，他の通信に混信を与えるおそれがあるときは，[B]呼出しをしてはならない．

	A	B
1	送信機を最良の状態	その通信が終了した後でなければ
2	受信機を最良の感度	少なくとも3分間の間隔をおかなければ
3	送信機を最良の状態	少なくとも3分間の間隔をおかなければ
4	受信機を最良の感度	その通信が終了した後でなければ

問題 3

アマチュア局が無線電話通信において，自局に対する呼出しであることが確実でない呼出しを受信したときにとるべき措置はどれか．無線局運用規則（第18条及び第26条）の規定に照らし，下の1から4までのうちから一つ選べ．

1　応答事項のうち相手局の呼出符号の代わりに「誰かこちらを呼びましたか」を使用して，直ちに応答しなければならない．

2　その呼出しが反復され，かつ，自局に対する呼出しであることが確実に判明するまで応答してはならない．

3　試験電波を発射して相手局に再度の呼出しを喚起しなければならない．

4　他の無線局が応答しない場合は，直ちに応答しなければならない．

自局に対する呼出しであることが確実でない呼出しのときは，「自局に対する呼出しであることが確実に判明するまで応答してはならない．」だよ．呼出局の呼出符号が不確実であるときの呼出しの問題もあるから注意してね．

問題 4

アマチュア局の無線電話通信における不確実な呼出しに対する応答に関する記述として，無線局運用規則（第14条，第18条及び第26条並びに別表第4号）の規定に適合するものはどれか．下の1から4までのうちから一つ選べ．

1　無線局は，自局に対する呼出しを受信した場合において，呼出局の呼出符号が不確実であるときは，応答事項のうち相手局の呼出符号の代わりに「誰かこちらを呼びましたか」を使用して，直ちに応答しなければならない．

2　無線局は，自局に対する呼出しを受信した場合において，呼出局の呼出符号が不確実であるときは，応答事項のうち相手局の呼出符号の代わりに「貴局名は何ですか」を使用して，直ちに応答しなければならない．

3　無線局は，自局に対する呼出しを受信した場合において，呼出局の呼出符号が不確実であるときは，応答事項のうち「こちらは」及び自局の呼出符号を送信して，直ちに応答しなければならない．

4　無線局は，自局に対する呼出しを受信した場合において，呼出局の呼出符号が不確実であるときは，その呼出しが反復され，かつ，呼出局の呼出符号が確実に判明するまで応答してはならない．

呼出局の呼出符号が不確実であるときの呼出しのときは「誰かこちらを呼びましたか」だよ．自局に対する呼出しであることが確実でない呼出しの問題もあるから注意してね．

問題5

次の記述は，アマチュア局のモールス無線通信における呼出しの簡易化について述べたものである．無線局運用規則（第20条，第126条の2及び第261条）の規定に照らし，□内に入れるべき最も適切な字句の組合せを下の1から4までのうちから一つ選べ．なお，同じ記号の□内には，同じ字句が入るものとする．

① 空中線電力50ワット以下の無線設備を使用して呼出しを行う場合において，確実に連絡の設定ができると認められるときは，呼出事項のうち，［A］の送信を省略することができる．

② ①により［A］の送信を省略した無線局は，その通信中［B］を送信しなければならない．

	A	B
1	DE及び自局の呼出符号	できる限り2回自局の呼出符号
2	相手局の呼出符号及びDE	できる限り2回自局の呼出符号
3	DE及び自局の呼出符号	少なくとも1回以上自局の呼出符号
4	相手局の呼出符号及びDE	少なくとも1回以上自局の呼出符号

問題6

次の記述は，アマチュア局の無線電信通信において，他の無線局を一括して呼び出そうとするときに順次送信する事項を掲げたものである．無線局運用規則（第127条及び第261条）の規定に照らし，□内に入れるべき最も適切な字句の組合せを下の1から4までのうちから一つ選べ．

① CQ　［A］
② DE　1回
③ 自局の呼出符号　［B］
④ K　1回

無線電話通信の略語にすると，
「CQ」は「各局」，
「DE」は「こちらは」，
「K」は「どうぞ」だよ．

	A	B
1	3回以下	3回以下
2	3回以下	3回
3	3回	3回以下
4	3回	3回

CQは「3回」だよ．自局の呼出符号は「3回以下」と「3回」と「1回」があるよ．

問題 7

次の記述は，アマチュア局の無線電話通信において，他の無線局を一括して呼び出そうとするときに順次送信する事項を掲げたものである．無線局運用規則（第 18 条，第 127 条及び第 261 条）の規定に照らし，[　　]内に入れるべき最も適切な字句の組合せを下の 1 から 4 までのうちから一つ選べ．

① 各局　[A]
② こちらは　1 回
③ 自局の呼出符号　[B]
④ どうぞ　1 回

無線電信通信の略符号にすると，
「各局」は「CQ」，
「こちらは」は「DE」，
「どうぞ」は「K」だよ．

	A	B
1	3 回	3 回以下
2	3 回	2 回以下
3	2 回以下	2 回以下
4	2 回以下	3 回以下

問題 8

次の記述は，空中線電力 100 ワットの無線電話を使用するアマチュア局が自局に対する呼出しを受信した場合の応答について述べたものである．無線局運用規則（第 14 条，第 18 条及び第 23 条並びに別表第 4 号）の規定に照らし，[　　]内に入れるべき最も適切な字句の組合せを下の 1 から 4 までのうちから一つ選べ．

① 無線局は，自局に対する呼出しを受信したときは，直ちに応答しなければならない．
② ①による応答は，順次送信する次に掲げる事項によって行うものとする．
　(1) 相手局の呼出符号　[A]
　(2) こちらは　1 回
　(3) 自局の呼出符号　[B]

	A	B
1	3 回以下	1 回
2	3 回以下	3 回
3	2 回以下	1 回
4	2 回以下	3 回

解答

問題 1 → ア－2　イ－1　ウ－1　エ－2　オ－1
問題 2 → 4　問題 3 → 2　問題 4 → 1　問題 5 → 3　問題 6 → 3
問題 7 → 1　問題 8 → 1

5.4 通報の送信・試験電波・非常通信 重要知識

出題項目 Check!

- □ 誤った送信をしたときの訂正方法
- □ 試験電波の発射の方法

1 通報の送信方法（運 29 ～ 33，36 ～ 38 条）

1　通報の送信（運 29 条）

呼出しに対して応答を受けたときは，直ちに通報の送信を開始するものとする．

通報の送信は，次に掲げる事項を順次送信して行うものとする．ただし，呼出しに使用した電波と同一の電波により送信する場合は，① から ③ までに掲げる事項の送信を省略することができる．

①	相手局の呼出符号	1 回
②	DE	1 回
③	自局の呼出符号	1 回
④	通報	
⑤	K	1 回

前項の送信において，通報は，和文の送信の場合は「$\overline{\text{ラタ}}$」，欧文の場合は「$\overline{\text{AR}}$」をもって終わるものとする．

2　通報の受信証（運 37 条）

通報を確実に受信したときは，次の事項を順次送信する．

①	相手局の呼出符号	1 回
②	DE	1 回
③	自局の呼出符号	1 回
④	R	1 回
⑤	最後に受信した通報の番号	1 回

3　通報の長時間の送信（運 30 条）

アマチュア局は，長時間継続して通報を送信するときは，10 分ごとを標準として適当に「DE」及び自局の呼出符号を送信しなければならない．

4　誤送の訂正（運 31 条）

送信中において誤った送信をしたことを知ったときは，次に掲げる略符号を前置して**正しく送信した適当の語字から更に送信**しなければならない．

① 手送による和文の送信の場合は，$\overline{\text{ラタ}}$

② 自動機（自動的にモールス符号を送信又は受信するものをいう．）による送信及び手送による**欧文の送信**の場合は，$\overline{\text{HH}}$

5 通報の反復（運 32，運 33 条）

① 相手局に対して，通報の反復を求めようとするときは，「RPT」の次に反復する箇所を示すものとする．

② 送信した通報を反復して送信するときは，1 字若しくは 1 語ごとに反復する場合を除いて，その通報の各通ごと又は一連続ごとに「RPT」を前置するものとする．

6 送信の終了（運 36 条）

通報の送信を終了し，他に送信すべき通報がないことを通知しようとするときは，送信した通報に続いて次の事項を送信するものとする．

① NIL

② K

7 通信の終了（運 38 条）

通信が終了したときは，「$\overline{\text{VA}}$」を送信するものとする．ただし，海上移動業務以外の業務においては，これを省略することができる．

用語

「$\overline{\text{AR}}$」の略語は「終わり」

「$\overline{\text{VA}}$」の略語は「さようなら」

「$\overline{\text{HH}}$」の略語は「訂正」

「RPT」の略語は「反復」

「R」の略語は「了解（又は OK）」

2 試験電波の発射の方法（運 39，22 条）

1 無線局は，無線機器の試験又は調整のため電波の発射を必要とするときは，発射する前に**自局の発射しようとする電波の周波数**及び**その他必要と認める周波数**によって聴守し，他の無線局の通信に混信を与えないことを確かめた後，次の符号を順次送信し，更に**1 分間聴守**を行い，他の無線局から停止の請求がない場合に限り，「VVV」の連続及び自局の呼出符号 1 回を送信しなければならない．この場合において，「VVV」の連続及び自局の呼出符号の送信は，**10 秒間を超えてはならない**．

① **EX** **3 回**

② DE 1 回

③ **自局の呼出符号** **3 回**

2 前項（1）の試験又は調整中は，しばしばその電波の周波数により聴守を行い，**他の無線局から停止の要求がないかどうか**を確かめなければならない．

3 第 1 項（1）後段の規定にかかわらず，海上移動業務以外の業務の無線局にあっては，必要があるときは，**10 秒間を超えて**「VVV」の連続及び自局の呼出符号の送信をすることができる．
4　無線局は，自局の呼出しが他の既に行われている通信に混信を与える旨の通知を受けたときは，**直ちにその呼出しを中止しなければならない**．

Point

「EX」の略語は「ただいま試験中」

試験電波を発射するときの「EX」と「自局の呼出符号」は3回だよ．

3　非常通信及び非常の場合の無線通信の通信方法（運131～133，135～136条）

1　呼出し及び応答の方法（運131条）

法第74条第1項に規定する通信（非常の場合の無線通信）において連絡を設定するための呼出し及び応答は，呼出事項又は応答事項に「$\overline{\mathrm{OSO}}$」3回を前置して行うものとする．

2　非常を前置した呼出しを受信した場合の措置（運132条）

「$\overline{\mathrm{OSO}}$」を前置した呼出しを受信した無線局は，応答する場合を除く外，これに混信を与えるおそれのある電波の発射を停止して傍受しなければならない．

3　一括呼出し等（運133条）

法第74条第1項に規定する通信において，各局あて又は特定の無線局あての一括呼出しを行う場合は，「CQ」の前に「$\overline{\mathrm{OSO}}$」3回を送信するものとする．

4　通報の方法（運135条）

法第74条第1項に規定する通信において，通報を送信しようとするときは，「ヒゼウ」（欧文であるときは，「EXZ」）を前置して行うものとする．

5　非常の場合の無線通信の訓練のための通信（運135条の2）

第129条から第135条までの規定は，法第74条第1項に規定する通信の訓練のための通信について準用する．この場合において，第131条から第133条までにおいて「「$\overline{\mathrm{OSO}}$」」とあり，第135条において「「ヒゼウ」（欧文であるときは，「EXZ」）」とあるのは，「「クンレン」」と読み替えるものとする．

6　取り扱いの停止（運136条）

非常通信の取り扱いを開始した後，有線通信の状態が復旧した場合は，すみやかにその取り扱いを停止しなければならない．

Point

「$\overline{\mathrm{OSO}}$」の略語は「非常」

無線電報では，ヒジョウの小さい文字が送れないので「ヒゼウ」なんだよ.

試験の直前 Check!

- □ **誤った送信** ≫「$\overline{\text{HH}}$」を前置，正しく送信した適当の語字から更に送信.
- □ **試験電波の発射前確かめる** ≫ 発射しようとする周波数，その他必要と認める周波数で聴守，他の通信に混信を与えない.
- □ **試験電波の送信事項** ≫ EX 3 回，DE 1 回，自局の呼出符号 3 回.
- □ **試験電波の発射中確かめる** ≫ 他局から停止の要求がないかどうか.
- □ **試験電波の発射** ≫「VVV」，自局の呼出符号を発射．10 秒を超えない．必要があれば超えられる.
- □ **試験電波の発射が混信を与える** ≫ 直ちに発射を中止.

国家試験問題

問題 1

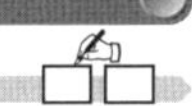

次の記述は，アマチュア局の無線電信通信の方法について述べたものである．無線局運用規則（第 13 条，第 30 条及び別表第 2 号）の規定に照らし，［　　］内に入れるべき最も適切な字句の組合せを下の 1 から 4 までのうちから一つ選べ.

アマチュア局は，長時間継続して通報を送信するときは，［ A ］ごとを標準として適当に［ B ］を送信しなければならない.

	A	B
1	10 分	「DE」及び自局の呼出符号
2	10 分	自局の呼出符号及び「QRL」
3	5 分	自局の呼出符号及び「QRL」
4	5 分	「DE」及び自局の呼出符号

無線局運用規則では「10 分ごと」で，国際法規の無線通信規則では「短い間隔で」だよ.

問題 2

次の記述は，無線電信通信における誤送の訂正について述べたものである．無線局運用規則（第31条及び別表第2号）の規定に照らし，[　　]内に入れるべき最も適切な字句の組合せを下の1から4までのうちから一つ選べ．

送信中において誤った送信をしたことを知ったときは，次の(1)又は(2)に掲げる略符号を前置して，[A]から更に送信しなければならない．

(1) 手送による和文の送信の場合は，$\overline{\text{ラタ}}$

(2) 自動機（自動的にモールス符号を送信又は受信するものをいう．）による送信及び手送による欧文の送信の場合は，[B]

	A	B
1	誤った語字	RPT
2	正しく送信した適当の語字	$\overline{\text{HH}}$
3	正しく送信した適当の語字	RPT
4	誤った語字	$\overline{\text{HH}}$

$\overline{\text{HH}}$は，8の短点を続けて送るのでたいへんだね．
RPTは，「反復」の略符号だよ．

問題 3

次の記述は，モールス無線電信による試験電波の発射について述べたものである．無線局運用規則（第39条）の規定に照らし，[　　]内に入れるべき最も適切な字句を下の1から10までのうちからそれぞれ一つ選べ．なお，同じ記号の[　　]内には，同じ字句が入るものとする．

① 無線局は，無線機器の試験又は調整のため電波の発射を必要とするときは，発射する前に自局の発射しようとする電波の[ア]によって聴守し，他の無線局の通信に混信を与えないことを確かめた後，次の(1)から(3)までの符号を順次送信し，更に[イ]聴守を行い，他の無線局から停止の請求がない場合に限り，「VVV」の連続及び自局の呼出符号1回を送信しなければならない．この場合において，「VVV」の連続及び自局の呼出符号の送信は，[ウ]を超えてはならない．

(1) EX　　3回
(2) DE　　1回
(3) 自局の呼出符号　　[エ]

② ①の試験又は調整中は，しばしばその電波の周波数により聴守を行い，[オ]を確かめなければならない．

③ ①の後段の規定にかかわらず，アマチュア局にあっては，必要があるときは，[ウ]を超えて「VVV」の連続及び自局の呼出符号の送信をすることができる．

1　周波数及びその他必要と認める周波数
2　周波数
3　1分間
4　3分間
5　20秒間
6　10秒間
7　3回
8　1回
9　他の無線局から停止の要求がないかどうか
10　他の無線局の通信に混信を与えないこと

無線電話通信の略語にすると，「EX」は「ただいま試験中」，「VVV」は「本日は晴天なり」だよ．

問題 4

無線局の無線設備の機器の試験又は調整のための電波の発射に関する次の記述のうち，無線局運用規則（第22条）の規定に照らし，この規定に定めるところに適合するものはどれか．下の1から4までのうちから一つ選べ．

1　無線局は，無線設備の機器の試験又は調整のための電波の発射が他の既に行われている通信に混信を与える旨の通知を受けたときは，10秒間を超えて電波を発射しないように注意しなければならない．
2　無線局は，無線設備の機器の試験又は調整のための電波の発射が他の既に行われている通信に混信を与える旨の通知を受けたときは，直ちにその発射を中止しなければならない．
3　無線局は，無線設備の機器の試験又は調整のための電波の発射が他の既に行われている通信に混信を与える旨の通知を受けたときは，その通知に対して直ちに応答しなければならない．
4　無線局は，無線設備の機器の試験又は調整のための電波の発射が他の既に行われている通信に混信を与える旨の通知を受けたときは，直ちに空中線電力を低減しなければならない．

解答

問題1 →1　問題2 →2
問題3 →ア－1　イ－3　ウ－6　エ－7　オ－9　問題4 →2

6.1 電波の発射の停止・臨時検査・非常の場合の無線通信 重要知識

出題項目 Check!

□ 技術基準適合命令を受ける場合
□ 臨時に電波の発射の停止を命じられる場合
□ 臨時検査を実施する場合
□ 非常の場合の無線通信を行う場合

1 技術基準適合命令（法 71 条の5）

総務大臣は，無線設備が第３章に定める技術基準に適合していないと認めるときは，当該無線設備を使用する無線局の免許人等に対し，その**技術基準に適合するように当該無線設備の修理その他の必要な措置をとるべきことを命ずる**ことができる．

2 電波の発射の停止（法 72，110 条）

1　総務大臣は，無線局の発射する**電波の質**が第 28 条の総務省令で定めるものに**適合していない**と認めるときは，その無線局に対して**臨時に電波の発射の停止を命ずる**ことができる．
2　総務大臣は，前項（1）の命令を受けた無線局からその発射する**電波の質**が第 28 条の総務省令の定めるものに**適合するに至った旨の申出**を受けたときは，その無線局に**電波を試験的に発射**させなければならない．
3　総務大臣は，前項（2）の規定による発射する**電波の質**が第 28 条の総務省令で定めるものに**適合しているときは**，**直ちに第１項（1）の停止（電波の発射の停止）を解除**しなければならない．
4　第 72 条第１項（1）の規定によって電波の発射を停止された無線局を運用した者は，**1 年以下の懲役**又は **100 万円以下の罰金**に処する．

Point

電波の発射の停止と運用の停止

電波の質が規定に適合していないときに電波の発射の停止を命ぜられることがある．運用の停止を命ぜられるのは，電波法に違反しているとき等である．

3 臨時検査（法73条，施39条）

1　総務大臣は，第71条の5（技術基準適合命令）の無線設備の修理その他の必要な措置をとるべきことを命じたとき，第72条第1項の**電波の発射の停止を命じたとき**，同条第2項の申出があったとき，無線局のある船舶又は航空機が外国へ出港しようとするとき，その他**この法律の施行を確保するため特に必要があるときは**，その職員を無線局に派遣し，その無線設備等（無線設備，無線従事者の資格及び員数並びに備え付け書類）を検査させることができる．

2　総務大臣は，無線局のある船舶又は航空機が外国へ出港しようとする場合その他この法律の施行を確保するため特に必要がある場合において，当該無線局の発射する電波の質又は空中線電力に係る無線設備の事項のみについて検査を行なう必要があると認めるときは，その無線局に電波の発射を命じて，その発射する電波の質又は空中線電力の検査を行なうことができる．

3　免許人は，検査の結果について総務大臣又は総合通信局長から指示を受け相当な措置をしたときは，速やかにその措置の内容を総務大臣又は総合通信局長に報告しなければならない．

4 非常の場合の無線通信（法74，110条）

1　総務大臣は，地震，台風，洪水，津波，雪害，火災，暴動その他非常の事態が発生し，又は発生するおそれがある場合においては，**人命の救助，災害の救援，交通通信の確保又は秩序の維持**のために必要な通信を**無線局に行わせることができる**．

2　総務大臣が前項（1）の規定により無線局に通信を行わせたときは，国は，その通信に要した実費を弁償しなければならない．

3　第74条第1項（1）の規定による処分に違反した者は，**1年以下の懲役**又は**100万円以下の罰金**に処する．

非常通信は免許人の判断で行って，非常の場合の無線通信は総務大臣が行わせるよ．非常通信と非常の場合の無線通信の違いに注意してね．

第6章　監督

試験の直前 Check!

- □ **技術基準適合命令** ≫ 総務大臣は無線設備の修理，必要な措置をとることを命ずる．
- □ **電波の質が総務省令に適合しない** ≫ 臨時に電波の発射の停止，適合する申し出は試験的に発射，適合すると発射の停止を直ちに解除．
- □ **発射停止の無線局を運用した者** ≫ 1年以下の懲役，100万円以下の罰金．
- □ **臨時検査を行うとき** ≫ 臨時に電波の発射停止を命じた．電波の質が適合するに至る．外国に出航．電波法の施行を確保する．
- □ **非常の場合の無線通信** ≫ 非常の事態が発生，発生するおそれがある．人命の救助，災害の救援，交通通信の確保，秩序の維持のため．総務大臣が行わせる．
- □ **非常の場合の無線通信命令を違反した者** ≫ 1年以下の懲役，100万円以下の罰金．

国家試験問題

問題 1

アマチュア無線局の無線設備が技術基準に適合していないと認める場合に総務大臣が命ずることができる処分に関する次の記述のうち，電波法（第71条の5）の規定に照らし，この規定に定めるところに適合するものはどれか．下の1から4までのうちから一つ選べ．

1　総務大臣は，無線設備が電波法第3章（無線設備）に定める技術基準に適合していないと認めるときは，当該無線設備を使用する無線局に電波の発射を命じて，その発射する電波の質及び空中線電力を検査しなければならない．

2　総務大臣は，無線設備が電波法第3章（無線設備）に定める技術基準に適合していないと認めるときは，当該無線設備を使用する無線局の免許人に対し，その技術基準に適合するように当該無線設備の修理その他の必要な措置をとるべきことを命ずることができる．

3　総務大臣は，無線設備が電波法第3章（無線設備）に定める技術基準に適合していないと認めるときは，当該無線設備を使用する無線局の免許人に対し，空中線の撤去を命ずることができる．

4　総務大臣は，無線設備が電波法第3章（無線設備）に定める技術基準に適合していないと認めるときは，当該無線設備を使用する無線局の免許人に対し，6月以内の期間を定めて当該無線局の運用の停止を命ずることができる．

問題 2

次の記述は，アマチュア無線局の無線設備が技術基準に適合していない場合について述べたものである．電波法（第 71 条の 5）の規定に照らし，［　　］内に入れるべき最も適切な字句を下の 1 から 4 までのうちから一つ選べ．

総務大臣は，無線設備が電波法第 3 章（無線設備）に定める技術基準に適合していないと認めるときは，当該無線設備を使用する［　　］．

1　無線局の免許人に対し，その技術基準に適合するように当該無線設備の修理その他の必要な措置をとるべきことを命ずることができる．
2　無線局の免許を取り消さなければならない．
3　無線局の免許人に対し，空中線の撤去を命ずることができる．
4　無線局に電波の発射を命じて，その発射する電波の質を検査しなければならない．

問題 3

電波の発射の停止の命令に関する次の記述のうち，電波法（第 72 条）の規定に照らし，この規定に定めるところに適合するものはどれか．下の 1 から 4 までのうちから一つ選べ．

1　総務大臣は，無線局が免許状に記載された周波数以外の周波数の電波を使用して運用していると認めるときは，当該無線局に対して臨時に電波の発射の停止を命ずることができる．
2　総務大臣は，無線局の発射する電波の質が総務省令で定めるものに適合していないと認めるときは，当該無線局に対して臨時に電波の発射の停止を命ずることができる．
3　総務大臣は，無線局の発射する電波が重要無線通信に混信その他の妨害を与えていると認めるときは，当該無線局に対して臨時に電波の発射の停止を命ずることができる．
4　総務大臣は，無線局が免許状に記載された空中線電力の範囲を超えて運用していると認めるときは，当該無線局に対して臨時に電波の発射の停止を命ずることができる．

問題 4

次の記述は，電波の発射の停止について述べたものである．電波法（第72条及び第110条）の規定に照らし，[　　]内に入れるべき最も適切な字句を下の1から10までのうちからそれぞれ一つ選べ．なお，同じ記号の[　　]内には，同じ字句が入るものとする．

① 総務大臣は，無線局の発射する[ア]が電波法第28条の総務省令で定めるものに適合していないと認めるときは，当該無線局に対して[イ]**電波の発射の停止**を命ずることができる．

② 総務大臣は，①の命令を受けた無線局からその発射する[ア]が電波法第28条の総務省令の定めるものに適合するに至った旨の申出を受けたときは，その無線局に[ウ]させなければならない．

③ 総務大臣は，②の規定により発射する[ア]が電波法第28条の総務省令で定めるものに適合しているときは，直ちに[エ]しなければならない．

④ ①の規定によって電波の発射を停止された無線局を運用した者は，[オ]に処する．

1　電波の空中線電力　　　2　電波の質
3　その旨を関係機関へ通知　　　4　臨時に
5　電波を試験的に発射　　　6　直ちに
7　職員を派遣し，無線設備を検査　　　8　①の停止を解除
9　1年以下の懲役又は100万円以下の罰金
10　2年以下の懲役又は100万円以下の罰金

太字は穴あきになった用語として，出題されたことがあるよ．

電波の質が適合していないときは臨時に電波の発射の停止だよ．
電波法に違反したときなどは運用の停止や周波数などの制限だよ．

問題 5

アマチュア無線局の検査に関する次の記述のうち，電波法（第 73 条）の規定に照らし，この規定に定めるところに適合しないものはどれか．下の 1 から 4 までのうちから一つ選べ．

1　総務大臣は，電波法の施行を確保するため特に必要があるときは，その職員を無線局に派遣し，その無線設備等（注）を検査させることができる．

注　無線設備，無線従事者の資格及び員数並びに時計及び書類をいう．以下 2，3 及び 4 において同じ．

2　総務大臣は，無線設備が電波法第 3 章（無線設備）に定める技術基準に適合していないと認めるときは，電波法第 24 条の 2（検査等事業者の登録）第 1 項の登録を受けた者（無線設備等の点検の事業のみを行う者を除く．）を無線局に派遣し，その無線設備等について総務省令で定めるところにより当該登録に係る検査を行わせることができる．

3　総務大臣は，電波法第 71 条の 5（技術基準適合命令）の無線設備の修理その他の必要な措置をとるべきことを命じたときは，その職員を無線局に派遣し，その無線設備等を検査させることができる．

4　総務大臣は，電波法第 72 条（電波の発射の停止）第 1 項の電波の発射の停止を命じたときは，その職員を無線局に派遣し，その無線設備等を検査させることができる．

問題 6

次の記述は，総務大臣がその職員をアマチュア無線局に派遣し，その無線設備，無線従事者の資格及び員数並びに時計及び書類を検査させることができる場合について述べたものである．電波法（第 73 条）の規定に照らし，［　　］内に入れるべき最も適切な字句の組合せを下の 1 から 4 までのうちから一つ選べ．なお，同じ記号の［　　］内には，同じ字句が入るものとする．

①　無線局の発射する［ A ］が総務省令で定めるものに適合していないと認め，当該無線局に対して［ B ］電波の発射の停止を命じたとき．

②　①の命令を受けた無線局からその発射する［ A ］が総務省令の定めるものに適合するに至った旨の申出を受けたとき．

③　［ C ］の施行を確保するため特に必要があるとき．

	A	B	C
1	電波の質	臨時に	電波法
2	電波の質	3 箇月以内の期間を定めて	電波法又は電気通信事業法
3	電波の型式及び周波数	3 箇月以内の期間を定めて	電波法
4	電波の型式及び周波数	臨時に	電波法又は電気通信事業法

問題7 

次の記述は，非常の場合の無線通信について述べたものである．電波法（第74条及び第110条）の規定に照らし，[　　]内に入れるべき最も適切な字句の組合せを下の1から4までのうちから一つ選べ．

① 総務大臣は，地震，台風，洪水，津波，雪害，火災，暴動その他非常の事態が発生し，又は発生するおそれがある場合においては，[A]，災害の救援，**交通通信**の確保又は秩序の維持のために必要な通信を[B]に行わせることができる．

② ①による処分に違反した者は，**1年以下の懲役又は**[C]**以下の罰金**に処する．

	A	B	C
1	有線通信を利用することができないか又はこれを利用することが著しく困難であるときに，人命の救助	無線局	50万円
2	人命の救助	無線局	100万円
3	有線通信を利用することができないか又はこれを利用することが著しく困難であるときに，人命の救助	無線従事者	100万円
4	人命の救助	無線従事者	50万円

懲役と罰金の組合せは，「1年以下の懲役又は100万円以下の罰金」，「1年以下の懲役又は50万円以下の罰金」，「2年以下の懲役又は100万円以下の罰金」，「3年以下の懲役又は150万円以下の罰金」，「5年以下の懲役又は250万円以下の罰金」があるよ．

解答

問題1→2　**問題2**→1　**問題3**→2

問題4→ア－2　イ－4　ウ－5　エ－8　オ－9　**問題5**→2

問題6→1　**問題7**→2

6.2 免許の取消し等の処分

重要知識

出題項目 Check!

- □ 無線局の運用の停止又は制限を受ける場合
- □ 無線局の免許の取消しを受ける場合
- □ 無線従事者の免許の取消し，従事停止を受ける場合

1 無線局の運用の停止又は制限（法 76 条）

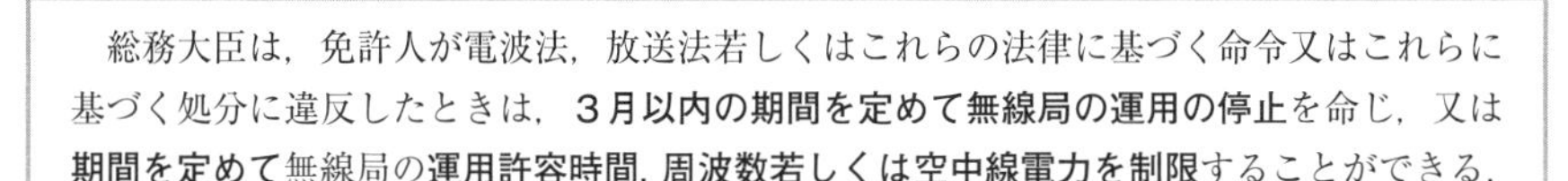

総務大臣は，免許人が電波法，放送法若しくはこれらの法律に基づく命令又はこれらに基づく処分に違反したときは，**3 月以内の期間を定めて無線局の運用の停止**を命じ，又は**期間を定めて**無線局の**運用許容時間，周波数若しくは空中線電力を制限**することができる．

用語

「電波法に基づく命令」とは，電波法施行規則や無線局運用規則等の総務省令のこと．

「電波法に基づく処分」とは，運用の停止や制限等のこと．

「免許人」とは，無線局の免許を受けている者のこと．個人でアマチュア局の免許を受けている場合はその個人のことであるが，社団の場合は無線クラブの代表者及び無線クラブ全体のこと．

2 無線局の免許の取消し（法 76 条）

総務大臣は，免許人が次の各号のいずれかに該当するときは，その免許を取り消すことができる．

① 正当な理由がないのに，無線局の運用を引き続き **6 月以上休止**したとき．

② 不正な手段により無線局の免許若しくは第 17 条の許可（通信の相手方，通信事項若しくは無線設備の設置場所の変更の許可又は**無線設備の変更の工事の許可**）を受け，又は第 19 条の規定による指定の変更（電波の型式及び周波数，呼出符号，空中線電力並びに運用許容時間に係る指定の変更）を行わせたとき．

③ 第 1 項の規定による命令又は制限（**無線局の運用の停止**を命ぜられ，又は無線局の運用許容時間，周波数若しくは空中線電力の制限）に従わないとき．

④ 免許人が第 5 条第 3 項第一号に該当するに至った（**電波法又は放送法に規定する罪**を犯し，罰金以上の刑に処せられ，その執行を終わり又はその執行を受けることがなくなった日から **2 年を経過しない**）とき．

制限を受けるのは予備免許のときの指定事項だけど，「電波の型式」は入ってないよ．

3　無線従事者の免許の取消し等の処分（法79条）

総務大臣は，無線従事者が次の各号の一に該当するときは，その免許を取り消し，又は**3箇月以内**の期間を定めて**その業務に従事することを停止する**ことができる．

① **電波法若しくは電波法に基づく命令又はこれらに基づく処分に違反**したとき．

② **不正な手段により免許を受けた**とき．

③ 第42条第三号（著しく心身に欠陥があって無線従事者たるに適しない者）に該当するに至ったとき．

無線局は「3月以内」で無線従事者は「3箇月以内」と書いてあるけど，電波法の条文にそのように書いてあるからだよ．意味は同じだよ．

無線局の免許人が電波法令に違反した場合は，運用の停止を制限されることがあるけど，免許の取消しはないよ．
無線従事者が電波法令に違反した場合は，免許の取消しや従事の停止があるよ．

試験の直前 Check!

- □ **免許人が電波法，基づく命令，基づく処分に違反** ≫≫ 無線局の3月以内の運用の停止．運用許容時間，周波数，空中線電力の制限．
- □ **無線局の免許の取消し** ≫≫ 運用を6月以上休止．不正な手段により無線局の免許，変更の許可，指定事項の変更を受けた．運用停止，制限に従わない．電波法に規定する罰金以上の刑から2年間．
- □ **無線従事者の免許の取消し，3箇月以内の従事停止** ≫≫ 電波法，基づく命令，基づく処分に違反．不正な手段により免許．著しく心身に欠陥．

国家試験問題

問題 1

次の記述は，アマチュア無線局の免許の取消しについて述べたものである．電波法（第 76 条）の規定に照らし，[　]内に入れるべき最も適切な字句を下の 1 から 10 までのうちからそれぞれ一つ選べ．

総務大臣は，免許人が次の (1) から (6) までのいずれかに該当するときは，その免許を取り消すことができる．

(1) 正当な理由がないのに，無線局の運用を引き続き[ア]以上休止したとき．
(2) 不正な手段により無線局の免許を受けたとき．
(3) 不正な手段により通信の相手方，通信事項若しくは無線設備の設置場所の変更又は[イ]の許可を受けたとき．
(4) 不正な手段により識別信号，電波の型式，周波数，空中線電力又は運用許容時間の指定の変更を行わせたとき．
(5) 電波法第 76 条第 1 項の[ウ]の停止の命令又は運用許容時間，周波数若しくは空中線電力の制限に従わないとき．
(6) 免許人が[エ]に規定する罪を犯し罰金以上の刑に処せられ，その執行を終わり，又はその執行を受けることがなくなった日から[オ]を経過しない者に該当するに至ったとき．

1　1 年　　2　6 月　　3　検査の延期
4　無線設備の変更の工事　　5　電波の発射　　6　無線局の運用
7　刑法　　8　電波法又は放送法　　9　2 年
10　3 年

「運用を 6 月以上休止」，「罰金以上の刑から 2 年を経過しない」だよ．月数や年数に注意してね．

問題2

無線局の免許人が電波法等に違反した場合に総務大臣が行う処分に関する記述として，電波法（第76条）の規定に適合するものを1，適合しないものを2として解答せよ．

ア　総務大臣は，免許人が電波法に違反したときは，無線局の免許を取り消すことができる．

イ　総務大臣は，免許人が電波法に違反したときは，3月以内の期間を定めて無線局の運用の停止を命ずることができる．

ウ　総務大臣は，免許人が電波法に基づく命令に違反したときは，期間を定めて無線局の空中線電力を制限することができる．

エ　総務大臣は，免許人が電波法又は電波法に基づく命令に違反したときは，無線局の周波数の指定を変更することができる．

オ　総務大臣は，免許人が電波法又は電波法に基づく命令に違反したときは，無線局の空中線電力の指定を変更することができる．

問題3

アマチュア無線局の免許の取消しに関する次の記述のうち，電波法（第76条）の規定に照らし，この規定に定めるところに適合しないものはどれか．下の1から4までのうちから一つ選べ．

1　総務大臣は，免許人が電波法又は放送法に規定する罪を犯し罰金以上の刑に処せられ，その執行を終わり，又はその執行を受けることがなくなった日から2年を経過しない者に該当するに至ったときは，その免許を取り消すことができる．

2　総務大臣は，免許人が電波法第76条第1項の規定に基づく期間を定めた無線局の周波数の制限に従わないときは，その免許を取り消すことができる．

3　総務大臣は，免許人が不正な手段により無線局の免許を受けたときは，その免許を取り消すことができる．

4　総務大臣は，免許人が正当な理由がないのに，無線局の運用を引き続き3月以上休止したときは，その免許を取り消すことができる．

問題4

次の記述は，無線局の免許の取消し等について述べたものである．電波法（第76条）の規定に照らし，[　　]内に入れるべき最も適切な字句の組合せを下の1から4までのうちから一つ選べ．

① 総務大臣は，免許人が電波法又は電波法に基づく命令に違反したときは，[A]以内の期間を定めて**無線局の運用の停止**を命じ，又は期間を定めて[B]，**周波数若しくは空中線電力を制限**することができる．

② 総務大臣は，免許人が正当な理由がないのに，無線局の運用を引き続き[C]以上休止したときは，その免許を取り消すことができる．

	A	B	C
1	1月	電波の型式	6月
2	1月	運用許容時間	3月
3	3月	運用許容時間	6月
4	3月	電波の型式	3月

太字は穴あきになった用語として，出題されたことがあるよ．

問題5

次の記述は，無線従事者の免許の取消し等について述べたものである．電波法（第79条）の規定に照らし，[　　]内に入れるべき最も適切な字句の組合せを下の1から4までのうちから一つ選べ．

総務大臣は，無線従事者が電波法若しくは電波法に基く命令又はこれらに基く処分に違反したときは，その免許を取り消し，又は[A]以内の期間を定めて[B]することができる．

	A	B
1	3箇月	その業務に従事することを停止
2	3箇月	違反に係る無線局の運用を停止
3	1箇月	違反に係る無線局の運用を停止
4	1箇月	その業務に従事することを停止

「3月」と「3箇月」，「6月」と「6箇月」のように違って書いてある問題があるけど，条文にそのように書いてあるからだよ．意味は同じだよ．

第6章 監督

問題6

無線従事者の免許の取消しに関する次の記述のうち，電波法（第79条）の規定に適合するものはどれか．下の1から4までのうちから一つ選べ．

1　総務大臣は，無線従事者が日本の国籍を失ったときは，その免許を取り消さなければならない．

2　総務大臣は，無線従事者が不正な手段により免許を受けたときは，その免許を取り消すことができる．

3　総務大臣は，無線従事者が5年以上無線設備の操作を行わなかったときは，その免許を取り消すことができる．

4　総務大臣は，無線従事者が刑法に規定する罪を犯し，罰金以上の刑に処せられたときは，その免許を取り消さなければならない．

不正に免許を受ければ取消しだね．
電波法の行政処分に刑法は関係ないよ．

解答

問題1 →アー2　イー4　ウー6　エー8　オー9
問題2 →アー2　イー1　ウー1　エー2　オー2　**問題3** →4
問題4 →3　**問題5** →1　**問題6** →2

6.3 報告・電波利用料・罰則 重要知識

出題項目 Check!

- □ 総務大臣に報告する場合と報告の方法
- □ 免許等を要しない無線局，受信設備に対する監督
- □ 電波利用料を納める期日と手続き
- □ 罰則の規定に該当する場合と刑罰

1 報告（法 80，81 条，施 42 条の 4）

1　無線局の免許人等は，次の場合は，総務省令で定める手続きにより，総務大臣に報告しなければならない．

　①　遭難通信，緊急通信，安全通信又は**非常通信**を行ったとき．

　②　**この法律又はこの法律に基づく命令の規定に違反**して運用した無線局を認めたとき．

2　総務大臣は，**無線通信の秩序の維持**その他**無線局の適正な運用**を確保するため必要があると認めるときは，免許人等に対し，**無線局に関し報告を求める**ことができる．

3　免許人等は，法第 80 条各号（1 の①，②）の場合は，できる限りすみやかに，文書によって，総務大臣又は総合通信局長に報告しなければならない．

「この法律（電波法）に基づく命令」は，電波法施行規則や無線局運用規則などの総務省令のことだよ．

2 免許等を要しない無線局及び受信設備に対する監督（法 82 条）

①　総務大臣は，第 4 条第一号から第三号までに掲げる無線局（以下「**免許等を要しない無線局**」という．）の**無線設備**の発する電波又は**受信設備が副次的に発する電波若しくは高周波電流が他の無線設備の機能に継続的かつ重大な障害を与える**ときは，その設備の**所有者又は占有者**に対し，その障害を除去するために**必要な措置をとるべきことを命ずる**ことができる．

②　総務大臣は，免許等を要しない無線局の無線設備について又は放送の受信を目的とする受信設備以外の受信設備について前項の措置をとるべきことを命じた場合において特に必要があると認めるときは，その職員を当該設備のある場所に派遣し，その設備を**検査**させることができる．

免許等を要しない無線局は，発射する電波が微弱で総務省令で定める無線局，空中線電力1ワット以下で総務省令で定める無線局，登録局などのことだよ．p6の2.1を見てね．

3 電波利用料（法103条の2）

① 免許人等は，電波利用料として，無線局の免許等の日から起算して**30日以内**及びその後毎年その免許等の日に応当する日（応当する日がない場合は，その翌日．この条において「応当日」という．）から起算して**30日以内**に，当該無線局の免許等の日又は応当日（この項において「起算日」という．）から始まる各1年の期間について，別表第6の上欄に掲げる無線局の区分に従い同表の下欄に掲げる金額を国に納めなければならない．

② 免許人等（包括免許人等を除く．）は，第1項（①）の規定により電波利用料を納めるときには，その翌年の応当日以後の期間に係る**電波利用料を前納することができる**．

③ 総務大臣は，電波利用料を納めない者があるときは，督促状によって，**期限を指定して督促しなければならない**．

④ 総務大臣は，第42項（③）の規定により督促をしたときは，その督促に係る電波利用料の額につき年14.5パーセントの割合で，納期限の翌日からその納付又は財産差押えの日の前日までの日数により計算した延滞金を徴収する．ただし，やむを得ない事情があると認められるときその他総務省令で定めるときは，この限りでない．

4 罰則（法105，106，108条の2）

他の規定と関係する罰則については，その規定と合わせて示してあります．

1 遭難通信（法105条）

① 無線通信の業務に従事する者が第66条第1項（第70条の6において準用する場合を含む．）の規定による遭難通信の取扱をしなかったとき，又はこれを遅延させたときは，1年以上の有期懲役に処する．

② **遭難通信の取扱を妨害した者**も，前項と同様とする．

③ 前2項（①，②）の**未遂罪**は，罰する．

2 虚偽の通信（法106条）

① **自己若しくは他人に利益を与え，又は他人に損害を加える**目的で，無線設備又は第100条第1項第一号（高周波利用設備）の通信設備によって**虚偽の通信を発した者**は，**3年以下の懲役**又は**150万円以下の罰金**に処する．

② 船舶遭難又は航空機遭難の**事実がないのに，無線設備によって遭難通信を発した者**は，**3月以上10年以下の懲役**に処する．

3 重要無線通信妨害（法108条の2）

① **電気通信業務又は放送の業務**の用に供する無線局の無線設備又は**人命若しくは財産の保護，治安の維持，気象業務，電気事業に係る電気の供給の業務**若しくは**鉄道事業に係る列車の運行の業務**の用に供する無線設備を損壊し，又は**これに物品を接触し，その他その無線設備の機能に障害**を与えて**無線通信を妨害した者は，5年以下の懲役**又は**250万円以下の罰金**に処する．

② 前項（①）の未遂罪は，罰する．

Point

懲役と罰金の組合せは，「1年以下の懲役又は100万円以下の罰金」，「1年以下の懲役又は50万円以下の罰金」，「2年以下の懲役又は100万円以下の罰金」，「3年以下の懲役又は150万円以下の罰金」，「5年以下の懲役又は250万円以下の罰金」がある．

試験の直前 Check!

- □ **総務大臣に報告** ≫ 非常通信，電波法違反，総務省令で定める手続きで報告．
- □ **総務大臣が無線局に報告を求める** ≫ 無線通信の秩序の維持，無線局の適正な運用を確保する．
- □ **免許等を要しない無線局，受信設備の監督** ≫ 副次的に発する電波，高周波電流が他の無線設備の機能に継続的かつ重大な障害．所有者又は占有者に対し障害を除去する措置を命ずる．必要があるとき検査．
- □ **電波利用料を納める** ≫ 30日以内．
- □ **遭難通信を妨害した者** ≫ 1年以上の有期懲役．未遂罪を罰する．
- □ **事実がない遭難通信を発した者** ≫ 3月以上10年以下の懲役．
- □ **虚偽の通信を発した者** ≫ 自己，他人に利益を与え，他人に損害を加える目的で虚偽の通信，3年以下の懲役，150万円以下の罰金．
- □ **重要無線通信** ≫ 電気通信業務，放送の業務，人命若しくは財産の保護，治安の維持，気象業務，電気事業に係る電気の供給の業務，鉄道事業に係る列車の運行の業務．
- □ **重要無線通信を妨害した者** ≫ 5年以下の懲役，250万円以下の罰金．

国家試験問題

問題 1

総務大臣に対する報告に関する次の記述のうち，電波法（第 80 条及び第 81 条）の規定に照らし，これらの規定に定めるところに適合しないものはどれか．下の 1 から 4 までのうちから一つ選べ．

1　無線局の免許人は，非常通信を行ったときは，総務省令で定める手続により，総務大臣に報告しなければならない．

2　無線局の免許人は，有害な混信を受けたときは，総務省令で定める手続により，総務大臣に報告しなければならない．

3　無線局の免許人は，電波法又は電波法に基づく命令の規定に違反して運用した無線局を認めたときは，総務省令で定める手続により，総務大臣に報告しなければならない．

4　総務大臣は，無線通信の秩序の維持その他無線局の適正な運用を確保するため必要があると認めるときは，免許人に対し，無線局に関し報告を求めることができる．

「電波法に基づく命令」とは，無線局運用規則などの総務省令のことだよ．

問題 2

次の記述は，総務大臣への報告について述べたものである．電波法（第 80 条及び第 81 条）の規定に照らし，［　　］内に入れるべき最も適切な字句を下の 1 から 10 までのうちからそれぞれ一つ選べ．

① 無線局の免許人は，次の (1) から (3) までに掲げる場合は，総務省令で定める手続により，総務大臣に報告しなければならない．

(1) ［ア］を行ったとき．

(2) ［イ］命令の規定に違反して運用した無線局を認めたとき．

(3) 無線局が外国において，あらかじめ総務大臣が告示した以外の運用の制限をされたとき．

② 総務大臣は，［ウ］その他無線局の［エ］するため必要があると認めるときは，［オ］に対し，無線局に関し報告を求めることができる．

1	試験電波の発射	2	非常通信
3	電波法及び放送法に基づく	4	電波法又は電波法に基づく
5	無線通信の秩序の維持	6	混信の防止
7	運用の状況を把握	8	適正な運用を確保
9	免許人	10	無線局に選任された無線従事者

問題 3

次の記述は，免許等を要しない無線局（注）に対する監督について述べたものである．電波法（第 82 条）の規定に照らし，[　　]内に入れるべき最も適切な字句を下の 1 から 10 までのうちからそれぞれ一つ選べ．

注　電波法第 4 条（無線局の開設）第 1 号から第 3 号までに掲げる無線局をいう．

総務大臣は，免許等を要しない無線局の無線設備の発する電波が[ア]に[イ]障害を与えるときは，その設備の[ウ]又は占有者に対し，その障害を[エ]するために必要な措置をとるべきことを[オ]ことができる．

1	重要無線通信を行う無線局の運用	2	有害な	3	運用者
4	所有者	5	防止	6	他の無線設備の機能
7	継続的かつ重大な	8	勧告する	9	命ずる
10	除去				

免許等を要しない無線局は，発射する電波が著しく微弱で総務省令で定める無線局，空中線電力 1 ワット以下で総務省令で定める無線局，登録局などのことだよ．

問題 4

次の記述は，受信設備に対する監督について述べたものである．電波法（第 82 条）の規定に照らし，[　　]内に入れるべき最も適切な字句の組合せを下の 1 から 4 までのうちから一つ選べ．

① 総務大臣は，受信設備が副次的に発する電波又は高周波電流が[A]の機能に継続的かつ重大な障害を与えるときは，その設備の所有者又は占有者に対し，その障害を除去するために必要な措置をとるべきことを命ずることができる．

② 総務大臣は，放送の受信を目的とする受信設備以外の受信設備について①の措置をとるべきことを命じた場合において特に必要があると認めるときは，その職員を当該設備のある場所に派遣し，その設備を[B]させることができる．

	A	B
1	電波天文業務の用に供する受信設備	検査
2	電波天文業務の用に供する受信設備	撤去
3	他の無線設備	検査
4	他の無線設備	撤去

問題5

アマチュア無線局の電波利用料の徴収等に関する次の記述のうち，電波法（第103条の2）の規定に照らし，この規定に定めるところに適合するものを1，適合しないものを2として解答せよ．

ア　免許人は，電波利用料として，無線局の免許の日から起算して30日以内及びその後毎年その免許の日に応当する日（注）から起算して30日以内に，当該無線局の免許の日又は応当日から始まる各1年の期間について，電波法に定める金額を国に納めなければならない．

注　応当する日がない場合には，その翌日．以下ア及びイにおいて「応当日」という．

イ　免許人は，電波法第103条の2第1項の規定により電波利用料を納めるときには，その翌年の応当日以後の期間に係る電波利用料を前納することができる．

ウ　総務大臣は，電波利用料を納めなければならない免許人がこれを納めないときは，3箇月以内の期間を定めて無線局の運用の停止を命じ，又は期間を定めて運用許容時間，周波数若しくは空中線電力を制限することができる．

エ　総務大臣は，電波利用料を納めない者があるときは，督促状によって，期限を指定して督促しなければならない．

オ　免許人は，無線局の運用を6箇月以上休止する旨を総務大臣に届け出たときには，請求により，その休止の期間に係る電波利用料の還付を受けることができる．

問題6

次の記述は，虚偽の通信を発した者に対する罰則について述べたものである．電波法（第106条）の規定に照らし，□内に入れるべき最も適切な字句を下の1から4までのうちから一つ選べ．

自己若しくは他人に利益を与え，又は他人に損害を加える目的で，無線設備によって虚偽の通信を発した者は，□に処する．

1　3年以下の懲役又は150万円以下の罰金

2　2年以下の懲役又は100万円以下の罰金

3　1年以下の懲役又は50万円以下の罰金

4　6月以下の懲役又は30万円以下の罰金

問題 7

次の記述は，無線通信を妨害した者に対する罰則について述べたものである．電波法（第108条の2）の規定に照らし，［　　］内に入れるべき最も適切な字句の組合せを下の1から4までのうちから一つ選べ．

① **電気通信業務**又は放送の業務の用に供する無線局の無線設備又は人命若しくは財産の保護，治安の維持，気象業務，**電気事業に係る電気の供給**の業務若しくは鉄道事業に係る列車の運行の業務の用に供する無線設備を損壊し，又は［ A ］無線通信を妨害した者は［ B ］に処する．

② ①の未遂罪は，罰する．

	A	B
1	これに物品を接触し，その他その無線設備の機能に障害を与えて	3年以下の懲役又は150万円以下の罰金
2	電磁的方法により，これを操作する権限を不当に侵害して	3年以下の懲役又は150万円以下の罰金
3	これに物品を接触し，その他その無線設備の機能に障害を与えて	5年以下の懲役又は250万円以下の罰金
4	電磁的方法により，これを操作する権限を不当に侵害して	5年以下の懲役又は250万円以下の罰金

太字は穴あきになった用語として，出題されたことがあるよ．

第6章　監督

解答

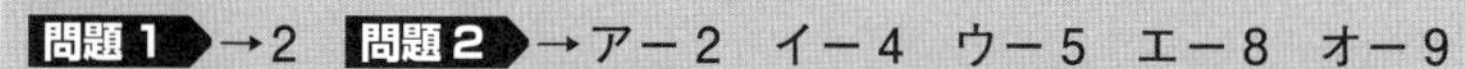

問題1 →2　問題2 →ア－2　イ－4　ウ－5　エ－8　オ－9
問題3 →ア－6　イ－7　ウ－4　エ－10　オ－9
問題4 →3　問題5 →ア－1　イ－1　ウ－2　エ－1　オ－2
問題6 →1　問題7 →3

7.1 用語の定義・周波数の分配

重要知識

出題項目 Check!

- □ 無線通信規則で規定される用語の定義
- □ 局の技術特性として定められている事項
- □ アマチュア業務に分配されている周波数帯

1 国際電気通信連合憲章及び国際電気通信連合条約

国際電気通信連合憲章及び国際電気通信連合条約は，国際電気通信連合（ITU）の組織と国際間の電気通信についての基本的な規律を取り決めています．国際電気通信連合憲章に規定する無線通信規則は，国際間の無線通信に関することを取り決めています．

2 用語の定義

① 「主官庁」とは，国際電気通信連合憲章，国際電気通信連合条約および業務規則の義務を履行するためとるべき措置について責任を有する政府の機関をいう（S 1.2）．

② 「協定世界時（UTC）」とは，議決第 655（WRC-15）に掲げる，秒（国際単位系）を基礎とする時系をいう（S 1.14）．

③ 「**無線通信業務**」とは，特定の目的の電気通信のための電波の送信，発射又は受信による業務で，この節（無線通信規則第 1 条第 3 節（無線業務））で定義するものをいう．

無線通信規則では，無線通信業務とは，特に示さない限り，**地上無線通信業務**をいう（S 1.19）．

④ 「**標準周波数報時業務**」とは，**一般的受信**のため，公表された高い精度の**特定周波数，報時信号**又はこれらの双方の発射を行う**科学**，**技術**その他の目的のための無線通信業務をいう（S 1.53）．

⑤ 「**アマチュア業務**」とは，アマチュア，すなわち，金銭上の利益のためでなく，専ら個人的に無線技術に興味をもち，正当に許可された者が行う自己訓練，通信及び技術研究のための無線通信業務をいう（S 1.56）．

⑥ 「**アマチュア衛星業務**」とは，アマチュア業務と同一の目的で地球衛星上の宇宙局を使用する無線通信業務をいう（S 1.57）．

⑦ 「**宇宙局**」とは，**地球の大気圏**の主要部分の外にあり，又はその外に出ることを目的とし，若しくはその外にあった物体上にある局をいう（S 1.64）．

⑧ 「アマチュア局」とは，アマチュア業務の局をいう（S 1.96）．

⑨ 「**有害な混信**」とは，**無線航行業務**その他の**安全業務**の運用を**妨害**し，又は**無線通信規則に従って行う無線通信業務**の運用に重大な悪影響を与え，若しくはこれを**反復的に中断**し若しくは**妨害**する混信をいう（憲章附属書 1003）．

(S1.2) は，無線通信規則第S1.2号を表します．

主管庁は各国で管轄する行政機関だよ．
日本は総務省だね．

Point

電波法施行規則（第3条）の定義

「アマチュア業務」とは，金銭上の利益のためでなく，もっぱら個人的な無線技術の興味によって行う自己訓練，通信及び技術的研究その他総務大臣が別に告示する業務を行う無線通信業務をいう．

「アマチュア業務」の定義は，無線通信規則と電波法施行規則は違うところがあるので注意してね．

3 局の技術特性

① 局において使用する**装置の選択及び動作**並びにそのすべての発射は，**この規則に適合**しなければならない（S 3.1）．

② 局において使用する装置は，ITU-R の関係勧告に従い，**周波数スペクトルを最も効率的に利用**することが可能となる信号処理方式を**できる限り使用**するものとする．取り分け，一部の周波数帯幅拡張技術が挙げられ，特に振幅変調方式においては，**単側波帯技術の使用が挙げられる**（S 3.4）．

③ 送信局は，付録第S 2 号に定める**周波数許容偏差に適合**しなければならない（S 3.5）．

④ 送信局は，付録第S 3 号に定めるスプリアス発射の許容し得る**最大電力レベルに適合**しなければならない（S 3.6）．

⑤ 送信局は，一部の業務及び発射の種別に関して現行の無線通信規則に定める帯域外発射又は**帯域外領域の不要発射の許容し得る最大電力レベルに適合**しなければならない．この許容し得る最大電力のレベルに関する規定がない場合には，送信局は，実行可能な最大の範囲で，関係の ITU-R 勧告に定める帯域外発射の限界又は帯域外領域における**不要発射の限界に関する要件を満たす**ものとする（S 3.7）．

⑥ さらに，**周波数許容偏差及び不要発射のレベル**を技術の現状及び業務の性質によって可能な**最小の値に維持**するよう努力するものとする（S 3.8）．

⑦ **発射の周波数帯幅**は，**スペクトルを最も効率的に使用**し得るようなものでなければならない．このためには，一般的には，周波数帯幅を技術の現状及び業務の性質によって可能な**最小の値に維持**することが必要である（S 3.9）．

⑧ 周波数帯幅拡張技術が使用される場合には，スペクトル電力密度は，スペクトルの効

率的な使用に適する最小のものでなければならない（S 3.10）．

⑨　スペクトルの効率的な使用のために必要となる場合には，受信機は，いずれの業務で受信機を使用するときも，適切な場合には，ドップラー効果を考慮して，できる限り，当該業務の送信機の周波数許容偏差に適合するものとする（S 3.11）．

⑩　受信局は，関係の発射の種別に適した技術特性を有する装置を使用するものとする．特に**選択度特性**は，発射の周波数帯幅に関する第S 3.9 号の規定に留意して，適当なものを採用するものとする（S 3.12）．

⑪　**減幅電波の発射**は，**すべての局**に対して**禁止する**（S 3.15）．

「減幅電波」は，試験問題に「減衰波」や「B電波」と書かれていることがあるよ．

4 周波数の分配

［1］ 地域

周波数の分配のため，図 7.1 のように世界を 3 の地域に区分する（S 5.2）．

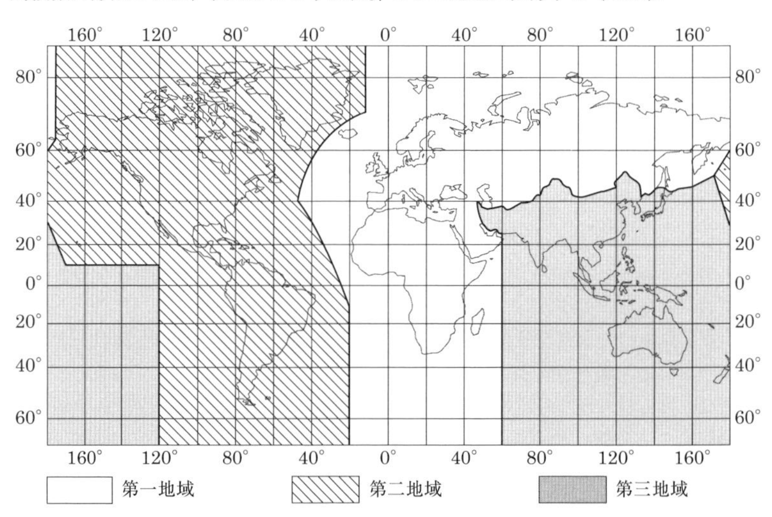

図 7.1　地域の区分地図

世界は 3 の地域に区分され，日本は第三地域だよ．アジア，オセアニア地域だね．

[2] アマチュア業務に分配されている周波数帯

表 7.1 アマチュア業務に分配されている周波数帯（抜粋）

<table>
<tr><th>第一地域</th><th>第二地域</th><th>第三地域</th></tr>
<tr><td>1,810kHz～ 1,850kHz</td><td>1,800kHz ～ 1,850kHz
1,850kHz ～ 2,000kHz ※</td><td>☆ 1,800kHz～ 2,000kHz ※</td></tr>
<tr><td>3,500kHz～ 3,800kHz ※</td><td>3,500kHz ～ 3,750kHz
3,750kHz ～ 4,000kHz ※</td><td>☆ 3,500kHz～ 3,900kHz ※</td></tr>
<tr><td colspan="3">☆ 7,000kHz ～ 7,200kHz</td></tr>
<tr><td></td><td>7,200kHz ～ 7,300kHz ※</td><td></td></tr>
<tr><td colspan="3">10,100kHz ～ 10,150kHz ※</td></tr>
<tr><td colspan="3">14,000kHz ～ 14,350kHz</td></tr>
<tr><td colspan="3">18,068kHz ～ 18,168kHz</td></tr>
<tr><td colspan="3">21,000kHz ～ 21,450kHz</td></tr>
<tr><td colspan="3">☆ 24,890kHz ～ 24,990kHz</td></tr>
<tr><td colspan="3">☆ 28MHz ～ 29.7MHz</td></tr>
<tr><td></td><td colspan="2">50MHz～ 54MHz ※</td></tr>
<tr><td colspan="3">144MHz ～ 146MHz</td></tr>
<tr><td colspan="3">430MHz ～ 440MHz ※</td></tr>
<tr><td colspan="3">1,260MHz ～ 1,300MHz ※</td></tr>
</table>

※を付した周波数は，他の業務と共用する．☆は，正しい答として出題された周波数帯．

用語

周波数の単位

1,000〔Hz〕=1〔kHz〕，1,000〔kHz〕=1〔MHz〕なので，

21,000kHz～ 21,450kHz は，21MHz～ 21.45MHz のこと．

試験の直前 Check!

- □ **無線通信業務** ≫ 特定の目的の電気通信，電波の送信，発射，受信の業務．特に示さない限り，地上無線通信業務．
- □ **標準周波数報時業務** ≫ 一般的受信，公表された高い精度の特定周波数，報時信号の発射．科学，技術その他の目的．
- □ **アマチュア業務** ≫ 金銭上の利益でなく，個人的に無線技術に興味，正当に許可された者，自己訓練，通信，技術研究，無線通信業務．
- □ **宇宙局** ≫ 地球の大気圏の主要部分の外，その外に出ることを目的，その外にあった物体上にある局．
- □ **有害な混信** ≫ 無線航行業務，安全業務の運用を妨害．無線通信規則に従って行う無線通信業務の運用に重大な悪影響を与え，反復的に中断，妨害する混信．
- □ **局の技術特性** ≫ 無線通信規則に適合．周波数スペクトルを効率的に利用，信号処理方式，単側波帯技術をできる限り使用．付録の周波数許容偏差に適合．不要発射の許容し得る最大電力レベルに適合，不要発射の限界に関する要件を満たす．不要発射のレベルを可能な最小の値に維持．スペクトルを最も効率的に使用，周波数帯幅を可能な最小の値に維持．スペクトル電力密度は効率的な使用に適する最小のもの．受信機はドップラー効果を考慮して送信機の周波数許容偏差に適合．受信局は選択度特性が適当なもの

を採用．受信機の動作特性は送信機から混信を受けることがないようなもの．減幅電波（減衰波，B電波）の発射はすべての局に禁止．

□ **アマチュア業務に分配された周波数帯** ≫≫ 1,800kHz～2,000kHz，3,500kHz～3,900kHz，7,000kHz～7,200kHz，14,000kHz～14,350kHz，18,068kHz～18,168kHz，21,000kHz～21,450kHz，24,890kHz～24,990kHz，28MHz～29.7MHz．

国家試験問題

問題 1

次の記述は，「標準周波数報時業務」の定義について述べたものである．無線通信規則（第1条）の規定に照らし，□内に入れるべき最も適切な字句の組合せを下の1から4までのうちから一つ選べ．

「標準周波数報時業務」とは，［A］のため，公表された高い精度の［B］周波数，報時信号又はこれらの双方の発射を行う科学，［C］その他の目的のための無線通信業務をいう．

	A	B	C
1	周波数の較正	特性	技術
2	周波数の較正	特定	産業
3	一般的受信	特性	産業
4	一般的受信	特定	技術

問題 2

用語及び定義に関する次の記述のうち，無線通信規則（第1条）の規定に照らし，この規定に定めるところに適合しないものはどれか．下の1から4までのうちから一つ選べ．

1　「アマチュア業務」とは，アマチュア，すなわち，金銭上の利益のためでなく，専ら個人的に無線技術に興味をもち，正当に許可された者が行う自己訓練，通信及び技術研究のための無線通信業務をいう．

2　「無線通信業務」とは，特定の目的の電気通信のための電波の送信，発射又は受信による業務で，無線通信規則第1条第3節（無線業務）で定義するもの．無線通信規則では，無線通信業務とは，特に示さない限り，地上無線通信業務をいう．

3　「宇宙局」とは，地球の対流圏の主要部分の外にあり，又はその外に出ることを目的とし，若しくはその外にあった物体上にある局をいう．

4　「アマチュア衛星業務」とは，アマチュア業務の目的と同一の目的で地球衛星上の宇宙局を使用する無線通信業務をいう．

問題 3

次の記述は,「有害な混信」の定義である.国際電気通信連合憲章附属書(第1003号)の規定に照らし,[ ]内に入れるべき最も適切な字句を下の1から10までのうちからそれぞれ一つ選べ.なお,同じ記号の[ ]内には,同じ字句が入るものとする.

「有害な混信」とは,無線航行業務その他の[ア]の運用を[イ]し,又は[ウ]に従って行う[エ]の運用に重大な悪影響を与え,若しくはこれを[オ]し若しくは[イ]する混信をいう.

1 安全業務　2 制限　3 その属する国の法令
4 電気通信業務　5 一時的に中断　6 特別業務
7 妨害　8 無線通信規則　9 無線通信業務
10 反覆的に中断

問題 4

局の技術特性に関する次の記述のうち,無線通信規則(第3条)の規定に照らし,この規定に定めるところに適合するものを1,適合しないものを2として解答せよ.

ア すべての局において使用する装置は,スペクトルの効率的な使用に適する周波数帯幅拡張技術が使用されているものでなければならない.

イ 送信局は,周波数許容偏差及び不要発射レベルを技術の現状及び業務の性質によって可能な最小の値に維持するよう努力するものとする.

ウ 発射の周波数帯幅は,スペクトルを最も効率的に使用し得るようなものでなければならない.

エ 局において使用する装置は,無線通信規則で定める型式及び名称のものでなければならない.

オ 受信局は,関係の発射の種別に適した技術特性を有する装置を使用するものとする.

問題５

局の技術特性に関する次の記述のうち，無線通信規則（第３条）の規定に照らし，この規定に定めるところに適合しないものはどれか．下の１から４までのうちから一つ選べ．

1　発射の周波数帯幅は，スペクトルを最も効率的に使用し得るようなものでなければならない．このためには，一般的には，周波数帯幅を技術の現状及び業務の性質によって可能な最小の値に維持することが必要である．

2　局において使用する装置は，周波数スペクトルを最も効率的に使用することが可能となる信号処理方式として，特に振幅変調方式においては，デジタル通信技術の使用が有効である．

3　局において使用する装置の選択及び動作並びにそのすべての発射は，無線通信規則に適合しなければならない．

4　減幅電波（B電波）の発射は，すべての局に対して禁止する．

国家試験問題では，「減幅電波」を「減衰波」と書かれていることがあるよ．

問題６

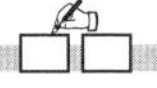

次の記述は，局の技術特性について述べたものである．無線通信規則（第３条）の規定に照らし，［　　］内に入れるべき最も適切な字句の組合せを下の１から４までのうちから一つ選べ．なお，同じ記号の［　　］内には，同じ字句が入るものとする．

① 局において使用する装置の選択及び性能並びにそのいかなる発射も，［ A ］に［ B ］しなければならない．

② 送信局は，無線通信規則付録第２号に定める周波数許容偏差に［ B ］しなければならない．

③ 送信局は，無線通信規則付録第３号に定めるスプリアス領域の不要発射の許容し得る最大電力レベルに［ B ］しなければならない．

④ 減衰波の発射は，［ C ］に対して禁止する．

	A	B	C
1	無線通信規則	適合するよう努力	アマチュア局
2	その局の属する国の主管庁が定める規則	適合するよう努力	すべての局
3	無線通信規則	適合	すべての局
4	その局の属する国の主管庁が定める規則	適合	アマチュア局

問題 7

無線通信規則（第5条）の周波数分配表において，アマチュア業務に分配されている周波数帯はどれか．下の1から4までのうちから一つ選べ．

1　30 MHz～37.5 MHz
2　29.7 MHz～30 MHz
3　28 MHz～29.7 MHz
4　27.5 MHz～28 MHz

問題 8

無線通信規則において，アマチュア業務へ分配された周波数帯に関する次の記述のうち，無線通信規則（第5条）の規定に照らし，この規定に定めるところに適合しないものはどれか．下の1から4までのうちから一つ選べ．

1　10,100 kHz～10,150 kHz
2　14,000 kHz～14,350 kHz
3　18,068 kHz～18,168 kHz
4　24,690 kHz～24,790 kHz

解答

問題 1 →4　問題 2 →3
問題 3 →ア－1　イ－7　ウ－8　エ－9　オ－10
問題 4 →ア－2　イ－1　ウ－1　エ－2　オ－1　問題 5 →2
問題 6 →3　問題 7 →3　問題 8 →4

7.2 混信・秘密・許可書　重要知識

出題項目 Check!

- □ すべての局に禁止される伝送の種類
- □ 業務を満足に行うための送信局の電力
- □ 違反を認めた局が報告する主管庁
- □ 混信を避けるための送信局と受信局の条件
- □ 無線通信の秘密を確保するための措置
- □ 許可書の発給と許可書を有する者が守る事項

1 混信

① すべての局は，**不要な伝送，過剰な信号の伝送，虚偽の若しくは紛らわしい信号の伝送又は識別表示のない信号の伝送**を禁止する（第S 19条に定める場合を除く．）（S 15.1）．

② 送信局は，**業務を満足に行うため必要な最小限の電力**で輻（ふく）射する（S 15.2）．

③ **混信を回避するため**，次の各号に従う（S 15.3）．

(a) **送信局の位置**及び**業務の性質上可能な場合には，受信局の位置**は，特に注意して選定しなければならない．

(b) **不要な方向への輻射**又は不要な方向からの受信は，**業務の性質上可能な場合には，指向性のアンテナの利点**をできる限り利用して，最小にしなければならない．

無線通信規則では「必要な最小限の電力で輻射」，
電波法では「空中線電力は，通信を行うため必要最小のもの」だよ．

2 違反の通告

① 国際電気通信連合憲章，国際電気通信連合条約又は無線通信規則の**違反を認めた管理機関，局又は検査官は，これをその属する国の主管庁に報告**する（S 15.19）．

② 局が行った重大な違反に関する申入れは，これを認めた主管庁がこの局を管轄する国の主管庁に行わなければならない（S 15.20）．

③ 主管庁は，その権限が及ぶ局が国際電気通信連合憲章，国際電気通信連合条約又は無線通信規則の違反を行ったことを知った場合には，その事実を確認して必要な措置をとる（S 15.21）．

違反を認めたときに，自分の国の主管庁に報告するんだよ.

3 秘密

構成国は，**国際通信の秘密**を確保するため，使用される電気通信のシステムに適合する**すべての可能な措置をとる**ことを約束する（憲章 37）.

主官庁は，国際電気通信連合憲章及び国際電気通信連合条約の関連規定を適用するに当たり，**次の事項を禁止し，及び防止する**ために必要な措置をとることを約束する（S 17.1）.

① 公衆の一般的な利用を目的としていない無線通信を**許可なく傍受する**こと（S 17.2）.

② 前号（①）にいう無線通信の傍受によって得られた**すべての種類の情報**について，許可なく，**その内容若しくは単にその存在を漏らし**，又はそれを**公表若しくは利用する**こと（S 17.3）.

公衆の一般的な利用を目的としない無線通信は
許可なく傍受してはいけないんだね.

4 許可書

送信局は，その属する政府が適当な様式で，かつ，**この規則に従って発給する許可書がなければ**，個人又はいかなる団体においても，**設置し，又は運用することができない**．ただし，この規定に定める例外の場合を除く（S 18.1）.

許可書を有する者は，憲章及び条約の関連規定に従い，**電気通信の秘密を守る**ことを要する．さらに許可書には，局が受信機を有する場合には，受信することを**許可された無線通信以外の通信の傍受を禁止する**こと及びこのような通信を偶然に受信した場合には，これを再生し，第三者に通知し，又は**いかなる目的にも使用してはならず，その存在さえも漏らしてはならない**ことを**明示又は参照の方法により記載**していなければならない（S 18.4）.

無線局免許状や無線従事者の免許証には，電波法の
秘密の保護の規定が書いてあるよね.

試験の直前 Check!

- □ **禁止される信号の伝送** ≫ 不要な伝送，過剰な信号の伝送，虚偽の信号の伝送，紛らわしい信号の伝送，識別表示のない信号伝送．
- □ **混信を避けるため** ≫ 送信局の位置，受信局の位置，特に注意して選定．不要な方向へ輻射（ふく），不要な方向から受信，業務の性質上可能な場合，指向性のアンテナの利点を利用して最小．
- □ **送信局が輻射する電力** ≫ 必要な最小限の電力．
- □ **違反を認めた局** ≫ 認めた局の属する国の主管庁に報告する．
- □ **秘密（憲章）** ≫ 構成国，国際通信の秘密を確保，電気通信のシステムに適合するすべての可能な措置をとる．
- □ **秘密（規則）** ≫ 主官庁，禁止し，防止する措置．公衆の一般的な利用を目的としていない無線通信を許可なく傍受．無線通信の傍受によって得られたすべての種類の情報，許可なく，内容，存在を漏らし，公表，利用すること．
- □ **許可書** ≫ 送信局は許可書．電気通信の秘密を守る．傍受を禁止する．偶然受信したとき，いかなる目的にも使用せず，存在も漏らさないことを許可書に記載．

国家試験問題

問題 1

次の記述は，無線局からの混信について述べたものである．無線通信規則（第 15 条）の規定に照らし，□内に入れるべき最も適切な字句の組合せを下の 1 から 4 までのうちから一つ選べ．

すべての局は，[A] 伝送，[B] 信号の伝送，[C] 若しくはまぎらわしい信号の伝送又は**識別表示のない信号**の伝送を禁止する（無線通信規則第 19 条（局の識別）に定める例外を除く．）．

	A	B	C
1	不要な	過剰な	虚偽の
2	暗語による	不正確な	虚偽の
3	不要な	不正確な	不明瞭な
4	暗語による	過剰な	不明瞭な

太字は穴あきになった用語として，出題されたことがあるよ．

問題 2

次の記述は，無線局からの混信を避けるための措置について述べたものである．無線通信規則（第 15 条）の規定に照らし，[　　]内に入れるべき最も適切な字句の組合せを下の 1 から 4 までのうちから一つ選べ．なお，同じ記号の[　　]内には，同じ字句が入るものとする．

① 混信を避けるために，送信局の[A]及び，業務の性質上可能な場合には，受信局の[A]は，特に注意して選定しなければならない．

② 混信を避けるために，不要な方向への輻射（ふく）及び不要な方向からの受信は，業務の性質上可能な場合には，[B]の[C]をできる限り利用して，最小にしなければならない．

	A	B	C
1	無線設備	送信設備及び受信設備	利点
2	無線設備	指向性のアンテナ	電気的特性
3	位置	送信設備及び受信設備	電気的特性
4	位置	指向性のアンテナ	利点

問題 3

無線通信規則において，すべての無線局に禁止されている伝送に関する次の事項のうち，無線通信規則（第 15 条）の規定に照らし，この規定に定めるところに該当しないものはどれか．下の 1 から 4 までのうちから一つ選べ．

1　略語による伝送
2　不要な伝送
3　過剰な信号の伝送
4　虚偽の又はまぎらわしい信号の伝送

問題 4

次の記述は，無線局の運用について述べたものである．無線通信規則（第 15 条）の規定に照らし，[　　]内に入れるべき最も適切な字句の組合せを下の 1 から 4 までのうちから一つ選べ．

送信局は，[A]ために[B]電力で輻射（ふく）しなければならない．

	A	B
1	混信を避ける	必要かつ十分な
2	混信を避ける	必要な最小限の
3	業務を満足に行う	必要かつ十分な
4	業務を満足に行う	必要な最小限の

問題 5

国際電気通信連合憲章，国際電気通信連合条約又は無線通信規則の違反を認めた局がとるべき措置に関する記述として，無線通信規則（第 15 条）の規定に適合するものはどれか．下の 1 から 4 までのうちから一つ選べ．

1　国際電気通信連合憲章，国際電気通信連合条約又は無線通信規則の違反を認めた局は，その旨を違反した局の属する国の主管庁に報告する．

2　国際電気通信連合憲章，国際電気通信連合条約又は無線通信規則の違反を認めた局は，その旨を国際電気通信連合に報告する．

3　国際電気通信連合憲章，国際電気通信連合条約又は無線通信規則の違反を認めた局は，その旨をその局の属する国の主管庁に報告する．

4　国際電気通信連合憲章，国際電気通信連合条約又は無線通信規則の違反を認めた局は，その旨を違反した局に連絡する．

主管庁は各国で管轄する行政機関だよ．日本は総務省だね．
自分の国の主管庁以外に報告するなんて無理だよね．

問題 6

次の記述は，無線通信の秘密について述べたものである．無線通信規則（第 17 条）の規定に照らし，［　　］内に入れるべき最も適切な字句を下の 1 から 10 までのうちからそれぞれ一つ選べ．

主管庁は，国際電気通信連合憲章及び国際電気通信連合条約の関連規定を適用するに当たり，次の事項を［ア］**ために必要な措置**をとることを約束する．

(1) ［イ］を許可なく傍受すること．

(2) (1) にいう無線通信の傍受によって得られた［ウ］について，許可なく，その［エ］を漏らし，又はそれを［オ］こと．

1	禁止する	2	暗号化された無線通信
3	自己若しくは他人に利益を与え又は損害を加える情報	4	禁止し，及び防止する
5	公衆の一般的利用を目的としていない無線通信	6	すべての種類の情報
7	内容	8	内容若しくは単にその存在
9	他人の用に供する	10	公表若しくは利用する

問題 7

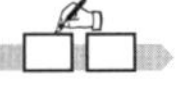

次の記述は，許可書について述べたものである．無線通信規則（第18条）の規定に照らし，［　　］内に入れるべき最も適切な字句を下の1から10までのうちからそれぞれ一つ選べ．

① 送信局は，その属する国の政府が適当な様式で，かつ，［ア］許可書がなければ，個人又はいかなる団体においても［イ］することができない．

② 許可書を有する者は，国際電気通信連合憲章及び国際電気通信連合条約の関連規定の定めるところにより，［ウ］を守ることを要する．さらに許可書には，局が受信機を有する場合には，受信することを許可された無線通信以外の通信の傍受を禁止すること及びこのような通信を偶然に受信した場合には，これを再生し，第三者に通知し，又は［エ］してはならず，かつ，［オ］さえも漏らしてはならないことを明示又は参照の方法により記載していなければならない．

1 その政府が発給し，又は承認した
2 無線通信規則に従って発給する
3 運用
4 設置し，又は運用
5 公衆通信の秘密
6 電気通信の秘密
7 いかなる目的にも使用
8 自己の利益のために使用
9 その内容
10 その存在

問題 8

局の許可書に関する次の記述のうち，無線通信規則（第18条）の規定に適合しないものはどれか．下の1から4までのうちから一つ選べ．

1 許可書には，局が受信機を有する場合には，受信することを許可された無線通信以外の通信の傍受を禁止すること及びこのような通信を偶然に受信した場合には，これを再生し，第三者に通知し，又はいかなる目的にも使用してはならず，その存在さえも漏らしてはならないことを明示又は参照の方法により記載していなければならない．

2 送信局は，その属する国の政府が適当な様式で，かつ，無線通信規則に従って発給する許可書がなければ，個人又はいかなる団体においても，設置し，又は運用することができない．ただし，無線通信規則に定める例外の場合を除く．

3 許可書には，局が受信機を有する場合には，受信機から輻（ふく）射するエネルギーは，他局に有害な混信を生じさせてはならないことを明示又は参照の方法により記載していなければならない．

4 許可書を有する者は，国際電気通信連合憲章及び国際電気通信連合条約の関連規定に従い，電気通信の秘密を守ることを要する．

解答

問題 1 →1　問題 2 →4　問題 3 →1　問題 4 →4　問題 5 →3

問題 6 →ア－4　イ－5　ウ－6　エ－8　オ－10

問題 7 →ア－2　イ－4　ウ－6　エ－7　オ－10　問題 8 →3

7.3 局の識別・アマチュア業務

重要知識

出題項目 Check!

- □ 局の識別について定められている事項
- □ アマチュア業務について定められている事項
- □ アマチュア局に対する主管庁の措置

1 局の識別

① すべての伝送は，**識別信号その他の手段によって識別され得る**ものでなければならない（S 19.1）.

しかしながら，技術の現状では，一部の無線方式については，識別信号の伝送が必ずしも可能ではないことを認める（S 19.1.1）.

② **虚偽の又は紛らわしい識別表示**を使用する伝送は，すべて禁止する（S 19.2）.

③ 次の業務においては，すべての伝送は，第 19.13 号から第 19.15 号までに定められるものを除き，**識別信号を伴う**ものとする（S 19.4）.

④ アマチュア業務（S 19.5）

2 アマチュア業務

① 異なる国のアマチュア局相互間の無線通信は，関係国の一の主官庁がこの無線通信に反対する旨を通告しない限り，認めなければならない（S 25.1）.

② 異なる国のアマチュア局相互間の伝送は，第 1.56 号に規定されているアマチュア業務の目的及び私的事項に付随する通信及び私的事項の通信に限らなければならない（S 25.2）.

③ 異なる国のアマチュア局相互間の伝送は，アマチュア衛星業務の地上コマンド局と宇宙局との間で交わされる制御信号を除き，**意味を隠すために暗号化されたものであってはならない**（S 25.2A）.

④ アマチュア局は**緊急時及び非常災害時**に限って，**第三者のために国際通信**の伝送を行うことができる．主管庁は，その管轄の下にあるアマチュア局に対するこの規定の適用について決定することができる（S 25.3）.

⑤ 主管庁は，アマチュア局を運用するための許可書を得ようとする者に**モールス信号によって文を送信し，及び受信する能力**を実証させるべきかどうかを決定しなければならない（S 25.5）.

⑥ 主管庁は，アマチュア局の機器の操作を希望する者の**運用上及び技術上**の資格を検証しなければならない．能力の基準に関する指針は，最新版のITU-R勧告M.1544に示されている（S 25.6）．
⑦ アマチュア局の**最大電力は，関係主官庁が定める**（S 25.7）．
⑧ 憲章，条約及び無線通信規則の**すべての一般規定は，アマチュア局に適用する**（S 25.8）．
⑨ アマチュア局は，その伝送中**短い間隔で自局の呼出符号を伝送**しなければならない（S 25.9）．
⑩ 主管庁は**災害救助時**にアマチュア局が準備できるよう，また，通信の必要性を満たせるよう，必要な措置をとることが奨励される（S 25.9A）．

呼出符号の伝送は無線通信規則では「短い間隔」，電波法の無線局運用規則では「10分ごと」だよ．

試験の直前 Check!

□ **局の識別** ≫ 識別信号その他の手段で識別．虚偽，紛らわしい識別表示の禁止．
□ **アマチュア業務のすべての伝送** ≫ 識別信号を伴う．
□ **異なる国のアマチュア局相互間の伝送** ≫ 一の主官庁が反対する旨を通告しない限り，認められる．アマチュア業務の目的，私的事項に付随する通信．地上コマンド局とアマチュア衛星業務の宇宙局との間で交わされる制御信号を除き，暗号化されたものではない．
□ **アマチュア局の運用** ≫ 主管庁が運用上，技術上の資格を検証，モールス信号の送受信能力の実証を判断．
□ **アマチュア局の最大電力** ≫ 関係主管庁が定める．
□ **アマチュア局に適用** ≫ 憲章，条約及び無線通信規則のすべての一般規定．
□ **自局の呼出符号の伝送** ≫ 短い間隔．
□ **災害救助時** ≫ アマチュア局が準備，必要な措置をとることが奨励．

国家試験問題

問題 1

局の識別に関する次の記述のうち，無線通信規則（第 19 条）の規定に適合するものを１，適合しないものを２として解答せよ．

ア　虚偽の又はまぎらわしい識別表示を使用する伝送はすべて禁止する．

イ　アマチュア業務においては，すべての伝送は，識別信号を伴うものとする．

ウ　アマチュア業務においては，可能な限り，識別信号は自動的に伝送するものとする．

エ　アマチュア局は，特別取決めにより国際符字列に基づかない識別信号を持つことができる．

オ　すべての伝送は，識別信号その他の手段によって識別され得るものでなければならない．しかしながら，技術の現状では，一部の無線方式（例えば，無線測位，無線中継システム及び宇宙通信システム）については，識別信号の伝送が必ずしも可能ではないことを認める．

問題 2

アマチュア業務に関する次の記述のうち，無線通信規則（第 25 条）の規定に照らし，この規定に適合するものを１，適合しないものを２として解答せよ．

ア　アマチュア局の最大電力は，関係主管庁が定める．

イ　アマチュア局は，主管庁相互間の特別とりきめがある場合には，第三者のために国際通信の伝送を行うことができる．

ウ　異なる国のアマチュア局相互間の無線通信は，関係国の一の主管庁がこの無線通信に賛成する旨を通知しない限り，認められない．

エ　主管庁は，アマチュア局を運用するための免許を得ようとする者にモールス信号によって文を送信及び受信する能力を実証するべきかどうか判断する．

オ　主管庁は，災害救助時にアマチュア局が準備できるよう，また通信の必要性を満たせるよう，必要な措置をとることが奨励される．

問題 3

次の記述は，アマチュア局の最大電力等について述べたものである．無線通信規則（第25条）の規定に照らし，[　　]内に入れるべき最も適切な字句の組合せを下の1から4までのうちから一つ選べ．

① アマチュア局の最大電力は，[A]が定める．

② 国際電気通信連合憲章，国際電気通信連合条約及び無線通信規則の[B]一般規定は，アマチュア局に適用する．

③ アマチュア局は，その伝送中[C]自局の呼出符号を伝送しなければならない．

	A	B	C
1	関係主管庁	すべての	短い間隔で
2	関係主管庁	技術特性に関する	30分ごとに
3	国際電気通信連合	技術特性に関する	短い間隔で
4	国際電気通信連合	すべての	30分ごとに

問題 4

次の記述は，アマチュア業務について述べたものである．無線通信規則（第25条）の規定に照らし，[　　]内に入れるべき最も適切な字句を下の1から10までのうちからそれぞれ一つ選べ．

① 主管庁は，アマチュア局の操作を希望する者の[ア]の資格を検証するために必要と認める措置をとる．

② アマチュア局の最大電力は，[イ]が定める．

③ 国際電気通信連合憲章，国際電気通信連合条約及び無線通信規則の[ウ]一般規定は，アマチュア局に適用する．

④ アマチュア局は，その伝送中[エ]自局の呼出符号を伝送しなければならない．

⑤ 主管庁は，[オ]にアマチュア局が準備できるよう，また通信の必要性を満たせるよう，必要な措置をとることが奨励される．

1	技術上	2	国際電気通信連合	3	技術特性に関する
4	短い間隔で	5	災害救助時	6	運用上及び技術上
7	関係主管庁	8	すべての	9	30分ごとに
10	緊急時				

問題 5

次の記述は，アマチュア業務について述べたものである．無線通信規則（第25条）の規定に照らし，[　　]内に入れるべき最も適切な字句の組合せを下の1から4までのうちから一つ選べ．

① 主管庁は，アマチュア局を運用するための免許を得ようとする者にモールス信号によって文を[A]する能力を実証すべきかどうか判断する．
② アマチュア局の最大電力は，[B]が定める．
③ 国際電気通信連合憲章，国際電気通信連合条約及び無線通信規則の[C]は，アマチュア局に適用する．

	A	B	C
1	送信及び受信	国際電気通信連合	技術特性の規定
2	送信及び受信	関係主管庁	すべての一般規定
3	送信	国際電気通信連合	すべての一般規定
4	送信	関係主管庁	技術特性の規定

問題 6

次の記述は，異なる国のアマチュア局相互間の無線通信等について述べたものである．無線通信規則（第 25 条）の規定に照らし，[　　]内に入れるべき最も適切な字句の組合せを下の 1 から 4 までのうちから一つ選べ．

① 異なる国のアマチュア局相互間の伝送は，アマチュア衛星業務の地上コマンド局と宇宙局との間で交わされる制御信号を除き，[A]されたものであってはならない．
② アマチュア局は，[B]に限って，[C]の伝送を行うことができる．主管庁は，その管轄下にあるアマチュア局への本条項の適用について決定することができる．

	A	B	C
1	意味を隠すために暗号化	主管庁相互間の特別取決めがある場合	アマチュア局以外の局との国際通信
2	伝送能率を高めるために高速化	主管庁相互間の特別取決めがある場合	第三者のために国際通信
3	意味を隠すために暗号化	緊急時又は災害救助時	第三者のために国際通信
4	伝送能率を高めるために高速化	緊急時又は災害救助時	アマチュア局以外の局との国際通信

解答

問題 1 →ア－1　イ－1　ウ－2　エ－2　オ－1
問題 2 →ア－1　イ－2　ウ－2　エ－1　オ－1　**問題 3** →1
問題 4 →ア－6　イ－7　ウ－8　エ－4　オ－5　**問題 5** →2
問題 6 →3

8 電気通信術

8.1 モールス符号　重要知識

出題項目 Check!

- □ 欧文のモールス符号を覚える
- □ 数字のモールス符号を覚える
- □ Q符号と略符号の意義とそのモールス符号を覚える

1 モールス符号の構成

① 1長点（線）の長さは3短点に等しい.

② 1符号を作る各長点または短点の間隔は，1短点に等しい.

③ 2符号の間隔は，3短点に等しい.

④ 2語の間隔は，7短点に等しい.

符号の短点，長点および間隔は図8.1のようになります.

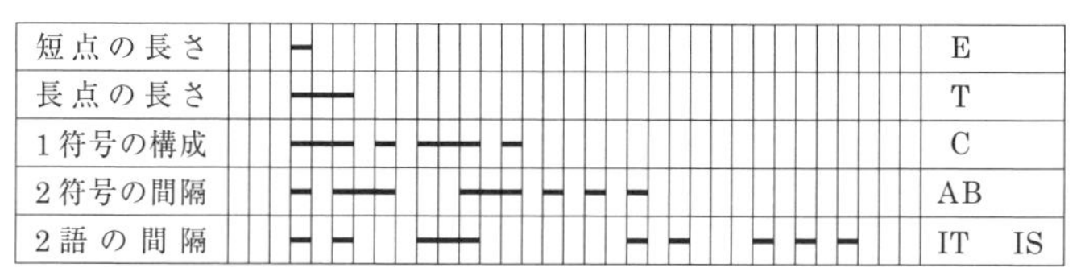

図8.1　符号の構成

2 モールス符号

欧文のモールス符号を表8.1に示します.

欧文のモールス符号の特徴として，文章の中でよく出てくる文字は短い符号（たとえば，Eは・，Tは－など）で構成され，あまり出てこない文字は長い符号（たとえば，Qは－－・－，Zは－－・・など）で構成されています．しかし，特に覚えやすいような規則性はありません．したがって，何度も繰り返し学習して覚えてください.

単号暗記用カードの表と裏に文字と符号を別々に書いて覚えるのもよい方法です．この方法で一通り覚えたら，ばらばらにして確認したり，似ている符号（たとえば，T，M，O）や反対の符号（たとえば，AとN，FとL）などを並べたりして，正確に覚えてください.

数字のモールス符号は，短点の数による規則性に注意すれば，簡単に覚えることができます.

文字は一つ～四つの点（短点または長点）で，数字は五つの点で，「？」などの記号は六つの点で，できているよ．試験問題では，ー・・とー・・・のように点の数を変えたり，・ー・・と・・ー・のように前後が反対の符号などに変えて，誤った符号がよく出題されているよ．符号を覚えるときは，似ている符号に注意しながら覚えてね．

表 8.1　モールス符号

(1) 文字

符号	文字
・ー	A
ー・・・	B
ー・ー・	C
ー・・	D
・	E
・・ー・	F
ーー・	G
・・・・	H
・・	I
・ーーー	J
ー・ー	K
・ー・・	L
ーー	M
ー・	N
ーーー	O
・ーー・	P
ーー・ー	Q
・ー・	R
・・・	S
ー	T
・・ー	U
・・・ー	V
・ーー	W
ー・・ー	X
ー・ーー	Y
ーー・・	Z

(2) 数字

符号	数字
・ーーーー	1
・・ーーー	2
・・・ーー	3
・・・・ー	4
・・・・・	5
ー・・・・	6
ーー・・・	7
ーーー・・	8
ーーーー・	9
ーーーーー	0

数字は覚えやすいね．

(3) 記号（二アマの試験では「？」が出題されます）

符号	記号	名称
・ー・ー・ー	.	ピリオド
ーー・・ーー	,	コンマ
ーーー・・・	:	重点または除法の記号
・・ーー・・	?	問符
・ーーーー・	'	略符
ー・・・・ー	-	横線または除算の記号
ー・ーー・	(	左カッコ
ー・ーー・ー	)	右カッコ
ー・・ー・	／	斜線または除法の記号
ー・・・ー	=	二重線
・ー・ー・	+	十字符号または加算の記号
・ー・・ー・	“”	引用符
ー・・ー	×	乗算の記号
・ーー・ー・	@	単価記号

モールス符号の理解度を確認する問題は，いろいろな問題が出題されているので，モールス符号を確実に覚えてね．

3 略符号

Q符号および略符号の意義とそのモールス符号.

① QRA（当局名は，……です.）
−−・−　・−・　・−

② QRH（そちらの周波数は，変化します.）
−−・−　・−・　・・・・

③ QRK?（こちらの信号の明りょう度は，どうですか.）
−−・−　・−・　−・−　・・−−・・

④ QRK5（そちらの信号の明りょう度は，非常に良いです.）
−−・−　・−・　−・−　・・・・・

⑤ QRL（こちらは，通信中です．妨害しないでください.）
−−・−　・−・　・−・・

⑥ QRM?（こちらの伝送は，混信を受けていますか.）
−−・−　・−・　−−　・・−−・・

⑦ QRN?（そちらは，空電に妨げられていますか.）
−−・−　・−・　−・　・・−−・・

⑧ QRO（送信機の電力を増加してください.）
−−・−　・−・　−−−

⑨ QRP（送信機の電力を減少してください.）
−−・−　・−・　・−−・

⑩ QRU（こちらは，そちらへ伝送するものはありません.）
−−・−　・−・　・・−

⑪ QRZ?（誰がこちらを呼んでいますか.）
−−・−　・−・　−−・・　・・−−・・

⑫ QSA?（こちらの信号（又は…（名称又は呼出符号）の信号）の強さは，どうですか.）
−−・−　・・・　・−　・・−−・・

⑬ QSB?（こちらの信号には，フェージングがありますか.）
−−・−　・・・　−・・・　・・−−・・

⑭ QSB（そちらの信号には，フェージングがあります.）
−−・−　・・・　−・・・

⑮ QSY?（こちらは，他の周波数に変更して伝送しましょうか.）
−−・−　・・・　−・−−　・・−−・・

⑯ QSY（他の周波数に変更して伝送してください.）
−−・−　・・・　−・−−

⑰ QTH（こちらの位置は，緯度…，経度…（又は他の表示による.）です.）
−−・−　−　・・・・

⑱ $\overline{\text{AR}}$（送信の終了符号）
・−・−・
「$\overline{\quad}$」は文字の間隔をあけずに送信する.

⑲ $\overline{\text{AS}}$（送信の待機を要求する符号）
・−・・・

⑳ $\overline{\text{BT}}$（同一の伝送の異なる部分を分離する符号）
−・・・−

㉑ CL（こちらは，閉局します.）
−・−・　・−・・

㉒ EXZ（欧文の非常通報の前置符号）
・　−・・−　−−・・

㉓ $\overline{\text{HH}}$　（欧文通信及び自動機通信の訂正符号）
・・・・・・・・

㉔ K（送信してください.）
−・−

㉕ NIL（他に送信すべき通報がない）
−・　・・　・−・・

第8章　電気通信術

㉖ R（受信しました.）
・－・
㉗ RPT（通報の反復）
・－・　・－－・　－
㉘ $\overline{\text{VA}}$（通信の完了符号. 通信が終了したとき.）
・・・－・－

Q符号の数字は段階を表します. 5は「非常に良い」又は「非常に強い」です. 1は「悪い」又は「…していません」です.

試験の直前 Check!

- □ **モールス符号で表されるQ符号** ≫≫ QRH：周波数変化. QRK：明りょう度. QRL：通信中. QRM：混信. QRN：空電. QRO：送信電力増加. QRP：送信電力減少. QRU：伝送するものがない. QRZ?：誰が呼んでいるか. QSA：信号強度. QSB：フェージング. QSY：他の周波数に変更. QTH：位置.
- □ **モールス符号で表される略符号** ≫≫ $\overline{\text{AR}}$：送信の終了. $\overline{\text{AS}}$：待機. $\overline{\text{BT}}$：分離. CL：閉局. EXZ：非常通信の通報の前置符号. $\overline{\text{HH}}$：訂正符号. K：送信してください. NIL：通報がない. R：受信しました. RPT：通報の反復. $\overline{\text{VA}}$：通信の完了, 通信が終了.

国家試験問題

問題 1

次の記述は, 無線電信通信における通報の送信の終了及び通信の終了について述べたものである. 無線局運用規則（第12条, 第13条, 第36条及び第38条並びに別表第1号及び別表第2号）の規定に照らし, ［　　］内に入れるべき最も適切な略符号を表すモールス符号の組合せを下の1から4までのうちから一つ選べ.

① 通報の送信を終了し, 他に送信すべき通報がないことを通知しようとするときは, 送信した通報に続いて次の (1) 及び (2) に掲げる事項を順次送信するものとする.
(1) ［ A ］
(2) K

② 通信が終了したときは,「［ B ］」を送信するものとする. ただし, 海上移動業務以外の業務においては, これを省略することができる.

	A	B
1	－・　・・　・－・・	・－・
2	・－－・　・・・　・	・・・－・－
3	－・　・・　・－・・	・・・－・－
4	・－－・　・・・　・	・－・

注　モールス符号の点, 線の長さ及び間隔は, 簡略化してある.

NIL
$\overline{\text{VA}}$だよ.

問題 2

次に掲げるアルファベットの字句及びモールス符号の組合せについて，無線局運用規則（第 12 条及び別表第 1 号）の規定に照らし，アルファベットの字句及びそのモールス符号の組合せが適合するものはどれか．下の 1 から 4 までのうちから一つ選べ．

	字句	モールス符号
1	AUSTRIA	・－　・・－　・・・　－　・－－・　・・　・－
2	FINLAND	・・－・　・・　－・　・－・・　・－　－・　－・・
3	GERMANY	－－・　・　・－－・　－－　・－　－・　－・－－
4	SWEDEN	・・・　－－・　・　・－－　・　－・

注　モールス符号の点，線の長さ及び間隔は，簡略化してある．

問題 3

アルファベットの字句とその字句を表すモールス符号が適合しない組合せはどれか．無線局運用規則（第 12 条及び別表第 1 号）の規定に照らし，下の 1 から 4 までのうちから一つ選べ．

	字句	モールス符号
1	AMAZON	・－　－－　・－　－－・・　－－－　－・
2	MECONG	－－　・　－・－・　－－－　－・　－－・
3	HUDSON	・・・・　・・－　－・・　・・・　－－－　－・
4	GANGES	－・－　・－　－・　－・－　・　・・・

注　モールス符号の点，線の長さ及び間隔は，簡略化してある．

問題 4

次に掲げるアルファベットの字句及びモールス符号の組合せについて，無線局運用規則（第 12 条及び別表第 1 号）の規定に照らし，アルファベットの字句及びそのモールス符号の組合せが適合するものはどれか．下の 1 から 4 までのうちから一つ選べ．

	字句	モールス符号
1	ITALY	・・　－　・－　・・－・　－・－－
2	SPAIN	・・・　・－－・　・－　・・　－・
3	DENMARK	－・・　・　－・　－－　・－　・－－・　－・－
4	NORWAY	－・　－－－　・－・　・－－　・－　－・－－

注　モールス符号の点，線の長さ及び間隔は，簡略化してある．

問題 5

次の記述のうち，AXTUYD5H を表すモールス符号はどれか．無線局運用規則（第12 条及び別表第 1 号）の規定に照らし，下の 1 から 4 までのうちから一つ選べ．

1　・－　－・・－　－　・・－　－－・－　－・・　・・・・－　・・・
2　・－　－・・－　－　・・－　－－・－　－・・　・・・・・　・・・・
3　・－　－・・・－　－　・・－　－・－－　－・・　・・・・・　・・・・
4　・－　－・・・－　－　・・－　－・－－　－・・　・・・・－　・・・

注　モールス符号の点，線の長さ及び間隔は，簡略化してある．

問題 6

次に掲げるアルファベットの字句及びモールス符号の組合せについて，無線局運用規則（第 12 条及び別表第 1 号）の規定に照らし，アルファベットの字句及びそのモールス符号の組合せが適合するものを 1，適合しないものを 2 として解答せよ．

	字句	モールス符号
ア	OSCAR	－－－　・・・　－・－・　・－　・－・
イ	YANKEE	－・－－　・－　－・　－・－・　・　・
ウ	JULIETT	・－－－　・・－　・－・・　・・　・　－　－
エ	FOXTROT	・・－・　－－－　－・・－　－　・－・　－－－　－
オ	WHISKEY	・－－　・・・・　・・　・・・　－・－　・　－・－－

注　モールス符号の点，線の長さ及び間隔は，簡略化してある．

問題 7

次に掲げるアルファベットの字句及びモールス符号の組合せについて，無線局運用規則（第 12 条及び別表第 1 号）の規定に照らし，アルファベットの字句とその字句を表すモールス符号が適合するものを 1，適合しないものを 2 として解答せよ．

	字句	モールス符号
ア	LIMA	・－・・　・・　－－　・－
イ	BELEM	・・・－　・　・－・・　・　－－
ウ	PANAMA	－・・・　・－　－・　・－　－－　・－
エ	SANTOS	・・・　・－　－・　－　－－－　・・・
オ	CARACAS	－・－　・－　・－・　・－　－・－　・－　・・・

注　モールス符号の点，線の長さ及び間隔は，簡略化してある．

問題 8

次に掲げるアルファベットの字句及びモールス符号の組合せについて，無線局運用規則（第12条及び別表第1号）の規定に照らし，アルファベットの字句とその字句を表すモールス符号が適合するものを1，適合しないものを2として解答せよ．

	字句	モールス符号
ア	ALFA	－・　・・－・　・－・・　－・
イ	BRAVO	－・・・　・－・　・－　・・・－　－－－
ウ	CHARLIE	－・－・　・・・・　・－　・－・　・－・・　・・　・
エ	DELTA	－・・　・　・－・・　－　－・
オ	ECHO	・　－・－　・・・・　－－－

注　モールス符号の点，線の長さ及び間隔は，簡略化してある．

問題 9

モールス無線通信において，「こちらの位置は，緯度・・・，経度・・・（又は他の表示による．）です．」を示すQ符号をモールス符号で表したものはどれか．無線局運用規則（第12条及び第13条並びに別表第1号及び別表第2号）の規定に照らし，下の1から4までのうちから一つ選べ．

1　－－・－　・－・　・・・・
2　－－・－　・－・　・・・－
3　－－・－　－　・・・・
4　－－・－　－　－・・－

注　モールス符号の点，線の長さ及び間隔は，簡略化してある．

問題 10

無線電信通信において次のモールス符号で表す略符号のうち，「こちらの信号には，フェージングがありますか．」を示すQ符号及び問符を表したものはどれか．無線局運用規則（第12条及び第13条並びに別表第1号及び別表第2号）の規定に照らし，下の1から4までのうちから一つ選べ．

1　－－・－　・－・　－・　・・－－・・
2　－－・－　・・・　・－　－・・・－
3　－－・－　・・・　－・・・　・・－－・・
4　－－・－　・－・　・－・・　－・・・－

注　モールス符号の点，線の長さ及び間隔は，簡略化してある．

問題 11

無線電信通信において次のモールス符号で表す略符号のうち,「そちらの信号の明りょう度は，非常に良いです.」を示すQ符号を表したものはどれか．無線局運用規則（第12条及び第13条並びに別表第1号及び別表第2号）の規定に照らし，下の1から4までのうちから一つ選べ.

1　－－・－　・－・　－－　・－－－－
2　－－・－　・・・　・－　・・・・・
3　－－・－　・－・　－・　・－－－－
4　－－・－　・－・　－・－　・・・・・

QRK5だよ.

注　モールス符号の点，線の長さ及び間隔は，簡略化してある.

問題 12

無線電信通信において，次のモールス符号で表す略符号のうち,「当局名は，・・・です.」を示すQ符号を表したものはどれか．無線局運用規則（第12条及び第13条並びに別表第1号及び別表第2号）の規定に照らし，下の1から4までのうちから一つ選べ.

1　－－・－　・－・　・－
2　－－・－　・－・　・・・・
3　－－・－　・－・　－・－
4　－－・－　・－・　－－－

注　モールス符号の点，線の長さ及び間隔は，簡略化してある.

問題 13

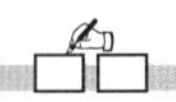

無線電信通信において次のモールス符号の組合せで表す略符号のうち,「そちらは，空電に妨げられていますか.」を示すQ符号及び問符を表したものはどれか．無線局運用規則（第12条及び第13条並びに別表第1号及び別表第2号）の規定に照らし，下の1から4までのうちから一つ選べ.

1　－－・－　・－・　－－－　・・－－・・
2　－－・－　・－・　－・－　・－・－・－
3　－－・－　・－・　・－　・－・－・－
4　－－・－　・－・　－・　・・－－・・

QRN?だよ.

注　モールス符号の点，線の長さ及び間隔は，簡略化してある.

問題 14

無線電信通信において次のモールス符号で表す略符号のうち，「送信の待機を要求する符号」を示す略符号を表したものはどれか．無線局運用規則（第 12 条及び第 13 条並びに別表第 1 号及び別表第 2 号）の規定に照らし，下の 1 から 4 までのうちから一つ選べ．

1　－・・・　－・－

2　・－・－・

3　・－・・・

4　・・・－・－

注　モールス符号の点，線の長さ及び間隔は，簡略化してある．

問題 15

無線電信通信において次のモールス符号で表す略符号のうち，「こちらは，閉局します．」を示す略符号を表したものはどれか．無線局運用規則（第 12 条及び第 13 条並びに別表第 1 号及び別表第 2 号）の規定に照らし，下の 1 から 4 までのうちから一つ選べ．

1　－・　・・　・－・・

2　・－－・　・・・　・

3　－・－・　・－・・

4　・－・　・－－・　－

注　モールス符号の点，線の長さ及び間隔は，簡略化してある．

問題 16

次の記述は，モールス無線通信における送信の終了について述べたものである．無線局運用規則（第 12 条，第 13 条及び第 36 条並びに別表第 1 号及び別表第 2 号）の規定に照らし，［　　］内に入れるべき最も適切な略符号とそのモールス符号の組合せが適合するものを下の 1 から 4 までのうちから一つ選べ．

通報の送信を終了し，他に送信すべき通報がないことを通知しようとするときは，送信した通報に続いて「［　　］」及び「K」を順次送信するものとする．

	略符号	モールス符号
1	$\overline{\text{AR}}$	－・－・－
2	$\overline{\text{AR}}$	・－・－・
3	NIL	－・－　・－・・　－－－
4	NIL	－・　・・　・－・・

注　モールス符号の点，線の長さ及び間隔は，簡略化してある．

問題 17

無線電信通信において次のモールス符号で表す略符号のうち,「反復してください.」を示す略符号を表したものはどれか. 無線局運用規則（第12条及び第13条並びに別表第1号及び別表第2号）の規定に照らし, 下の1から4までのうちから一つ選べ.

1　・－－　－・・・－
2　・－・　・－－・　－
3　・－－・　・・・　・
4　－・　・・　・－・・

注　モールス符号の点, 線の長さ及び間隔は, 簡略化してある.

問題 18

次の記述は, 無線電信通信における誤送の訂正について述べたものである. 無線局運用規則（第12条, 第13条及び第31条並びに別表第1号及び第2号）の規定に照らし, [　　] 内に入れるべき最も適切な字句及び略符号を表すモールス符号の組合せを下の1から4までのうちから一つ選べ.

送信中において誤った送信をしたことを知ったときは, 次の(1)又は(2)に掲げる略符号を前置して, [A] から更に送信しなければならない.

(1) 手送による和文の送信の場合は, $\overline{\text{ラタ}}$
(2) 自動機（自動的にモールス符号を送信又は受信するものをいう.）による送信及び手送による欧文の送信の場合は, [B]

	A	B
1	誤った語字	・－・　・－－・　－
2	正しく送信した適当の語字	・・・・・・・・
3	正しく送信した適当の語字	・－・　・－－・　－
4	誤った語字	・・・・・・・・

$\overline{\text{HH}}$だよ.

注　モールス符号の点, 線の長さ及び間隔は, 簡略化してある.

解答

問題1 →3　問題2 →3　問題3 →4　問題4 →4　問題5 →3
問題6 →ア－1　イ－2　ウ－2　エ－1　オ－1
問題7 →ア－1　イ－2　ウ－2　エ－1　オ－2
問題8 →ア－2　イ－1　ウ－1　エ－2　オ－2　問題9 →3
問題10 →3　問題11 →4　問題12 →1　問題13 →4　問題14 →3
問題15 →3　問題16 →4　問題17 →2　問題18 →2

無線工学編

1 電気物理

1.1 電気磁気（静電気） 重要知識

出題項目 Check!

- □ 静電誘導とクーロンの法則とは
- □ 平行平板コンデンサの静電容量の求め方
- □ コンデンサの直列接続と並列接続の合成静電容量，電荷，電圧の求め方
- □ 静電エネルギーの求め方

1 静電気

物体を摩擦すると静電気が発生します．このとき物体の持つ電気を電荷といいます．電荷には，プラス（+）とマイナス（−）があります．同じ種類の電荷どうしは，互いに反発し合い，異なる種類の電荷は，互いに引き合います．図1.1のように電気による力の状態を表した線を**電気力線**といいます．つながっている電気力線は，ゴムひものような性質を持っています．また，電気による力の影響がある所を電界といいます．

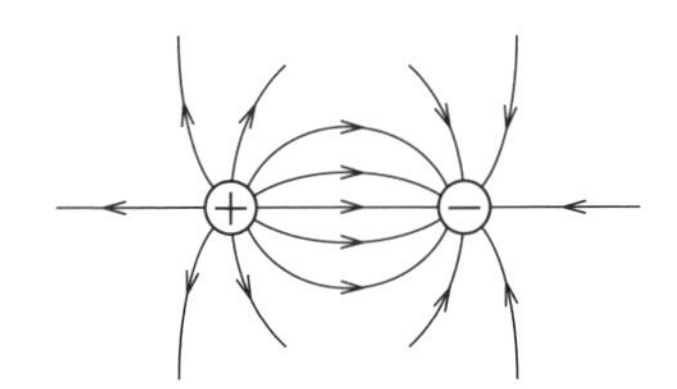

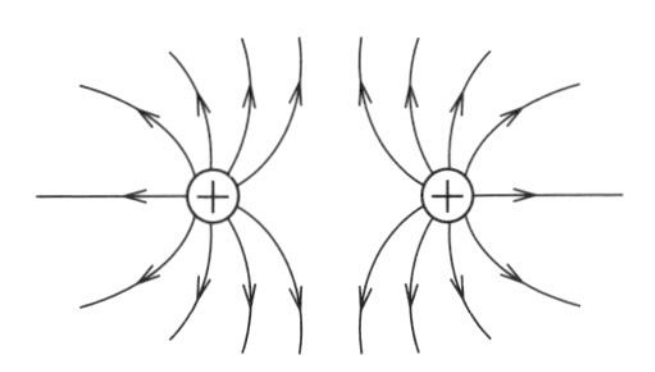

図1.1 電気力線

電気的な性質は物質中の電子によって生じます．電子が多いか少ないかによって静電気の性質が表れます．その電子が移動すると電流が流れます．電子はマイナスの電荷を持っているので電流の向きと反対方向に移動します．

Point

静電誘導

プラスに帯電している物体に帯電していない導体を近づけると，帯電している物体に**近い側にはマイナスの電荷**が，**遠い側にはプラスの電荷**が生じる．

マイナスに帯電している物体に近い側にはプラスの電荷が生じる．

図1.2のように真空中でr〔m〕離れた二つの点電荷Q_1，Q_2〔C：クーロン〕の間に働く力の大きさF〔N：ニュートン〕は，**クーロンの法則**によって次式で表されます．

$$F = k\frac{Q_1 \times Q_2}{r^2}\ 〔\mathrm{N}〕 \qquad (1.1)$$

ただし，kは空間によって定まる定数で，真空中では，

$k \fallingdotseq 9 \times 10^9$

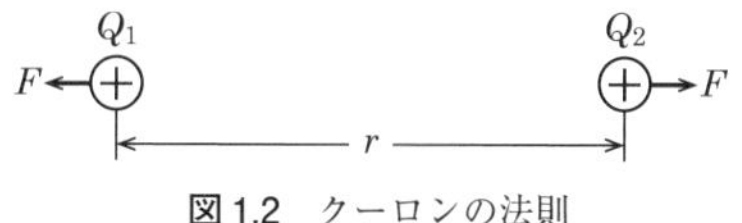

図 1.2 クーロンの法則

力の方向は二つの電荷を結ぶ直線上にあります．**同じ電荷**どうしは**反発力**，**異なる電荷**には**吸引力**が働きます．

2 静電容量

2枚の金属板を図1.3のように平行に置き金属板の間にV〔V〕の電圧を加えると，金属板には電荷Q〔C〕が蓄えられます．このとき静電容量をC〔F：ファラド〕とすると，次式が成り立ちます．

$$Q = C \times V\ 〔\mathrm{C}〕 \qquad (1.2)$$

$Q=CV$は，
「キュウリ渋い」
で覚えてね.

電圧V〔V〕は，次式で表されます．

$$V = \frac{Q}{C}\ 〔\mathrm{V}〕 \qquad (1.3)$$

S
誘電体
$+Q$
V
d
$-Q$
電極

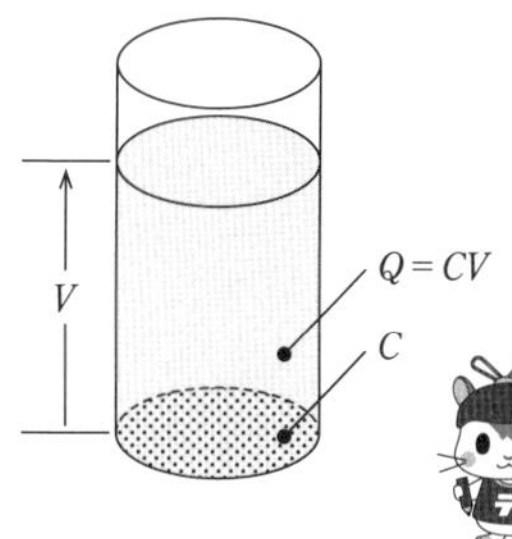

電荷は水の量，静電容量はコップの大きさ（底面積），電圧はコップの水の高さと同じだよ.

図 1.3

電荷を蓄えることができる部品をコンデンサといいます．図1.3の平行平板電極の面積をS〔m^2〕，厚さをd〔m〕，誘電体の誘電率をε〔F/m〕とすると，**平行平板コンデンサの静電容量**C〔F〕は，次式で表されます．

静電容量は面積に比例して，電極の間隔に反比例するよ.

$$C = \varepsilon\frac{S}{d}\ 〔\mathrm{F}〕 \qquad (1.4)$$

ここで，

$\varepsilon = \varepsilon_r \varepsilon_0$

εはギリシャ文字で「イプシロン」と読むよ.

ただし，$\varepsilon_0 \fallingdotseq 8.85 \times 10^{-12}$〔F/m〕は真空の誘電率，$\varepsilon_r$は比誘電率です．

また，誘電体の種類と厚さ等の形状によって，加えることができる最大電圧が決まります．その電圧を超える電圧を加えるとコンデンサは絶縁破壊を起こします．それをコンデンサの**耐圧**といいます．

コンデンサを構成する電極間の誘電体の種類により，紙（ペーパー）コンデンサ，マイカコンデンサ，セラミックコンデンサ，電解コンデンサ，プラスチックフィルムコンデンサ，空気コンデンサ等の種類に分類されます．

Point

指数の計算

ゼロがたくさんある数を表すときに，10を何乗かした累乗を用いる．このときゼロの数を表す数字を指数と呼び，次のように表される．

$1 = 10^0$

$10 = 10^1$

$100 = 10^2$

掛け算は，

$1{,}000 = 100 \times 10 = 10^2 \times 10^1 = 10^{2+1} = 10^3$

のように指数の足し算で計算する．割り算（分数）は，

$$0.1 = 1 \div 10 = \frac{1}{10} = 10^{0-1} = 10^{-1}$$

のように指数の引き算で計算する．静電容量の単位は〔μF〕や〔pF〕で表されることが多く，μ（マイクロ）は10^{-6}，p（ピコ）は10^{-12}を表す．

3 コンデンサの接続

いくつかのコンデンサを直列または並列に接続したときに，それらを一つのコンデンサに置き換えた値を合成静電容量といいます．

(1) 並列接続

図1.4 (a) に示すように，並列に接続された各コンデンサに蓄えられた電荷をQ_1，Q_2，Q_3〔C〕，加わる電圧をV〔V〕とすると，全電荷Q〔C〕は，

$$Q = C_1V + C_2V + C_3V = (C_1 + C_2 + C_3)V$$
$$= C_PV$$

よって，並列に接続したときの**合成静電容量**C_P〔F〕は，次式で表されます．

$$C_P = C_1 + C_2 + C_3 \text{〔F〕} \qquad (1.5)$$

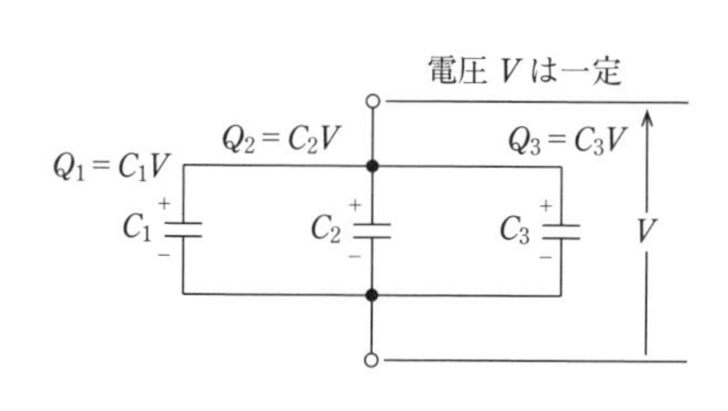

全電荷 $Q=Q_1+Q_2+Q_3$
(a) 並列接続

全電圧 $V=V_1+V_2+V_3$
(b) 直列接続

図 1.4 コンデンサの接続

(2) 直列接続

図 1.4 (b) に示すように，直列に接続された各コンデンサに蓄えられた電荷を Q〔C〕，加わる電圧を V_1，V_2，V_3〔V〕とすると，全電圧 V〔V〕は，

$$V=V_1+V_2+V_3$$
$$=\frac{Q}{C_1}+\frac{Q}{C_2}+\frac{Q}{C_3}=\left(\frac{1}{C_1}+\frac{1}{C_2}+\frac{1}{C_3}\right)Q=\frac{1}{C_S}Q$$

したがって，直列に接続したときの**合成静電容量** C_S〔F〕は，次式で表されます。

$$\frac{1}{C_S}=\frac{1}{C_1}+\frac{1}{C_2}+\frac{1}{C_3} \tag{1.6}$$

コンデンサが**二つの場合**は，次式を使って計算することができます.

$$C_S=\frac{C_1\times C_2}{C_1+C_2}\ 〔\mathrm{F}〕 \tag{1.7}$$

二つのコンデンサの静電容量が同じ値 C〔F〕のときは，

$$C_S=\frac{C}{2}\ 〔\mathrm{F}〕 \tag{1.8}$$

式 (1.7) はコンデンサが二つの場合にのみ使えるよ. 三つ以上のときに二つずつ計算する場合は使えるよ.

4 コンデンサに蓄えられるエネルギー

コンデンサは電荷によって，電気エネルギーを蓄えることができます．電圧が V〔V〕，電荷が Q〔C〕，静電容量が C〔F〕のとき，**エネルギー** W〔J〕は次式で表されます.

$$W=\frac{1}{2}QV=\frac{1}{2}CV^2\ 〔\mathrm{J}〕 \tag{1.9}$$

試験の直前 Check!

- □ **静電誘導** ≫ プラスに帯電した物体に近い側はマイナス，遠い側はプラス．
- □ **クーロンの法則** ≫ 電荷間力 $F=k\dfrac{Q_1\times Q_2}{r^2}$
- □ **静電容量** ≫ $C=\varepsilon_r\varepsilon_0\dfrac{S}{d}$
- □ **静電容量 C，電荷 Q，電圧 V** ≫ $Q=C\times V$　，$V=\dfrac{Q}{C}$　，$C=\dfrac{Q}{V}$
- □ **並列合成静電容量** ≫ $C_P=C_1+C_2+C_3$
- □ **直列合成静電容量** ≫ $\dfrac{1}{C_S}=\dfrac{1}{C_1}+\dfrac{1}{C_2}+\dfrac{1}{C_3}$　逆数にして C_S を求める．
- □ **直列合成静電容量（二つの場合）** ≫ $C_S=\dfrac{C_1\times C_2}{C_1+C_2}$　，二つが同じ値 $C_S=\dfrac{C}{2}$
- □ **静電エネルギー** ≫ $W=\dfrac{1}{2}QV=\dfrac{1}{2}CV^2$

国家試験問題

問題 1

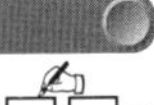

次の記述は，電気現象について述べたものである．[　　]内に入れるべき字句の正しい組合せを下の番号から選べ．

図に示すように，プラス（+）に帯電している物体aに，帯電していない導体bを近づけると，導体bにおいて，物体aに近い側には[A]の電荷が生じ，物体aに遠い側には[B]の電荷が生ずる．この現象を[C]という．

	A	B	C
1	プラス	マイナス	電磁誘導
2	プラス	プラス	静電誘導
3	マイナス	マイナス	電磁誘導
4	マイナス	プラス	静電誘導

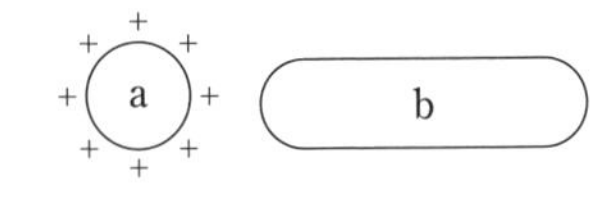

静電気が誘導されるから静電誘導だね．電荷に近づけると近い側に異なる符号の電荷が生じて引き合うんだよ．

問題 2

次の記述は，静電気に関するクーロンの法則について述べたものである．［　　］内に入れるべき字句の正しい組合せを下の番号から選べ．

(1) 二つの点電荷 Q_1〔C〕，Q_2〔C〕が距離 r〔m〕離れて置かれているとき，両電荷の間に働く力の大きさは，［ A ］に比例し，［ B ］に反比例する．

(2) このとき働く力の方向は，両電荷が同じ符号のときは，［ C ］する方向に働く．

	A	B	C
1	$Q_1 \times Q_2$	r^2	反発
2	$Q_1 \times Q_2$	r	吸引
3	$Q_1 \times Q_2$	r	反発
4	$Q_1 + Q_2$	r	吸引
5	$Q_1 + Q_2$	r^2	反発

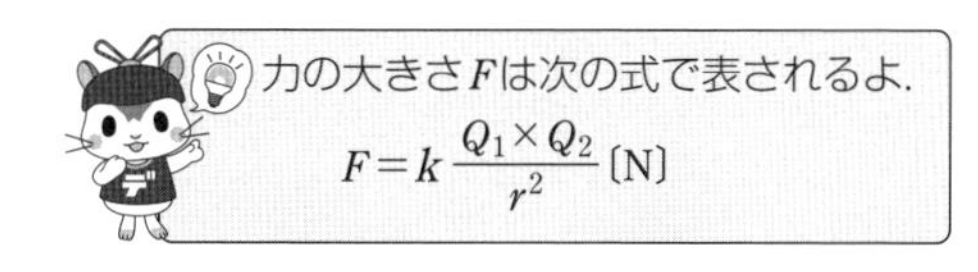

両電荷が互いに異符号のときも出題されてるよ．
異符号のときは吸引だね．

問題 3

次の記述は，二つの電荷の間に働く力について述べたものである．［　　］内に入れるべき字句を下の番号から選べ．

二つの電荷の間に働く力の大きさは，［ ア ］の積に［ イ ］し，電荷間の距離の［ ウ ］に［ エ ］する．このときの力の方向は，二つの電荷を結ぶ直線上にある．これを静電気に関する［ オ ］という．

1　静電誘導　　2　2乗　　3　反比例
4　レンツの法則　　5　フレミングの左手の法則　　6　電荷
7　3乗　　8　比例　　9　磁極
10　クーロンの法則

問題４

図に示す，平行平板コンデンサの静電容量の値として，正しいものを下の番号から選べ．ただし，電極の面積Sを 30〔cm^2〕(30×10^{-4}〔m^2〕)，電極間の距離dを3〔mm〕，真空の誘電率ε_0を 9×10^{-12}〔F/m〕および誘電体の比誘電率ε_rを２とする．

1　9〔pF〕
2　12〔pF〕
3　15〔pF〕
4　18〔pF〕
5　36〔pF〕

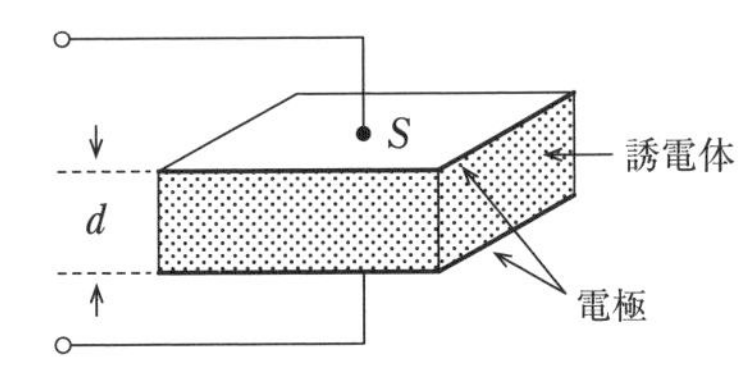

解説

面積S=30×10^{-4}〔m^2〕，厚さd=3〔mm〕=3×10^{-3}〔m〕より，静電容量C〔F〕は，次式で表されます．

$$C=\varepsilon_r\varepsilon_0\frac{S}{d}=2\times9\times10^{-12}\times\frac{30\times10^{-4}}{3\times10^{-3}}$$
$$=180\times10^{-12-4+3}=18\times10\times10^{-13}$$
$$=18\times10^{-12}\text{〔F〕}=18\text{〔pF〕}$$

なお，面積の単位換算が問題に書いていない場合に，1〔cm^2〕を1〔m^2〕に直すには，

1〔m^2〕=100〔cm〕×100〔cm〕=10^2〔cm〕×10^2〔cm〕=10^4〔cm^2〕

よって，次式となります．

1〔cm^2〕=10^{-4}〔m^2〕

問題 5

次の記述は，コンデンサの静電容量について述べたものである．［　　］内に入れるべき字句を下の番号から選べ．

(1) 平行板コンデンサの静電容量は，向かい合った二つの金属板の間隔［ア］し，金属板の面積［イ］する．また，両金属板の間に比誘電率が 2 の誘電体を満たしたときの静電容量は，空気を満たしたときの静電容量のほぼ［ウ］倍になる．

(2) 1〔V〕の電圧を加えたときに［エ］〔C〕の電荷を蓄えるコンデンサの静電容量が 1〔F〕である．

(3) 静電容量が 5〔μF〕のコンデンサに［オ］〔V〕の電圧を加えたとき，蓄えられる電荷の量は，250〔μC〕である．

1	10	2	2	3	50	4	の 2 乗に比例	5	に反比例
6	1	7	25	8	4	9	の 2 乗に反比例	10	に比例

解説

選択肢オは次のようになります．

オ　$V=\dfrac{Q}{C}=\dfrac{250\times10^{-6}}{5\times10^{-6}}=50$〔V〕

電荷 Q〔C〕を求める問題も出題されているよ．

問題 6

次の記述は，コンデンサについて述べたものである．［　　］内に入れるべき字句を下の番号から選べ．

(1) 平行平板コンデンサは，向かいあった二つの金属板の間に［ア］を蓄えることができ，静電容量は，金属板の間隔に［イ］する．

(2) コンデンサは静電容量が［ウ］ほど交流電流をよく通し，コンデンサを流れる電流の大きさは静電容量および電圧が一定のとき，［エ］に比例し，位相は電圧より 90 度［オ］．

1	周波数	2	比例	3	電荷	4	遅れる	5	大きい
6	位相	7	反比例	8	磁力	9	進む	10	小さい

誘電率 ε，金属板の面積 S，間隔 d のとき，静電容量 C は次の式で表されるよ．

$$C=\varepsilon\frac{S}{d}\ \text{〔F〕}$$

電源の周波数が f のときのリアクタンス X_C は，次の式で表されるよ．

$$X_C=\frac{1}{2\pi fC}\ \text{〔}\Omega\text{〕}$$

交流電流は抵抗と同じように X_C に反比例するよ．

問題７

図に示す回路において，端子ab間の電圧が30〔V〕であるとき，端子cd間の電圧の値として，正しいものを下の番号から選べ．ただし，電圧を加える前の各コンデンサに蓄えられている電荷の量は，零とする．

1　2〔V〕
2　4〔V〕
3　6〔V〕
4　12〔V〕

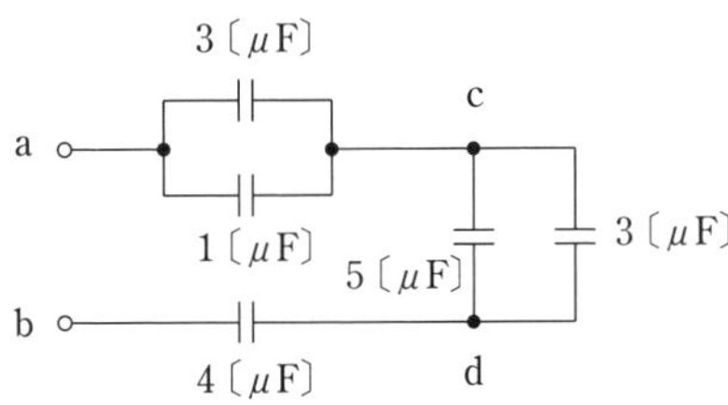

並列接続を先に計算するよ．
C_1，C_2 を並列接続したときの合成静電容量 C_P は，次の式で表されるよ．

$C_P=C_1+C_2$〔F〕

C_1，C_2，C_3 を直列接続したときの合成静電容量 C_S は，次の式で表されるよ．

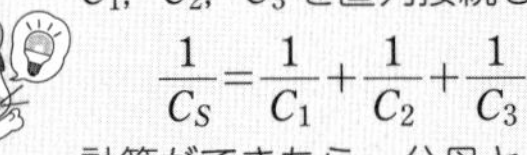

$$\frac{1}{C_S}=\frac{1}{C_1}+\frac{1}{C_2}+\frac{1}{C_3}$$

計算ができたら，分母と分子をひっくり返して逆数の C_S〔F〕を求めてね．

解説

端子ac間の並列合成静電容量は $C_{ac}=3+1=4$〔μF〕，端子cd間の並列合成静電容量は $C_2=5+3=8$〔μF〕なので，端子ab間の直列合成静電容量 C〔μF〕は，次式で表されます．

$$\frac{1}{C}=\frac{1}{C_{ac}}+\frac{1}{C_{cd}}+\frac{1}{C_{db}}=\frac{1}{4}+\frac{1}{8}+\frac{1}{4}=\frac{2+1+2}{8}=\frac{5}{8}$$

よって，$C=\dfrac{8}{5}=1.6$〔μF〕

回路は，4〔μF〕，8〔μF〕および4〔μF〕のコンデンサの直列回路となり，それらに蓄えられる電荷の量 Q〔C〕は，電源電圧を V〔V〕とすれば，次式で表されます．

$Q=CV=1.6\times10^{-6}\times30=48\times10^{-6}$〔C〕

よって，端子cd間の電圧 V_{cd}〔V〕は，次式で表されます．

$$V_{cd}=\frac{Q}{C_{cd}}=\frac{48\times10^{-6}}{8\times10^{-6}}=6\text{〔V〕}$$

直列接続したときに，各コンデンサに蓄えられる電荷の量は同じ値になるよ．

直列に接続された静電容量と電圧の比は逆の比になるよ．この回路の静電容量の比は，4：8：4＝1：2：1になるので，電圧の比は，その逆の2：1：2になるよ．電源電圧 V＝30〔V〕だから，12：6：12〔V〕となって，V_{cd}＝6〔V〕と求めることもできるよ．

問題 8

図に示す，静電容量の等しいコンデンサ C_1，C_2，C_3 および C_4 からなる回路に 6〔V〕の直流電圧を加えたところ，コンデンサ C_1 には 12〔μC〕の電荷が蓄えられた．各コンデンサの静電容量の値とコンデンサ C_4 に蓄えられている電荷の値の組合せとして，正しいものを下の番号から選べ．

	静電容量	C_4 の電荷
1	3〔μF〕	36〔μC〕
2	3〔μF〕	12〔μC〕
3	6〔μF〕	36〔μC〕
4	6〔μF〕	12〔μC〕

6〔V〕　C_1　C_2　C_3　C_4

コンデンサの静電容量は同じなので，直列接続された三つのコンデンサの電圧は，電源電圧の 1/3 ずつになるよ．

解説

直流電圧を V=6〔V〕とすると，C_1，C_2，C_3〔F〕は同じ値だから C_1 に加わる電圧 V_1〔V〕は V の 1/3 となるので，次式で表されます．

$$V_1=\frac{V}{3}=\frac{6}{3}=2\ 〔\mathrm{V}〕$$

C_1 に蓄えられている電荷を Q_1=12〔μC〕=12×10^{-6}〔C〕とすると，C_1〔F〕は，次式で表されます．

$$C_1=\frac{Q_1}{V_1}=\frac{12\times10^{-6}}{2}=6\times10^{-6}\ 〔\mathrm{F}〕=6\ 〔\mu\mathrm{F}〕$$

C_1 と C_4 は同じ値だから C_4=6〔μF〕=6×10^{-6}〔F〕となり，C_4 に蓄えられている電荷 Q_4〔C〕は，次式で表されます．

$$Q_4=C_4V=6\times10^{-6}\times6=36\times10^{-6}\ 〔\mathrm{C}〕=36\ 〔\mu\mathrm{C}〕$$

μ（マイクロ）は 10^{-6} だよ．
$Q=CV$ は「キュウリ渋い」で覚えてね．

問題９

図に示すように耐圧 25〔V〕で静電容量 30〔μF〕のコンデンサ C_1 と，耐圧 60〔V〕で静電容量 10〔μF〕のコンデンサ C_2 を直列に接続したとき，その両端に加えることができる最大電圧 V の値として，正しいものを下の番号から選べ．ただし，各コンデンサは，接続前に電荷は蓄えられていないものとする．

1　20〔V〕
2　40〔V〕
3　80〔V〕
4　160〔V〕

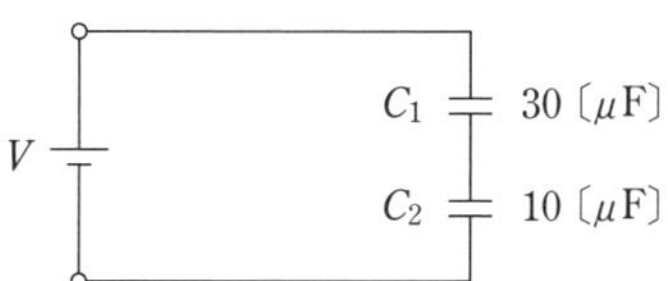

直列接続したときに各コンデンサに蓄えられる電荷は，同じ値になるよ．C_1，C_2 のコンデンサを直列接続したときの合成静電容量 C_S は，次の式で表されるよ．

$$C_S=\frac{C_1\times C_2}{C_1+C_2}\ \text{〔F〕}$$

静電容量をコップにして，水を入れることを考えてね．C_1 は C_2 に比べてコップの底面が3倍の太いコップだよ．電圧は高さだとすると C_2 の水を60の高さまでいれると，同じ量の水を C_1 に入れても C_2 の 1/3 の高さになるので，まだ 20 の高さだから 25 までは余裕だね．水の量が電荷だとするとそれ以上増やすと C_2 はあふれちゃうよ．電圧の和を求めるには，両方のコップの水の高さを足せばいいので 60＋20＝80 だよ．

解説

静電容量 $C_1=30$〔μF〕$=30\times10^{-6}$〔F〕，$C_2=10$〔μF〕$=10\times10^{-6}$〔F〕の各コンデンサに，それぞれの耐圧電圧 $V_1=25$〔V〕，$V_2=60$〔V〕が加わったときの電荷 Q_1，Q_2〔C〕は，次式で表されます．

$$Q_1=C_1V_1=30\times10^{-6}\times25=750\times10^{-6}\ \text{〔C〕}$$

$$Q_2=C_2V_2=10\times10^{-6}\times60=600\times10^{-6}\ \text{〔C〕}$$

10^{-6} のまま計算すると，あとの計算が楽だよ．

各コンデンサに蓄えられる電荷 Q は等しいから，C_2 に蓄えられる電荷が $Q_2=600\times10^{-6}$〔C〕のときに，直列接続したコンデンサに加えることができる最大電圧 V〔V〕となります．そのとき，C_1 の電圧 V_{1m}〔V〕は Q_1 を Q_2 とすれば求めることができるので，次式で表されます．

$$V_{1m}=\frac{Q_1}{C_1}=\frac{Q_2}{C_1}=\frac{600\times10^{-6}}{30\times10^{-6}}=20\ \text{〔V〕}$$

よって，加えることができる最大電圧 V〔V〕は，次式で表されます．

$$V=V_{1m}+V_2=20+60=80\ \text{〔V〕}$$

問題 10

図に示す回路において，スイッチSを閉じてコンデンサCを接続したところ，端子ab間の合成静電容量が6〔μF〕になった．接続したCの静電容量の値として，正しいものを下の番号から選べ．

1　2〔μF〕
2　4〔μF〕
3　8〔μF〕
4　16〔μF〕
5　20〔μF〕

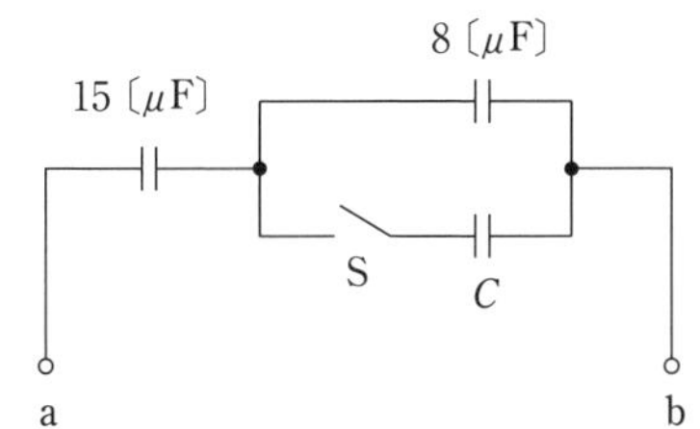

問題を解くのが難しいね．選択肢の数値をCに入れてみて合成静電容量が6〔μF〕になる数値を見つけてもいいよ．でも，全部入れて計算するのはたいへんだね．
そこで，もしC=7〔μF〕だったら，並列合成静電容量は計算しやすい値の15〔μF〕になるから，直列合成静電容量は1/2の7.5〔μF〕でしょ．この値は6〔μF〕より大きくなるからCは，7〔μF〕より小さい4〔μF〕と2〔μF〕を入れて計算してみればいいよね．

解説

スイッチSを閉じたときのC_b=8〔μF〕とC〔μF〕の合成静電容量をC_x〔μF〕とすると，C_xとC_a=15〔μF〕との直列合成静電容量C_{ab}=6〔μF〕は，次式で表されます．

$$\frac{1}{C_{ab}}=\frac{1}{C_a}+\frac{1}{C_x}$$

$$\frac{1}{6}=\frac{1}{15}+\frac{1}{C_x}$$

$$\frac{1}{C_x}=\frac{10}{60}-\frac{4}{60}=\frac{6}{60}$$

左右の項を入れ替えて，
両辺から$\frac{1}{15}\left(=\frac{4}{60}\right)$を引くよ．

よって，

$$C_x=\frac{60}{6}=10〔\mu\mathrm{F}〕$$

C_xはCとC_bの並列合成静電容量だから，C〔μF〕を求めると，次式で表されます．

$$C=C_x-C_b=10-8=2〔\mu\mathrm{F}〕$$

問題 11

次の記述は，コンデンサの静電容量および蓄えられるエネルギーについて述べたものである．［　　］内に入れるべき字句の正しい組合せを下の番号から選べ．

(1) 真空中（誘電率ε_0）にある半径r〔m〕の球状導体にQ〔C〕の電荷を与えたとき，導体の電位がV〔V〕であると，静電容量C〔F〕は

$$C=\frac{Q}{V}=\boxed{\text{A}}$$

となり，半径に比例することがわかる．

(2) 平行板コンデンサの静電容量は，向かい合った二つの金属板の間隔に反比例し，金属板の面積に比例する．従って，両金属板の間に比誘電率が2の誘電体を満たしたときの静電容量は，空気を満たしたときの静電容量のほぼ$\boxed{\text{B}}$倍になる．

(3) (1) のコンデンサに蓄えられるエネルギーW〔J〕は

$$W=\boxed{\text{C}}$$

で表される．

	A	B	C		A	B	C
1	$4\pi\varepsilon_0 r$	2	$\frac{1}{2}CV^2$	2	$4\pi\varepsilon_0 r$	$\frac{1}{2}$	$\frac{1}{2}CV^2$
3	$4\pi\varepsilon_0 r$	2	$\frac{1}{2}CV$	4	$2\pi\varepsilon_0 r$	$\frac{1}{2}$	$\frac{1}{2}CV$
5	$2\pi\varepsilon_0 r$	2	$\frac{1}{2}CV$				

問題 12

コンデンサに直流電圧 100〔V〕を加えたとき，0.5〔C〕の電荷が蓄えられた．このときコンデンサに蓄えられたエネルギーの値として，正しいものを下の番号から選べ．

1　5〔J〕　　2　25〔J〕　　3　50〔J〕　　4　100〔J〕　　5　250〔J〕

解説

コンデンサの電圧をV〔V〕，蓄えられた電荷をQ〔C〕とすると，コンデンサに蓄えられる静電エネルギーW〔J〕は，次式で表されます．

$$W=\frac{1}{2}QV=\frac{1}{2}\times 0.5\times 100=0.5\times 50=25\text{〔J〕}$$

100を2で割ると計算しやすいね．

解答

問題 1 →4　問題 2 →1
問題 3 →ア－6　イ－8　ウ－2　エ－3　オ－10　問題 4 →4
問題 5 →ア－5　イ－10　ウ－2　エ－6　オ－3
問題 6 →ア－3　イ－7　ウ－5　エ－1　オ－9　問題 7 →3
問題 8 →3　問題 9 →3　問題 10 →1　問題 11 →1　問題 12 →2

1.2 電気磁気（電流と磁気） 重要知識

出題項目 Check!

- □ 磁力線，磁気誘導，磁性体，電流とは
- □ 右ねじの法則とフレミングの左手の法則の使い方
- □ アンペアの法則による磁界の求め方
- □ 電磁誘導起電力の求め方

1 磁力線

磁石にはN極とS極があって，同じ種類の磁極どうしは，互いに反発し合い，異なる種類の磁極は，互いに引き合います．磁気による力の状態を表した線を**磁力線**といい，図1.5のように表します．磁気による力の影響があるところを磁界といいます．

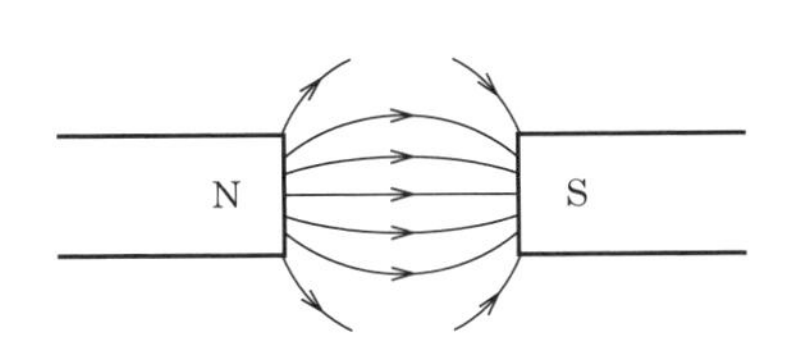

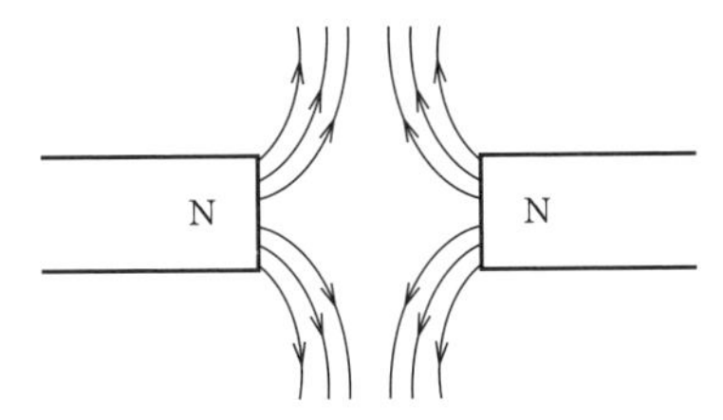

図1.5　磁力線

Point

磁気誘導

N極の磁石に磁気を帯びていない鉄片を近づけると，磁石に近い側はS極に磁化され，遠い側はN極に磁化される．逆のS極の磁石に近い側はN極に磁化される．

磁力線の性質

磁力線は**N極から出てS極に入る**．磁力線どうしは**交わらない**．**隣り合う磁力線は反発**する．**磁力線の方向は磁界の方向**を示し，面積**密度が磁界の強さ**を表す．

2 右ねじの法則

導線に電流を流すと図1.6 (a) のように導体のまわりに回転する磁力線が発生します．この状態を表す法則を**アンペアの右ねじの法則**といいます．図 (b) のように導線を巻いたものをコイルといい，磁力線の向きは図のようになります．コイルの磁界を強くするには，コイルの巻数を多くする，コイルの断面積を小さくする，コイルに軟鉄心を入れる，電流を大きくする方法があります．

直線状電流⇔進む向き，磁界⇔回す向きだよ．
回転電流⇔回す向き，磁界⇔進む向きだよ．

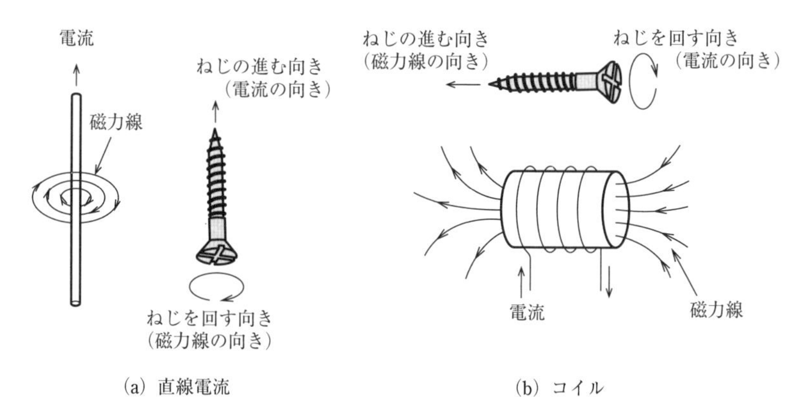

図 1.6　アンペアの右ねじの法則

3　アンペアの法則

図 1.6 (a) の電流による磁界の状態を図 1.7 に示します．電流から距離 r〔m〕の点を通って電流と垂直な平面上の円を考えると，この円周上ではどの点でも磁界の強さ H〔A/m：アンペア毎メートル〕は一様です．

このとき，磁界 H と円周 $2\pi r$ を掛けると円の中を流れている電流 I〔A〕と等しくなります．これを**アンペアの法則**といいます．この関係は，

$$H\times 2\pi r=I \tag{1.10}$$

の式で表されるので，磁界の強さは次式で表されます．

$$H=\frac{I}{2\pi r}\,〔\mathrm{A/m}〕 \tag{1.11}$$

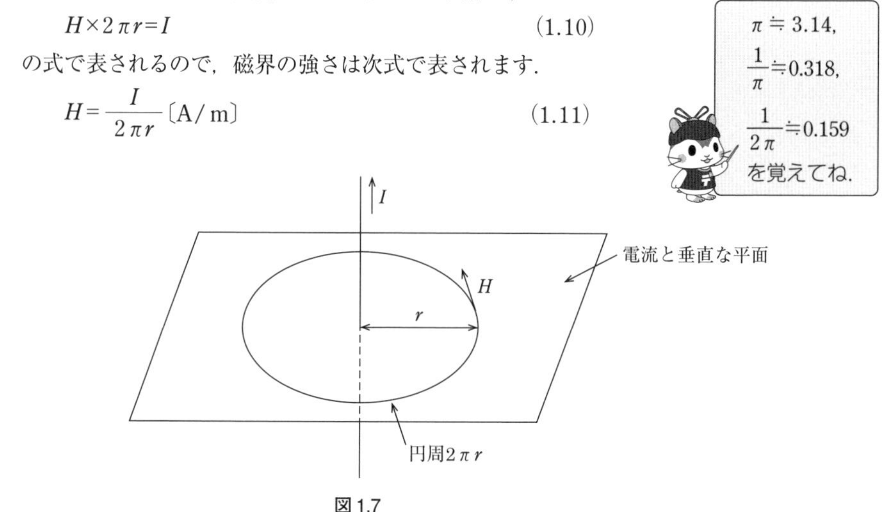

図 1.7

4 磁界中の電流に働く力とフレミングの左手の法則

磁界の中に電流の流れている導線を置くと導線に力が働きます．この向きを表すのが**フレミングの左手の法則**です．図 1.8 のように左手の親指，人さし指，中指を互いに直角に開き，**人さし指を磁界の向き**，**中指を電流の向き**に合わせると**親指が力の向き**を表します．

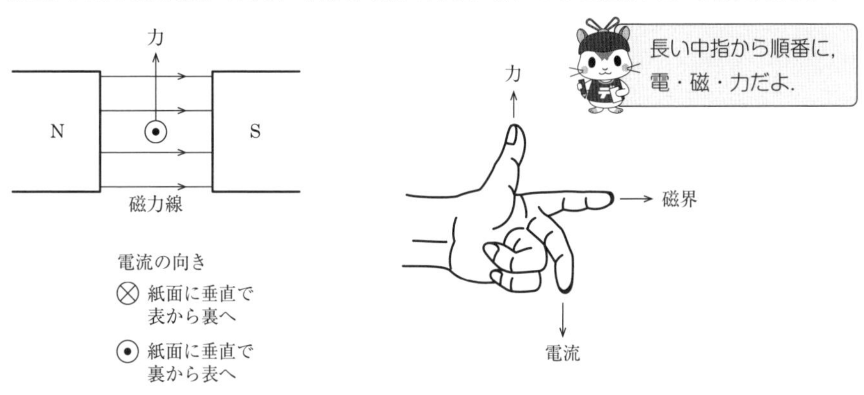

図 1.8　フレミングの左手の法則

5 電磁誘導とフレミングの右手の法則

図 1.9 のように，一様な磁界中にある導線を移動させると導線に起電力（電圧）が発生します．これを**電磁誘導**と呼びます．このとき，これらの向きを表すのが**フレミングの右手の法則**です．右手の親指，人さし指，中指を互いに直角に開き，人さし指を磁界の向き，親指を力の向きに合わせると中指が起電力の向きを表します．

磁界の強さ H〔A/m〕と空間の透磁率 μ〔H/m：ヘンリー毎メートル〕の積を磁束密度とよび，磁束密度を B〔T：テスラ〕$=\mu H$，磁力線と直角方向に移動する導線の移動速度を v〔m/s〕とすると，磁力線と導線が直角のとき，長さ ℓ〔m〕の**導線に発生する起電力** e〔V〕は，次式で表されます．

$$e=B\ell v \text{〔V〕} \qquad (1.12)$$

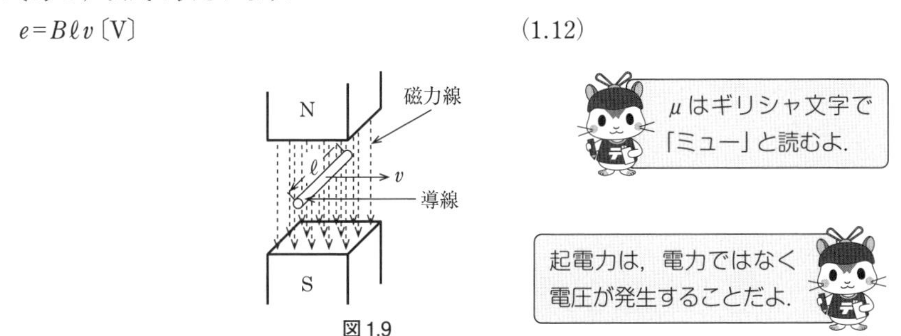

図 1.9

6　物質の電気的，磁気的な性質

電気を通しやすい銀，銅，金，アルミニウム，鉄，鉛などの金属を**導体**といいます．電気を通しにくいビニール，雲母（うんもと呼び電気の絶縁に使われる鉱石），ガラス，油，空気等を**絶縁体**といいます．また，この中間の電気の通りやすい性質を持ったものを**半導体**といいます．半導体には，ゲルマニウム，シリコン，セレン等があります．半導体は，他の物質（ヒ素やホウ素等）を少し混ぜて，トランジスタの材料などに用いられます．**導体は温度が上がると抵抗率が増加**しますが，**半導体は温度が上がると抵抗率が減少**する特徴があります．

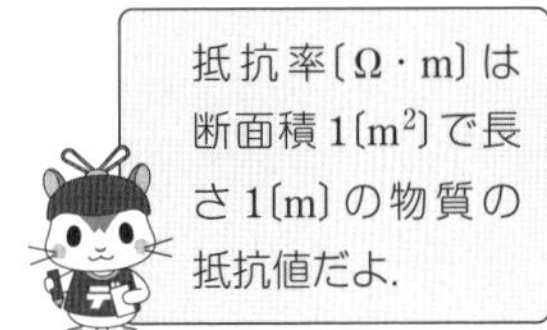

導線の電気抵抗（単位〔Ω：オーム〕）の値は，**長さ**（単位〔m〕）に比例し，**断面積**（単位〔m^2〕）**に反比例**します．このとき物質で決まる比例定数を**抵抗率**（**単位〔Ω・m〕**）といいます．また，抵抗率の逆数は**導電率**（**単位〔S/m：ジーメンス毎メートル〕**）と呼びます．

磁気的な性質を磁化といい，磁化する物質を磁性体といいます．鉄やニッケルなどの金属に磁石を近づけると，**磁石に近い側に反対の磁極**が生じて磁石との間に吸引力が働きます．**磁気誘導**を生じる鉄，ニッケル，コバルトなどの物質を**強磁性体**といいます．これらは加えた磁界と同じ方向に磁化されます．加えた磁界と反対方向にわずかに磁化される銅，銀などは**反磁性体**といいます．

試験の直前 Check!

- □ **磁気誘導** ≫ N極に近い側はS極，遠い側はN極．
- □ **磁力線の性質** ≫ 磁力線はN極からS極．交わらない．隣り合う磁力線は反発．方向は磁界の方向．密度は磁界の強さ．
- □ **直線状電流の右ねじの法則** ≫ 直線状電流⇔進む向き．磁界⇔回す向き．
- □ **回転電流の右ねじの法則** ≫ 回転電流⇔回す向き，磁界⇔進む向き．
- □ **直線状電流の磁界** ≫ $H=\dfrac{I}{2\pi r}$　，$2\pi r$ は半径 r の円周
- □ **電磁誘導の起電力** ≫ $e=B\ell v=$ 磁束密度×長さ×速度
- □ **強磁性体** ≫ 磁石に引き合う方向に磁化．
- □ **反磁性体** ≫ 磁石に反発する方向にわずかに磁化．
- □ **半導体** ≫ 導体と絶縁体の中間の抵抗率．半導体は温度上昇で抵抗率が減少．導体は温度上昇で抵抗率が増加．

国家試験問題

問題 1

次の記述は，磁力線の性質について述べたものである．このうち誤っているものを下の番号から選べ．

1　磁力線は，N極から出てS極に入る．
2　磁力線の接線の方向は，その点の磁界の方向を示す．
3　磁力線どうしは交わらない．
4　隣り合う磁力線は互いに引き付け合う．

解説

4　隣り合う磁力線は互いに**反発する**．

太字は誤っている箇所を正しくしてあるよ．
次に出題されるときは正しい選択肢になっていることもあるよ．

問題 2

次の記述は，導体，絶縁体および半導体の一般的な特徴について述べたものである．このうち誤っているものを下の番号から選べ．

1　一定の温度において，導体（導線）の抵抗値は断面積に比例する．
2　絶縁体には，ビニール，雲母，ガラス，空気，油などがある．
3　電流が流れやすく，抵抗率が小さい物質を導体といい，導体には，銀，銅，鉄，アルミニウムなどがある．
4　抵抗率が導体と絶縁体の中間にある物質を半導体といい，半導体には，ゲルマニウム，シリコンなどがある．
5　半導体の抵抗率は，温度の上昇に伴って減少する．

断面積が小さくて細いホースは，水が流れにくいね．流れにくいのは抵抗が大きいということだね．電流も一緒だね．

解説

1　一定の温度において，導体（導線）の抵抗値は断面積に**反比例する**．

問題３

次の記述は，電流とその磁気作用について述べたものである．［　　］内に入れるべき字句を下の番号から選べ．なお，同じ記号の［　　］内には，同じ字句が入るものとする．

(1) 電流の大きさ I〔A〕は，図に示す回路中の導線の断面を通って［ア］間に移動する［イ］で表される．また，電子の移動によって電流が形成されている場合には，電流の方向は電子の移動する方向と［ウ］向きになる．

(2) 直流電流が直線状の導線を流れているとき，導線のまわりには［エ］が生じ，電流の流れる方向を右ねじの進む方向にとれば，右ねじの回転する方向の［エ］ができる．この関係を［オ］の右ねじの法則という．

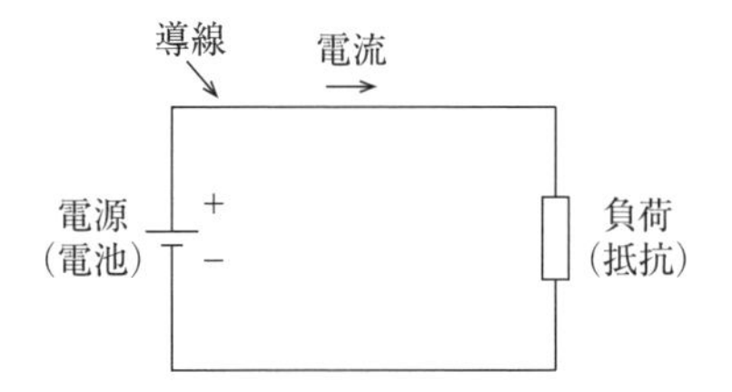

1	同じ	2	アンペア	3	1秒	4	電界	5	電気量
6	逆の	7	フレミング	8	1分	9	磁界	10	原子

問題４

次の記述は，磁気誘導と磁性体について述べたものである．［　　］内に入れるべき字句を下の番号から選べ．

(1) 磁気誘導を生ずる物質を磁性体といい，このうち鉄，ニッケルなどの物質は［ア］という．

(2) 加えた磁界と反対の方向にわずかに磁化される銅，銀などは［イ］という．

(3) 磁化されていない鉄片を磁石のＳ極に近づけると磁石は鉄片を吸引する．これは，鉄片が磁化され磁石のＳ極に近い端が［ウ］になり，遠い端が［エ］になるためで，このような現象を［オ］という．

1	絶縁体	2	磁気誘導	3	Ｎ極	4	誘電体	5	強磁性体
6	半導体	7	残留磁気	8	Ｓ極	9	電磁力	10	反磁性体

一つの穴に入る選択肢は，普通は同じ種類の二つから一つなのだけど，この問題は３と８の両方と，５と10の両方が使われるよ．

問題5

次の記述は，電気と磁気の一般的な関係について述べたものである．[ ]内に入れるべき字句の正しい組合せを下の番号から選べ．なお，同じ記号の[ ]内には，同じ字句が入るものとする．

(1) 磁界中で磁界の方向と直角に導線を動かすと，導線には[A]が発生する．

(2) 磁界中で磁界の方向と直角に置かれた導線に電流を流すと，導線には[B]が働く．このときの磁界の方向，電流を流す方向および[B]の方向の関係を表すのが，フレミングの[C]の法則である．

	A	B	C
1	起電力	力	左手
2	起電力	力	右手
3	力	起電力	左手
4	力	起電力	右手

磁界の方向，導線を動かす方向，起電力の方向の関係を表す右手の法則も出るよ.

問題6

図に示す無限長の直線導体Dから20〔cm〕離れた円周上のP点における磁界の強さHの値として，最も近いものを下の番号から選べ．ただし，直線導体には5〔A〕の直流電流が流れているものとする．

1　2〔A/m〕
2　4〔A/m〕
3　8〔A/m〕
4　16〔A/m〕
5　32〔A/m〕

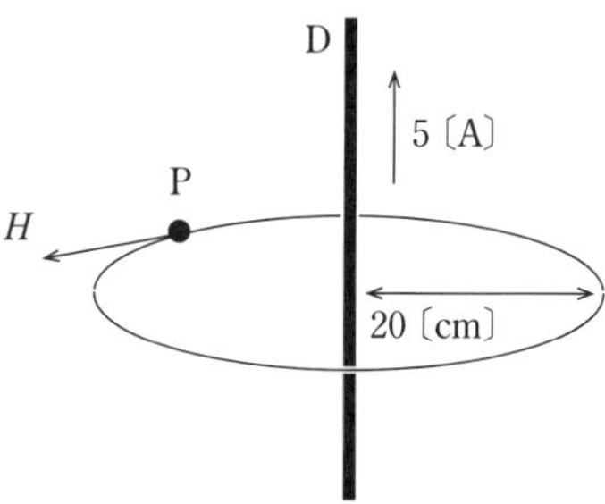

電流I，距離rのとき，磁界の強さHは，次の式で表されるよ.

$$H=\frac{I}{2\pi r}\ \text{〔A/m〕}$$

$2\pi r$は，半径rの円の円周のことだよ.

$\frac{1}{\pi} \fallingdotseq \frac{1}{3.14} \fallingdotseq 0.318 \fallingdotseq 0.32$ を覚えておくと計算が簡単だよ.

解説

電流I〔A〕が流れている直線導体から$r=20$〔cm〕$=20\times10^{-2}$〔m〕の距離の点Pにおける磁界の強さH〔A/m〕は，アンペアの法則より次式で表されます．

$$H=\frac{I}{2\pi r}\fallingdotseq\frac{5}{2\times3.14\times20\times10^{-2}}=\frac{1}{3.14}\times\frac{1}{8}\times10^{2}$$

$$\fallingdotseq0.32\times\frac{1}{8}\times100=4\text{〔A/m〕}$$

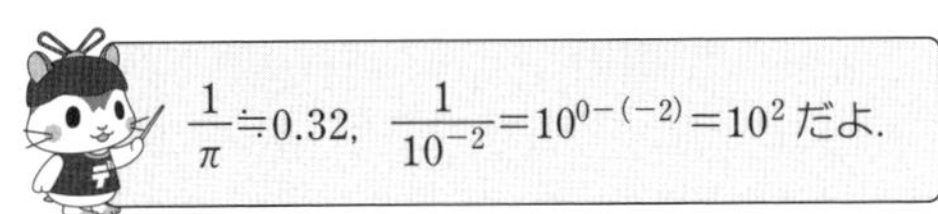

問題 7

次の記述は，図に示すように，磁束密度がB〔T〕の一様な磁界中で長さがℓ〔m〕の直線導体Dを磁界に対して直角の方向にv〔m/s〕の一定速度で移動させたときに生ずる現象について述べたものである．□内に入れるべき字句の正しい組合せを下の番号から選べ．ただし，磁界は紙面に平行で，Dは紙面に直角を保つものとする．

(1) Dに A eが生ずる．これを B 現象という．

(2) Dの両端に生ずるeの大きさは， C 〔V〕である．

	A	B	C
1	起磁力	電磁誘導	$B\ell v$
2	起磁力	磁気誘導	$B\ell v^2$
3	起電力	磁気誘導	$B\ell v$
4	起電力	磁気誘導	$B\ell v^2$
5	起電力	電磁誘導	$B\ell v$

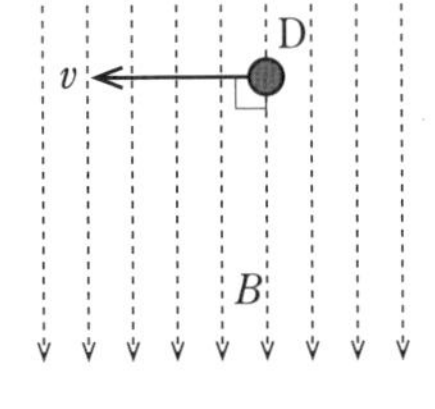

解答

問題1 →4　問題2 →1
問題3 →ア－3　イ－5　ウ－6　エ－9　オ－2
問題4 →ア－5　イ－10　ウ－3　エ－8　オ－2　問題5 →1
問題6 →2　問題7 →5

1.3 電気磁気（コイル・電気現象） 重要知識

出題項目 Check!

- □ レンツの法則とは
- □ コイルの性質，自己インダクタンスを大きくするには
- □ コイルの合成インダクタンスの求め方
- □ 各種電気現象の特徴
- □ 国際単位の表し方

1 ファラデーの法則

図 1.10 のように，導線を巻いたものをコイルといいます．コイルの面積を S〔m^2〕，磁束密度を B〔T〕とすると，コイルを通過する磁束は $\phi=SB$〔Wb：ウェーバ〕で表されます．微小時間 Δt〔s〕（Δ：少ない量を表します．）の間に磁束が微小変化 $\Delta\phi$〔Wb〕するとき，コイルの巻数を N 回とすると，コイルに誘導起電力 e〔V〕が発生します．これを**ファラデーの法則**と呼び，誘導起電力の大きさは次式で表されます．

$$e=N\frac{\Delta\phi}{\Delta t}\text{〔V〕} \qquad (1.13)$$

起電力は，電力ではなく電圧が発生することだよ．
ϕ はギリシャ文字で「ファイ」と読むよ．

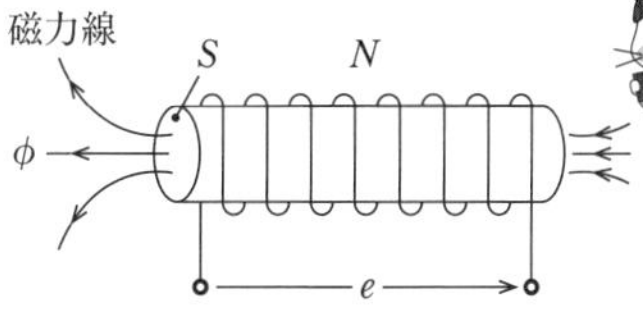

図 1.10

このとき，発生する誘導起電力の向きを表す法則が**レンツの法則**です．その**起電力による誘導電流によって発生する磁束が元の磁束の変化を妨げる向き**に誘導起電力が発生します．磁束が増加する場合と減少する場合では，逆向きの起電力が発生します．

2 コイル

コイルの磁束は電流によって発生するので，電流が変化すると起電力が発生します．発生する起電力の大きさによって定まるコイルの定数を**インダクタンス** L〔H：ヘンリー〕と呼びます．

一般に図 1.10 のように円筒形の心に導線を巻いた構造で，心を入れない空心と比較してケイ素鋼板や圧粉鉄心を用いると自己インダクタンスを大きくすることができます．コイルには次のような性質があります．

① 直流を通す.

② コイルの自己インダクタンスはコイルの**巻数の 2 乗に比例**する.

③ コイルを流れる交流電流の大きさは**周波数に反比例**する.

④ コイルを流れる交流電流の大きさは**自己インダクタンスに反比例**する.

⑤ コイルを流れる交流電流は，電圧より 90 度**位相が遅れる**.

3 コイルの接続

コイルの磁束は電流によって発生するので，電流が変化すると起電力が発生します．発生する起電力の大きさによって定まるコイルの定数をインダクタンス L〔H：ヘンリー〕と呼びます．コイルの自己インダクタンスは、コイルの**巻数の 2 乗に比例**します.

(1) 和動接続

図 1.11 (a) に示すように，自己インダクタンス L_1 と L_2〔H〕のコイルを，電流によって発生する磁束が加わる方向に接続すると，**合成インダクタンス** L_+〔H〕は，次式で表されます.

$$L_+ = L_1 + L_2 + 2M \tag{1.14}$$

ここで，M〔H〕は，結合の度合いを表す相互インダクタンスです.

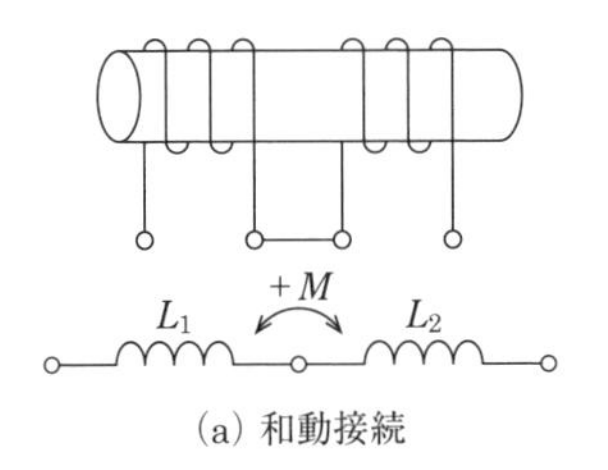

(a) 和動接続

$-M$　L_1　L_2

(b) 差動接続

図 1.11

(2) 差動接続

図 1.11 (b) に示すように，L_1 と L_2 のコイルを，電流によって発生する磁束が反対方向となるように接続すると，**合成インダクタンス** L_-〔H〕は，次式で表されます.

$$L_- = L_1 + L_2 - 2M \tag{1.15}$$

和動接続の L_+ は，L_1+L_2 よりも大きくなって，差動接続の L_- は，L_1+L_2 よりも小さくなるよ.

4 電気現象

(1) 圧電効果（ピエゾ効果）

水晶，ロッシェル塩，チタン酸バリウムなどの結晶体に**圧力や張力を加えると，結晶体の表面に電荷が現れて電圧が発生**する現象.

(2) ゼーベック効果

銅とコンスタンタンまたはクロメルとアルメルなどの異なった金属を環状に結合して閉回路をつくり，両接合点に温度差を加えると，回路に起電力が生ずる現象.

(3) ペルチェ効果

異なった金属の接点に電流を流すと，その電流の向きによって，熱を発生し，または吸収する現象.

(4) トムソン効果

1種類の金属や半導体で，2点の温度が異なるとき，その間に電流を流すと，熱を吸収しまたは熱を発生する現象.

(5) 表皮効果

導線に高周波電流を流すと**周波数が高くなるにつれて，導体表面近くに密集して電流が流れ**中心部に流れなくなる現象．そのとき，導線の電流が流れる断面積が小さくなるので，直流を流したときに比較して**抵抗が大きく**なります.

5 電気磁気などに関する単位

電気磁気量は**国際単位系（SI）**で表されます．それらの量および単位名称と単位記号を表1.1に示します.

表1.1

量	名称および単位記号	量	名称および単位記号
長さ	メートル〔m〕	抵抗	オーム〔Ω〕
質量	キログラム〔kg〕	**電荷**	クーロン〔C〕
時間	秒〔s〕	**磁束**	ウェーバ〔Wb〕
力	ニュートン〔N〕	**磁束密度**	テスラ〔T〕
仕事	ジュール〔J〕	静電容量	ファラド〔F〕
エネルギー	ジュール〔J〕	**インダクタンス**	ヘンリー〔H〕
電圧	ボルト〔V〕	**電界の強さ**	ボルト毎メートル〔V/m〕
電流	アンペア〔A〕	**磁界の強さ**	アンペア毎メートル〔A/m〕
電力	ワット〔W〕	周波数	ヘルツ〔Hz〕
アドミタンス	ジーメンス〔S〕	**透磁率**	ヘンリー毎メートル〔H/m〕

試験の直前 Check!

- □ **レンツの法則** ≫ 磁束の変化を妨げる方向に起電力.
- □ **コイルの自己インダクタンス** ≫ 巻数の２乗に比例
- □ **コイルを流れる交流電流** ≫ 周波数に反比例．自己インダクタンスに反比例．電圧より 90 度位相が遅れる．
- □ **コイルの接続** ≫ 和動接続 $L_+=L_1+L_2+2M$　，差動接続 $L_-=L_1+L_2-2M$
- □ **圧電効果** ≫ 結晶体に圧力や張力を加えると，結晶体の表面に電荷.
- □ **表皮効果** ≫ 高周波電流が導線の表面近くに集中．抵抗が大きく.
- □ **単位** ≫ 力〔N〕，電荷〔C〕，電力〔W〕，磁束〔Wb〕，磁束密度〔T〕，インダクタンス〔H〕，電界の強さ〔V/m〕，磁界の強さ〔A/m〕，透磁率〔H/m〕

国家試験問題

問題 1

次の記述は，コイルの電気的性質について述べたものである．このうち正しいものを下の番号から選べ.

1　コイルの自己インダクタンスは，コイルの巻数の２乗に反比例する.

2　交流電圧を加えたとき，流れる電流の位相は加えた電圧の位相より遅れる.

3　電流が増加するとき，電流がさらに増加する方向に起電力が生ずる.

4　周波数が高くなるほど交流は流れやすい.

コイルの電圧を増やして電流が流れようとすると，逆向きの誘導起電力が発生するので電流が遅れて増えるんだよ．だから，電流の位相は電圧の位相より遅れるよ.

解説

1　コイルの自己インダクタンスは，コイルの巻数の２乗に**比例する**.

3　電流が増加するとき，電流の**増加を妨げる方向**に起電力が生ずる.

4　周波数が高くなるほど交流は**流れにくい**.

太字は誤っている箇所を正しくしてあるよ.
次に出題されるときは正しい選択肢になっていることもあるよ.

周波数f，自己インダクタンスLのとき，電流の流れにくさを表すリアクタンスは$X_L=2\pi fL$で表されるよ．fが高くなるとX_Lは大きくなって電流は流れにくくなるね.

問題 2

図に示す回路において，コイルに生じる磁束が同じ向きになるように直列に接続した，コイル L_1 および L_2 のインダクタンスがそれぞれ 80〔μH〕および 20〔μH〕，端子ab間の合成インダクタンスが 180〔μH〕であるとき，相互インダクタンス M の値として，正しいものを下の番号から選べ．

1　20〔μH〕
2　40〔μH〕
3　60〔μH〕
4　80〔μH〕

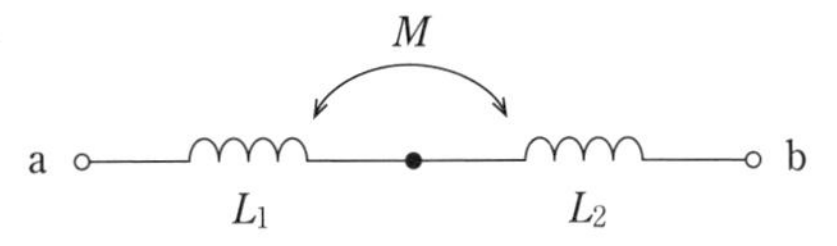

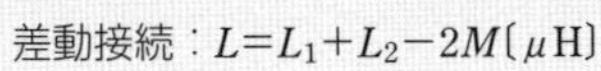

合成インダクタンス L を求める式は二つあるよ．

和動接続：$L=L_1+L_2+2M$〔μH〕

差動接続：$L=L_1+L_2-2M$〔μH〕

L_1 と L_2 を足すと 80+20=100〔μH〕だから，合成インダクタンスの 180〔μH〕はこの値より大きいので，足し算の和動接続の式を使うよ．

解説

端子ab間の合成インダクタンス $L=180$〔μH〕が，L_1 と L_2 の和（80+20=100〔μH〕）より大きいので和動接続となり，L〔μH〕は次式で表されます．

$L=L_1+L_2+2M$〔μH〕

題意の数値を代入すると，

$180=80+20+2M$

$2M=180-100=80$

よって，$M=40$〔μH〕

和動接続のときは次の式で求めることができるよ．

$$M=\frac{L-(L_1+L_2)}{2}〔\mu H〕$$

問題 3

レンツの法則についての記述として，正しいものを下の番号から選べ．

1　二つの帯電体の間に働く力の大きさは，それぞれの電荷の積に比例し，距離の2乗に反比例する．

2　電磁誘導によって生じる誘導起電力は，その起電力による誘導電流の作る磁束が，もとの磁束の変化を妨げる方向に発生する．

3　回路網の任意の接続点に流入する電流の代数和は零である．

4　回路網の任意の閉回路において，電圧降下の代数和は，その閉回路に含まれる起電力の代数和に等しい．

5　誘導起電力の大きさは，コイルと鎖交する磁束の時間に対する変化の割合に比例する．

解説

誤っている選択肢は次の法則です.

1　クーロンの法則
3　キルヒホッフの第 1 法則（電流法則）
4　キルヒホッフの第 2 法則（電圧法則）
5　ファラデーの法則

問題 4

次の記述は, 導線に高周波電流を流したときの現象について述べたものである. [　　] 内に入れるべき字句の正しい組合せを下の番号から選べ.

周波数が高くなるほど電流は導線の [A] に密集して流れ, 導線の実効抵抗は, 直流電流を流したときに比べて [B] なる. この現象を [C] という.

	A	B	C
1	表面近く	大きく	表皮効果
2	表面近く	小さく	ゼーベック効果
3	中心部	大きく	ゼーベック効果
4	中心部	小さく	表皮効果

表面近くだから表皮効果だね. ABC の三つの穴あき問題で選択肢が四つのときは, そのうち二つに埋める字句が分かれば, ほぼ答えが見つかるよ.

問題 5

次の表は, 電気磁気量に関する国際単位系（SI）からの抜粋である. [　　] 内に入れるべき字句を下の番号から選べ.

1　H/m　　2　C　　3　Hz　　4　S
5　F　　6　T　　7　V/m　　8　A/m
9　H　　10　J

量	単位記号
電荷	〔 ア 〕
電界の強さ	〔 イ 〕
磁界の強さ	〔 ウ 〕
インダクタンス	〔 エ 〕
透磁率	〔 オ 〕

力：ニュートン〔N〕, 電力：ワット〔W〕, アドミタンス：ジーメンス〔S〕, 磁束：ウェーバー〔Wb〕, 磁束密度：テスラ〔T〕も出題されたことがあるよ.

解答

問題 1 →2　問題 2 →2　問題 3 →2　問題 4 →1
問題 5 →ア－2　イ－7　ウ－8　エ－9　オ－1

2.1 電気回路(直流回路) 重要知識

出題項目 Check!

- □ 電流，電圧，抵抗，コンダクタンス，抵抗率，導電率とは
- □ オームの法則，キルヒホッフの法則による電圧，電流，抵抗の求め方
- □ 合成抵抗，電力の求め方
- □ ブリッジ回路が平衡したときの抵抗の比

1 電圧，電流

図 2.1 (a) のように電池に電球を接続すると，回路に電流が流れて電球が点灯します．これを回路図で表せば図 (b) のようになります．また電球を電気的に同じ働きをする抵抗と置き換えた等価回路は図 (c) のようになります．電流は電気の流れを表します．単位はアンペア (記号〔A〕) です．電流を水の流れに例えれば，電圧は水圧にあたる量で電気を送り出す強さを表します．電圧の単位はボルト (記号〔V〕) です．電流の大きさは，導線の断面を毎秒通過する電気量 (電荷) で表されます．**1 秒間に 1〔C〕の電気量 (電荷) が通過すると 1〔A〕**です．

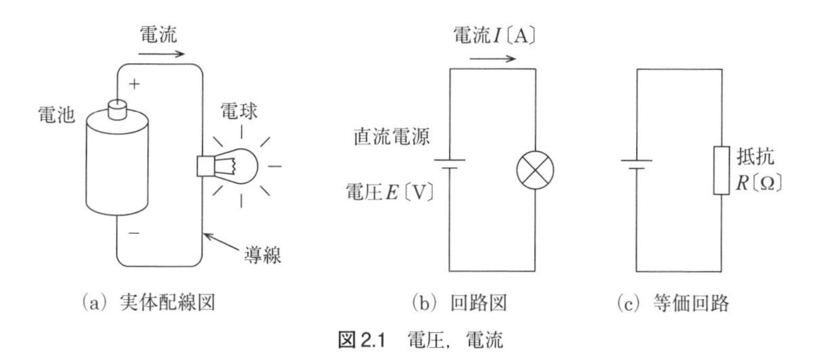

図 2.1 電圧，電流

時間が経過しても電圧や電流の大きさや向きが変わらない電気を**直流**といいます．電池の電圧や電流は直流です．商用電源を送る電灯線の電圧や電流は向きが変わる**交流**です．

2 電気抵抗

(1) 抵抗率

図 2.2 のような**長さ** ℓ〔m〕，**断面積** A〔m^2〕の**導線の抵抗** R〔Ω〕は，次式で表されます．

$$R=\rho\frac{\ell}{A}\ \text{〔Ω〕} \tag{2.1}$$

ここで，ρ (ロー) (単位：オーム・メートル〔Ω·m〕) は導線の材質と温度によって定まる比例

定数で，**抵抗率**といいます．また，金属などの導線の電気抵抗は温度が上がると大きくなります．

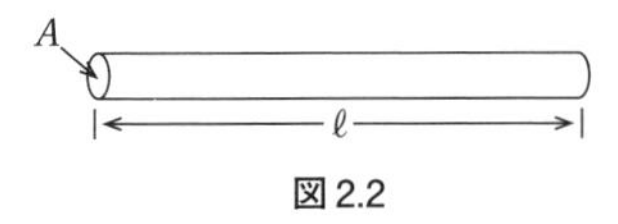

図 2.2

導線の電気抵抗は，導線の抵抗率と長さに比例して，導線の断面積と導電率に反比例するよ．

(2) 導電率

抵抗率の逆数を導電率と呼び，電気の通りやすさを表す定数です．**導電率** σ（シグマ）（単位：ジーメンス毎メートル〔S/m〕）は，次式で表されます．

$$\sigma = \frac{1}{\rho}\ \text{〔S/m〕} \qquad (2.2)$$

3 オームの法則

図 2.3 のように，**抵抗** R〔Ω〕に**電圧** V〔V〕を加えると流れる**電流** I〔A〕は，電圧に比例し，抵抗に反比例します．この関係を表した法則が**オームの法則**です．式で表せば次のようになります．

$$I = \frac{V}{R}\ \text{〔A〕} \quad \text{または，} \quad V = R \times I\ \text{〔V〕} \quad \text{または，} \quad R = \frac{V}{I}\ \text{〔Ω〕} \qquad (2.3)$$

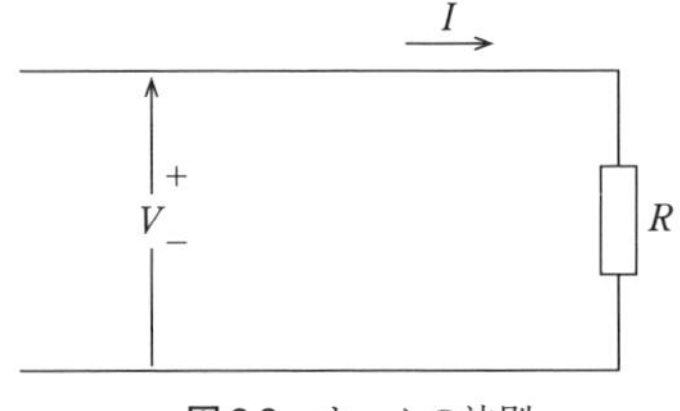

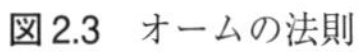

図 2.3　オームの法則

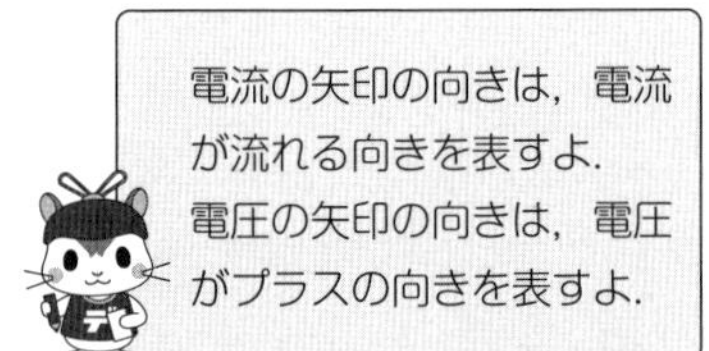

電流の矢印の向きは，電流が流れる向きを表すよ．
電圧の矢印の向きは，電圧がプラスの向きを表すよ．

抵抗 R〔Ω〕の逆数を**コンダクタンス** G（単位：ジーメンス〔S〕）と呼び，電流 I〔A〕は，次式で表されます．

$$G = \frac{1}{R}\ \text{〔S〕} \qquad (2.4)$$

$$I = G \times V\ \text{〔A〕} \qquad (2.5)$$

4 キルヒホッフの法則

いくつかの起電力や抵抗が含まれる電気回路は，キルヒホッフの法則によって表すことができます．

(1) 第 1 法則（電流の法則）

図 2.4 の回路の接続点 P において，流入する電流の和と流出する電流の和は等しくなって，次式が成り立ちます．

$$I_1+I_2=I_3\text{〔A〕} \quad (2.6)$$

(2) 第 2 法則（電圧の法則）

図 2.4 の閉回路 a において，各部の電圧降下の和は起電力（電圧源）の和と等しくなって，次式が成り立ちます．

$$E_1-E_2=V_1-V_2=I_1R_1-I_2R_2\text{〔V〕} \quad (2.7)$$

閉回路 b では，次式が成り立ちます．

$$E_2=V_2+V_3=I_2R_2+I_3R_3\text{〔V〕} \quad (2.8)$$

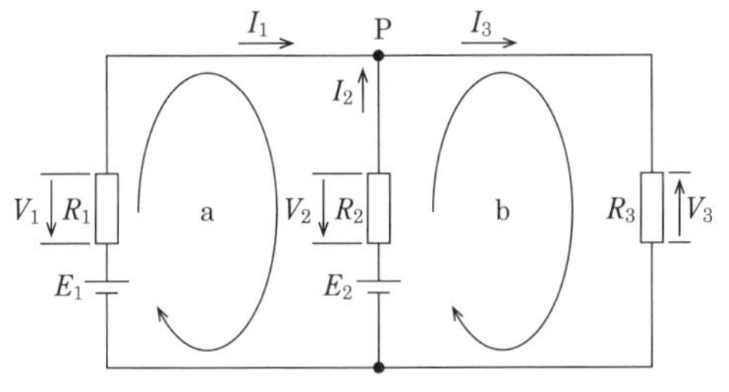

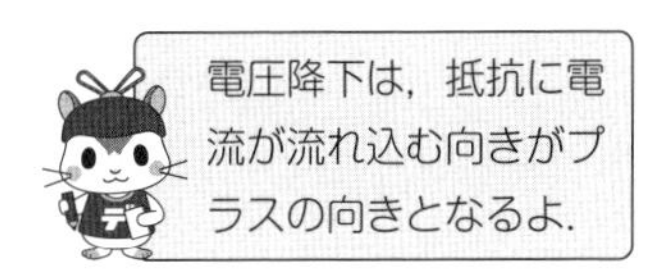

図 2.4　キルヒホッフの法則

一まわりして元に戻る経路を持つ回路を閉回路といいます．回路の一部でも閉回路になれば，キルヒホッフの電圧の法則が成り立ちます．

直列に接続された抵抗に電流が流れると各抵抗にはオームの法則に基づく電圧が発生します．電源側からみれば，その部分で電圧が下がるので**電圧降下**といいます．

5 電力

抵抗に電流が流れると熱が発生します．また，モータに電流を流すと力が発生します．このように電気の行う仕事を電力といいます．図 2.3 の抵抗で消費する**電力** P（単位：ワット〔W〕）は，次式で表されます．

$$P=V\times I\text{〔W〕} \quad (2.9)$$

オームの法則より，$V=R\times I$ を代入すると，

$$P=V\times I=(R\times I)\times I=R\times I^2\text{〔W〕} \quad (2.10)$$

$I=\dfrac{V}{R}$ を代入すると，

$$P=V\times I=V\times\left(\frac{V}{R}\right)=\frac{V^2}{R}〔\mathrm{W}〕 \tag{2.11}$$

6 部品の接続

(1) 直列接続

抵抗，コイル，コンデンサを図 2.5 のように直列接続したとき，合成した値は次のようになります．

$$R_S=R_1+R_2〔\Omega〕 \tag{2.12}$$

$$L_S=L_1+L_2〔\mathrm{H}〕 \tag{2.13}$$

$$\frac{1}{C_S}=\frac{1}{C_1}+\frac{1}{C_2} \tag{2.14}$$

または，次式で表されます．

$$C_S=\frac{C_1\times C_2}{C_1+C_2}〔\mathrm{F}〕 \tag{2.15}$$

式 (2.15) はコンデンサが二つの場合にのみ使えるよ．三つ以上のときに，二つずつ計算する場合は，この式を使うこともできるよ．

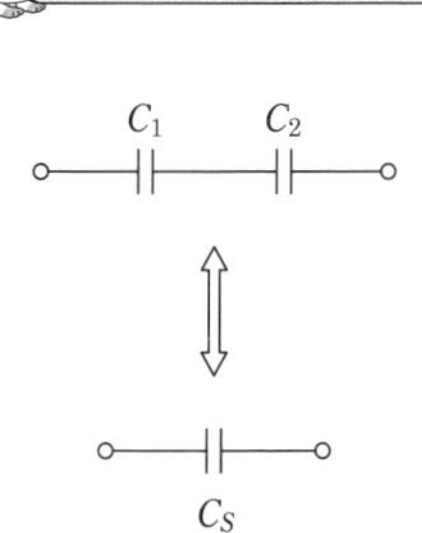

図 2.5　直列接続

同じ値の部品二つを直列に接続すると，抵抗とコイルでは合成した値は 2 倍に，コンデンサでは 1/2 (半分) になるよ．

(2) 並列接続

図 2.6 のように並列接続したとき，合成した値は次のようになります．

$$\frac{1}{R_P}=\frac{1}{R_1}+\frac{1}{R_2} \tag{2.16}$$

または，

$$R_P=\frac{R_1\times R_2}{R_1+R_2}〔\Omega〕 \tag{2.17}$$

$$\frac{1}{L_P}=\frac{1}{L_1}+\frac{1}{L_2} \qquad (2.18)$$

または，

$$L_P=\frac{L_1\times L_2}{L_1+L_2}〔\mathrm{H}〕 \qquad (2.19)$$

$$C_P=C_1+C_2〔\mathrm{F}〕 \qquad (2.20)$$

式（2.17），（2.19）は部品が二つの場合にのみ使えるよ．三つ以上のときに，二つずつ計算する場合は，この式を使うこともできるよ．

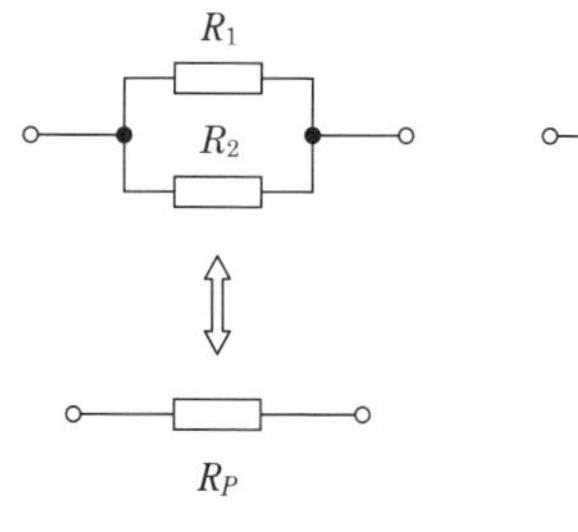

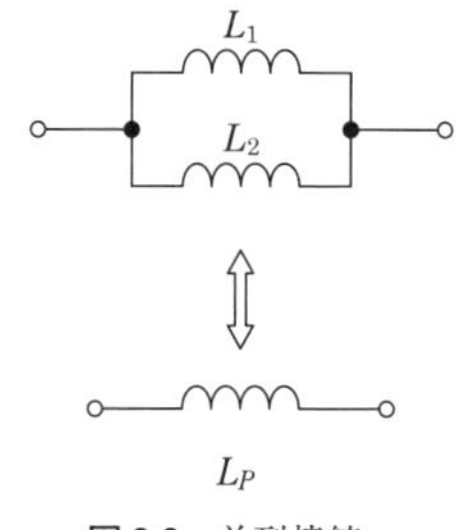

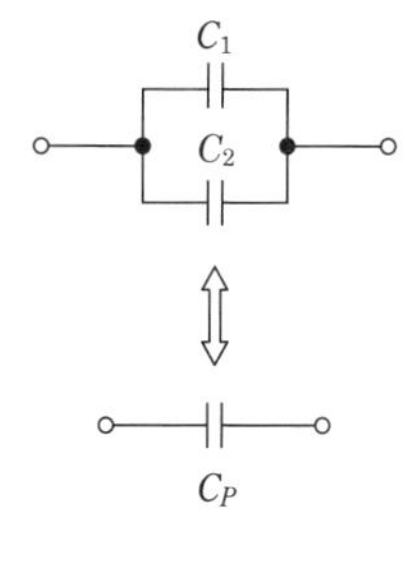

図 2.6 並列接続

同じ値の部品二つを並列に接続すると，コンデンサでは合成した値は 2 倍に，抵抗とコイルでは 1/2（半分）になるよ．

7 ブリッジ回路

図 2.7 のような回路をブリッジ回路といいます．各抵抗の比が次式の関係にあるとき，

$$\frac{R_1}{R_2}=\frac{R_3}{R_4} \quad あるいは, \quad R_1\times R_4=R_2\times R_3 \qquad (2.21)$$

ブリッジ回路が平衡します．このとき a 端と b 端の電圧が等しくなるので**電流 I_5=0〔A〕**となります．平衡したときのブリッジ回路の合成抵抗は，抵抗 R_5 を取り外して求めることができます．また，抵抗 $R_5=0$〔Ω〕として，端子 ab を接続して求めることもできます．

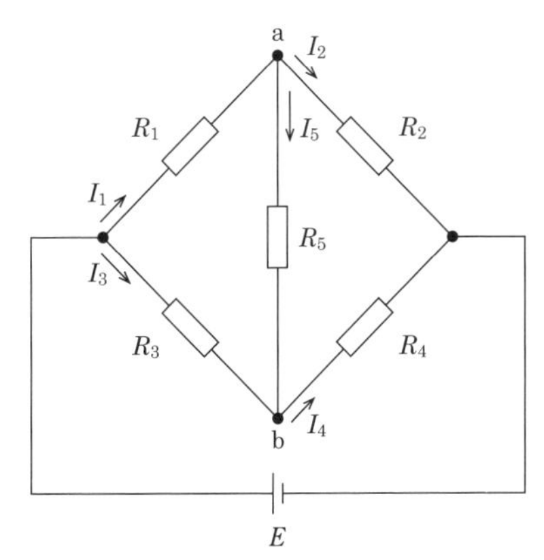

平衡すると，
$I_1=I_2$
$I_3=I_4$
$I_5=0$

図 2.7　ブリッジ回路

正方形の各辺と対角線に抵抗がある形だと直ぐにブリッジ回路だって分かるけど，回路の形を変えて出題されるから気をつけてね．

試験の直前 Check!

- □ **電流 1〔A〕** ≫ 1秒間に1〔C〕の電気量（電荷）が通過．
- □ **導線の抵抗** ≫ $R=\rho\dfrac{\ell}{A}$
- □ **導電率** ≫ $\sigma=\dfrac{1}{\rho}$
- □ **オームの法則** ≫ $I=\dfrac{V}{R}$　，　$V=R\times I$　，　$R=\dfrac{V}{I}$
- □ **キルヒホッフの第 1 法則** ≫ 接続点の電流の代数和は零．
- □ **電力** ≫ $P=V\times I=\dfrac{V^2}{R}=R\times I^2$
- □ **直列合成抵抗** ≫ $R_S=R_1+R_2$
- □ **並列合成抵抗** ≫ $\dfrac{1}{R_P}=\dfrac{1}{R_1}+\dfrac{1}{R_2}$　，　$R_P=\dfrac{R_1\times R_2}{R_1+R_2}$
- □ **ブリッジ回路** ≫ 対辺の抵抗積 $R_1\times R_4=R_2\times R_3$ のとき回路が平衡．中央に接続された抵抗の電流 $I=0$

R と n 倍の nR の並列合成抵抗 R_P は，次の式で表されるよ．

$$R_P=\frac{R\times nR}{R+nR}=\frac{n}{1+n}R$$

同じ値なら $\dfrac{1}{2}R$，2倍なら $\dfrac{2}{3}R$，3倍なら $\dfrac{3}{4}R$ だね．

国家試験問題

問題 1

次の記述は，電流と電圧について述べたものである．□内に入れるべき字句の正しい組合せを下の番号から選べ．なお，同じ記号の□内には，同じ字句が入るものとする．

(1) 電流の大きさは，導線の断面を毎秒通過する［A］で表すことができる．1 秒間に 1〔C〕の［A］が通過するとき，その電流は 1〔A〕となる．

(2) 導電性物質上の 2 点間の電位差 V〔V〕と，その間に流れる電流 I〔A〕の関係は，定数を R〔Ω〕とすると，$V=RI$ または $I=V/R$ で表される．この関係が成り立つとき，これを［B］の法則という．また，R の逆数 G〔S〕を［C］という．

	A	B	C
1	磁気	ファラデー	コンダクタンス
2	磁気	オーム	インダクタンス
3	電気量	ファラデー	インダクタンス
4	電気量	オーム	コンダクタンス

〔S〕はジーメンスと読むよ．

問題 2

次の記述は，物質の電気抵抗について述べたものである．□内に入れるべき字句を下の番号から選べ．

(1) ある長さと断面積を持ち，同じ材質でできている物質の電気抵抗の値は，一定の温度において，長さに［ア］．また，断面積に［イ］．

(2) 長さが 1〔m〕，断面積が 1〔m^2〕の物質の電気抵抗 ρ をその物質の［ウ］といい，その単位は〔Ω・m〕である．

(3) 一般に，長さが ℓ〔m〕，断面積が A〔m^2〕の均一な物質の電気抵抗 R は，ρ を用いて次の式で表される．

$R=$［エ］〔Ω〕

(4) 物質固有の電流の流れやすさの度合いを表す導電率 σ の単位は〔S/m〕であり，ρ を用いて次の式で表される．

$\sigma=$［オ］〔S/m〕

1	透磁率	2	反比例する	3	比例する	4	$A/(\rho\ell)$
5	$1/\rho$	6	抵抗率	7	2 乗に比例する	8	無関係である
9	$\rho\ell/A$	10	$\sqrt{\rho}$				

問題 3

キルヒホッフの第1法則についての記述として，正しいものを下の番号から選べ．

1　回路網の任意の接続点に流入する電流の代数和は零である．

2　誘導起電力の大きさは，コイルと鎖交する磁束の時間に対する変化の割合に比例する．

3　結晶体に圧力や張力を加えると，結晶体の両面に正負の電荷が現れる．

4　電磁誘導によって生ずる誘導起電力は，その起電力による誘導電流の作る磁束が，もとの磁束の変化を妨げる方向に発生する．

キルヒホッフの法則は電気回路の法則だよ．

問題 4

図に示す回路において，直流電源から流れる電流が 100〔mA〕であるとき，4〔kΩ〕の抵抗に流れる電流 I_1 の値として，正しいものを下の番号から選べ．

1　20〔mA〕

2　40〔mA〕

3　60〔mA〕

4　80〔mA〕

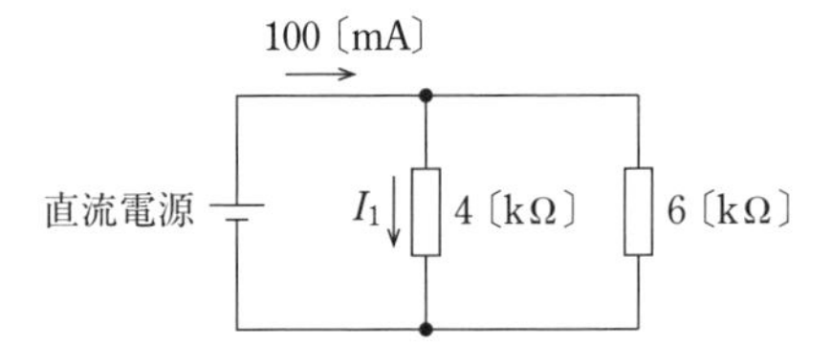

並列接続の二つの抵抗を流れる電流の比は，抵抗の比と逆になるよ．抵抗の比が 4：6=2：3 だから電流は 3：2 の比で流れるよ．100〔mA〕の電流を 3：2 にすると 60〔mA〕：40〔mA〕だね．小さい値の抵抗を流れる電流の方が大きいよ．

解説

抵抗 $R_1=4$〔kΩ〕と $R_2=6$〔kΩ〕の並列合成抵抗 R_P〔kΩ〕は，次式で表されます．

$$R_P=\frac{R_1\times R_2}{R_1+R_2}=\frac{4\times 6}{4+6}=\frac{24}{10}=2.4\,〔\mathrm{k\Omega}〕$$

回路を流れる電流が $I=100$〔mA〕$=100\times 10^{-3}$〔A〕

だから，合成抵抗 $R_P=2.4$〔kΩ〕$=2.4\times 10^{3}$〔Ω〕の端子電圧 V_P〔V〕は，次式で表されます．

$$V_P=IR_P=100\times 10^{-3}\times 2.4\times 10^{3}$$
$$=240\times 10^{-3+3}=240\,〔\mathrm{V}〕$$

$10^0=1$，
$\frac{1}{10^3}=10^{0-3}=10^{-3}$ だよ．

よって，R_1 を流れる電流 I_1〔A〕は，次式で表されます．

$$I_1=\frac{V_P}{R_1}=\frac{240}{4\times 10^3}=\frac{240}{4}\times 10^{-3}=60\times 10^{-3}\,〔\mathrm{A}〕=60\,〔\mathrm{mA}〕$$

問題 5

図に示す回路において，直流電源から流れる電流が 10〔mA〕であるとき，直流電源の電圧の値として，正しいものを下の番号から選べ．

1　12〔V〕
2　20〔V〕
3　30〔V〕
4　50〔V〕

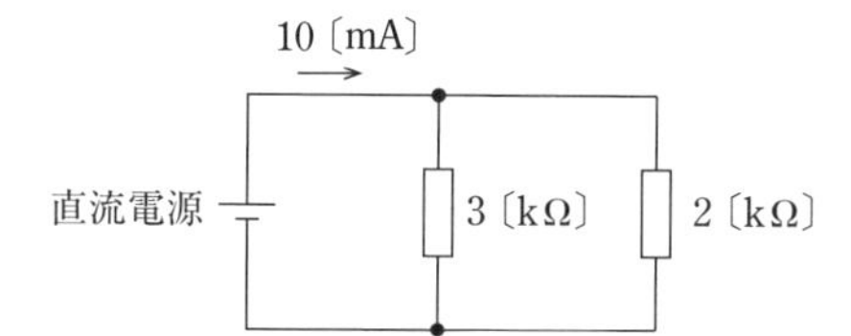

解説

抵抗 $R_1=3$〔kΩ〕と $R_2=2$〔kΩ〕の並列合成抵抗 R_P〔kΩ〕は，次式で表されます．

$$R_P=\frac{R_1\times R_2}{R_1+R_2}=\frac{3\times 2}{3+2}=\frac{6}{5}=1.2〔\mathrm{k\Omega}〕$$

回路を流れる電流が $I=10$〔mA〕$=10\times 10^{-3}$〔A〕だから，合成抵抗 $R_P=1.2$〔kΩ〕$=1.2\times 10^3$〔Ω〕の端子電圧は直流電源の電圧 E〔V〕と同じなので，E〔V〕は次式で表されます．

$$E=IR_P=10\times 10^{-3}\times 1.2\times 10^3=12\times 10^{-3+3}=12〔\mathrm{V}〕$$

問題 6

図に示す回路において，直流電源から流れる電流が 2〔mA〕であるとき，抵抗 R の値として，正しいものを下の番号から選べ．

1　12〔kΩ〕
2　20〔kΩ〕
3　30〔kΩ〕
4　50〔kΩ〕

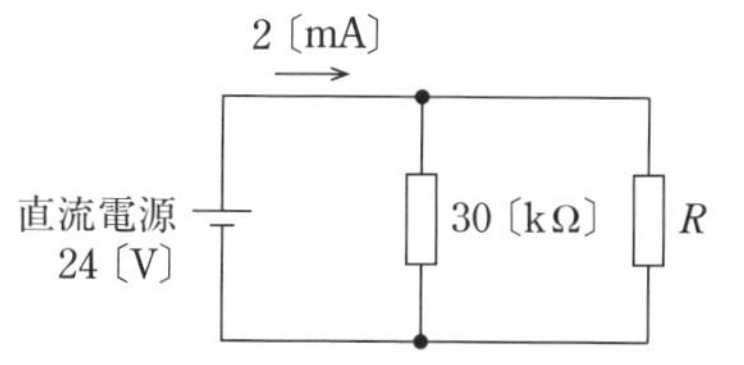

解説

直流電源の電圧が $E=24$〔V〕だから，抵抗 $R_1=30$〔kΩ〕$=30\times 10^3$〔Ω〕を流れる電流 I_1〔A〕は，次式で表されます．

$$I_1=\frac{E}{R_1}=\frac{24}{30\times 10^3}=\frac{24}{30}\times 10^{-3}$$
$$=0.8\times 10^{-3}〔\mathrm{A}〕$$

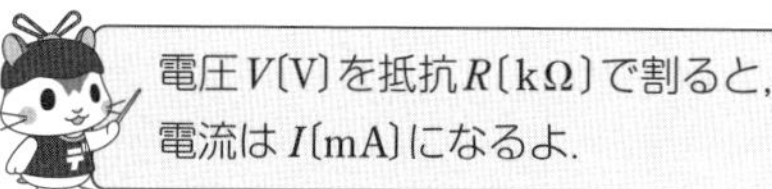

回路を流れる電流が $I=2$〔mA〕$=2\times 10^{-3}$〔A〕だから，抵抗 R〔Ω〕を流れる電流 $I_2=I-I_1=(2-0.8)\times 10^{-3}=1.2\times 10^{-3}$〔A〕となるので，$R$〔Ω〕は次式で表されます．

$$R=\frac{E}{I_2}=\frac{24}{1.2\times 10^{-3}}=\frac{24}{1.2}\times 10^3〔\Omega〕=20〔\mathrm{k\Omega}〕$$

問題 7

図に示す回路において，スイッチＳを開いたときの ab 間の電圧は，Ｓを閉じたときの ab 間の電圧の何倍になるか．正しいものを下の番号から選べ．ただし，$R_1=40$〔kΩ〕，$R_2=40$〔kΩ〕，$R_3=10$〔kΩ〕とする．

1　2 倍
2　3 倍
3　4 倍
4　5 倍

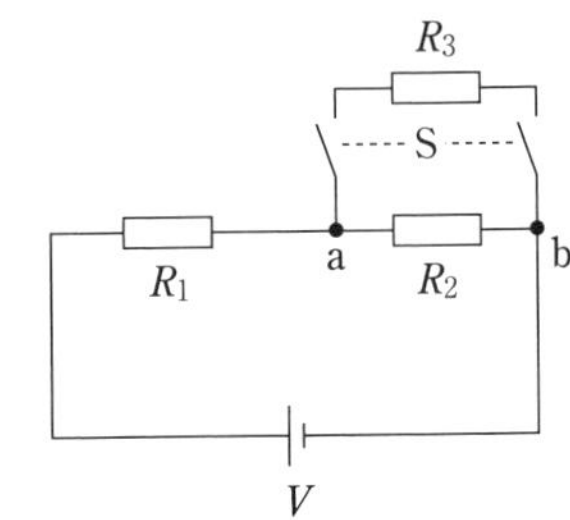

二つの抵抗 R_2，R_3 の並列合成抵抗 R_P は，次の式で表されるよ．

$$R_P=\frac{R_2\times R_3}{R_2+R_3}\ [\Omega]$$

和（＋）分の積（×）だよ．分母が和だよ．並列合成抵抗の値は，接続する小さい方の抵抗の値よりも小さくなるよ．

解説

Ｓを開いたときの直列抵抗の値は，$R_1=R_2=40$〔kΩ〕だから，それぞれの抵抗の電圧は同じになるので，ab 間の電圧 V_O〔V〕は，次式で表されます．

$$V_O=\frac{V}{2}\ [\mathrm{V}]$$

Ｓを閉じたときの ab 間の並列合成抵抗 R_P〔kΩ〕は，次式で表されます．

$$R_P=\frac{R_2\times R_3}{R_2+R_3}=\frac{40\times 10}{40+10}=\frac{400}{50}=8\ [\mathrm{k\Omega}]$$

このとき，回路を流れる電流は $I_S=V/(R_1+R_P)$〔A〕となるので，ab 間の電圧 V_S〔V〕は，次式で表されます．

$$V_S=R_PI_S=R_P\times\frac{V}{R_1+R_P}=\frac{8V}{40+8}=\frac{V}{5+1}=\frac{V}{6}\ [\mathrm{V}]$$

よって，$V=6V_S$ となるので，

$$V_0=\frac{6V_S}{2}=3V_S\ [\mathrm{V}]$$

となって，Ｓを開いたときの電圧は閉じたときの電圧の 3 倍になります．

問題 8

図に示す直流回路の各点a，bおよびcの電位の値として，正しい組合せを下の番号から選べ．ただし，点dの電位を零とする．

	点a	点b	点c
1	18〔V〕	14〔V〕	4〔V〕
2	18〔V〕	16〔V〕	2〔V〕
3	22〔V〕	16〔V〕	4〔V〕
4	22〔V〕	18〔V〕	2〔V〕

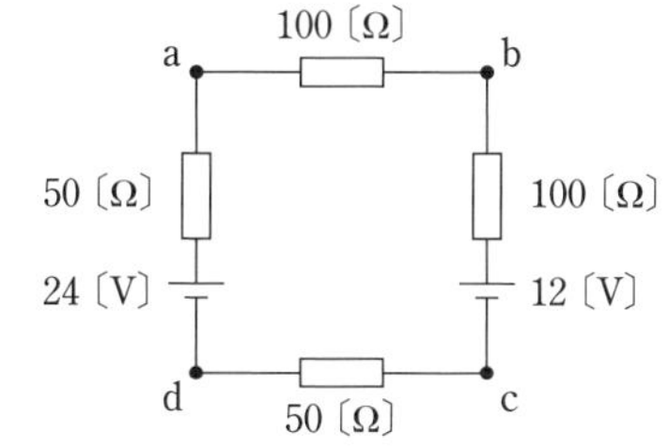

abcdの向きに閉回路をとると，電圧源（起電力）の向きが逆方向となるので，電圧源はそれらの差を求めて計算するよ．

解説

解説図のように抵抗が直列に四つ接続されているので，回路の合成抵抗R_S〔Ω〕は，次式で表されます．

$$R_S = R_1 + R_2 + R_3 + R_4 = 50 + 100 + 100 + 50 = 300 \text{〔Ω〕}$$

時計回りに閉回路を考えると，$E_1 = 24$〔V〕と$E_2 = 12$〔V〕の電圧源は逆向きに接続されているので，回路を流れる電流I〔A〕は，次式で表されます．

$$I = \frac{E_1 - E_2}{R_S} = \frac{24 - 12}{300} = 0.04 \text{〔A〕}$$

各抵抗の端子電圧$V_1 = R_1 I = 50 \times 0.04 = 2$〔V〕，$V_2 = V_4 = R_2 I = 100 \times 0.04 = 4$〔V〕となり，電圧の向きは解説図のようになるので，点aの電位V_a〔V〕は，次式で表されます．

$$V_a = E_1 - V_1 = 24 - 2 = 22 \text{〔V〕}$$

点bの電位V_b〔V〕は，次式で表されます．

$$V_b = E_1 - V_1 - V_2 = 24 - 2 - 4 = 18 \text{〔V〕}$$

点cの電位V_c〔V〕は，次式で表されます．

$$V_c = V_4 = V_1 = 2 \text{〔V〕}$$

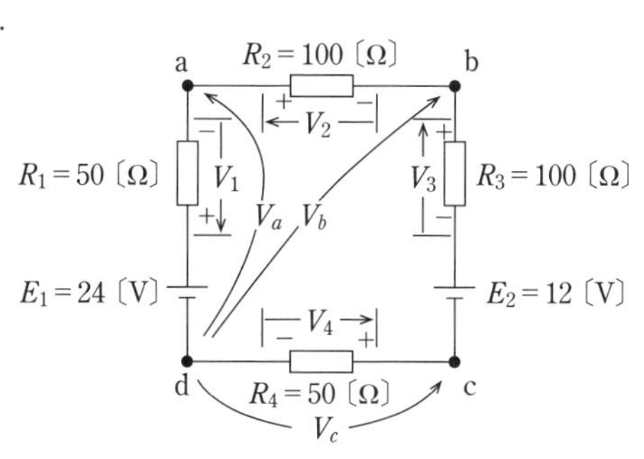

直列接続された抵抗端の電圧は，抵抗値に比例するよ．R_4とR_1が同じ値だから，V_4はV_1と同じ値になるよ．

問題９

図に示す回路において，全ての抵抗（R_1～R_4）で消費される全電力の値として，正しいものを下の番号から選べ．ただし，抵抗は，$R_1=6$〔Ω〕，$R_2=15$〔Ω〕，$R_3=30$〔Ω〕および $R_4=16$〔Ω〕とする．

1　18〔W〕
2　36〔W〕
3　72〔W〕
4　144〔W〕
5　288〔W〕

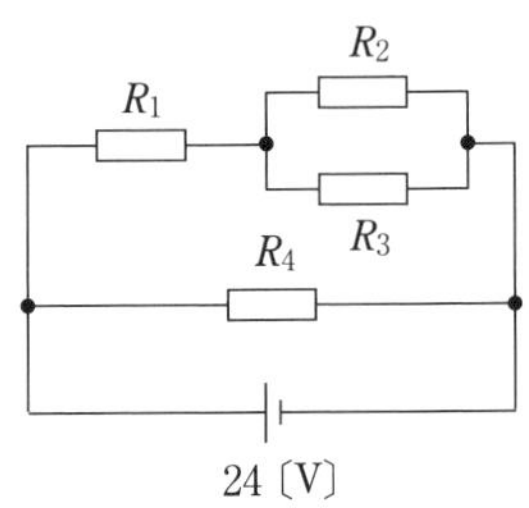

最初に並列合成抵抗から計算してね．二つの並列抵抗の計算は，和（＋）分の積（×）だよ．分母が和だよ．
電圧 V，電流 I，抵抗 R のとき，電力 P は次の式で表されるよ．

$$P=V\times I=\frac{V^2}{R}=I^2\times R\text{〔W〕}$$

解説

R_2 と R_3〔Ω〕の並列合成抵抗 R_x〔Ω〕は，次式で表されます．

$$R_x=\frac{R_2\times R_3}{R_2+R_3}=\frac{15\times 30}{15+30}$$

$$=\frac{15\times 15\times 2}{15\times(1+2)}$$

$$=15\times\frac{1\times 2}{1+2}=15\times\frac{2}{3}=10\text{〔Ω〕}$$

抵抗の比が１対２なので，
15 でくくると計算しやすいよ．

R_1 と R_x〔Ω〕の直列合成抵抗 R_y〔Ω〕は，次式で表されます．

$$R_y=R_1+R_x=6+10=16\text{〔Ω〕}$$

R_4 と R_y の合成抵抗 R_z〔Ω〕は，$R_4=R_y$ だから次式で表されます．

$$R_z=\frac{R_4}{2}=\frac{16}{2}=8\text{〔Ω〕}$$

R_z を流れる電流 I〔A〕は，電源電圧を E〔V〕とすると，次式で表されます．

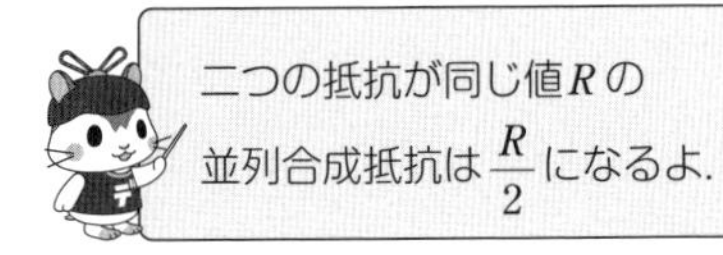

二つの抵抗が同じ値 R の並列合成抵抗は $\frac{R}{2}$ になるよ．

$$I=\frac{E}{R_z}=\frac{24}{8}=3\text{〔A〕}$$

よって，全ての抵抗 R_z で消費される電力 P〔W〕は，次式で表されます．

$$P=E\times I=24\times 3=72\text{〔W〕}$$

問題 10

図に示す回路において，端子ab間に直流電圧を加えたところ，2〔kΩ〕の抵抗に4〔mA〕の電流が流れた．8〔kΩ〕の抵抗に流れる電流の値として正しいものを下の番号から選べ．

1 2〔mA〕
2 4〔mA〕
3 6〔mA〕
4 8〔mA〕

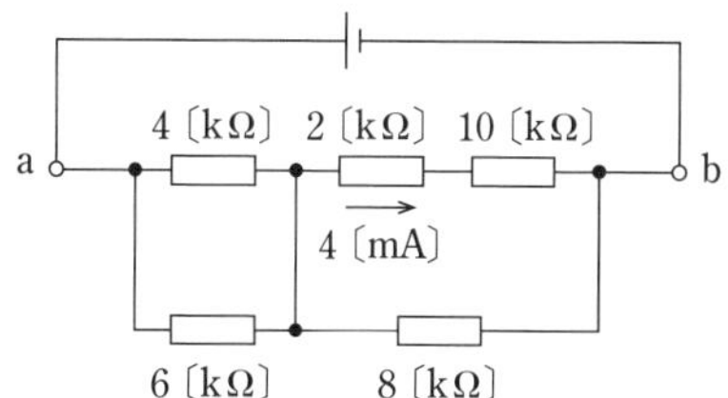

解説

解説図の R_3+R_4 の両端の電圧 V_{34}〔V〕は，次式で表されます．

$$V_{34}=(R_3+R_4)\times I_4$$
$$=(2+10)\times 10^3\times 4\times 10^{-3}=12\times 4\times 10^{3-3}$$
$$=12\times 4=48\text{〔V〕}$$

R_5 は R_3+R_4 の回路と並列に接続されているので，R_5 に加わる電圧も同じだから，R_5 に流れる電流 I_5〔A〕は，次式で表されます．

$$I_5=\frac{V_{34}}{R_5}$$
$$=\frac{48}{8\times 10^3}=\frac{48}{8}\times 10^{-3}$$
$$=6\times 10^{-3}\text{〔A〕}=6\text{〔mA〕}$$

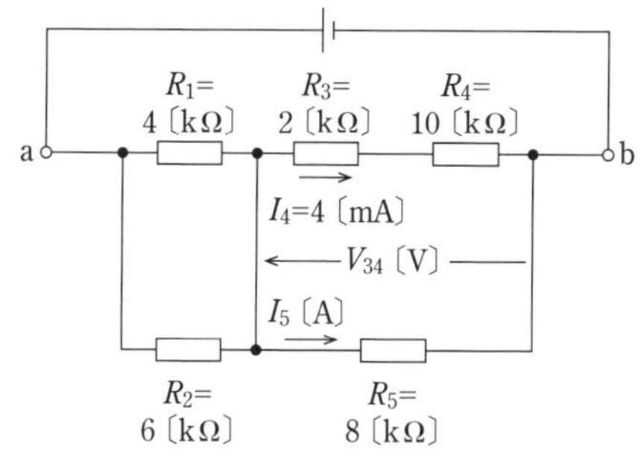

並列接続された抵抗とそれらを流れる電流の比は，逆になるよ．2+10=12〔kΩ〕と8〔kΩ〕の比は，12：8=3：2なので，電流の比は2：3だね．だから，4〔mA〕：6〔mA〕になるので答えは6〔mA〕だね．

問題 11

図に示す回路において，電流 I の値として，正しいものを下の番号から選べ．

1　0.40〔A〕
2　0.45〔A〕
3　0.50〔A〕
4　0.55〔A〕
5　0.65〔A〕

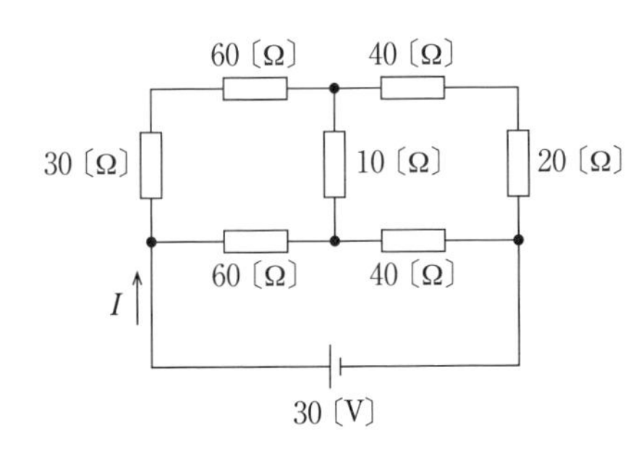

ブリッジ回路が平衡しているときは，まん中の抵抗は，取って計算していいよ．

解説

解説図より，

$(R_{11}+R_{12})R_4=(R_{21}+R_{22})R_3$

$(30+60)\times 40=(40+20)\times 60$

の関係が成り立ち，ブリッジ回路が平衡しているので，R_5 の影響がなくなるから R_5 を取って，合成抵抗 R〔Ω〕を求めると，

$R_x=R_{11}+R_{12}+R_{21}+R_{22}=30+60+40+20=150$〔Ω〕

$R_y=R_3+R_4=60+40=100$〔Ω〕

これらの並列抵抗となるので，次式となります．

$$R=\frac{R_x\times R_y}{R_x+R_y}=\frac{150\times 100}{150+100}=\frac{150\times 2\times 50}{(3+2)\times 50}$$

$$=\frac{300}{5}=60\text{〔Ω〕}$$

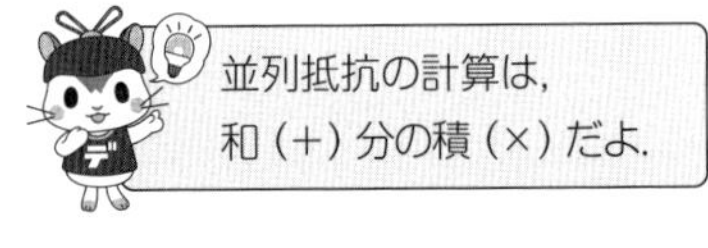

よって，回路を流れる電流 I〔A〕を求めると，次式で表されます．

$$I=\frac{E}{R}=\frac{30}{60}=0.5\text{〔A〕}$$

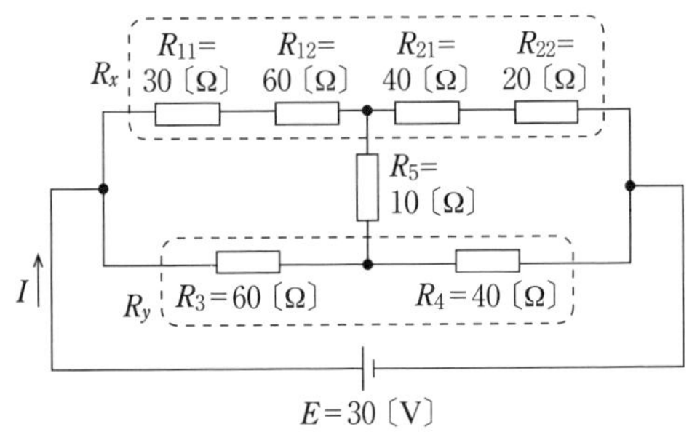

問題 12

次の記述は，図に示す直流ブリッジ回路について述べたものである．□内に入れるべき字句の正しい組合せを下の番号から選べ．ただし，回路は平衡状態にあるものとする．

(1) 抵抗 R_X および R_C の両端の電圧 V_X および V_C は，直流電源の電圧を V とすればそれぞれ次式で表される．

$V_X = V \times$ [A]，　$V_C = V \times$ [B]

(2) $V_X = V_C$ であるので，抵抗 R_X の値は，次式で表される．

$R_X =$ [C]

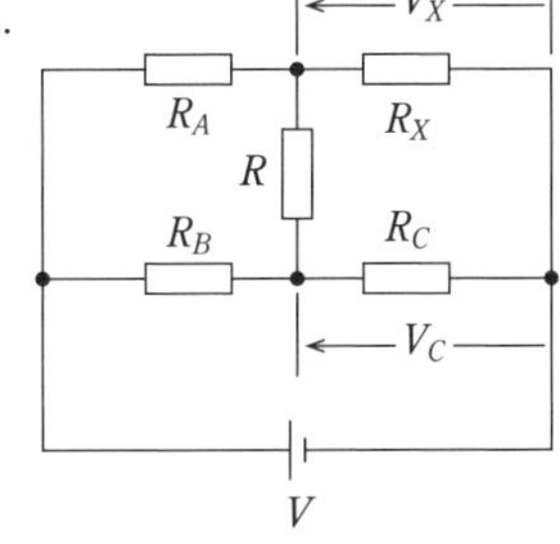

	A	B	C
1	$R_A/(R_A+R_X)$	$R_C/(R_B+R_C)$	R_BR_A/R_C
2	$R_A/(R_A+R_X)$	$R_B/(R_B+R_C)$	R_AR_C/R_B
3	$R_X/(R_A+R_X)$	$R_C/(R_B+R_C)$	R_AR_C/R_B
4	$R_X/(R_A+R_X)$	$R_B/(R_B+R_C)$	R_BR_A/R_C

ブリッジ回路が平衡すると，まん中の R に電流が流れなくなるから，R を取った回路として考えていいよ．抵抗の直列回路は抵抗が大きい方が電圧も大きいよ．平衡条件は $R_XR_B=R_AR_C$ だよ．直列抵抗の電圧 V_X や V_C は抵抗の比から求めることができるよ．

解説

$V_X = V_C$ より，次式が成り立ちます．

$$V \times \frac{R_X}{R_A+R_X} = V \times \frac{R_C}{R_B+R_C} \quad \text{より，} \quad \frac{R_X}{R_A+R_X} = \frac{R_C}{R_B+R_C}$$

分母と分子を入れ替えると，

$$\frac{R_A+R_X}{R_X} = \frac{R_B+R_C}{R_C} \quad \text{より，} \quad \frac{R_A}{R_X}+1 = \frac{R_B}{R_C}+1$$

よって，$R_X = \dfrac{R_AR_C}{R_B}$ となります．

解答

問題 1 →4　問題 2 →ア－3　イ－2　ウ－6　エ－9　オ－5
問題 3 →1　問題 4 →3　問題 5 →1　問題 6 →2　問題 7 →2
問題 8 →4　問題 9 →3　問題 10 →3　問題 11 →3　問題 12 →3

第2章　電気回路

2.2 電気回路（交流回路１）　重要知識

出題項目 Check!

- □ コイルとコンデンサの特性
- □ リアクタンスとインピーダンスの求め方
- □ インピーダンスに加わる電圧と流れる電流の求め方

1 交流

図 2.8 のように時間とともに電圧や電流の大きさや向きが変化する電気を交流といいます．商用電源を送る電灯線の電圧や電流は交流です．電池の電圧や電流は直流です．

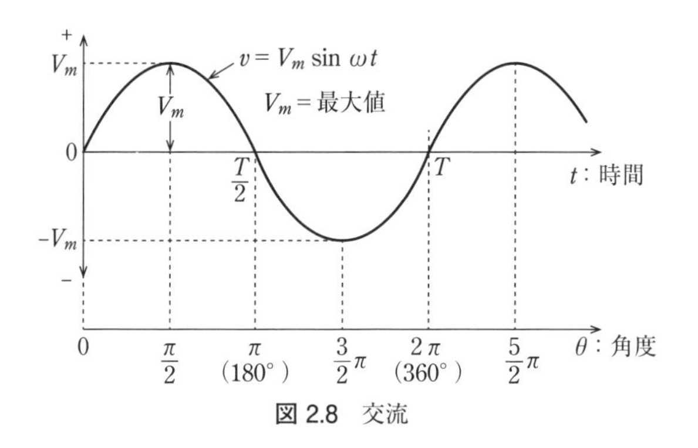

図 2.8　交流

図 2.8 の交流電源の電圧 v〔V〕は三角関数を用いて表します．三角関数は三角形の角度の関数ですから θ〔rad〕または〔°〕の単位で表されますが，時間とともに変化する電圧は，時間 t〔s〕を角度に変換する**角周波数** ω〔rad/s〕を用いて，次式で表されます．

$$v = V_m \sin\theta = V_m \sin\omega t \qquad (2.22)$$

ω は**周波数** f〔Hz〕を用いると，$\omega = 2\pi f$ で表されます．

交流は，時間とともに電圧や電流の大きさが変化しますから直流と比較して同じ働き（熱や明るさなど）ができる大きさを表す量が必要です．これを実効値といいます．一般に交流は実効値で表されます．図 2.8 の正弦波交流電圧の**最大値**を V_m〔V〕とすると，**実効値** V〔V〕は，次式で表されます．

> 角度の単位〔rad〕はラジアンというよ．全円周角 360〔°〕＝ 2π〔rad〕，$\pi \fallingdotseq 3.14$ だよ．

$$V = \frac{V_m}{\sqrt{2}} \fallingdotseq \frac{V_m}{1.4} \fallingdotseq 0.7 \times V_m \text{〔V〕} \qquad (2.23)$$

電灯線の電圧の実効値 V は 100〔V〕，その最大値 V_m は約 140〔V〕です．

図 2.8 の交流波形は＋－に変化する状態を繰り返します．一つのサイクルを繰り返す時間を**周期** T（単位：〔s〕）と呼び，1 秒間の周期の数を**周波数** f（単位：ヘルツ〔Hz〕）といいます．電灯線の交流の周波数は，東日本では 50〔Hz〕，西日本では 60〔Hz〕です．

Point

ルート（平方根）

ある同じ数を掛ける（2 乗する）と，a になる数を $\sqrt{a}$ で表す．

$$\sqrt{a}\times\sqrt{a}=a$$

たとえば，$a=9$ とすると，9 は同じ数の 3 どうしを掛けると 9 になるので，

$$\sqrt{9}\times\sqrt{9}=3\times3\ (=3^2)=9$$

よって，$\sqrt{9}=3$ である．

$\sqrt{9}$ の値を求めるには，次のように計算する．

$$\sqrt{9}=\sqrt{3\times3}\left(=\sqrt{3^2}\right)=3$$

いくつかの値を示すと，

$$\sqrt{1}=1\qquad\sqrt{2}\fallingdotseq1.4\qquad\sqrt{3}\fallingdotseq1.7\qquad\sqrt{4}=\sqrt{2\times2}\left(=\sqrt{2^2}\right)=2$$

ここで，≒の記号は約を表す．

2 交流回路

(1) 抵抗

抵抗 R〔Ω〕に交流電圧 v〔V〕を加えると，直流と同じように電流 i_R〔A〕が流れます．このとき電圧と電流の関係を図に示すと図 2.9 のようになります．電圧と電流は時間的なずれがないので，このような関係を電圧と電流は同位相であるといいます．交流電圧の実効値を V〔V〕とすると，回路を流れる電流の実効値 I_R〔A〕は，次式で表されます．

$$I_R=\frac{V}{R}\text{〔A〕}\qquad(2.24)$$

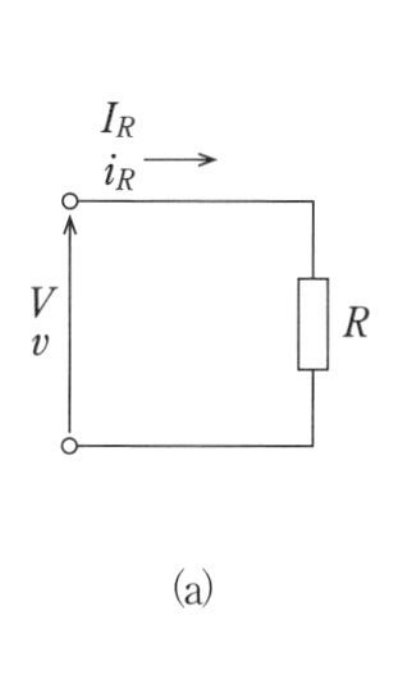

(a)

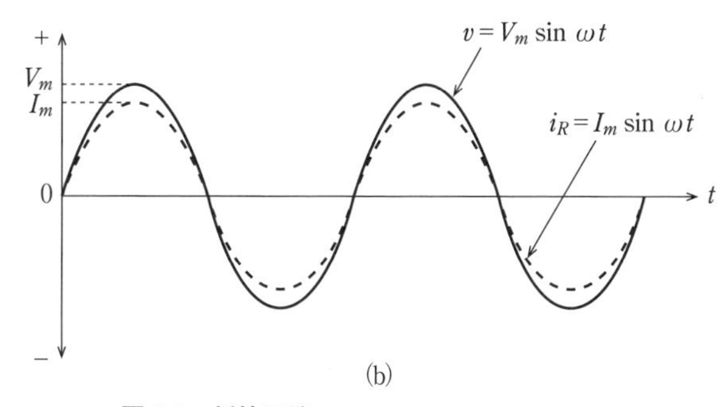

(b)

図 2.9 抵抗回路

(2) リアクタンス

コイルやコンデンサに交流電圧を加えると電流が流れるのを妨げる作用があります．これを**リアクタンス**といいます．単位は抵抗と同じオーム（記号〔Ω〕）です．図2.10の交流の周波数を f〔Hz〕，コイルのインダクタンスを L〔H〕，コンデンサの静電容量を C〔F〕とすると，**コイルのリアクタンス** X_L〔Ω〕，**コンデンサのリアクタンス** X_C〔Ω〕は，次式で表されます．

$$X_L = \omega L = 2\pi f L\ 〔\Omega〕 \qquad X_C = \frac{1}{\omega C} = \frac{1}{2\pi f C}\ 〔\Omega〕 \qquad (2.25)$$

ただし，πは円周率　$\pi \fallingdotseq 3.14$　です．

コイルのリアクタンスは周波数が高くなるほど大きくなり，**コンデンサのリアクタンスは周波数が高くなるほど小さく**なります．

交流電圧の実効値を V〔V〕とすると，回路を流れる電流の実効値 I_L，I_C〔A〕はそれぞれ次式で表されます．

$$I_L = \frac{V}{X_L}\ 〔\mathrm{A}〕 \qquad I_C = \frac{V}{X_C}\ 〔\mathrm{A}〕 \qquad (2.26)$$

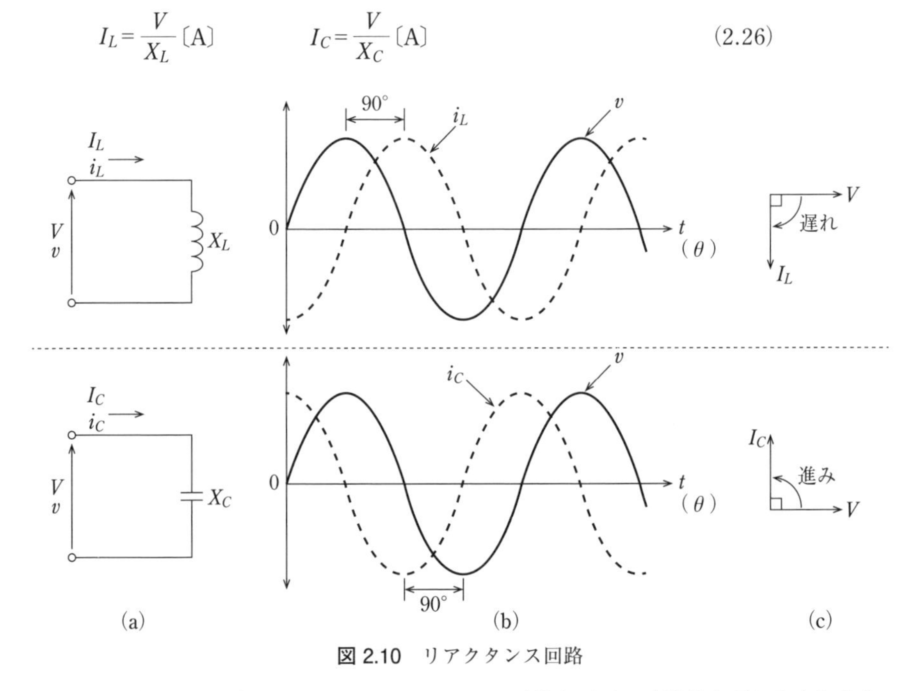

図 2.10　リアクタンス回路

また，図2.10のように，コイルやコンデンサの電流と電圧は時間的なずれが生じます．これを**位相差**といいます．位相差は角度（〔°〕または〔rad〕）で表され1周期を360〔°〕（2π〔rad〕）として表します．電流を基準とすると**コイルの電圧は**90〔°〕（π/2〔rad〕）**進み**，**コンデンサの電圧は**90〔°〕（π/2〔rad〕）**遅れ**ます．電圧を基準とすると**コイルの**

電流は 90〔°〕(π/2〔rad〕) **遅れ，コンデンサの電流は** 90〔°〕(π/2〔rad〕) **進み**ます．

電流を基準とするとコイルの電圧 V_L の位相が 90〔°〕(π/2〔rad〕) 進み，コンデンサの電圧 V_C の位相は 90〔°〕(π/2〔rad〕) 遅れるよ．それで，V_L と V_C の位相差は 180〔°〕(π〔rad〕) の逆位相となるから，V_L を＋とすると V_C は－として計算するんだね．だから，コイルのリアクタンス X_L〔Ω〕とコンデンサのリアクタンス X_C〔Ω〕は，X_L を＋として X_C を－として計算するよ．

(3) リアクタンスの周波数特性

コイルのリアクタンス X_L〔Ω〕は周波数 f〔Hz〕が高くなるほど大きくなり，コンデンサのリアクタンス X_C〔Ω〕は周波数 f〔Hz〕が高くなるほど小さくなります．これらのリアクタンスと周波数の特性を図 2.11 (a) および図 (b) に示します．また，コイルとコンデンサを直列接続したときの特性を図 (c) に，並列接続したときの特性を図 (d) に示します．

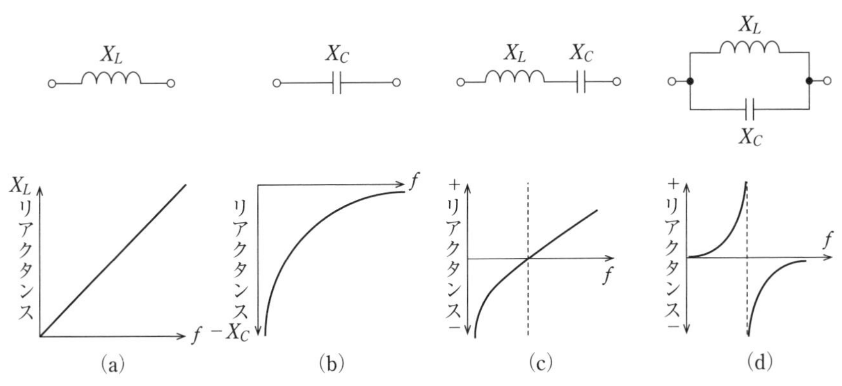

図 2.11 リアクタンスの周波数特性

直列接続すると，ある周波数でリアクタンスは 0 になって，並列接続すると，ある周波数でリアクタンスが無限大になるんだよ．そのときの周波数を共振周波数というよ．

(4) インピーダンス

抵抗 R〔Ω〕，コイルやコンデンサのリアクタンス X_L〔Ω〕，X_C〔Ω〕が直列や並列に接続された回路全体の交流の電流を妨げる値を**インピーダンス** $\dot{Z}$〔Ω〕といいます．抵抗やリアクタンスのみの場合でもインピーダンスということもあります．抵抗やリアクタンスが接続されたインピーダンスを求めるときは，抵抗とリアクタンスに生じる電圧の位相が 90〔°〕(π/2〔rad〕) 異なるので，単純な代数和では求めることができません．そこで，図 2.12 (b) の交流電圧 V〔V〕と抵抗とコイルの電圧 V_R，V_L〔V〕は，直角三角形の短辺から長辺を求めるときに使う**三平方の定理**を用いて，次式のように求めることができます．

$$V=\sqrt{V_R{}^2+V_L{}^2}\ \text{〔V〕} \qquad (2.27)$$

$V_R=I\times R$，$V_L=I\times X_L$ の関係から，図 2.12 の直列回路の**合成インピーダンス** Z〔Ω〕は，次式で表されます．

$$Z=\sqrt{R^2+X_L{}^2}\ \text{〔Ω〕} \qquad (2.28)$$

直列に接続された抵抗とリアクタンスに発生する電圧は，抵抗やリアクタンスに比例するよ．

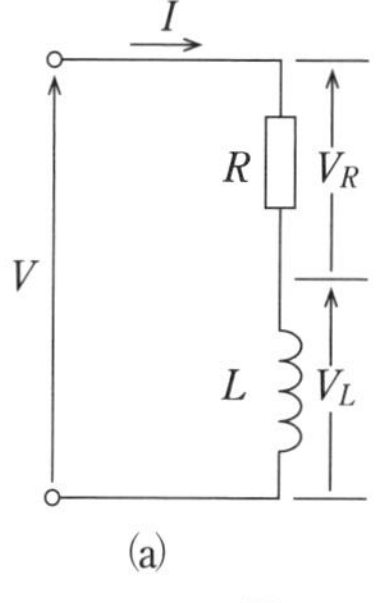

(a)

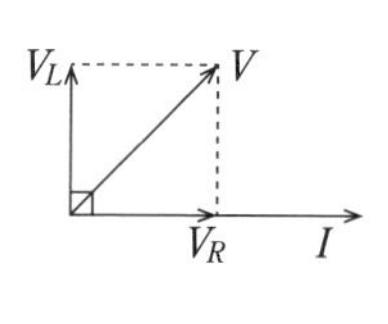

(b)

図 2.12　インピーダンス回路

コイルとコンデンサの電圧は逆位相になるので，リアクタンスは引き算で求めるよ．

図 2.13 の直列回路の**合成インピーダンス** Z〔Ω〕は，

$$Z=\sqrt{R^2+(X_L-X_C)^2}=\sqrt{R^2+\left(\omega L-\frac{1}{\omega C}\right)^2}\ \text{〔Ω〕} \qquad (2.29)$$

図 2.14 の直並列回路の**並列リアクタンス** X〔Ω〕を求めると，

$$X=\frac{X_L\times(-X_C)}{X_L+(-X_C)}=\frac{-X_L\times X_C}{X_L-X_C}\ \text{〔Ω〕} \qquad (2.30)$$

図 2.14 の直並列回路の**合成インピーダンス** Z〔Ω〕は，

$$Z=\sqrt{R^2+X^2}=\sqrt{R^2+(-1)^2\times\left(\frac{X_L\times X_C}{X_L-X_C}\right)^2}=\sqrt{R^2+\left(\frac{X_L\times X_C}{X_L-X_C}\right)^2}\ \text{〔Ω〕} \qquad (2.31)$$

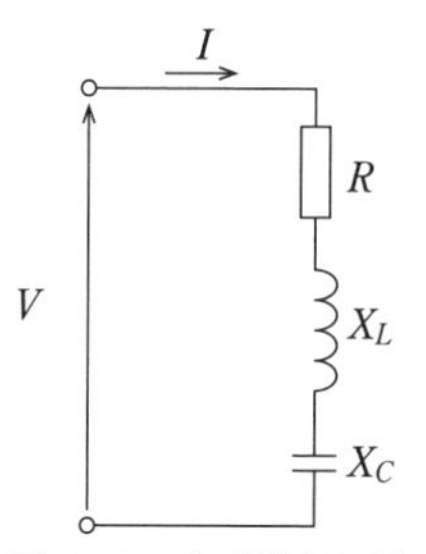

図 2.13　直列共振回路

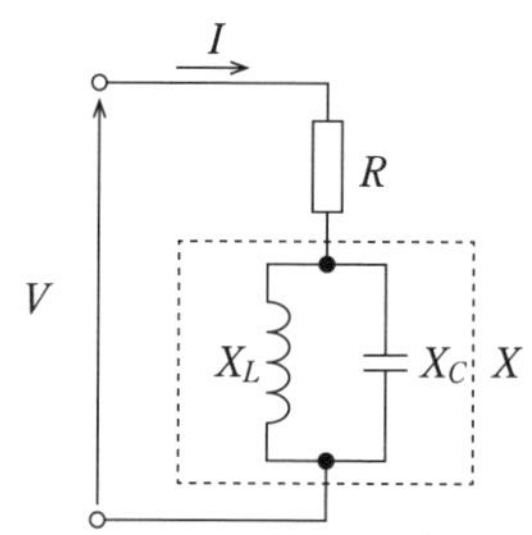

図 2.14　直並列共振回路

試験の直前 Check!

- □ **コイルとコンデンサ** ≫ コイルの電流は電圧の位相より遅れる．コンデンサの電流は電圧の位相より進む．電流を基準とした電圧の遅れ進みが逆になる．
- □ **リアクタンス** ≫ コイル：$X_L = 2\pi f L$　，　コンデンサ：$X_C = \dfrac{1}{2\pi f C}$
- □ **直列回路のインピーダンス** ≫ $Z = \sqrt{R^2 + (X_L - X_C)^2}$
- □ **並列リアクタンス** ≫ $X = \dfrac{X_L \times (-X_C)}{X_L + (-X_C)}$

国家試験問題

問題 1

図に示す回路のリアクタンスの周波数特性曲線図として，正しいものを下の番号から選べ．

L：自己インダクタンス〔H〕
C：静電容量〔F〕

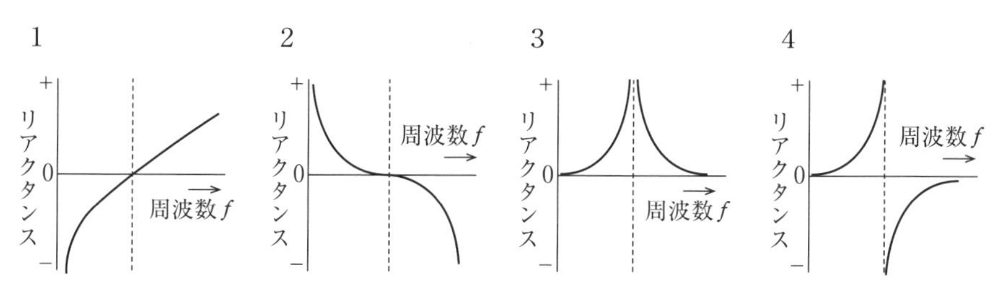

直列回路は共振したときにリアクタンスは 0〔Ω〕になって，周波数が 0 や無限大になるとリアクタンスは無限大だよ．周波数が高くなるとコイルの＋のリアクタンスが大きくなって，周波数が低くなるとコンデンサの－のリアクタンスが大きくなるよ．

LC 並列回路も出るよ．周波数特性曲線図は，選択肢 4 だよ．

問題２

図に示す抵抗RとインダクタンスLの直列回路において，角周波数ωを一定としてインダクタンスLの値を，0〔H〕から限りなく大きくした場合の，合成インピーダンスZの軌跡として，正しいものを下の番号から選べ．

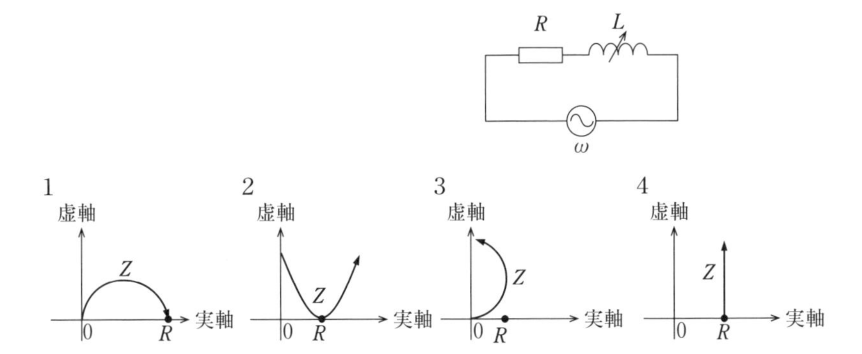

解説

インダクタンスLのリアクタンス$X_L = \omega L$を虚数として表し，虚数単位jを付けてjX_Lとすると，合成インピーダンス$\dot{Z}$は複素数となって，$R+jX_L$と表されます．これを問題図のような複素平面に表したとき，Rが一定の条件で$+jX_L$のみ変化させると，選択肢４のように実軸のRの値が一定で，虚軸のjX_Lの値が変化する直線で表される軌跡となります．

問題３

図に示す回路の合成インピーダンスの大きさの値として，正しいものを下の番号から選べ．ただし，コンデンサC_1およびC_2のリアクタンスの値は，それぞれ24〔Ω〕および8〔Ω〕とする．

1　10〔Ω〕
2　15〔Ω〕
3　20〔Ω〕
4　25〔Ω〕
5　40〔Ω〕

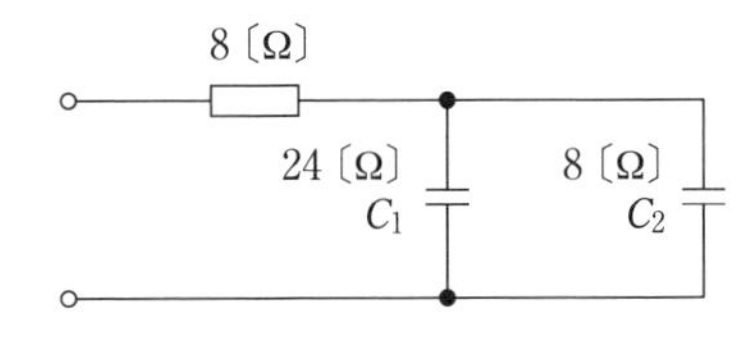

リアクタンスX_{C1}，X_{C2}の並列合成リアクタンスX_Cは，次の式で表されるよ．

$$X_C = \frac{X_{C1} \times X_{C2}}{X_{C1} + X_{C2}}\ 〔\Omega〕$$

抵抗RとリアクタンスX_Cの直列合成インピーダンスZは，次の式で表されるよ．

$$Z = \sqrt{R^2 + X_C{}^2}\ 〔\Omega〕$$

解説

C_1 と C_2 のリアクタンス X_{C1}，X_{C2}〔Ω〕の並列合成リアクタンス X_C〔Ω〕は，次式で表されます．

$$X_C=\frac{X_{C1}\times X_{C2}}{X_{C1}+X_{C2}}=\frac{24\times 8}{24+8}=\frac{8\times 3\times 8}{8\times(3+1)}=\frac{3\times 8}{4}=6\text{〔Ω〕}$$

抵抗 R〔Ω〕と X_C の直列合成インピーダンスの大きさ Z〔Ω〕は，次式で表されます．

$$Z=\sqrt{R^2+X_C{}^2}$$
$$=\sqrt{8^2+6^2}=\sqrt{64+36}=\sqrt{100}=\sqrt{10\times 10}=10\text{〔Ω〕}$$

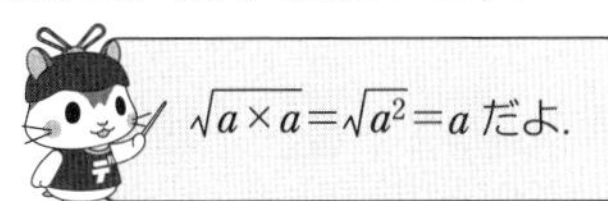

問題 4

図に示す回路の合成インピーダンスの大きさの値として，正しいものを下の番号から選べ．ただし，コンデンサ C およびコイル L のリアクタンスの値は，それぞれ 24〔Ω〕および 8〔Ω〕とする．

1　10〔Ω〕
2　15〔Ω〕
3　20〔Ω〕
4　24〔Ω〕
5　36〔Ω〕

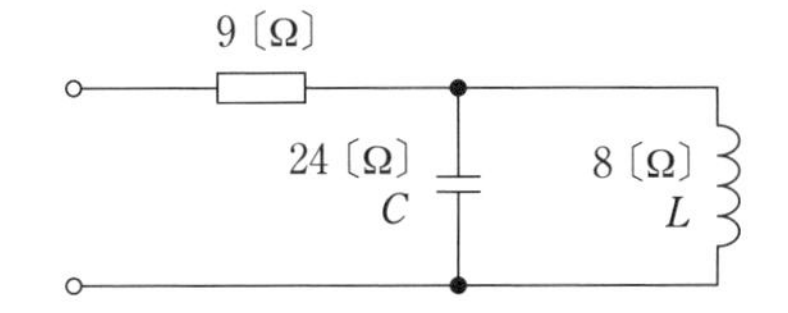

コイルのリアクタンスは＋にして，コンデンサのリアクタンスは－にして計算してね．並列合成リアクタンスを求める計算結果が，－になってもインピーダンスを求めるときに 2 乗すると＋になるから大丈夫だよ．

解説

L と C のリアクタンス X_L，X_C〔Ω〕の並列合成リアクタンス X〔Ω〕は，次式で表されます．

$$X=\frac{X_L\times(-X_C)}{X_L+(-X_C)}=\frac{8\times(-24)}{8+(-24)}=\frac{-8\times 24}{-16}=\frac{24}{2}=12\text{〔Ω〕}$$

抵抗 R〔Ω〕と X の直列合成インピーダンスの大きさ Z〔Ω〕は，次式で表されます．

$$Z=\sqrt{R^2+X^2}$$
$$=\sqrt{9^2+12^2}=\sqrt{81+144}=\sqrt{225}=\sqrt{15\times 15}=15\text{〔Ω〕}$$

直角三角形の三辺の比の 3：4：5（6：8：10）（9：12：15）になることが多いよ．

問題 5

図に示すLR並列回路の合成インピーダンスZおよび電流Iの大きさの値の組合せとして，最も近いものを下の番号から選べ．ただし，電源電圧Eを24〔V〕，コイルLのリアクタンスを40〔Ω〕，抵抗Rの値を30〔Ω〕とする．

	Z	I
1	12〔Ω〕	2.0〔A〕
2	20〔Ω〕	1.2〔A〕
3	24〔Ω〕	1.0〔A〕
4	30〔Ω〕	0.8〔A〕

電流を先に求めるよ．抵抗の電流I_R，リアクタンスの電流I_Lのとき，並列回路の合成電流Iは，次の式で表されるよ．

$$I=\sqrt{I_R^2+I_L^2}\ 〔A〕$$

解説

抵抗$R=30$〔Ω〕を流れる電流I_R〔A〕は，次式で表されます．

$$I_R=\frac{E}{R}=\frac{24}{30}=0.8\ 〔A〕$$

コイルLのリアクタンスをX_L〔Ω〕とすると，Lを流れる電流I_L〔A〕は，次式で表されます．

$$I_L=\frac{E}{X_L}=\frac{24}{40}=0.6\ 〔A〕$$

よって，電流I〔A〕は，次式で表されます．

$$I=\sqrt{I_R^2+I_L^2}=\sqrt{0.8^2+0.6^2}=\sqrt{0.64+0.36}=\sqrt{1}=1\ 〔A〕$$

したがって，回路の合成インピーダンスZ〔Ω〕は，次式で表されます．

$$Z=\frac{E}{I}=\frac{24}{1}=24\ 〔Ω〕$$

答えは，インピーダンスZと電流Iを求めるのだけど，選択肢を見ながら計算すれば，Iだけ分かれば，答えが何番か分かるよ．

解答

問題 1 →1　**問題 2** →4　**問題 3** →1　**問題 4** →2　**問題 5** →3

2.3 電気回路（交流回路 2） 重要知識

出題項目 **Check!**

- □ 共振回路の共振周波数，静電容量の求め方
- □ 共振回路が共振したときの電圧と電流
- □ フィルタ回路の種類と特性
- □ 変成器結合回路のインピーダンスの求め方

1 共振回路

図 2.15 (a) のようにコイルとコンデンサを接続した回路を直列共振回路，図 (b)，(c) のような回路を並列共振回路といいます．電源の周波数 f〔Hz〕を変化させていくと，周波数がある値のときに，共振回路を流れる電流は直列共振回路では最大になり，並列共振回路では最小になります．このときの周波数を**共振周波数** f_r〔Hz〕と呼び，次式で表されます．

$$f_r = \frac{1}{2\pi\sqrt{LC}} \text{〔Hz〕} \qquad (2.32)$$

また，共振したときのインピーダンス Z〔Ω〕は，直列共振回路では最小，並列共振回路では最大となります．図 2.15 (a) の直列共振回路と図 (b) の並列共振回路では，共振時のインピーダンスは R〔Ω〕となり，図 (c) の**並列共振回路の共振時のインピーダンス** Z_r〔Ω〕は次式で表されます．

$$Z_r = \frac{L}{Cr} \text{〔Ω〕} \qquad (2.33)$$

共振回路は送信機やアンテナ回路では，同調回路と呼ばれることがあるよ．

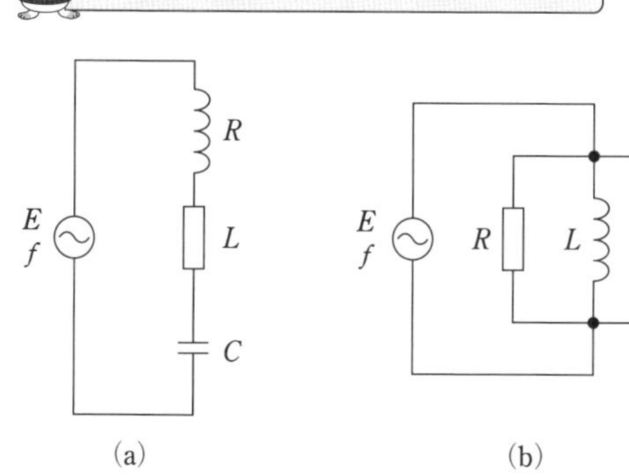

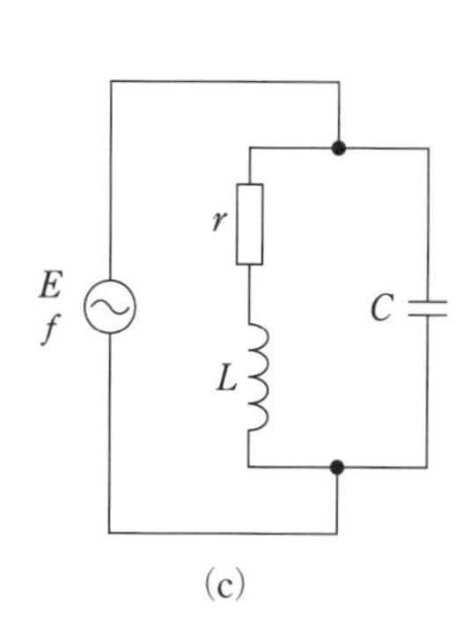

図2.15

2 フィルタ回路

フィルタには，特定の周波数以上の入力信号を出力させる**高域フィルタ**（HPF：ハイパスフィルタ），特定の周波数以下の信号を出力させる**低域フィルタ**（LPF：ローパスフィルタ），特定の周波数帯域の信号を出力させる**帯域フィルタ**（BPF：バンドパスフィルタ），特定の周波数帯域の信号を出力させない**帯域消去（阻止）フィルタ**（BEF：バンドエリミネイトフィルタ）があります．図2.16に各フィルタ回路と減衰特性を示します．

コイルは高い周波数の信号を減衰させて低い周波数の信号を通すよ．
コンデンサは高い周波数の信号を通して低い周波数の信号を減衰させるよ．

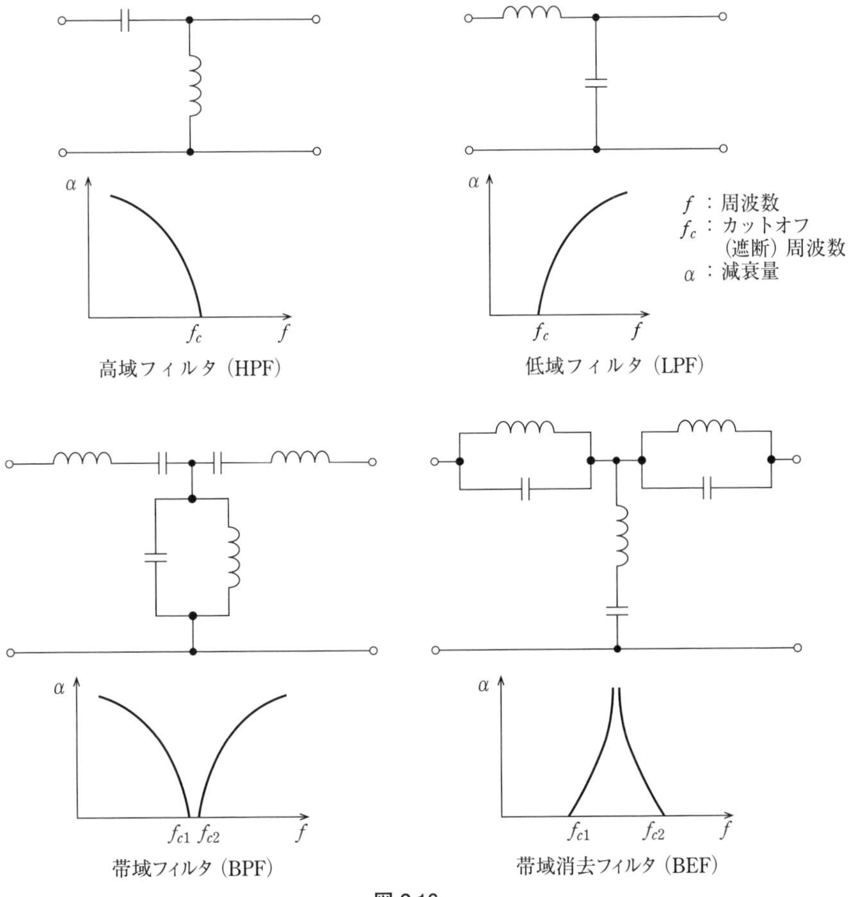

図 2.16

3 変成器結合回路

1 次側と 2 次側のコイルを磁界結合して，交流電圧，交流電流，インピーダンスを変換する回路を**変成器**（**トランス**）といいます．図 2.17 の回路において，1 次側と 2 次側それぞれのコイルの巻線数を n_1，n_2，電圧を V_1，V_2〔V〕，電流を I_1，I_2〔A〕とすると，次式の関係が成り立ちます．

$$\frac{V_1}{V_2}=\frac{n_1}{n_2} \tag{2.34}$$

$$\frac{I_1}{I_2}=\frac{n_2}{n_1} \tag{2.35}$$

1 次側と 2 次側の電力 $P=V\times I$ は変わらないので，電圧 V が巻数の比と同じならば，電流 I は巻数の比と逆の比になるよ．

2 次側にインピーダンス（抵抗）Z_2〔Ω〕を接続したとき，1 次側からみたインピーダンス Z_1〔Ω〕は，次式で表されます．

$$Z_1=\frac{V_1}{I_1}=\frac{n_1}{n_2}V_2\times\frac{n_1}{n_2}\times\frac{1}{I_2}$$

$$=\left(\frac{n_1}{n_2}\right)^2\frac{V_2}{I_2}=\left(\frac{n_1}{n_2}\right)^2 Z_2 \tag{2.36}$$

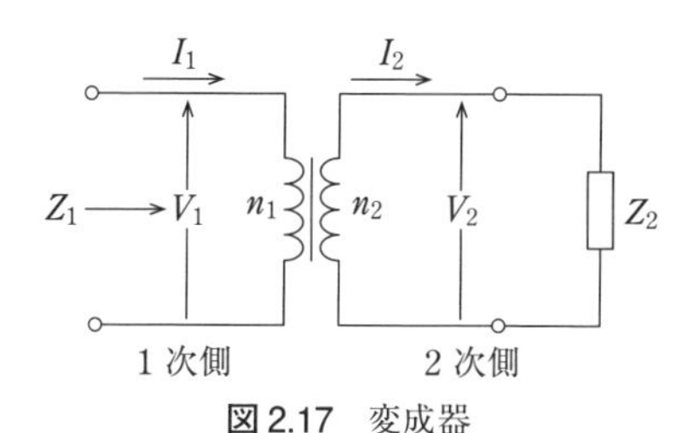

図 2.17 変成器

試験の直前 Check!

- □ **共振周波数** ≫ $f_r=\dfrac{1}{2\pi\sqrt{LC}}$
- □ **並列共振** ≫ 共振時インピーダンス最大．共振時電流 $I_L=I_C$，位相差 π〔rad〕．
- □ **並列共振回路の共振時のインピーダンス** ≫ $Z_r=\dfrac{L}{Cr}$
- □ **フィルタ** ≫ 高域フィルタ（HPF），低域フィルタ（LPF），帯域フィルタ（BPF），帯域消去（阻止）フィルタ（BEF）．
- □ **変成器結合回路のインピーダンス** ≫ $Z_1=\left(\dfrac{n_1}{n_2}\right)^2 Z_2$

国家試験問題

問題 1

図に示す直列共振回路において，共振周波数の値を２倍にするためには，可変コンデンサ C_V の容量を元の値の何倍にすればよいか．正しいものを下の番号から選べ．ただし，抵抗 R およびコイル L の値は変化しないものとする．

1　1/4 倍
2　1/2 倍
3　$1/\sqrt{2}$ 倍
4　2 倍
5　4 倍

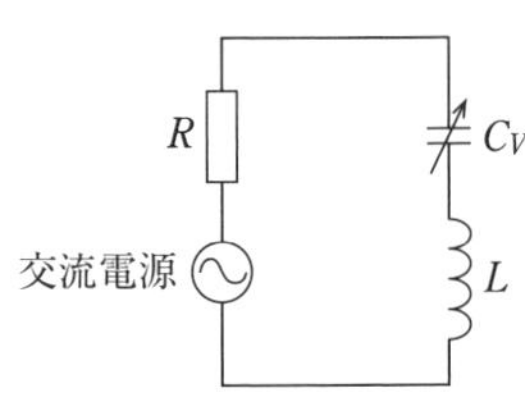

共振周波数 f_r は，次の式で表されるよ．

$$f_r = \frac{1}{2\pi\sqrt{LC}}$$

解説

可変コンデンサ C_V の容量が元の値 C_{V1} のときの共振周波数 f_{r1} は，次式で表されます．

$$f_{r1} = \frac{1}{2\pi\sqrt{LC_{V1}}}$$

共振周波数が f_{r1} の２倍のときの C_V の容量を C_{V2}，そのときの共振周波数を $f_{r2}=2f_{r1}$ とすると，次式が成り立ちます．

$$f_{r2} = \frac{1}{2\pi\sqrt{LC_{V2}}} = 2f_{r1}$$

$$= \frac{2}{2\pi\sqrt{LC_{V1}}}$$

$$= \frac{2\times\frac{1}{2}}{2\pi\sqrt{LC_{V1}}\times\frac{1}{2}}$$

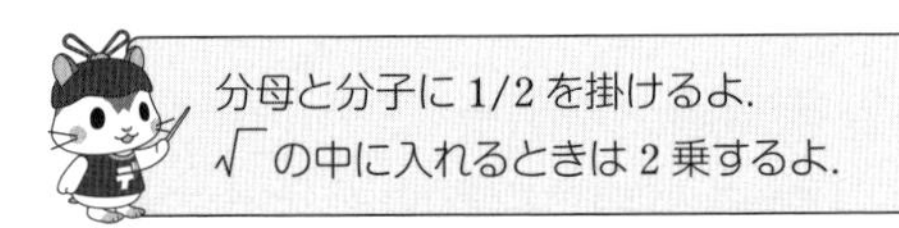

分母と分子に 1/2 を掛けるよ．
√ の中に入れるときは 2 乗するよ．

$$= \frac{1}{2\pi\sqrt{\frac{LC_{V1}}{4}}}$$

よって，２倍の周波数で共振するとき C_{V2} は，C_{V1} の 1/4 倍となります．

問題 2

図に示す直列共振回路において，共振周波数の値を 1/3 倍にするためには，コイルのインダクタンス L の値を何倍にすればよいか．正しいものを下の番号から選べ．ただし，コンデンサの静電容量 C の値は変化しないものとする．

1　1/9 倍
2　1/3 倍
3　$1/\sqrt{3}$ 倍
4　3 倍
5　9 倍

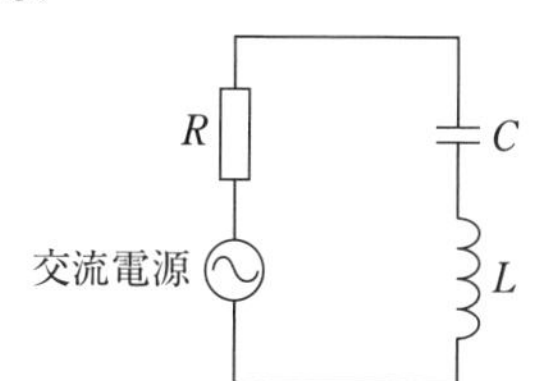

解説

共振周波数 f_r は，次式で表されます．

$$f_r = \frac{1}{2\pi\sqrt{LC}}$$

インダクタンス L を変化させて f_r を 1/3 倍の周波数にするには，分母を 3 倍にすればよいので，$3=\sqrt{9}$ となるから L の値を 9 倍にします．

問題 1 も同じように求めることができるよ．C_V が 4 倍だと f_r は 1/2 になるから，C_V が 1/4 倍なら f_r は 2 倍になるね．

問題 3

次の記述は，図に示す抵抗 R，コイル L およびコンデンサ C の直列回路について述べたものである．［　　］内に入れるべき字句を下の番号から選べ．

(1) 回路が電源の周波数に共振したとき，回路のインピーダンスは［ア］になり，リアクタンス分は零になる．また，回路を流れる電流 $\dot{I}$ の大きさは，［イ］となる．

(2) (1) のとき，L の両端の電圧 $\dot{V}_L$ と C の両端の電圧 $\dot{V}_C$ は，大きさが［ウ］，位相の差は［エ］度であるので打ち消し合う．

(3) (1) のとき，回路を流れる電流 $\dot{I}$ と交流電源 $\dot{V}$ との位相差は，［オ］度である．

1　0（零）　2　無限大　3　最小　4　等しく　5　45
6　180　7　約半分　8　最大　9　異なり　10　90

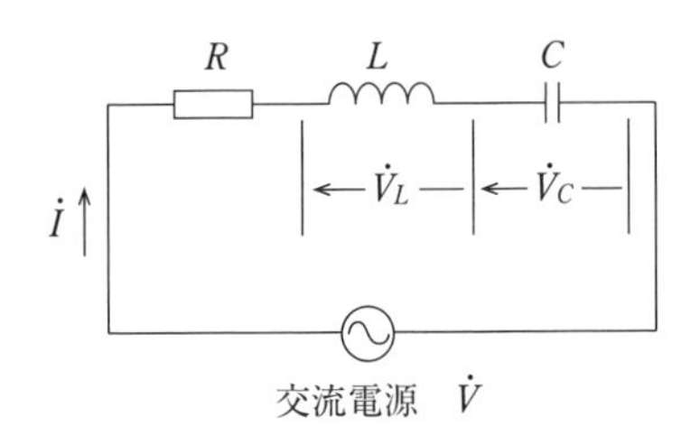

電圧$\dot{V}$や電流$\dot{I}$についているドットは，大きさと位相を持ったベクトル量を表すよ．Rの電圧$\dot{V}_R$は$\dot{I}$と同位相，Lの電圧$\dot{V}_L$は$\dot{I}$より90度進み，Cの電圧$\dot{V}_C$は$\dot{I}$より90度遅れるよ．

問題 4

次の記述は，図に示す並列共振回路について述べたものである．このうち誤っているものを下の番号から選べ．ただし，コイルLおよびコンデンサCには損失がないものとする．

1　共振時のインピーダンスは，最大になる．
2　共振時のIとI_Lの位相差は，$\pi/2$〔rad〕になる．
3　共振時のIとI_Cの位相差は，$\pi/2$〔rad〕になる．
4　共振時のI_LとI_Cの大きさは，等しい．
5　共振時のI_LとI_Cの位相差は，零（0）になる．

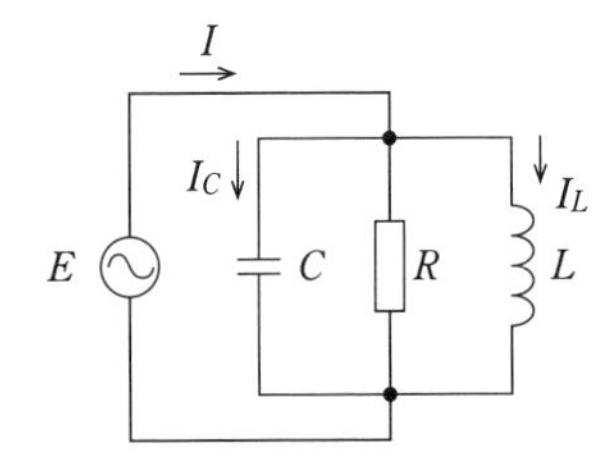

E：電源の電圧
I：電源からの電流
I_L：コイルに流れる電流
I_C：コンデンサに流れる電流
R：抵抗

並列共振回路のインピーダンスは共振時に最大だよ．直列共振回路は最小だね．rad（ラジアン）は，半径rが1の円の弧の長さを表すので，360度が2π〔rad〕，180度がπ〔rad〕，90度が$\pi/2$〔rad〕だよ．

解説

5　共振時のI_LとI_Cの位相差は，**π〔rad〕**になる．

太字は誤っている箇所を正しくしてあるよ．
次に出題されるときは正しい選択肢になっていることもあるよ．

問題 5

図に示す RLC 並列回路の共振周波数 f が 1.8〔MHz〕のとき，コイル L の自己インダクタンスの値として，最も近いものを下の番号から選べ．ただし，抵抗 R は 50〔kΩ〕，コンデンサ C の静電容量は 150〔pF〕とする．また，$\pi^2=10$ とする．

1　50〔μH〕
2　100〔μH〕
3　200〔μH〕
4　500〔μH〕

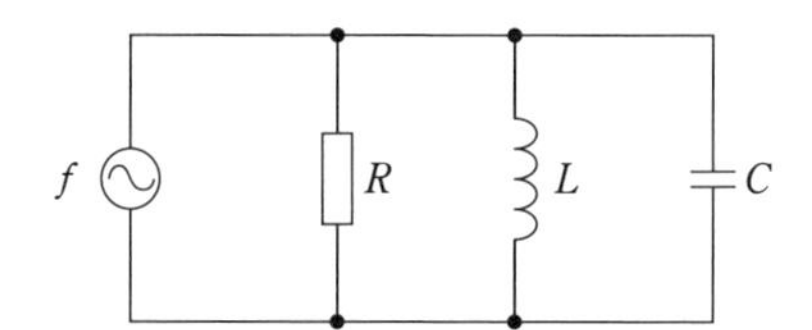

並列共振回路の共振周波数 f は，次の直列共振回路と同じ式で表されるよ．

$$f=\frac{1}{2\pi\sqrt{LC}}\text{〔Hz〕}$$

解説

共振周波数 f〔Hz〕は，次式で表されます．

$$f=\frac{1}{2\pi\sqrt{LC}}\text{〔Hz〕}$$

R の値は，共振周波数に関係しないよ．

両辺を 2 乗すると，

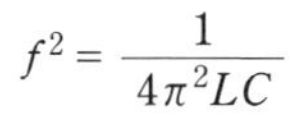

$$f^2=\frac{1}{4\pi^2LC}$$

題意の値より，$f=1.8$〔MHz〕$=1.8\times10^6$〔Hz〕，$C=150$〔pF〕$=150\times10^{-12}$〔F〕，$\pi^2=10$ だから，L〔H〕は次式で表されます．

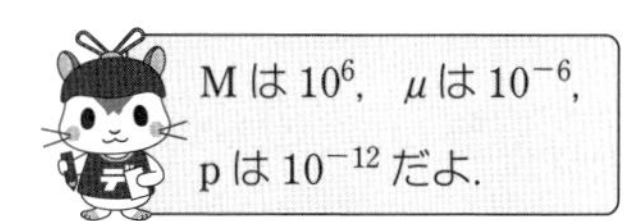

$$L=\frac{1}{4\pi^2Cf^2}=\frac{1}{4\times10\times150\times10^{-12}\times(1.8\times10^6)^2}$$

$$=\frac{1}{4\times10\times150\times1.8^2\times10^{-12}\times10^{6\times2}}$$

$$=\frac{1}{4\times1.5\times3.24\times10^3}=\frac{1}{19.44\times10^3}$$

$$\fallingdotseq\frac{1{,}000\times10^{-3}}{20}\times10^{-3}$$

$$=50\times10^{-6}\text{〔H〕}=50\text{〔μH〕}$$

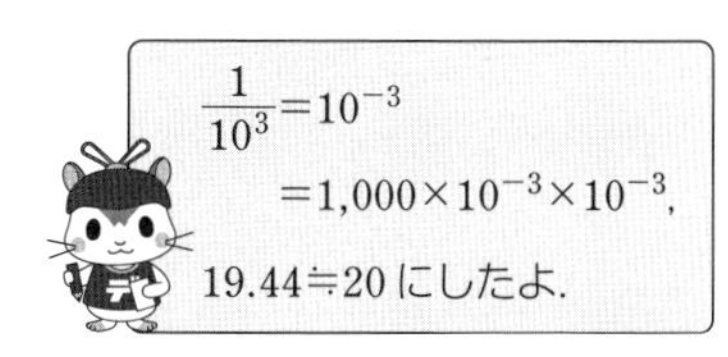

L が与えられて，C の値を求める問題も出るよ．

問題 6

図に示すフィルタ回路の名称として，正しいものを下の番号から選べ．

1　低域フィルタ（LPF）
2　帯域フィルタ（BPF）
3　帯域除去フィルタ（BEF）
4　高域フィルタ（HPF）

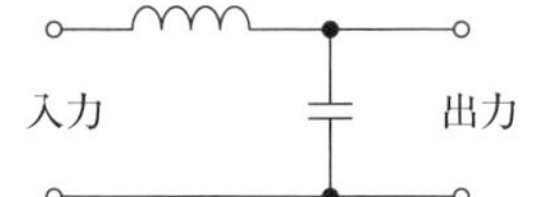

周波数が低くなると，コイルのリアクタンスは小さくなって，コンデンサのリアクタンスは大きくなるので，出力が大きくなるね．だから，低い周波数を通過させる低域フィルタだよ．

問題 7

図に示すフィルタ回路の名称として，正しいものを下の番号から選べ．

1　帯域除去フィルタ（BEF）
2　帯域フィルタ（BPF）
3　低域フィルタ（LPF）
4　高域フィルタ（HPF）

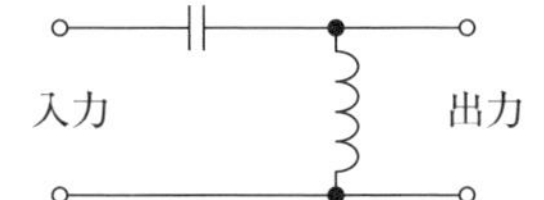

周波数が高くなると，コンデンサのリアクタンスは小さくなって，コイルのリアクタンスは大きくなるので，出力が大きくなるね．だから，高い周波数を通過させる高域フィルタだよ．

問題 8

図に示す理想的な通過帯域および減衰帯域特性を持つフィルタの名称として，正しいものを下の番号から選べ．

1　高域フィルタ（HPF）
2　低域フィルタ（LPF）
3　帯域フィルタ（BPF）
4　帯域除去フィルタ（BEF）

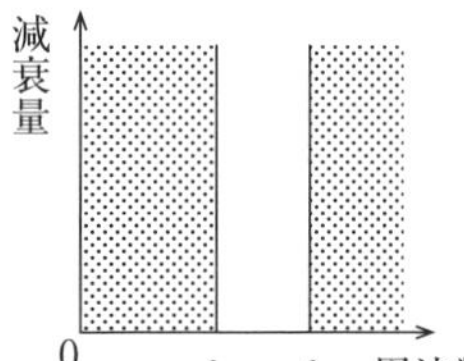

f_{c1}，f_{c2}：遮断周波数
□：通過帯域
▒：減衰帯域

帯域フィルタは特定の周波数の帯域を通過させるフィルタだよ．

問題 9

図に示すフィルタ回路の名称として，正しいものを下の番号から選べ．

1　低域フィルタ（LPF）
2　高域フィルタ（HPF）
3　帯域消去フィルタ（BEF）
4　帯域フィルタ（BPF）

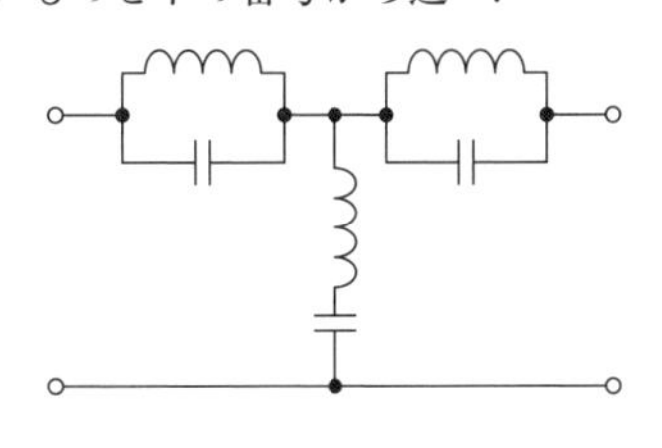

問題 10

図 1 に示すパルス幅 T〔s〕の方形波電圧を，図 2 に示す積分回路の入力に加えたとき，出力に現れる電圧波形として，最も近いものを下の番号から選べ．ただし，t は時間を示し，回路の時定数 L/R は T より十分大きいものとする．

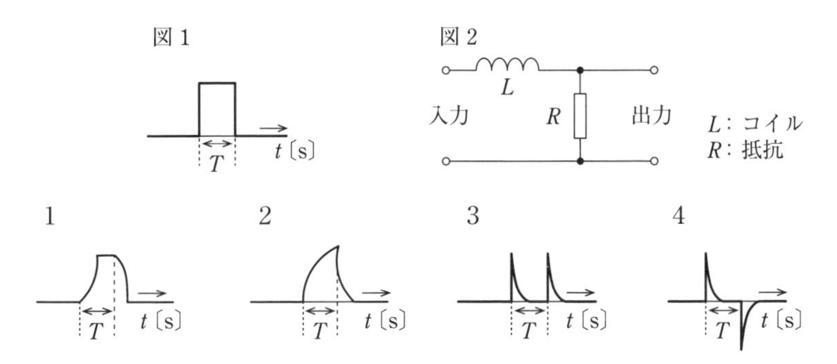

解説

入力にパルス電圧を加えるとコイル L に発生する誘導起電力のため，出力電圧はゆっくり増加して選択肢 2 のように変化します．

図のような LR で構成された回路の入力に，正弦波交流を加えたときは低域フィルタ回路といって，パルス波を加えたときは積分回路というよ．

問題 11

図に示す回路において，1次側および2次側の巻線数がそれぞれ n_1 および n_2 の無損失の変成器（理想変成器）の2次側に600〔Ω〕の抵抗を接続したとき，端子abから見たインピーダンスの値を5.4〔kΩ〕とするための変成器の巻数比（n_1/n_2）として，正しいものを下の番号から選べ．

1　15
2　12
3　 9
4　 6
5　 3

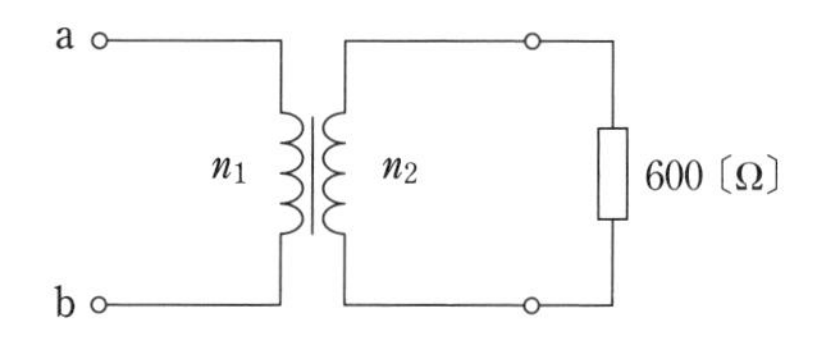

2次側の抵抗が R のとき，1次側から見たインピーダンス Z は，次の式で表されるよ．

$$Z=\left(\frac{n_1}{n_2}\right)^2 R\ 〔\Omega〕$$

解説

2次側の抵抗を $R=600$〔Ω〕，1次側から見たインピーダンス $Z=5.4$〔kΩ〕$=5{,}400$〔Ω〕とすると，次式の関係があります．

$$Z=\left(\frac{n_1}{n_2}\right)^2 R\ 〔\Omega〕$$

$$5{,}400=\left(\frac{n_1}{n_2}\right)^2 \times 600$$

よって，$\left(\frac{n_1}{n_2}\right)^2=\frac{5{,}400}{600}=9=3^2$

両辺の $\sqrt{\ }$ をとると，次式のようになります．

$$\frac{n_1}{n_2}=3$$

2乗が付いているので，$\sqrt{\ }$ がとれるように計算してね．

巻数比が与えられて，端子abから見たインピーダンスを求める問題も出るよ．

問題 12

次の記述は，図に示す交流ブリッジ回路について述べたものである．［　　］内に入れるべき字句を下の番号から選べ．ただし，交流電源の角周波数を ω〔rad/s〕とする．

(1) 自己インダクタンス L_S〔H〕のコイルのリアクタンス X_S は，$X_S=$［ア］〔Ω〕で表される．

(2) 未知の自己インダクタンス L_X〔H〕のコイルのリアクタンス X_X は，$X_X=$［イ］〔Ω〕で表される．

(3) ブリッジが平衡状態のとき，次式が成り立つ．

$L_X\times$［ウ］$=L_S\times$［エ］　……①

(4) 式①から L_X を求めると，次式が得られる．

$L_X=L_S\times$［オ］〔H〕

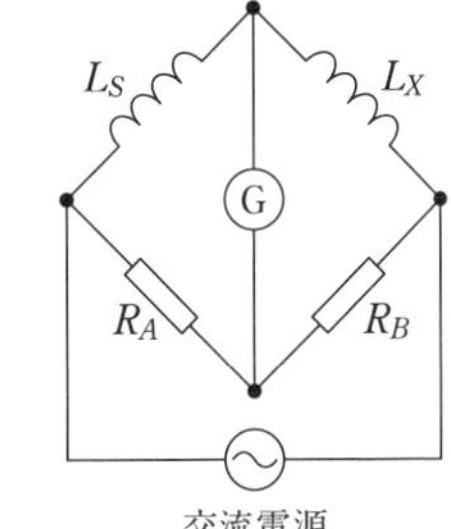

1　ωL_S	2　ωL_X	3　R_A
4　L_X	5　(R_A/R_B)	6　$1/(\omega L_S)$
7　$1/(\omega L_X)$	8　R_B	9　L_S
10　(R_B/R_A)		

解説

検流計 G の両端において電圧の大きさと位相が等しいときに，ブリッジは平衡して検流計に電流が流れなくなります．自己インダクタンス L_S〔H〕のコイルのリアクタンスを $X_S=\omega L_S$〔Ω〕，自己インダクタンス L_X〔H〕のコイルのリアクタンスを $X_X=\omega L_X$〔Ω〕とすると，平衡条件より次式が成り立ちます．

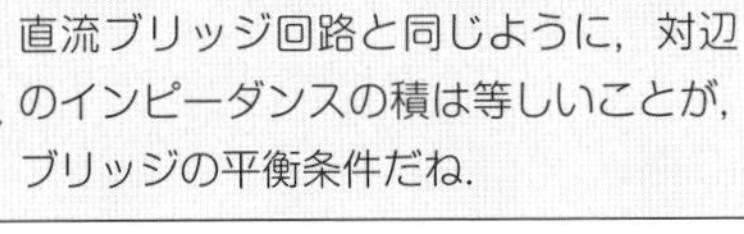

$X_X\times R_A=X_S\times R_B$

$\omega L_X\times R_A=\omega L_S\times R_B$

よって，　$L_X\times R_A=L_S\times R_B$

L_X を求めると，次式のようになります．

$$L_X=L_S\times\frac{R_B}{R_A}\text{〔H〕}$$

直流ブリッジ回路は，p175 の **7** ブリッジ回路を見てね．

解答

問題 1 →1　**問題 2** →5
問題 3 →ア－3　イ－8　ウ－4　エ－6　オ－1　**問題 4** →5
問題 5 →1　**問題 6** →1　**問題 7** →4　**問題 8** →3　**問題 9** →3
問題 10 →2　**問題 11** →5
問題 12 →ア－1　イ－2　ウ－3　エ－8　オ－10

3.1 半導体・ダイオード 重要知識

出題項目 Check!

- □ 真性半導体，不純物半導体の種類と特性
- □ 各種半導体素子の種類，特徴，用途，図記号

1 N形半導体，P形半導体

物質の電気伝導は，原子に存在する電子のうち価電子帯の電子によって行われます．不純物を含まない**真性半導体**の**ゲルマニウム**や**シリコン**は4価の価電子を持ち，ヒ素やアンチモンなど5価の価電子を持つ不純物を混ぜたものを**N形半導体**といいます．N形半導体の電気伝導は，自由電子によって行われます．ホウ素やインジウムなど3価の価電子を持つ不純物を混ぜたものは**P形半導体**と呼び，電気伝導は価電子が不足してプラスの電荷と考えることができる正孔（ホール）によって行われます．**N形半導体では自由電子を，P形半導体では正孔**（ホール）を**多数キャリア**と呼びます．また，正孔（ホール）はプラスの電荷，電子はマイナスの電荷を持っていますので，電流の向きと電子の移動する向きは逆向きです．

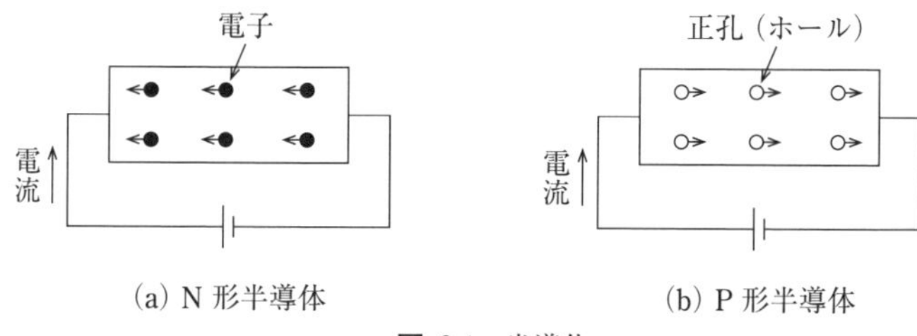

(a) N形半導体　(b) P形半導体

図 3.1　半導体

電子はマイナスの電荷を持っているよ．だから，電子が多いとマイナスのN形半導体で，電子が少ないとプラスのP形半導体だよ．Nはネガティブの負，Pはポジティブの正の意味だよ．

2 ダイオード

P形半導体とN形半導体を接合した素子をダイオードといいます．ダイオードは図3.2のように，一方向に電流を流しやすい性質を持っています．

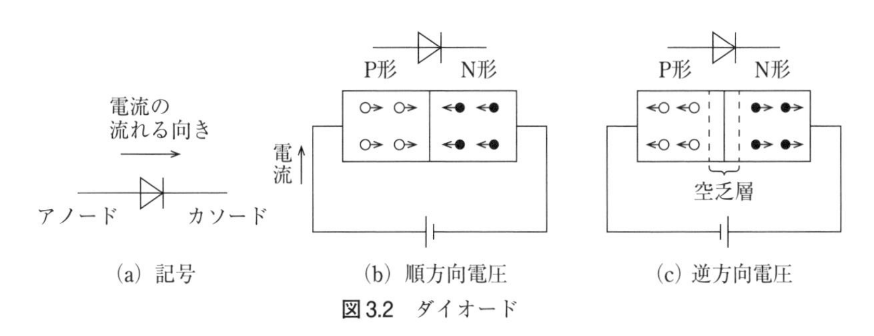

(a) 記号　(b) 順方向電圧　(c) 逆方向電圧

図3.2　ダイオード

各種ダイオードの名称と特徴を次に示します．

① **接合ダイオード**：電源の整流用には**シリコンダイオード**が用いられます．

② **点接触ダイオード**：N形またはP形半導体に金属針を接触させた構造です．低い順方向電圧でも整流作用があるので，受信機の直線**検波回路**に用いられます．

③ **ツェナーダイオード**：**シリコン**を用いた接合ダイオードの**逆方向電圧**を増加させていくと急激に電流が流れます．このときダイオードの**電圧がほぼ一定**となるので**電源の定電圧回路**に用いられます．

④ **バラクタダイオード**：**逆方向電圧**を加えるとキャリアが存在しない空乏層が生じてダイオードが静電容量を持ち，**電圧を変化させると静電容量が変化する**特性を利用したダイオードです．**可変容量ダイオード**とも呼びます．LC **同調回路**（共振回路）などに用いられます．

バラクタダイオードのバラクタは，バリアブル（可変）リアクタンスの意味だよ．
リアクタンスは静電容量などが交流回路で持つ電流を防げる値のことだよ．

⑤ **発光ダイオード**：**順方向電流を流すと発光する**特性を利用したダイオードです．

⑥ **フォト（ホト）ダイオード**：**PN接合部**に**逆方向電圧**を加え，光を当てると**光の強さに比例して電流が流れる**特性を利用した素子です．

⑦ **インパットダイオード**：**逆方向電圧**を加えて，**マイクロ波（SHF）の発振**に用いられます．ほかに**ガンダイオード**があります．

⑧ **トンネルダイオード（エサキダイオード）**：**不純物濃度が高く**，順方向電圧を加えたとき**負性抵抗特性**があります．マイクロ波の増幅や発振に用いられます．

ダイオードの図記号を図3.3に示します．

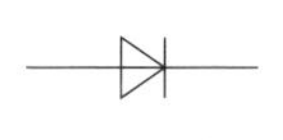

ダイオード

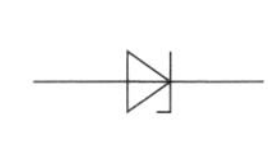

ツェナーダイオード

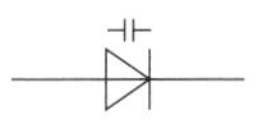

バラクタダイオード

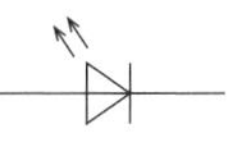

発光ダイオード

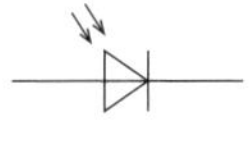

フォトダイオード

図3.3　ダイオードの図記号

ツェナーダイオードの図記号のカソード側の線が曲がっているのは，電流が急激に流れるグラフを表すよ．

3 各種半導体素子

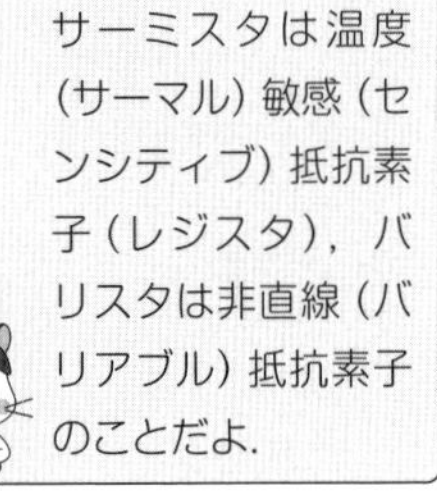

サーミスタは温度（サーマル）敏感（センシティブ）抵抗素子（レジスタ），バリスタは非直線（バリアブル）抵抗素子のことだよ．

ダイオード以外の各種半導体素子の名称と特徴を次に示します．

① **サーミスタ**：大きい負の温度特性を持ち，温度変化により抵抗値が大きく変化する素子です．電子回路の温度補償用などに用いられます．

② **バリスタ**：加えた電圧により，抵抗値が大きく変化する素子です．過電圧保護回路などに用いられます．

③ **サイリスタ**（シリコン制御整流素子）：アノード（陽極），カソード（陰極）間の電流をゲート電流で制御する素子です．直流電流の制御や整流に用いられます．

試験の直前 Check!

- □ **真性半導体** ≫ 4価のシリコン，ゲルマニウム．
- □ **N形半導体** ≫ 不純物は5価のヒ素やアンチモン，多数キャリアは自由電子．
- □ **P形半導体** ≫ 不純物は3価のホウ素やインジウム，多数キャリアは正孔．
- □ **自由電子と正孔** ≫ 自由電子はマイナスの電荷，正孔はプラスの電荷．
- □ **ツェナーダイオード** ≫ 逆方向電圧が一定．定電圧回路用．急激な電流が流れる記号．
- □ **バラクタダイオード** ≫ 可変容量ダイオード．逆方向電圧によって静電容量が変化．同調回路用．コンデンサの記号．
- □ **発光ダイオード** ≫ 順方向電流で発光．発光を表す矢印記号．
- □ **フォト（ホト）ダイオード** ≫ 逆方向電圧を加えたPN接合部に光，光の強さに比例した電流．受光を表す矢印記号．
- □ **インパットダイオード** ≫ 逆方向電圧．マイクロ波の発振素子．
- □ **トンネルダイオード（エサキダイオード）** ≫ 不純物濃度が高い，負性抵抗特性．マイクロ波の発振，増幅素子．
- □ **ガンダイオード** ≫ マイクロ波の発振素子．
- □ **サーミスタ** ≫ 温度によって抵抗値が変化．
- □ **バリスタ** ≫ 電圧によって抵抗値が大きく変化．
- □ **サイリスタ** ≫ アノード，カソード，ゲートの電流制御素子．

国家試験問題

問題 1

次の記述は，不純物半導体について述べたものである．[　　]内に入れるべき字句の正しい組合せを下の番号から選べ．

4 個の価電子を持つシリコンや[A]に，3 個の価電子を持つインジウムを不純物として微量加えると，[B]半導体を作ることができ，また，5 個の価電子を持つヒ素を不純物として微量加えると，[C]半導体を作ることができる．

	A	B	C
1	ゲルマニウム	N形	P形
2	ゲルマニウム	P形	N形
3	アルミニウム	N形	P形
4	アルミニウム	P形	N形

半導体はシリコンかゲルマニウムだよ．
アルミニウムは電気をよく通す導体だよ．

問題 2

次の記述は，半導体について述べたものである．[　　]内に入れるべき字句を下の番号から選べ．

(1) 不純物をほとんど含まず，ほぼ純粋な半導体を[ア]半導体という．

(2) 価電子が 4 個のシリコンなどの半導体に，3 価のインジウムなどの原子を不純物として加えたものを[イ]形半導体といい，また，5 価のアンチモンなどの原子を不純物として加えたものを[ウ]形半導体という．

(3) P形半導体の多数キャリアは[エ]であり，また，N形半導体の多数キャリアは[オ]である．

1 原子　　2 電界　　3 MOS形　　4 P　　5 真性
6 正孔　　7 電子　　8 接合形　　9 N　　10 化合物

電子は (−) の電荷を持っているよ．だから，電子が多いと (−) の N形半導体で，電子が少ないと (+) の P形半導体だよ．N はネガティブの負，P はポジティブの正の意味だよ．

問題 3 

可変容量ダイオードの特性を利用した主な回路の名称を下の番号から選べ.

1　平滑回路
2　定電圧回路
3　温度補償回路
4　受信機の高周波同調回路
5　過電圧防止回路

問題 4 

マイクロ波 (SHF) の発振素子として一般に利用されないダイオードを，下の番号から選べ.

1　可変容量ダイオード
2　トンネルダイオード
3　ガンダイオード
4　インパットダイオード

マイクロ波の発振素子として利用されるのは，インパットダイオード，ガンダイオード，トンネルダイオード (エサキダイオード) だよ.

問題 5 

ツェナーダイオードの主な用途として適切な回路の名称を下の番号から選べ.

1　平滑回路
2　定電圧回路
3　受信機の直線検波回路
4　受信機の高周波同調回路

ツェナーはダイオードの定電圧特性を発見した人の名前だよ.
定電圧回路に用いられるよ.

問題 6

次の記述は，各種半導体素子について述べたものである．このうち誤っているものを下の番号から選べ．

1 サイリスタは，大きな電流を制御できる素子で，照明の調光や電動機の速度制御などに用いられる．

2 サーミスタは，温度が変化しても抵抗値が変化しない素子で，電子回路の温度補償用などに用いられる．

3 バリスタは，加える電圧の値により抵抗値が大きく変化する素子で，過電圧防止回路や避雷器などに用いられる．

4 バラクタダイオードは，加える電圧を変化させることにより静電容量を可変することができる．

サーミスタは温度が上昇すると抵抗値が減少するんだよ．抵抗器は温度が上昇すると抵抗値が増加するので，組み合わせれば温度補償ができるね．

正しい選択肢として「サイリスタは，P形半導体とN形半導体が交互に4層に接合した素子で，ゲート，アノード，カソードの電極を持っている.」，「発光ダイオードは，順方向電圧を加えると接合面で光を発する.」が出題されたことがあるよ．

問題 7

次の記述は，半導体素子について述べたものである．[　　]内に入れるべき字句の正しい組合せを下の番号から選べ．

(1) サーミスタは，[A]の変化によって抵抗値が大きく変化する特性を利用している．

(2) バリスタは，[B]の変化によって[C]が大きく変化する特性を利用している．

	A	B	C
1	温度	電圧	抵抗値
2	温度	電圧	静電容量
3	電圧	温度	抵抗値
4	電圧	温度	静電容量

バリスタはバリアブル（変化）レジスタ（抵抗）のことだよ．コーヒーとは関係ないよ．

問題８

次の記述は，各種ダイオードの動作特性について述べたものである．[　　]内に入れるべき字句を下の番号から選べ．

(1) トンネルダイオードは，不純物の濃度が他の一般のダイオードに比べて[　ア　]く，順方向電圧を加えると[　イ　]を示す領域がある．

(2) バラクタダイオードは，加えられた逆方向電圧を変化させると[　ウ　]が変化する特性を示す．

(3) 発光ダイオードは，[　エ　]方向の電圧をかけると接合面が発光する．

(4) インパットダイオードは，[　オ　]方向電圧を加えてマイクロ波の発振に利用されている．

1	増幅率	2	低	3	逆	4	負性抵抗特性	5	定電圧
6	静電容量	7	高	8	順	9	ヒステリシス特性	10	定電流

バラクタはバリアブル（可変）リアクタンスのことで，リアクタンスは静電容量などが交流回路で持つ値だよ．

問題９

次の記述は，各種ダイオードについて述べたものである．[　　]内に入れるべき字句を下の番号から選べ．

(1) 逆方向のバイアス電圧を加えたPN 接合部に光を当てると，光の強さに[　ア　]した電流が生ずる特性を持つのは，[　イ　]である．

(2) 電気信号を光信号に変換する特性を持つダイオードに，[　ウ　]がある．

(3) PN接合に[　エ　]の電圧を加えたときに，加える電圧により静電容量が変化するという特性を利用するのは，[　オ　]である．

1	比例	2	ガンダイオード	3	逆方向	4	フォトダイオード
5	サイリスタ	6	反比例	7	バラクタダイオード		
8	順方向	9	トンネルダイオード	10	発光ダイオード		

解答

問題１→2　問題２→ア－5　イ－4　ウ－9　エ－6　オ－7

問題３→4　問題４→1　問題５→2　問題６→2　問題７→1

問題８→ア－7　イ－4　ウ－6　エ－8　オ－3

問題９→ア－1　イ－4　ウ－10　エ－3　オ－7

3.2 トランジスタ・FET 重要知識

出題項目 Check!

- □ トランジスタの各電極を流れる電流の向き
- □ トランジスタとFETの図記号と電極名
- □ FETの特徴
- □ 集積回路（IC）の特徴

1 接合形トランジスタ

P形半導体の間にきわめて薄いN形半導体を接合したものを**PNP形トランジスタ**，N形半導体の間にきわめて薄いP形半導体を接合したものを**NPN形トランジスタ**といいます．構造図および図記号を図3.4に示します．図の電極のうちエミッタとベース間に電流を流すと，エミッタとコレクタの間に大きな電流が流れます．この特性を利用して増幅回路などに用いられます．また，エミッタからベースに電流を流さないと，エミッタからコレクタには電流が流れません．

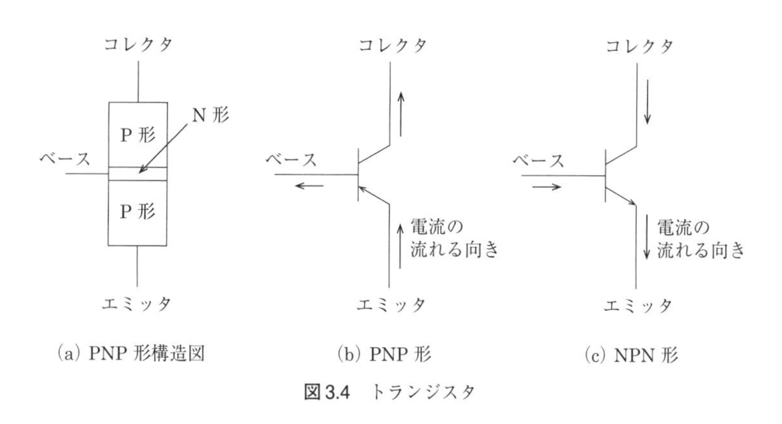

図3.4 トランジスタ

二つの電極間の導通を調べると，PNPトランジスタは，コレクタからベースの向きに，エミッタからベースの向きに電流が流れます．エミッタとコレクタ間は電流が流れません．

2 FET

図3.5のようにN形半導体で構成された**チャネル**にP形半導体のゲートを接合したものを**Nチャネル接合形FET**といいます．図の電極のうちソースとゲート間の電圧をわずかに変化させると，ソースとドレイン間の電流を大きく変化させることができます．この特性を利用して増幅回路などに用いられます．

FETは接合形トランジスタに比較して，次の特徴があります．

① **電圧制御形．**
② **入力インピーダンスが高い．**
③ 高周波特性が優れている．
④ **内部雑音が小さい．**

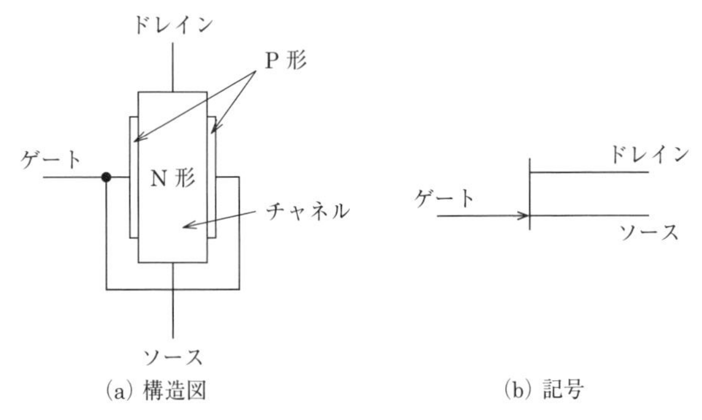

図 3.5　Nチャネル接合形FET

接合形トランジスタは，PN接合間を電流が流れるので**バイポーラ**(2極)**トランジスタ**．**FET**の電流が流れるチャネルはP形またはN形なので**ユニポーラ**(単極)**トランジスタ**といいます．また，制御が電流か電圧かで区分すると**接合形トランジスタは電流制御形**，**FETは電圧制御形**トランジスタといいます．

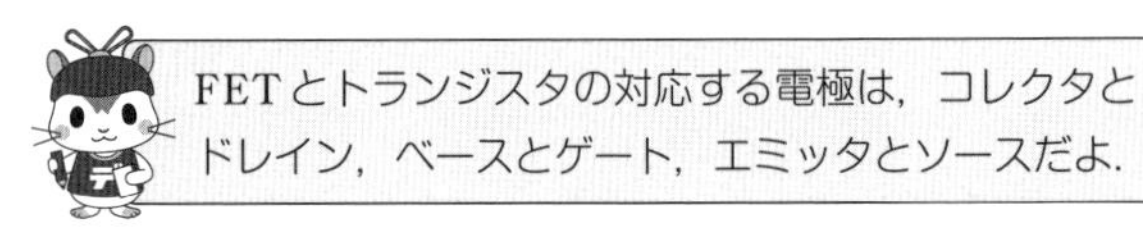

FETには，図3.6のような接合形FETやMOS形FETがあります．

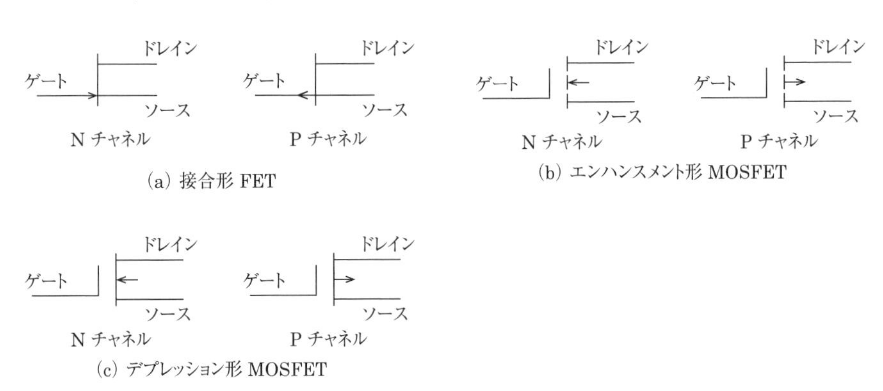

図 3.6　FET

接合形FETは，ゲートに電圧を加えない状態でドレイン・ソース間に電圧を加えると電流が流れます．ゲートに電圧を加えるとその電流が減少します．同様に**デプレッション**（減少）**形**MOSFETもゲート電圧を加えると電流が減少します．**エンハンスメント**（増大）**形**MOSFETは，ゲートに電圧を加えない状態ではドレイン・ソース間の電流が流れませんが，ゲートに電圧を加えると電流が流れます．

矢印はP形とN形の半導体に電流が流れる向きを表すよ．チャネルに内向きの矢印が付いているときは，チャネルに電流が流れ込む向きだからNチャネル形だよ．チャネルに外向きの矢印が付いているときはPチャネル形だよ．

3 集積回路

一つの半導体基板に，トランジスタや抵抗などの回路素子から配線までを一体化し，電子回路として集積した部品を**集積回路（IC）**といいます．集積回路には，次の特徴があります．

① 集積度が高く，複雑な電子回路が小型化できます．
② IC内部の配線が短いので，高周波性能のよい回路が得られます．
③ 個別の部品を組み合わせた回路に比べ，信頼性が高い．
④ 量産できるので単価が安くなります．
⑤ デジタル回路のICでは，大容量，かつ高速な信号処理が容易です．

試験の直前 Check!

- □ **トランジスタの電極** ≫ コレクタ，ベース，エミッタ．
- □ **トランジスタの電流** ≫ PNP形，NPN形がある．PからNの方向に流れる．
- □ **FETの電極名** ≫ ドレイン，ゲート，ソース．
- □ **FETのチャネル** ≫ 矢印が内側を向くのがNチャネル形，N形は自由電子が多数キャリア．矢印が外側を向くのがPチャネル形．
- □ **トランジスタ：FETの電極** ≫ コレクタ：ドレイン，ベース：ゲート，エミッタ：ソース．
- □ **FETの特徴** ≫ 電圧制御形．入力インピーダンスが高い．高周波特性が優れる．内部雑音が小さい．
- □ **MOSFET** ≫ 記号の線が切れているのがエンハンスメント形．切れてないのがデプレッション形．
- □ **集積回路（IC）** ≫ 小型，配線が短い，高周波性能のよい回路，信頼性が高い，単価が安い，大容量かつ高速な信号処理．

国家試験問題

問題 1

次の記述は，バイポーラトランジスタについて述べたものである．このうち誤っているものを下の番号から選べ．

1　接合形トランジスタには，PNP形とNPN形がある．
2　NPN形トランジスタの多数キャリアは，自由電子である．
3　増幅やスイッチング素子として用いられており，エミッタ，ベース，コレクタという３つの電極がある．
4　エミッタ接地増幅回路の直流電流増幅率βの値は，一般的には1よりわずかに小さい．

解説

4　**ベース接地**増幅回路の直流電流増幅率αの値は，一般的には１よりわずかに小さい．

太字は誤っている箇所を正しくしてあるよ．
次に出題されるときは正しい選択肢になっていることもあるよ．

問題 2

次に挙げる半導体素子または電子管のうち，電極の名称がアノード，カソードおよびゲートであるものを下の番号から選べ．

1　サイリスタ（シリコン制御整流素子）
2　バラクタダイオード
3　マグネトロン
4　バリスタ

解説

問題の選択肢に挙げられた２と３の素子の各電極名は次の通りです．なお，バリスタは極性がないので電極名はありません．

名称：各電極名
2　バラクタダイオード：アノード，カソード
3　マグネトロン：プレート（陽極），カソード（陰極）

誤った選択肢として，三極管（プレート，ゲート，カソード），バイポーラトランジスタ（コレクタ，ベース，エミッタ）も出題されたことがあるよ．

問題 3

次の記述は，接合形トランジスタの電極の名称を導通試験により調べる方法について述べたものである．［　　］内に入れるべき字句の正しい組合せを下の番号から選べ．

トランジスタの電極を①，②および③とし，これらの間の導通を調べたところ，②から①には電流が流れ，③から①には電流が流れなかった．電極①をコレクタとした場合，電極②の名称は［ A ］であり，このトランジスタは［ B ］形である．

	A	B
1	ベース	PNP
2	ベース	NPN
3	エミッタ	PNP
4	エミッタ	NPN

PからNに電流が流れるよ．

解説

NPN形トランジスタとPNP形トランジスタの構造を解説図に示します．ダイオードと同じようにP形からN形の半導体には電流が流れますが，N形からP形には電流は流れません．また，ベースとエミッタ間に電流を流すとコレクタとエミッタ間は電流が流れますが，ベースとエミッタ間に電流が流れていないときは，コレクタとエミッタ間は電流が流れません．

問題文の「②から①に電流が流れ」と「電極①をコレクタとした場合」より，電極①のコレクタに電流が流れるのは，コレクタがN形のNPN形トランジスタで，電極②はベースです．次に，問題文の「③から①には電流が流れなかった」より電極③がエミッタなら電極①のコレクタには電流が流れません．

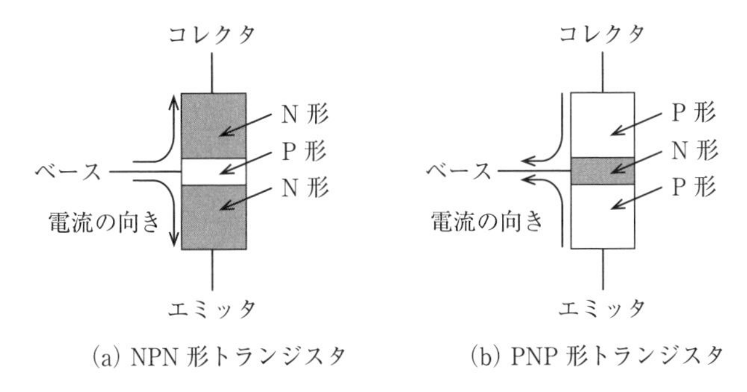

(a) NPN 形トランジスタ　　(b) PNP 形トランジスタ

問題 4

図に示す電界効果トランジスタ（FET）の形名および図中のAに該当する電極の名称として，正しい組合せを下の番号から選べ．

	形名	電極名A
1	Nチャネル MOS形	ソース
2	Nチャネル接合形	ドレイン
3	Pチャネル MOS形	ドレイン
4	Pチャネル接合形	ソース

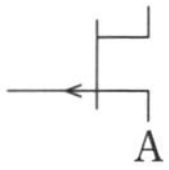

A

矢印が外を向いているのがPチャネル，内を向いているのがNチャネルだよ．チャネルがP形なら，チャネルからN形に向かって電流が流れる外向きの矢印だと覚えてね．

問題 5

次の記述は，図に示す電界効果トランジスタ（FET）について述べたものである．このうち誤っているものを下の番号から選べ．

1　図１は，絶縁ゲート形FET（MOS FET）の図記号である．
2　図１のFETは，デプレッション形である．
3　図１のFETの電極aの名称は，ドレインである．
4　図２は，Nチャネル接合形FETの図記号である．
5　図２のFETの電極bの名称は，ソースである．

図１　a
図２　b

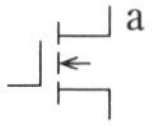

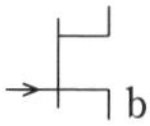

解説

2　図１のFETは，**エンハンスメント形**である．

問題 6

次の記述は，電界効果トランジスタ（FET）について述べたものである．［　　］内に入れるべき字句の正しい組合せを下の番号から選べ．

FETは，［ A ］トランジスタとも呼ばれ，半導体中のキャリアの流れを，ゲート電極に［ B ］によって制御する．

	A	B
1	バイポーラ	加える電圧
2	バイポーラ	流れる電流
3	ユニポーラ	加える電圧
4	ユニポーラ	流れる電流

問題 7

次の記述は，電界効果トランジスタ（FET）について述べたものである．[　　]内に入れるべき字句を下の番号から選べ．

バイポーラ形トランジスタの電極名をFETの電極名と対比すると，エミッタは[ア]に，コレクタは[イ]に，ベースは[ウ]に相当する．また，バイポーラ形トランジスタは[エ]トランジスタであるのに対し，FETは[オ]トランジスタである．

1　電流制御形	2　プレート	3　グリッド	4　ソース	5　高抵抗
6　電圧制御形	7　ドレイン	8　ゲート	9　カソード	10　アノード

問題 8

次の記述は，個別の部品を組み合わせた回路と比べたときの，集積回路（IC）の一般的特徴について述べたものである．このうち誤っているものを下の番号から選べ．

1　複雑な電子回路が小型化できる．
2　IC内部の配線が短く，高周波特性の良い回路が得られる．
3　個別の部品を組み合わせた回路に比べて信頼性が高い．
4　大容量，かつ高速な信号処理回路が作れない．

解説

4　大容量，かつ高速な信号処理回路が**作れる**．

解答

問題 1 →4　**問題 2** →1　**問題 3** →2　**問題 4** →4　**問題 5** →2
問題 6 →3　**問題 7** →ア－4　イ－7　ウ－8　エ－1　オ－6
問題 8 →4

4.1 増幅回路

重要知識

出題項目 Check!

- □ トランジスタ増幅回路の接地方式と特徴
- □ トランジスタ増幅回路の回路定数の求め方
- □ FET増幅回路の接地方式と特徴
- □ FET増幅回路の回路定数と増幅度の求め方
- □ 負帰還増幅回路の特徴
- □ 増幅回路のひずみ率の求め方

1 トランジスタ増幅回路

小さい振幅の信号をより大きな振幅の信号にする電子回路を**増幅回路**といいます.

(1) 接地方式

トランジスタのどの電極を入力側と出力側で共通に使用するかを接地方式といいます.**エミッタ接地増幅回路**,**ベース接地増幅回路**,**コレクタ接地増幅回路**があります.各接地方式を図 4.1 に示します.

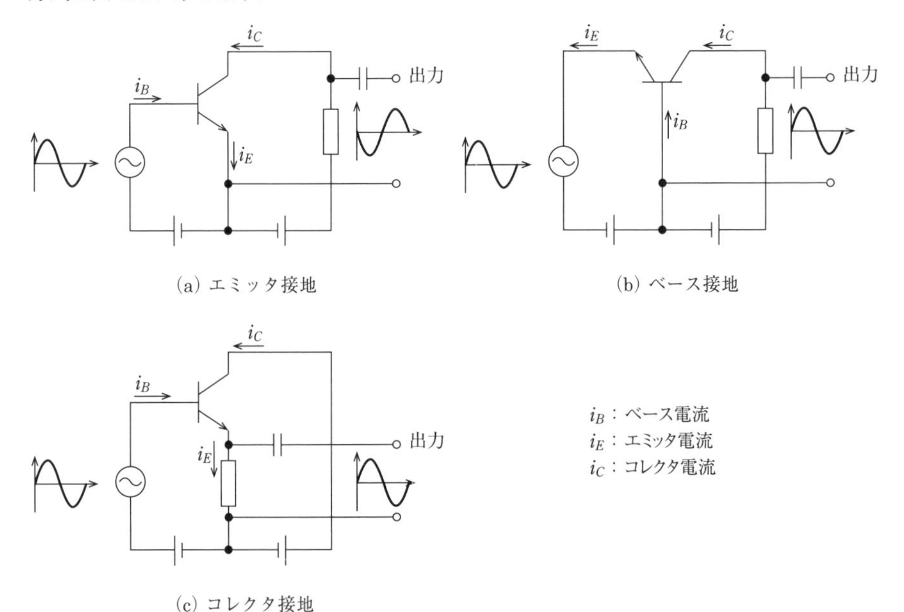

図 4.1 接地方式

直流電源自体のインピーダンスは0〔Ω〕なので，交流増幅回路では，直流電源は無視してつながっていると考えて，図4.1 (c) はコレクタ接地増幅回路と呼びます．

コレクタ接地増幅回路は，エミッタホロワ回路ともいうよ．

Point

各増幅回路の**ベースとエミッタ間には順方向**に直流電源の電圧を加える．**コレクタからベース間には逆方向**に直流電源電圧を加える．コレクタからエミッタに直流電源電圧を加えるとコレクタとベース間が逆方向となる．

NPNトランジスタとPNPトランジスタでは，加える直流電源電圧の向きが逆になる．ベースの矢印が電流の流れる順方向．

(2) 電流増幅率

図4.1 (a) のエミッタ接地増幅回路では，入力のベース電流を小さく変化させるとコレクタ電流を大きく変化させることができるので，増幅回路として用いることができます．出力電流と入力電流の比を**電流増幅率**といいます．ベース電流の変化分をi_B〔A〕，コレクタ電流の変化分をi_C〔A〕とすると，エミッタ接地増幅回路の電流増幅率βは次式で表されます．

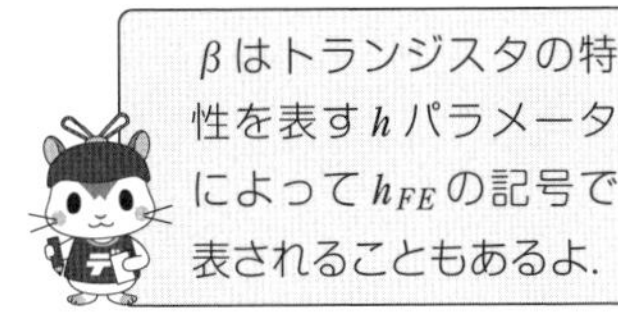

βはトランジスタの特性を表すhパラメータによってh_{FE}の記号で表されることもあるよ．

$$\beta=\frac{i_C}{i_B} \qquad i_C\text{を求めるときは，} \qquad i_C=\beta i_B \text{〔A〕} \qquad (4.1)$$

図4.1 (b) のエミッタ電流の変化分をi_E〔A〕，コレクタ電流の変化分をi_C〔A〕とすると，ベース接地増幅回路の電流増幅率αは，次式で表されます．

$$\alpha=\frac{i_C}{i_E} \qquad (4.2)$$

βはかなり大きい100くらいの値を持ち，αは1より小さい0.99くらいの値を持ちます．

(3) 各接地方式の特徴

① **エミッタ接地**：電流増幅率が大きい．電力利得が大きい．入力電圧と出力電圧は逆位相．

② **ベース接地**：入力インピーダンスが低い．出力インピーダンスが高い．**出力から入力の帰還が少ない**ので高周波増幅に向く．入力電圧と出力電圧は同位相．

③ **コレクタ接地**：**電圧増幅度が小さい（ほぼ1）．入力インピーダンスが高い．出力インピーダンスが低い．入力電圧と出力電圧は同位相．**

(4) 動作点

トランジスタは，ダイオードと同じように片方向にしか電流が流れません．そこで＋－に変化する交流信号を増幅するためには，図 4.2 (a) のように入力信号電圧に直流電圧を加えてベース電圧とします．この加える電圧のことをバイアス電圧といいます．

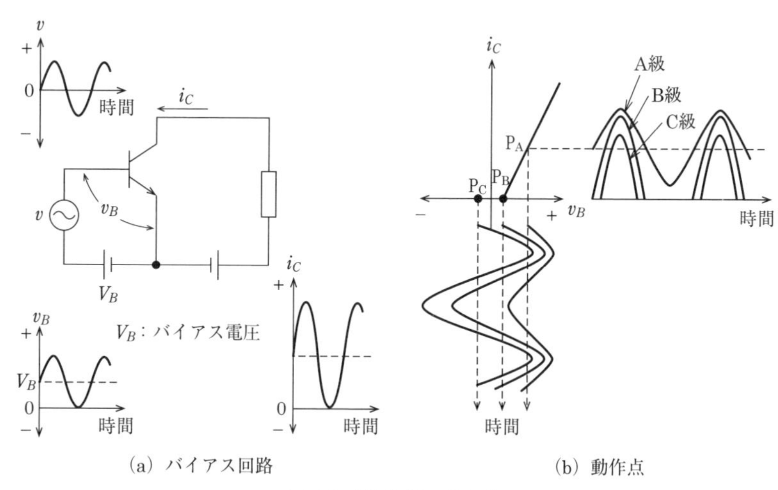

(a) バイアス回路　(b) 動作点

図 4.2　増幅回路の動作点

また，図 4.2 (b) の点P_A，P_B，P_Cのことを動作点といいます．この動作点の位置によって増幅回路は **A級**，**B級**，**C級**の３種類の動作があります．

A級増幅回路では，ベースとエミッタ間には順方向のバイアス電圧を加え，コレクタとエミッタ間では，コレクタからベースに加わる電圧が逆方向電圧を加えます．

A級増幅は入力信号の全周期を増幅しますが，B級増幅では半周期を，C級増幅では周期の一部のみを増幅します．増幅によって出力波形が入力波形と異なることをひずみといいます．A級増幅のひずみは少ないですが，B級，C級増幅ではひずみが多くなります．各級増幅回路の特徴を表 4.1 に示します．

表 4.1　各級増幅回路の特徴

動作点	コレクタ電流	効率	ひずみ	用　途
A 級	入力信号がないときでも流れる	悪い	少ない	低周波増幅，高周波増幅（小信号用）
B 級	入力信号の半周期のみ流れる	中位	中位	低周波増幅（プッシュプル用） 高周波増幅
C 級	入力信号の一部の周期のみ流れる	良い	多い	高周波増幅 （周波数逓倍，電力増幅用）

C級増幅回路は入力波形の一部しか増幅しないので，出力にはひずみが多いのだけど，高周波増幅回路は出力側に共振回路を使うことで，基本周波数の正弦波成分を取り出すことができるので，高周波増幅には用いられるよ．

(5) バイアス回路

ベースのバイアス電圧として，コレクタ側の電源を使用するために用いられるバイアス回路の種類を図4.3に示します．トランジスタの特性の違いや温度変化などで動作点が変化しますが，固定バイアス回路はそれらの影響を受けやすく，電流帰還バイアス回路が最も安定に動作します．

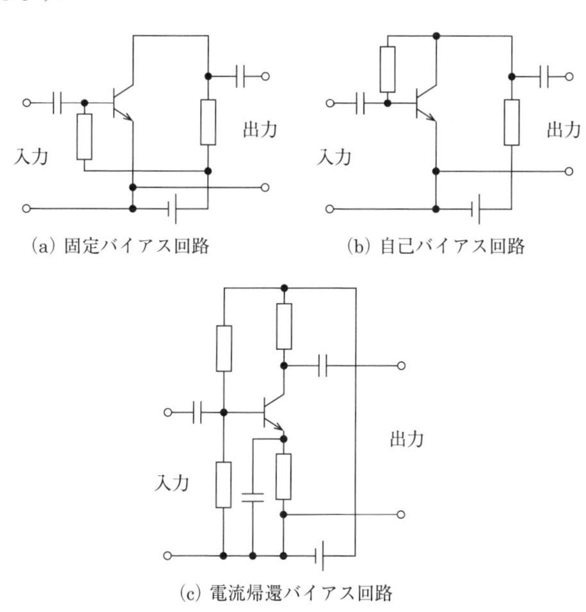

図4.3 バイアス回路の種類

これらのトランジスタ回路は，交流信号を増幅する回路だよ．これらの回路に使われるコンデンサのリアクタンスは，交流信号の周波数範囲で抵抗や入出力インピーダンスに比較して非常に小さいよ．回路の動作を考えるときは，リアクタンスを0〔Ω〕として影響を無視するよ．

2 FET増幅回路

(1) ソース接地増幅回路

図 4.4 にＮチャネルソース接地FET増幅回路を示します．ゲート電圧 v_G〔V〕のわずかな変化でドレイン電流 i_D〔A〕を大きく変化させることができます．

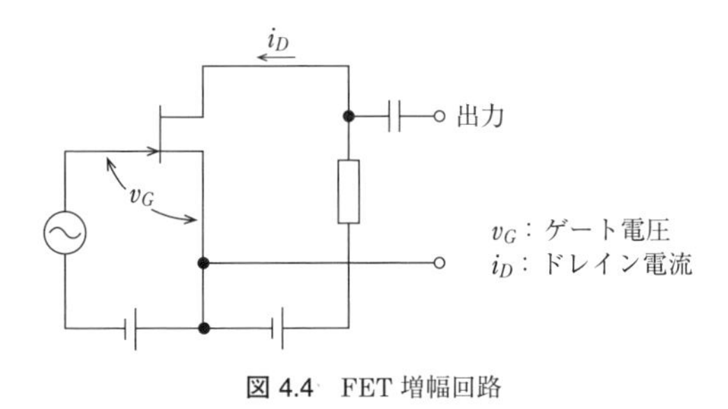

図 4.4　FET 増幅回路

(2) FET増幅回路の等価回路

ソース接地増幅回路の交流で表した等価回路を図 4.5 に示します．ゲート・ソース間の電圧 v_G と相互コンダクタンス g_m よりドレイン電流 i_D は，次式で表されます．

$$i_D = g_m v_G \tag{4.3}$$

ドレイン抵抗 r_D が負荷抵抗 R_L に比較して非常に大きいとして無視すると，電圧増幅度 A_V は，次式で表されます．

$$A_V = \frac{v_D}{v_G} = \frac{i_d R_L}{v_G} = \frac{g_m v_G R_L}{v_G}$$

$$= g_m R_L \tag{4.4}$$

ゲート入力抵抗 R_G は非常に大きな値なので通常は∞とする

図 4.5　等価回路

(3) 各接地方式の特徴

FETのどの電極を入力側と出力側で共通に使用するかを接地方式といいます．

① **ソース接地**：電圧増幅度が大きい．電力利得が大きい．入力電圧と出力電圧は逆位相．

② **ゲート接地**：入力インピーダンスが低い．**出力から入力への帰還が少ない**ので高周

波増幅に適している．入力電圧と出力電圧は同位相.

③ **ドレイン接地**：電圧増幅度が小さい（ほぼ1）．**出力インピーダンスが低い**のでインピーダンス変換回路に適している．入力電圧と出力電圧は同位相.

バイポーラトランジスタの接地方式と比較すると，**ソース接地はエミッタ接地**，ゲート接地はベース接地，ドレイン接地はコレクタ接地に相当します.

ドレイン接地増幅回路は，ソースホロワ回路ともいうよ.

3 負帰還増幅回路

出力の一部を逆位相で入力に戻すことを負帰還といいます．帰還をかけると負帰還増幅回路の**増幅度は小さく**なりますが，出力インピーダンスや入力インピーダンスを変えることができるので安定な増幅をすることができます．また，周波数特性が改善されるので**周波数帯域幅が広く**なる，**雑音やひずみが減少する**などの特徴があります.

増幅度が3〔dB〕低下する周波数の幅を周波数帯域幅というよ．負帰還増幅は周波数帯域幅が広くなって周波数特性が改善されるよ.

4 ひずみ率

増幅回路の出力において，入力信号以外の周波数成分が出力されることがあります．これをひずみと呼びます．ひずみの周波数成分は，増幅回路の特性によって異なりますが，特に基本波の2倍，3倍，…n倍の高調波のひずみ成分が多く発生します．基本波の電圧がV_1〔V〕，ひずみ波の第2高調波成分がV_2〔V〕，第3高調波成分がV_3〔V〕，…，第n高調波成分がV_n〔V〕のときのひずみ率K〔%〕は，次式で表されます.

$$K = \frac{\sqrt{V_2^2 + V_3^2 + \cdots + V_n^2}}{V_1} \times 100 \text{〔\%〕} \qquad (4.5)$$

試験の直前 Check!

- □ **バイアスの方向** ≫ ベース・エミッタ間は順方向．コレクタ・エミッタ間（コレクタ・ベース間）は逆方向．
- □ **NPN と PNP** ≫ NPN：エミッタの矢印が外向き，PNP：エミッタの矢印が内向き．
- □ **接地方式** ≫ 入力と出力が同じ電極．直流電源はつながっていると考える．
- □ **トランジスタの接地方式の特徴** ≫ ベース接地：出力から入力の帰還が少ない．コレクタ接地：入力インピーダンス高・出力インピーダンス低，入出力が同位相．
- □ **FET 直流電源電圧の向き** ≫ ゲートとソース・逆方向電圧，ゲートとドレイン・逆方向電圧．
- □ **FET ソース接地増幅回路の増幅度** ≫ $A_V = g_m R_L$
- □ **ソース接地の特徴** ≫ ：電圧増幅度が大．電力利得が大．入出力電圧は逆位相．トランジスタのエミッタ接地に相当．
- □ **ゲート接地の特徴** ≫ 入力インピーダンスが低い．出力から入力への帰還が少ない．高周波増幅用．入出力電圧は同位相．トランジスタのベース接地に相当．
- □ **ドレイン接地の特徴** ≫ ソースホロワ回路．電圧増幅度が小（ほぼ1）．出力インピーダンスが低い．入出力電圧は同位相．トランジスタのコレクタ接地に相当．
- □ **負帰還増幅回路** ≫ 増幅度：小さく，安定な増幅，雑音とひずみ：減少，周波数帯域幅：広く．
- □ **ひずみ率** ≫ $K = \dfrac{\sqrt{V_2^2 + V_3^2 + \cdots + V_n^2}}{V_1} \times 100$〔%〕

国家試験問題

問題 1

次の記述は，図に示すトランジスタ増幅回路について述べたものである．［　　］内に入れるべき字句の正しい組合せを下の番号から選べ．

図の回路は［ A ］形トランジスタを用いて，［ B ］を共通端子として接地した増幅回路の一例である．この回路は，出力側から入力側への［ C ］が少なく，高周波増幅に適している．

	A	B	C
1	PNP	ベース	減衰
2	PNP	エミッタ	帰還
3	NPN	ベース	減衰
4	NPN	エミッタ	減衰
5	NPN	ベース	帰還

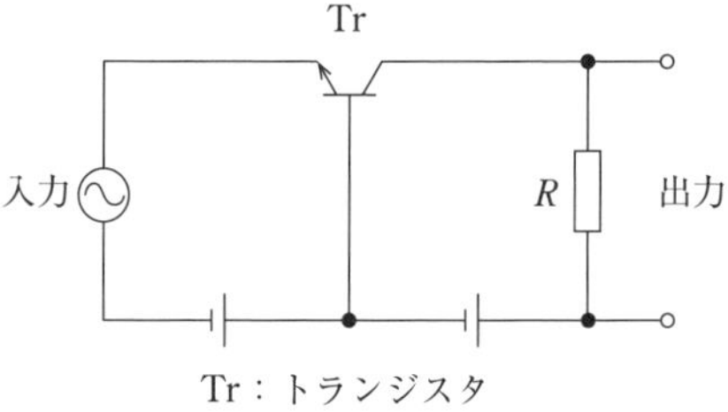

問題2

次の記述は，図に示す増幅回路について述べたものである．□内に入れるべき字句を下の番号から選べ．

(1) この回路は，［ア］回路とも呼ばれる．

(2) 入力電圧と出力電圧の位相は，［イ］である．

(3) 電圧増幅度の大きさは，約［ウ］である．

(4) ［エ］インピーダンスは，一般に他の接地方式の増幅回路に比べて高い．

(5) この回路は，［オ］変換回路としても用いられる．

1	1	2	入力	3	SEPP	4	同位相
5	インピーダンス	6	100	7	出力	8	エミッタホロワ
9	逆位相	10	電圧				

ホロワ（フォロワー：follower）は，「ファン」や「追っかけ」の意味もあるよ．エミッタが入力電圧を追っかけて，同じ位相でほぼ同じ電圧が出力されるんだよ．コレクタ接地増幅回路ともいうよ．

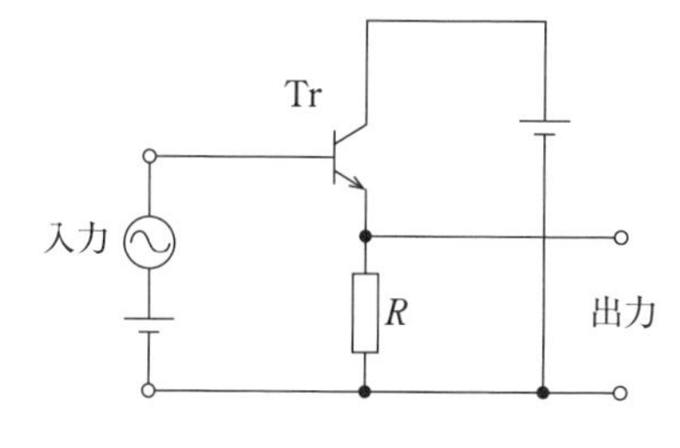

問題3

次の記述は，図に示すトランジスタ（Tr）増幅回路について述べたものである．□内に入れるべき字句の正しい組合せを下の番号から選べ．ただし，入力電圧を V_i〔V〕，出力電圧を V_o〔V〕，直流電源の内部抵抗を零とし，また，静電容量 C_1 および C_2 の影響は無視するものとする．

(1) 回路は，［A］増幅回路である．

(2) 電圧増幅度 V_o/V_i の大きさは，ほぼ［B］である．

(3) V_i と V_o の位相は，［C］である．

	A	B	C
1	エミッタ接地	1	同相
2	エミッタ接地	R_1/R_2	逆相
3	エミッタ接地	R_1/R_2	同相
4	コレクタ接地	R_1/R_2	逆相
5	コレクタ接地	1	同相

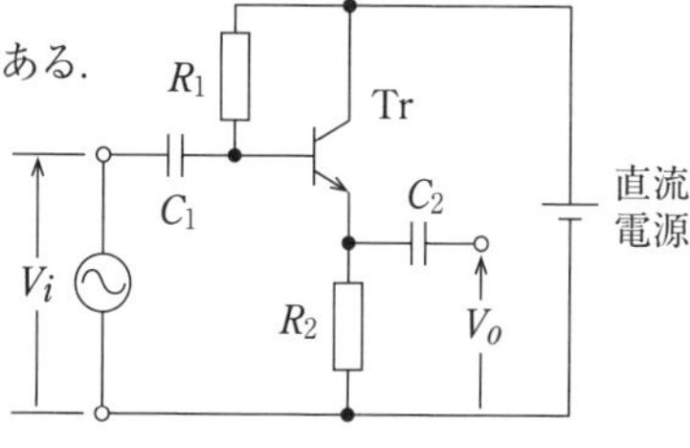

V_i：入力電圧
V_o：出力電圧
Tr：トランジスタ
R_1，R_2：抵抗〔Ω〕

交流の増幅回路では，直流電源は短絡（ショート）していると考えるんだよ．そうすると，コレクタが入力と出力の共通電極となるので，コレクタ接地というんだよ．

問題４

次の記述は，図に示すトランジスタ（Tr）回路のバイアス回路について述べたものである．□内に入れるべき字句の正しい組合せを下の番号から選べ．ただし，Tr の直流電流増幅率 h_{FE} は十分大きいものとし，動作時のベース・エミッタ間電圧は約 0.6〔V〕とする．

(1) Tr の h_{FE} が十分大きく，抵抗 R_1，R_2 を流れる電流に比べ，ベース電流が十分小さいとき，ベース電位 V_B は R_1 と R_2 の比で定まり，約 A となる．

(2) Tr のベース・エミッタ間電圧が与えられているので，エミッタ電流は約 B となる．

(3) Tr の h_{FE} が十分大きいので，コレクタ電流はエミッタ電流とほぼ同じであり，コレクタの電位 V_C は，約 C となる．

	A	B	C
1	3.6〔V〕	3.0〔mA〕	6.0〔V〕
2	3.6〔V〕	3.0〔mA〕	5.0〔V〕
3	3.6〔V〕	2.0〔mA〕	6.0〔V〕
4	7.2〔V〕	3.0〔mA〕	5.0〔V〕
5	7.2〔V〕	2.0〔mA〕	5.0〔V〕

このバイアス回路は，電流帰還バイアス回路だよ．

解説

(1) ベース電流が十分小さい条件より，抵抗 R_1 と R_2 を流れる電流 I〔A〕は同じ値となり，次式で表されます．

$$I = \frac{E}{R_1 + R_2}\text{〔A〕}$$

ベース電位 V_B〔V〕は R_1〔kΩ〕と R_2〔kΩ〕の比として，次式で表されます．

$$V_B = R_2 I$$

$$= \frac{R_2}{R_1 + R_2} \times E$$

$$= \frac{12}{28 + 12} \times 12 = \frac{144}{40} = 3.6\text{〔V〕}$$

比で求めるときは，〔kΩ〕のままで計算してもいいよ．

(2) エミッタ電位V_E〔V〕は，V_Bから動作時のベース・エミッタ間電圧の約0.6〔V〕を引いた値だから，$V_E \fallingdotseq 3.6-0.6=3$〔V〕となるので，エミッタ電流$I_E$〔A〕は，$V_E$〔V〕と抵抗$R_E$〔Ω〕より，次式で表されます．

$$I_E=\frac{V_E}{R_E}=\frac{3}{1\times10^3}=3\times10^{-3}\,〔\mathrm{A}〕=3\,〔\mathrm{mA}〕$$

(3) コレクタの電位V_C〔V〕は，電源電圧E〔V〕からコレクタの抵抗R_C〔Ω〕の電圧降下を引いた値だから，次式で表されます．

$$V_C=E-R_CI_E=12-2\times10^3\times3\times10^{-3}$$
$$=12-6\times10^{3-3}=12-6=6\,〔\mathrm{V}〕$$

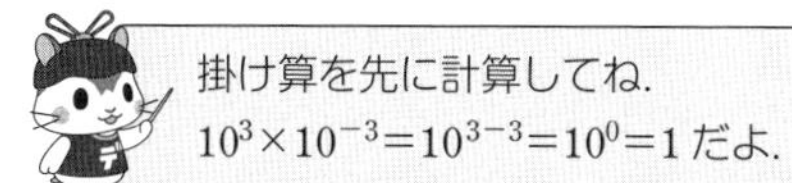

問題 5

図に示す電界効果トランジスタ（FET）を用いた増幅回路において，ドレイン電流（直流）I_Dが3〔mA〕，自己バイアス電圧E_Sが0.6〔V〕，相互コンダクタンスg_mが6〔mS〕であった．このときの電圧増幅度の大きさの値A_Vとバイアス抵抗R_S〔Ω〕の正しい組合せを下の番号から選べ．ただし，負荷抵抗R_Lは4〔kΩ〕，ドレイン抵抗r_Dは$r_D \gg R_L$とし，コンデンサC_Sのインピーダンスは，十分小さな値とする．

	A_V	R_S
1	12	300〔Ω〕
2	12	200〔Ω〕
3	24	300〔Ω〕
4	24	200〔Ω〕

G：ゲート
D：ドレイン
S：ソース

解説

電圧増幅度A_Vは，次式で表されます．

$$A_V=g_mR_L$$
$$=6\times10^{-3}\times4\times10^3=24\times10^{-3+3}=24$$

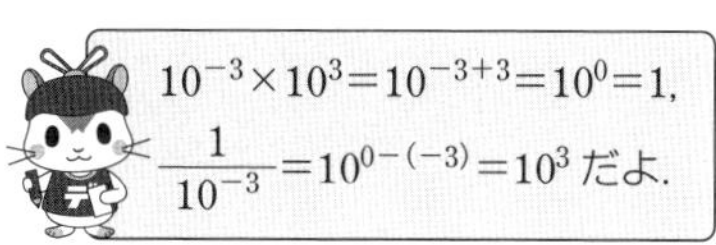

また，バイアス抵抗R_S〔Ω〕は，次式で表されます．

$$R_S=\frac{E_S}{I_D}$$
$$=\frac{0.6}{3\times10^{-3}}=0.2\times10^3=0.2\times1{,}000=200\,〔\Omega〕$$

問題６

次の記述は，図に示すFET増幅回路について述べたものである．このうち誤っているものを下の番号から選べ．

1　回路はソース接地増幅回路である．
2　回路はバイポーラトランジスタのエミッタ接地増幅回路に相当する．
3　電圧増幅度は１より小さい．
4　入力電圧と出力電圧の位相は，逆位相となる．

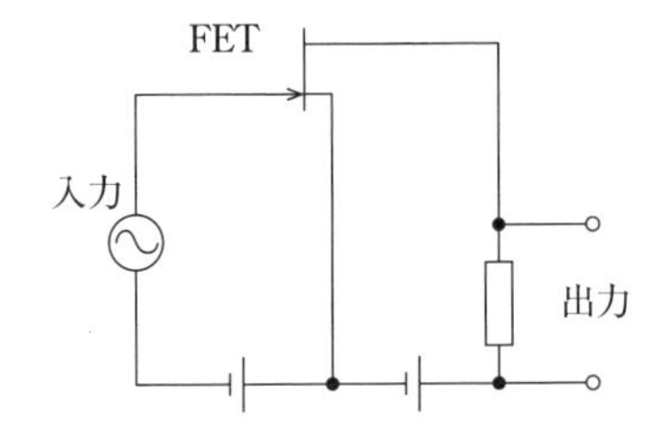

解説

3　電圧増幅度は１より**大きくすることができる**．

太字は誤っている箇所を正しくしてあるよ．
次に出題されるときは正しい選択肢になっていることもあるよ．

問題７

次の記述は，図に示す電界効果トランジスタ（FET）増幅回路について述べたものである．［　　］内に入れるべき字句の正しい組合せを下の番号から選べ．

(1) この回路は，［ A ］接地増幅回路で**ソース**ホロワ回路ともいう．
(2) 電圧増幅度は，ほぼ１であり，入力電圧と出力電圧は［ B ］位相である．
(3) 他の接地方式の増幅回路に比べて，出力インピーダンスが［ C ］．

	A	B	C
1	ドレイン	同	低い
2	ドレイン	逆	高い
3	ソース	同	高い
4	ソース	逆	低い

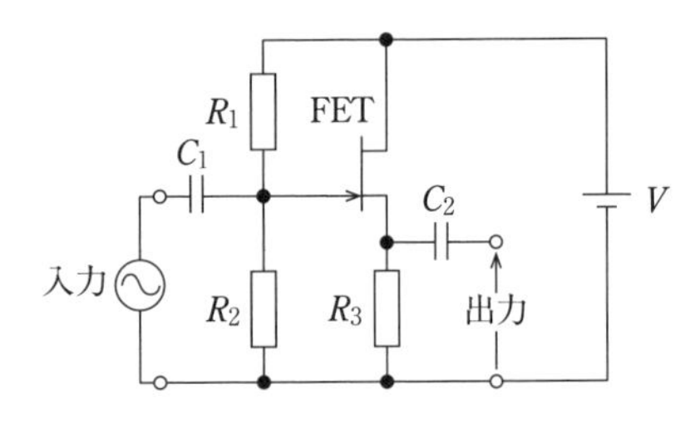

太字は穴あきになった用語として，出題されたことがあるよ．

問題 8

次の記述は，増幅回路に負帰還をかけたときの特徴について述べたものである．［　　］内に入れるべき字句の正しい組合せを下の番号から選べ．

(1) 増幅度が［ A ］なり，出力される雑音やひずみが［ B ］する．

(2) 増幅度が 3〔dB〕低下する周波数帯域幅は［ C ］なる．

	A	B	C
1	大きく	減少	広く
2	大きく	増加	狭く
3	小さく	増加	狭く
4	小さく	増加	広く
5	小さく	減少	広く

問題 9

増幅器の出力側において，基本波の電圧の実効値が 5〔V〕，第 2 高調波の電圧の実効値が 160〔mV〕，第 3 高調波の電圧の実効値が 120〔mV〕であった．このときのひずみ率の値として，正しいものを下の番号から選べ．

1　1〔%〕　　2　2〔%〕　　3　3〔%〕　　4　4〔%〕

解説

基本波の電圧の実効値を $V_1=5$〔V〕，第 2 高調波の電圧の実効値を $V_2=160$〔mV〕$=0.16$〔V〕，第 3 高調波の電圧の実効値を $V_3=120$〔mV〕$=0.12$〔V〕とすると，ひずみ率 K〔%〕は，次式で表されます．

$$K=\frac{\sqrt{V_2{}^2+V_3{}^2}}{V_1}\times 100$$

$$=\frac{\sqrt{0.16^2+0.12^2}}{5}\times 100=\frac{\sqrt{0.0256+0.0144}}{5}\times 100$$

$$=\frac{\sqrt{0.04}}{5}\times 100=\frac{\sqrt{0.2^2}}{5}\times 100$$

$$=\frac{0.2}{5}\times 100=4\text{〔\%〕}$$

解答

問題 1 →5　問題 2 →ア－8　イ－4　ウ－1　エ－2　オ－5

問題 3 →5　問題 4 →1　問題 5 →4　問題 6 →3　問題 7 →1

問題 8 →5　問題 9 →4

4.2 発振回路

重要知識

出題項目 Check!

- □ 発振回路の種類と回路図
- □ 発振回路の発振周波数の求め方
- □ 水晶発振子の等価回路
- □ 水晶発振回路の動作
- □ 位相同期（PLL）ループ発振器の構成

1 自励発振回路

一定の振幅の信号電圧を継続して作り出す回路を発振回路といいます．送信機の搬送波を発生させる回路などに用いられます．発振回路には自励発振回路と水晶発振回路があります．自励発振回路の発振周波数は，共振回路を構成するコンデンサ C とコイル L との共振周波数できまります．自励発振回路は可変容量コンデンサ（バリコン）で C の値を変化させれば発振周波数を変化させることができます．図 4.6 に発振回路の原理図を示します．発振が持続する回路の条件は，次式で表されます．

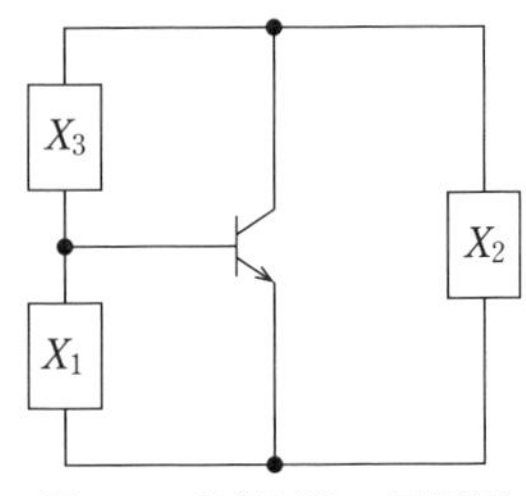

図 4.6　発振回路の原理図

$$\frac{h_{fe}X_2}{X_1} \geqq 1 \qquad (4.6)$$

$$X_1+X_2=-X_3 \qquad (4.7)$$

ただし，h_{fe}：トランジスタの電流増幅率

X_1 と X_2 が同じ種類のリアクタンスで，X_3 が異なる種類のリアクタンスのときに発振するので，X_1 と X_2 を誘導性リアクタンスのコイルにしたら，X_3 は容量性リアクタンスのコンデンサだね．

図 4.7 のハートレー発振回路は，リアクタンス X_1 と X_2〔Ω〕に同じ種類のコイルを用いるので，エミッタを挟んでベースとコレクタは逆位相になって，帰還回路を構成します．また，発振周波数 f〔Hz〕は共振回路の共振周波数となるので，次式によって求めることができます．

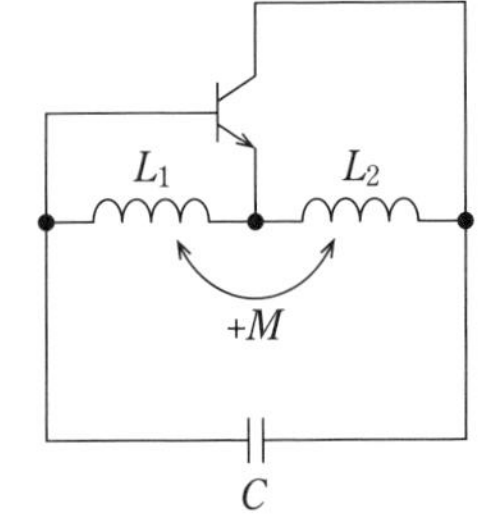

L_1，L_2〔H〕：自己インダクタンス
M〔H〕：相互インダクタンス
C〔F〕：静電容量

図 4.7　ハートレー発振回路

$$f=\frac{1}{2\pi\sqrt{LC}}\ \text{〔Hz〕} \qquad (4.8)$$

ここで，L〔H〕は L_1 と L_2〔H〕が和動接続で結合しているときは，$L=L_1+L_2+2M$〔H〕で表されます．

図4.8の**コルピッツ発振回路**では，リアクタンス X_1 と X_2〔Ω〕に同じ種類のコンデンサを用いるので発振周波数 f〔Hz〕は式(4.8)で表されます．ただし，C〔F〕は C_1 と C_2〔F〕の直列合成静電容量として次式で表されます．

$$C=\frac{C_1\times C_2}{C_1+C_2}\ \text{〔F〕} \qquad (4.9)$$

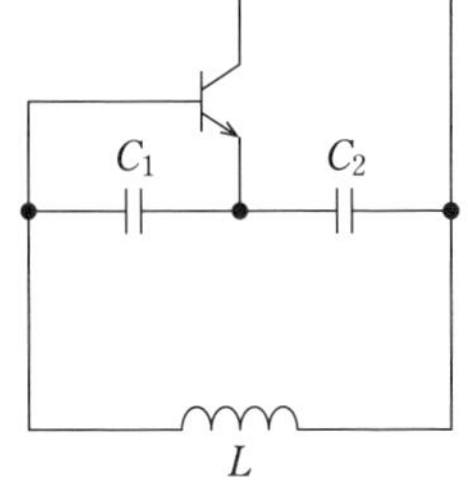

C_1，C_2〔F〕：静電容量
L〔H〕：インダクタンス

図4.8　コルピッツ発振回路

2　水晶発振回路

水晶発振回路は**水晶振動子**（水晶発振子）によって発振周波数が決まります．その構造，**等価回路**，リアクタンス特性を図4.9に示します．水晶振動子は水晶を薄く切り出したものに電極を付けた構造です．

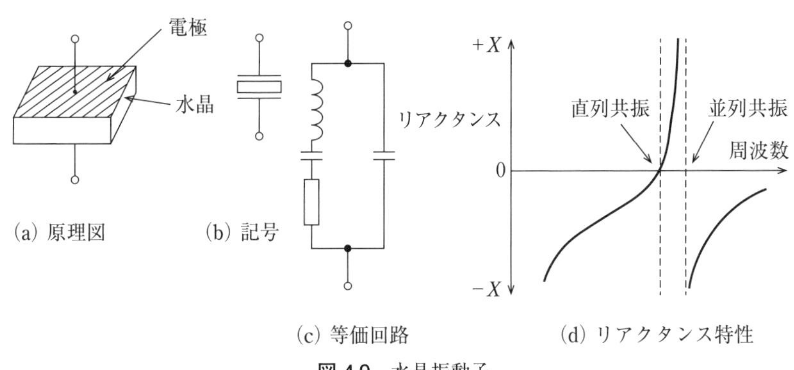

図4.9　水晶振動子

水晶発振回路の発振周波数は，水晶の厚みなどの構造で決まります．外部の温度変化などの影響が少なく発振周波数は非常に安定です．

水晶発振回路を図4.10に示します．図(b)のピアースCB発振回路の発振条件は，水晶発振子のリアクタンスがプラス（誘導性）の狭い周波数範囲を利用します．

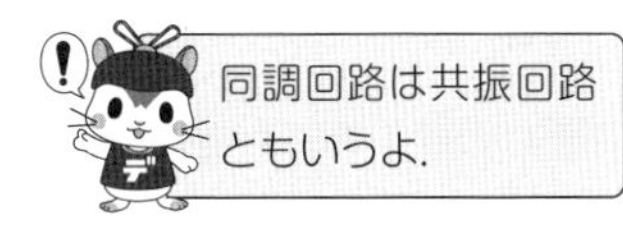

そのとき水晶発振子自体は，**等価的にコイル**として動作するので，コレクタ・エミッタ間のリアクタンスが異なるマイナスの**容量性**のときに発振が持続します．LC並列同調回路のリアクタンス特性は，図4.11のように同調（共振）周波数 f_0 から低い周波数で誘導性，高い周波数で容量性となります．そこで，LC同調回路の同調周波数 f_0 は発振周波数 f よ

りもわずかに**低く**します．図(c)のピアースBE発振回路では，同調回路が**誘導性**のときに発振するので，LC 同調回路の**同調周波数**は発振周波数よりもわずかに**高く**します．

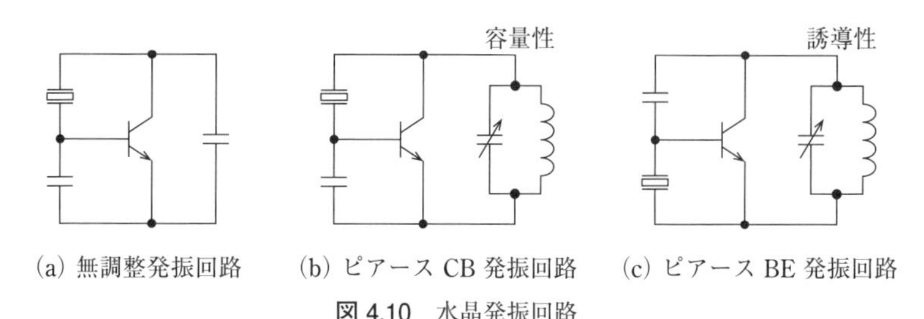

(a) 無調整発振回路　(b) ピアース CB 発振回路　(c) ピアース BE 発振回路

図 4.10　水晶発振回路

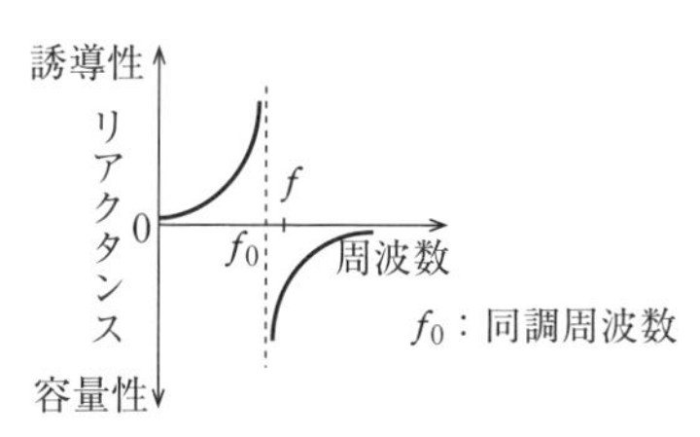

図 4.11　並列同調回路のリアクタンス特性

3 位相同期ループ発振回路

図4.12に位相同期ループ(PLL)発振回路を示します．安定度の良い水晶発振回路を用いた**基準水晶発振器**の発振周波数 f_s〔Hz〕を $1/M$ に分周した周波数と**電圧制御発振器**(VCO)の出力周波数 f_0〔Hz〕を $1/N$ に分周した周波数を**位相比較器**で比較して，**低域フィルタ**を通った制御電圧でVCOを制御することによって発振周波数を安定に保ちます．また，**可変分周器**の分周比を変えることによって，出力周波数 f_0 を変化させることができます．

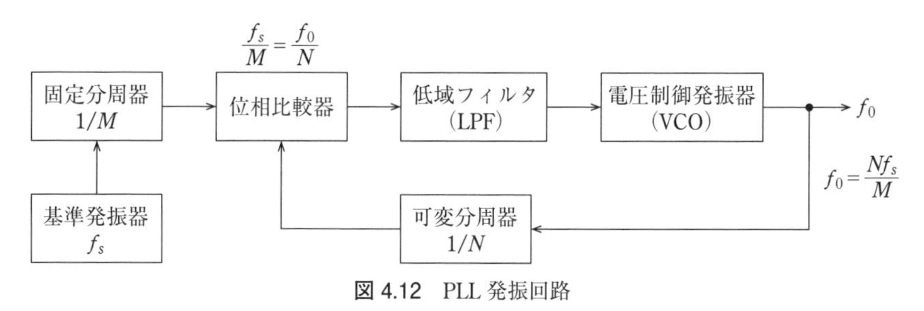

図 4.12　PLL 発振回路

試験の直前 Check!

- □ **発振回路の種類** ≫ コイルが直列接続されたハートレー発振回路．コンデンサが直列接続されたコルピッツ発振回路．
- □ **水晶発振子の等価回路** ≫ 直列共振および並列共振回路．
- □ **ピアース CB 水晶発振回路** ≫ 同調回路を容量性，LC 同調周波数を低く．
- □ **ピアース BE 水晶発振回路** ≫ 同調回路を誘導性，LC 同調周波数を高く．
- □ **位相同期ループ発振器** ≫ 基準水晶発振器，位相比較器，低域フィルタ（LPF），電圧制御発振器，可変分周器，$f_0 = \dfrac{Nf_s}{M}$．

国家試験問題

問題 1

図に示す発振回路の原理図の名称として，正しいものを下の番号から選べ．

1　コレクタ同調発振回路
2　ハートレー発振回路
3　コルピッツ発振回路
4　ピアース BE 発振回路

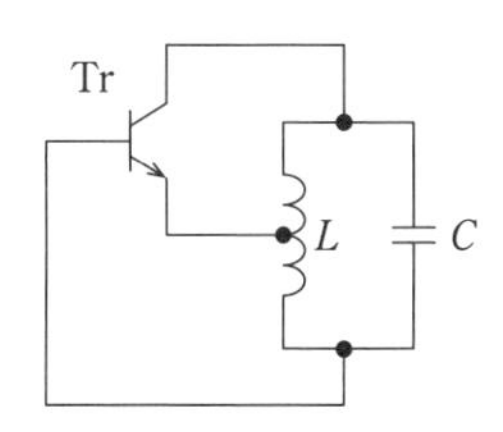

問題 2

図に示すコルピッツ発振回路の原理図における発振周波数の値として，最も近いものを下の番号から選べ．ただし，コンデンサ C_1 および C_2 の静電容量はそれぞれ 0.004〔μF〕，コイル L のインダクタンスは 2〔mH〕とする．

1　50〔kHz〕
2　80〔kHz〕
3　120〔kHz〕
4　160〔kHz〕
5　280〔kHz〕

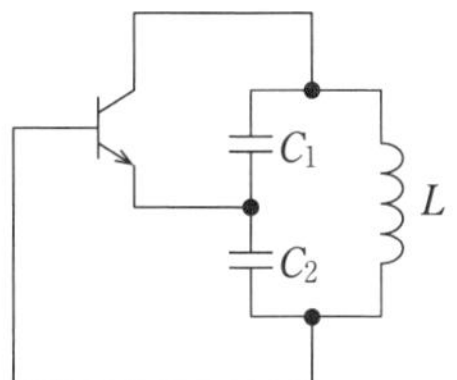

解説

コンデンサ $C_1=C_2=0.004$〔μF〕$=0.004\times10^{-6}$〔F〕の直列合成静電容量 C_S〔μF〕は，次式で表されます．

二つの静電容量が同じ値 C の直列合成静電容量は $\dfrac{C}{2}$ になるよ．
$\dfrac{1}{2\pi}\fallingdotseq0.16$ だよ．

$$C_S=\frac{C_1\times C_2}{C_1+C_2}$$

$$=\frac{C_1}{2}=0.002\text{〔}\mu\text{F〕}$$

$$=0.002\times10^{-6}\text{〔F〕}=2\times10^{-3}\times10^{-6}\text{〔F〕}=2\times10^{-9}\text{〔F〕}$$

発振周波数 f〔Hz〕は，次式で表されます．

$$f=\frac{1}{2\pi\sqrt{LC_S}}$$

$$=\frac{1}{2\pi}\times\frac{1}{\sqrt{2\times10^{-3}\times2\times10^{-9}}}$$

$$=\frac{1}{2\pi}\times\frac{1}{(2^2\times10^{-12})^{1/2}}$$

$$\fallingdotseq0.16\times\frac{1}{2\times10^{-6}}$$

$$=\frac{0.16}{2}\times10^6=0.08\times10^6=0.08\times1{,}000\times10^3$$

$$=80\times10^3\text{〔Hz〕}=80\text{〔kHz〕}$$

発振回路の名前が出たこともあるよ．

問題 3

図に示す回路のうち，水晶振動子の電気的等価回路として，正しいものを下の番号から選べ．

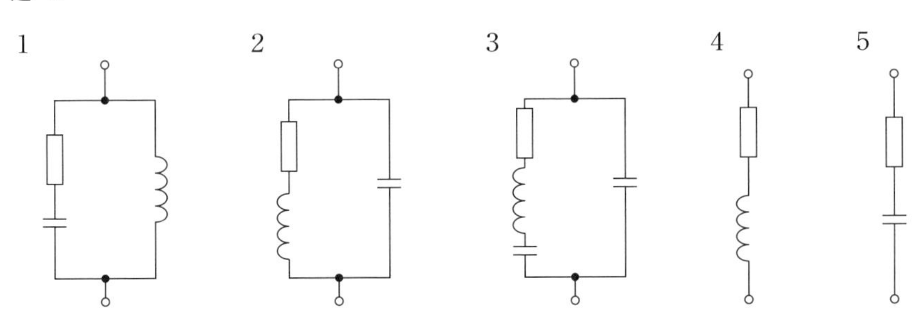

水晶振動子は，発振回路に用いられる素子だから，電気的等価回路はコイルとコンデンサがある共振回路になるよ．なんと，直列共振回路と並列共振回路の両方の特性を持つんだよ．だから，選択肢の中でいちばん複雑な回路だね．

問題 4

次の記述は，水晶発振回路の原理について述べたものである．□内に入れるべき字句の正しい組合せを下の番号から選べ．

図に示すピアース CB 水晶発振回路の原理図において，水晶発振子 X のリアクタンスが誘導性で，ベースとエミッタ間のリアクタンスが容量性であるから，コレクタとエミッタ間の同調回路（コイル L および可変コンデンサ C_V の並列回路）が［A］の場合に発振する．したがって，発振を持続させるには，L と C_V による同調周波数を発振周波数よりもわずかに［B］すればよい．

	A	B
1	誘導性	低く
2	誘導性	高く
3	容量性	低く
4	容量性	高く

コイルのリアクタンスが誘導性，コンデンサのリアクタンスが容量性だよ．共振したときはそれらのリアクタンスは同じ値になるよ．並列共振回路は，共振周波数より周波数が低いと誘導性で，高いと容量性になるよ．同調（共振）周波数を発振周波数より低くすれば，並列共振回路は，共振周波数より高い発振周波数では容量性になるよ．

問題５

次の記述は，水晶発振回路の原理について述べたものである．［　　］内に入れるべき字句の正しい組合せを下の番号から選べ．

図に示すピアースBE水晶発振回路の原理図において，水晶発振子Xのリアクタンスが誘導性で，ベースとコレクタ間のリアクタンスが容量性であるから，コレクタとエミッタ間の同調回路（コイルLおよび可変コンデンサC_Vの並列回路）が［ A ］の場合に発振する．したがって，発振を持続させるには，LとC_Vによる同調周波数を発振周波数（水晶発振子の固有周波数）よりもわずかに［ B ］すればよい．

	A	B
1	誘導性	低く
2	誘導性	高く
3	容量性	低く
4	容量性	高く

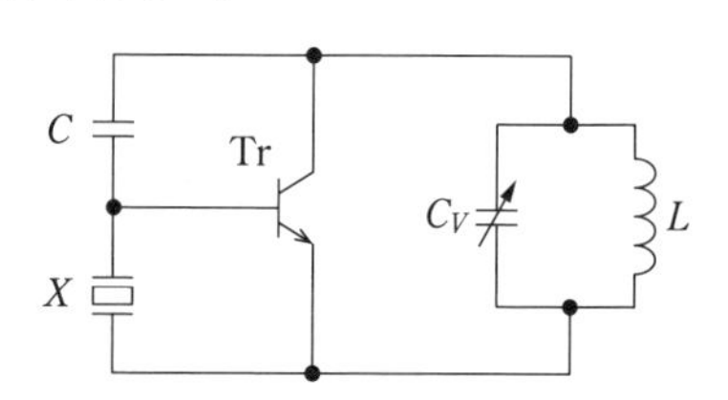

ベースとエミッタ間が誘導性なら，コレクタとエミッタ間も同じ誘導性だよ．
同調（共振）周波数を発振周波数より高くすれば，並列共振回路は，共振周波数より低い発振周波数では誘導性になるよ．

問題６

図は，位相同期ループ（PLL）を用いた発振器の原理的な構成例を示したものである．［　　］内に入れるべき字句を下の番号から選べ．

1　比検波器
2　振幅制限器
3　周波数逓倍器
4　電圧制御発振器
5　周波数混合器

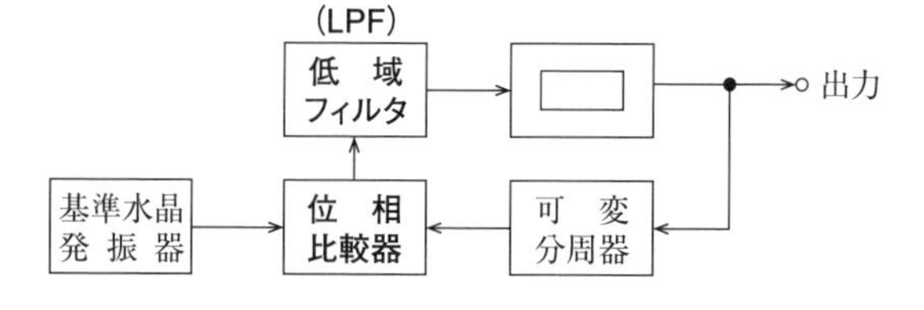

太字は穴あきになった用語として，出題されたことがあるよ．

普通，発振器は入る矢印が付いてないんだけど，電圧によって周波数を制御する電圧制御発振器は，入る矢印と出る矢印が付いてるよ．

問題 7 

図に示す位相同期ループ (PLL) 回路を用いた周波数シンセサイザ発振器において，可変分周器の分周比の N が 32 のときの出力周波数 f_0 の値として，正しいものを下の番号から選べ．ただし，基準発振器の出力周波数は 2〔MHz〕および固定分周器の分周比の M は 8 とする．

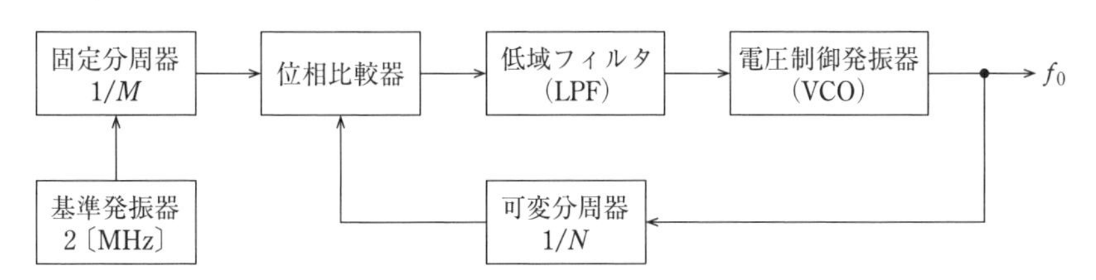

1　0.5〔MHz〕
2　1.0〔MHz〕
3　2.0〔MHz〕
4　4.0〔MHz〕
5　8.0〔MHz〕

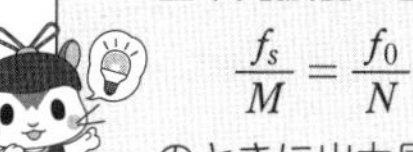

基準発振器の出力周波数 f_s と出力周波数 f_0 が，

$$\frac{f_s}{M} = \frac{f_0}{N}$$

のときに出力周波数が安定するんだよ．

解説

基準発振器の出力周波数を f_s〔MHz〕とすると，出力周波数 f_0〔MHz〕は，次式で表されます．

$$f_0 = \frac{Nf_s}{M}$$

$$= \frac{32 \times 2}{8} = \frac{64}{8} = 8\text{〔MHz〕}$$

解答

問題 1 →2　問題 2 →2　問題 3 →3　問題 4 →3　問題 5 →2
問題 6 →4　問題 7 →5

4.3 デジタル回路　重要知識

出題項目 Check!

- □ 論理素子の種類と動作
- □ 論理素子の真理値表の値

1 論理素子

コンピュータなどに用いられるデジタル回路の基本回路のことです．電圧の高い状態（H または 1）および低い状態（L または 0）のみで電子回路を構成します．

図 4.13 に論理回路の論理素子（論理ゲート）を示します．

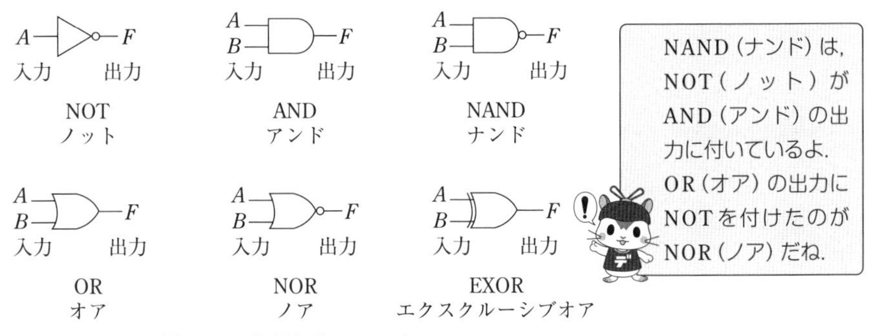

図 4.13　論理素子のシンボル

2 真理値表

論理素子の入力と出力の状態を表した表です．基本論理回路の真理値表を表 4.2 に示します．

表 4.2　真理値表

入力		出力 F					
A	B	NOT	AND	NAND	OR	NOR	EXOR
0	0	1	0	1	0	1	0
0	1	1	0	1	1	0	1
1	0	0	0	1	1	0	1
1	1	0	1	0	1	0	0
論理式		$F=\overline{A}$	$F=A\cdot B$	$F=\overline{A\cdot B}$	$F=A+B$	$F=\overline{A+B}$	$F=A\oplus B$

NOT の B 入力はありません．
「$\overline{\quad}$」否定　「+」論理和　「・」論理積　「⊕」排他的論理和

Point

論理素子の動作

NOT（ノット）回路は，逆にすること．1→0，0→1

AND（アンド）回路は，掛け算すること．1×1=1，1×0=0

OR（オア）回路は，足し算すること．1+0=1，ただし，1+1=1

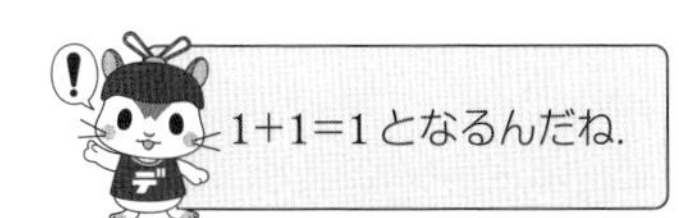

試験の直前 Check!

- □ **NOT（否定）** ≫ 入力が1のとき出力が0．入力が0のとき出力が1．$F=\overline{A}$
- □ **AND（論理積）** ≫ 両方の入力が1のとき，出力が1．$F=A\cdot B$
- □ **NAND** ≫ ANDの否定．$F=\overline{A\cdot B}$
- □ **OR（論理和）** ≫ どちらか一方または両方の入力が1のとき，出力が1．$F=A+B$
- □ **NOR** ≫ ORの否定．$F=\overline{A+B}$
- □ **EXOR（排他的論理和）** ≫ どちらか一方の入力が1のとき，出力が1．$F=A\oplus B$

国家試験問題

問題 1

図は，通常用いられる論理回路およびその名称の組合せを示したものである．このうち正しいものを1，誤っているものを2として解答せよ．ただし，正論理とし，AおよびBを入力，Mを出力とする．

ア	イ	ウ	エ	オ
NOT回路	NOR回路	OR回路	AND回路	NAND回路
A → M	A, B → M	A, B → M	A, B → M	A, B → M

問題 2

NOR回路の真理値表として，正しいものを下の番号から選べ．ただし，論理は正論理とする．

1

入力A	入力B	出力
0	0	1
0	1	0
1	0	0
1	1	0

2

入力A	入力B	出力
0	0	1
0	1	1
1	0	1
1	1	0

3

入力A	入力B	出力
0	0	0
0	1	1
1	0	1
1	1	1

4

入力A	入力B	出力
0	0	0
0	1	0
1	0	0
1	1	1

NOR（ノア）は，NOT（ノット）がOR（オア）の出力に付いてるよ．ORは入力のどちらか，または両方が“1”のとき出力が“1”になるよ．NORの出力は，ORの出力の“1”と“0”が逆になるから，入力のどちらか，または両方が“1”のとき出力が“0”になるよ．

NAND回路が出たこともあるよ．選択肢２だね．

問題 3

次に示す論理回路の名称と真理値表の組合せとして正しいものを１，誤っているものを２として解答せよ．ただし，論理は正論理とする．

ア　EXOR

入力		出力
A	B	F
0	0	1
0	1	0
1	0	0
1	1	1

イ　OR

入力		出力
A	B	F
0	0	1
0	1	0
1	0	0
1	1	0

ウ　NAND

入力		出力
A	B	F
0	0	1
0	1	1
1	0	1
1	1	0

エ　NOR

入力		出力
A	B	F
0	0	0
0	1	1
1	0	1
1	1	0

オ　AND

入力		出力
A	B	F
0	0	0
0	1	0
1	0	0
1	1	1

EXOR（エクスクルーシブオア）は，OR（オア）に似ているけど，入力の両方が“1”のとき出力が“0”になるよ．

問題 4

図に示す各論理回路に $X=0$, $Y=1$ の入力を加えた場合，各論理回路の出力 F の正しい組合せを下の番号から選べ．

	A	B	C
1	1	0	1
2	1	0	0
3	0	1	1
4	0	1	0

A　B　C

X, Y → F

入力が $X=1$, $Y=0$ の問題も出題されているよ．答えは同じだよ．

問題 5

次の図は，論理回路とその入力に $A=0$, $B=1$ を加えたときの出力 X の値の組合せを示したものである．このうち正しいものを1，誤っているものを2として解答せよ．ただし，正論理とする．

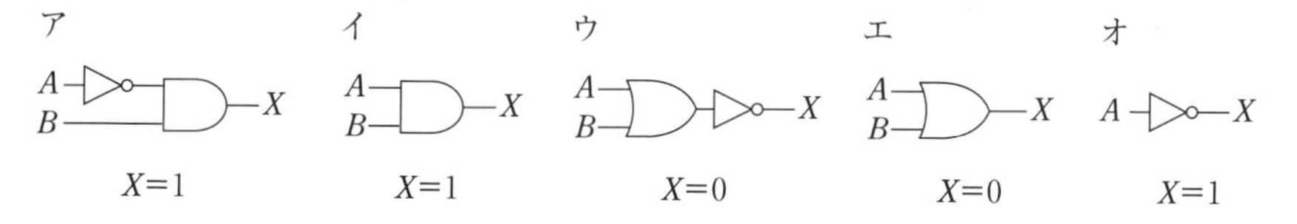

選択肢ウは，NOR（ノア）と同じだよ．選択肢ウとエの出力は"1"と"0"に反転していないからどちらかが間違いだね．

入力が $A=1$, $B=0$ の問題も出題されているよ．アとオは出力が変わるよ．

問題６

次の図は，論理回路と論理式の組合せを示したものである．このうち正しいものを１，誤っているものを２として解答せよ．

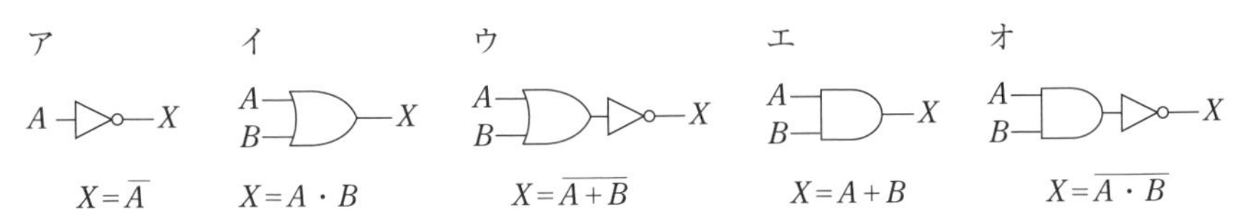

NOT（ノット）は「￣」の反転，OR（オア）は「+」の足し算，AND（アンド）は「・」の掛け算だよ．

解答

問題１→ア－１　イ－２　ウ－１　エ－１　オ－２　**問題２**→１

問題３→ア－２　イ－２　ウ－１　エ－２　オ－１　**問題４**→１

問題５→ア－１　イ－２　ウ－１　エ－２　オ－１

問題６→ア－１　イ－２　ウ－１　エ－２　オ－１

5.1 電信送信機・AM送信機

重要知識

出題項目 Check!

- □ 水晶発振器の発振周波数を安定にする方法
- □ 電信波形が異常になる原因
- □ AM (A3E) 送信機の構成と各部の動作
- □ 高電力変調と低電力変調の特徴
- □ 搬送波電力，振幅変調波電力，電力効率の求め方
- □ 送信機のアンテナ結合回路の調整方法

1 トランシーバ

図 5.1 (a) のように電波を利用して音声などを送るための機器を**送信機**といいます．図 (b) のように電波を受けて音声などを取り出すための機器を**受信機**といいます．また，この両方を一つにまとめた機器を**トランシーバ**といいます．

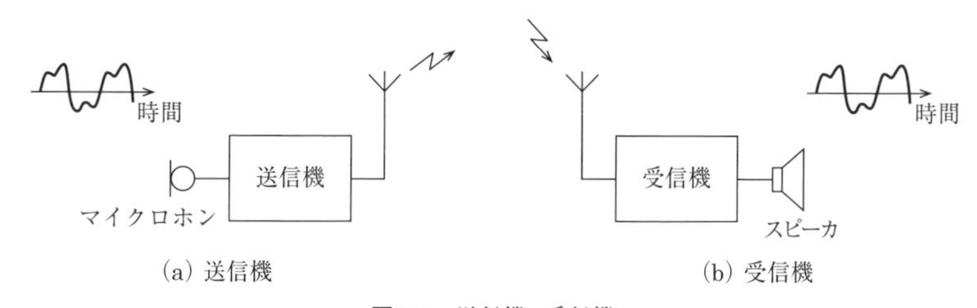

図 5.1　送信機，受信機

トランシーバは**プレストークボタン (PTT スイッチ)** によって送受信を切り替えます．スイッチを押すと送信状態に，離すと受信状態になります．SSB トランシーバなどでは VOX 回路によって，送話の音声の有無で自動的に送受信を切り替えることができます．電信用トランシーバでは，電けんを押すと送信状態になり，電けんを離すと受信状態になる電けん操作によって送受信切り替えができる機器があります．これを**ブレークイン方式**といいます．

2 変調

音声等の低周波は，そのまま電波として空間に放射することができません．高周波の**搬送波**を変調することによって，電波として空間に放射することができるようにします．搬送波を音声等の信号に応じて変化させることを変調といいます．搬送波の振幅を音声等の振幅で変化させる変調方式を振幅変調 (AM) といいます．搬送波の周波数を変化させる変調方式を**周波数変調** (FM) といいます．

AMは，Amplitude（アンプリチュード：振幅）Modulation（モジュレーション：変調），FMは，Frequency（フリークエンシー：周波数）Modulation（モジュレーション：変調）のことだよ．

3 電信送信機

モールス符号の電けん操作によって搬送波を断続する送信機を電信送信機といいます．図5.2に構成図を示します．各部の動作は次のようになります．

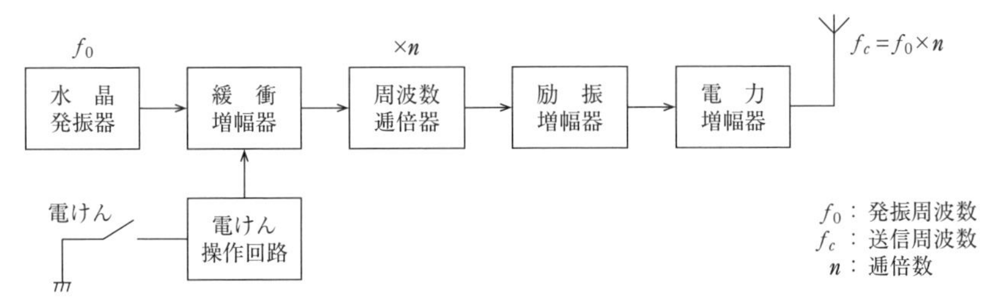

図5.2　電信送信機

① **水晶発振器**：搬送波を作り出す回路です．発振周波数を安定にするために水晶発振回路が用いられます．

② **緩衝増幅器**：水晶発振器が後段の影響を受けて，その**発振周波数が変動するのを防ぐように疎に結合**するために用いられます．**A級増幅**を使って後段の影響がないようにします．緩衝というのは，影響をやわらげるという意味です．

③ **周波数逓倍器**：高い周波数を得るときに発振周波数を整数倍にする回路です．**ひずみの大きいC級増幅**を使って出力に含まれる**高調波成分**から入力周波数の整数倍の出力周波数を得ます．

④ **励振増幅器**：電力増幅器を動作させるために必要とする電圧に増幅する回路です．**効率の良いC級増幅**で動作させます．

⑤ **電力増幅器**：アンテナから放射するために必要とする電力に増幅する回路です．

⑥ 電けん操作回路：電けん操作によって搬送波を断続します．

電信（A1A）は，搬送波の振幅が変化することで符号を送るから，振幅変調だよ．

Point

水晶発振器の発振周波数を安定にする.

① 電源に**定電圧回路**を用いる.
② 水晶発振子を**恒温槽**に入れて，部品の温度変化を小さくする.
③ 発振器と負荷の**結合を疎**にする.
④ 水晶発振器の後段に**緩衝増幅器**を設ける.
⑤ 水晶発振子に加わる**機械的衝撃や振動**の影響を軽減する.

4 電信波形

電けん操作で搬送波が断続された送信機出力波形をオシロスコープで観測すると図5.3のような電信波形になります．図(a)が正常な波形です．図(b)～(f)は異常な波形です.

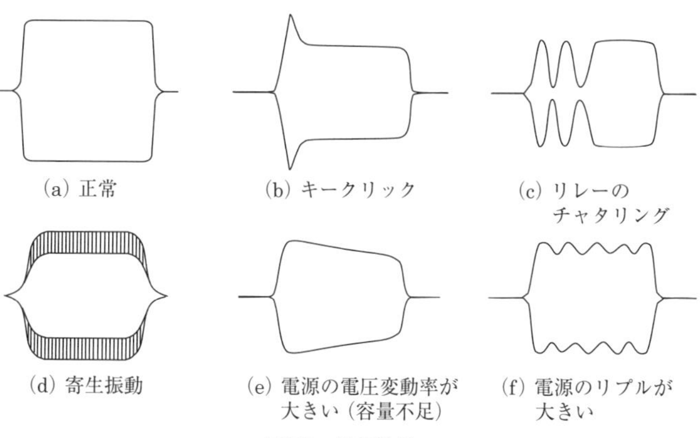

図5.3 電信波形

5 振幅変調（A3E）

図5.4(a)のような搬送波を図(b)のような信号波で振幅変調すると，図(c)のような振幅変調波が得られます．図(c)において，最大振幅をA〔V〕，最小振幅をB〔V〕，搬送波の振幅をC〔V〕，信号波の振幅をS〔V〕とすると，**変調度**m〔%〕は次式で表されます.

$$m = \frac{S}{C} \times 100〔\%〕 \tag{5.1}$$

または,

$$m = \frac{A-B}{A+B} \times 100〔\%〕 \tag{5.2}$$

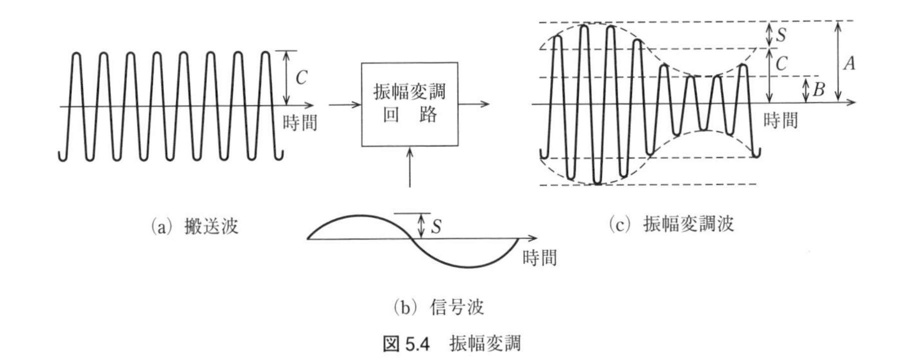

図 5.4　振幅変調

変調された振幅変調波は，図 5.5 (a) のように搬送波の上下に信号波の周波数 (f_s) 離れたところの周波数に側波が発生します．搬送波の周波数 (f_c) に対して，上の側波 (f_c+f_s) を**上側波**，下の側波 (f_c-f_s) を**下側波**といいます．このとき，上下の側波の幅が振幅変調波の幅となり，これを占有周波数帯幅といいます．振幅変調波の占有周波数帯幅は，$2f_s$ となります．音声はいろいろな周波数成分を持つので，図 (b) のように音声信号波を表すと音声信号波で変調された振幅変調波は図 (c) のようになります．このときの上下の側波を**上側波帯**，**下側波帯**といいます．搬送波と両方の側波帯を伝送する方式を DSB (A3E) といいます．

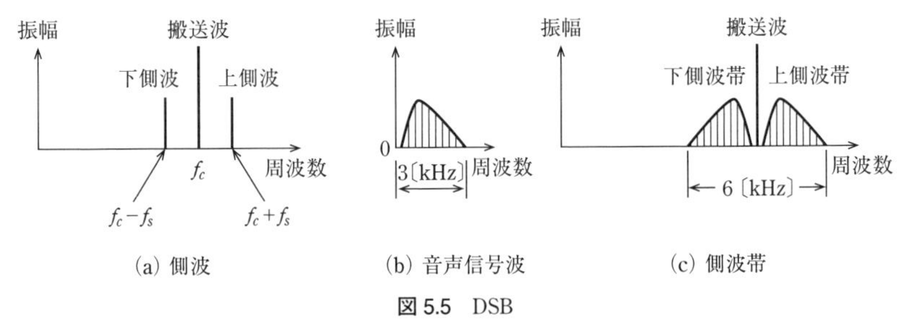

図 5.5　DSB

6　振幅変調波の電力

搬送波を単一正弦波の信号波で振幅変調すると図 5.4 (c) のように搬送波の振幅が変化します．振幅変調波は図 5.6 (a) のように搬送波の周波数 f_c から信号波の周波数 f_s 離れた位置に発生する二つ周波数の側波 f_c+f_s と f_c-f_s および搬送波の合成波として表されます．

搬送波の実効値電圧を V_C〔V〕，信号波の実効値電圧を V_S〔V〕とすると，搬送波と側波のスペクトルは図 5.6 (a) で表すことができます．電圧の 2 乗と電力は比例するので，図 5.6 (b) のように搬送波電力を P_C〔W〕とすると，**振幅変調波の平均電力** P〔W〕は搬送波電力と側波の電力の和として，次式で表されます．

$$P = P_C + \left(\frac{m}{2}\right)^2 P_C + \left(\frac{m}{2}\right)^2 P_C$$

$$= P_C + 2 \times \frac{m^2}{4} P_C = \left(1 + \frac{m^2}{2}\right) P_C \text{〔W〕} \qquad (5.3)$$

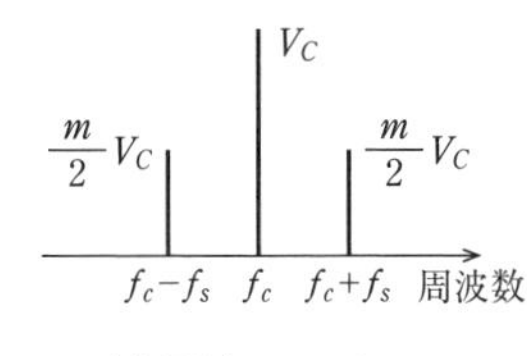

(a) 電圧スペクトル

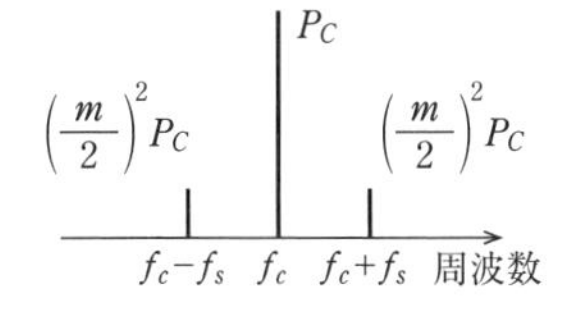

(b) 電力スペクトル

図 5.6 振幅変調波のスペクトル

変調度 m の値は 1 (100〔%〕) 以下なので，m^2 は m よりも小さくなって図 5.6 のようになるよ．$m=1$ のとき側波の電圧は搬送波の電圧の 1/2 で，側波の電力は搬送波の電力の 1/4 となるね．

7 AM (A3E) 送信機

(1) AM (A3E) 送信機の構成

搬送波を振幅変調して送信する送信機を AM 送信機または DSB 送信機といいます．図 5.7 に構成図を示します．各部の動作は次のようになります．電信送信機と同じ部分は省略します．

① マイクロホン：音声などの音波を電気信号に変換する装置です．

② **音声増幅器** (低周波増幅器)：音声信号を増幅する回路です．

③ **変調器**：音声信号を変調に必要とする電力に増幅する回路です．

④ **電力増幅器**：アンテナから放射するために必要とする電力に増幅する回路です．図 5.7 のような高電力変調では，効率の良い C 級動作とすることができます．

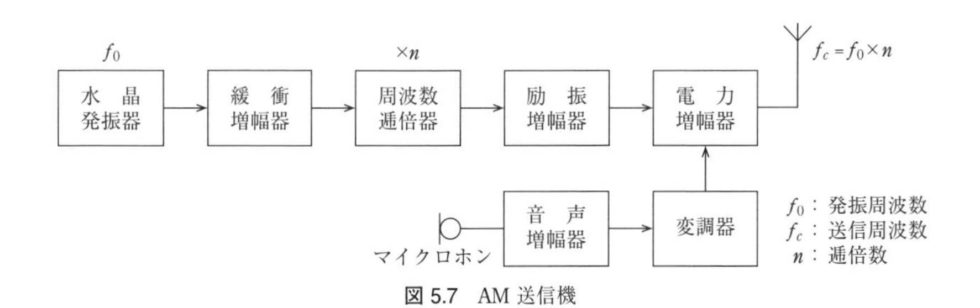

図 5.7　AM 送信機

一つの側波帯の単側波帯を使うSSB送信機があるので，両側波帯を使うAM送信機のことはDSB送信機というよ．

(2) 高電力変調

送信機の電力増幅段で変調を行う方式です．変調器からは側波の電力が供給されるので，変調器の**変調電力が大きく**なりますが，**電力増幅段をC級で動作**させることができるので，**終段の効率は良くなります**．

(3) 低電力変調

電力増幅段よりも手前の増幅段で変調を行う方式です．**変調器の変調電力は小さく**てすみますが，**電力増幅段をひずみの少ないA級またはB級**で動作させなければならないので，電力効率は悪くなります．

(4) 電力効率

送信機の電力増幅器において，直流供給電力を P〔W〕，高周波出力電力 P_O〔W〕とすると，**電力効率** η（イータ）〔%〕は次式で表されます．

$$\eta=\frac{P_O}{P}\times 100〔\%〕\qquad (5.4)$$

Point

電波型式の記号

A3E　振幅変調の両側波帯，アナログ信号の単一チャネル，電話．
J3E　振幅変調の抑圧搬送波単側波帯，アナログ信号の単一チャネル，電話．
F3E　周波数変調，アナログ信号の単一チャネル，電話．

試験の直前 Check!

- □ **水晶発振器の発振周波数を安定** ≫ 定電圧回路，恒温槽，負荷の結合を疎，後段に緩衝増幅器，機械的振動を軽減．
- □ **緩衝増幅器** ≫ 水晶発振器の周波数を安定．結合を疎．A級増幅．
- □ **周波数逓倍器** ≫ ひずみが大きいC級増幅，基本波の整数倍の高調波成分．
- □ **電信送信機の異常波形** ≫ チャタリング，キークリック，電源の電圧変動（容量不足），電源のリプル，寄生振動．
- □ **振幅変調波の電力** ≫ $P=P_C\left(1+\dfrac{m^2}{2}\right)$
- □ **DSBの100〔%〕変調波の電力** ≫ 片方の側波は搬送波の1/4，6〔dB〕低い．
- □ **AM送信機の構成** ≫ 水晶発振器，緩衝増幅器，周波数逓倍器，励振増幅器，電力増幅器，音声増幅器，変調器．
- □ **高電力変調** ≫ 変調器出力が大きい．電力増幅器が効率の良いC級動作．
- □ **電力効率** ≫ $\eta=\dfrac{P_O}{P}\times 100$〔%〕

国家試験問題

問題 1

次の記述は，水晶発振器の発振周波数を安定にする一般的な方法について述べたものである．このうち誤っているものを下の番号から選べ．

1. 機械的衝撃や振動の影響を軽減する．
2. 水晶発振器と負荷との間に緩衝増幅器を設ける．
3. 水晶発振器または水晶発振子を恒温槽に入れる．
4. 水晶発振器と負荷との結合を密にする．
5. 電源に定電圧回路を用いる．

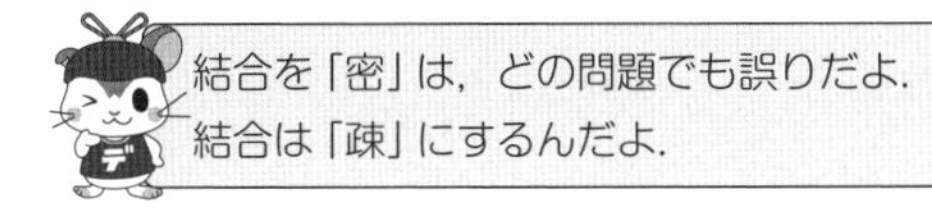

問題２

次の記述は，送信機に用いられる周波数逓倍器について述べたものである．［　　］内に入れるべき字句の正しい組合せを下の番号から選べ．

周波数逓倍器には，一般にひずみの**大きい**［　A　］増幅回路が用いられ，その出力に含まれる［　B　］成分を取り出すことにより，基本周波数の整数倍の周波数を得る．

	A	B
1	A級	低調波
2	A級	高調波
3	C級	低調波
4	C級	高調波

太字は穴あきになった用語として，出題されたことがあるよ．

A級は波形の全周期を増幅するのでひずみが少ないよ．B級は半周期，C級はそれより少ない一部の周期だからひずみが多いよ．

問題３

図は，AM（A1A）送信機で，電けん操作をしたときの送信波の異常波形とその原因の組合せを示したものである．このうち正しいものを１，誤っているものを２として解答せよ．

ア

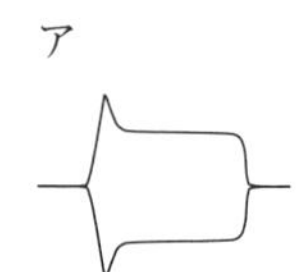

チャタリング

イ

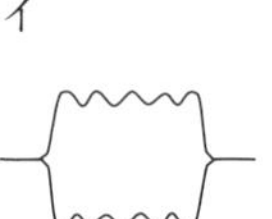

リプルが大

ウ

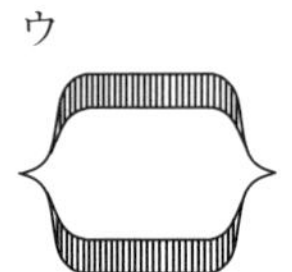

寄生振動

エ

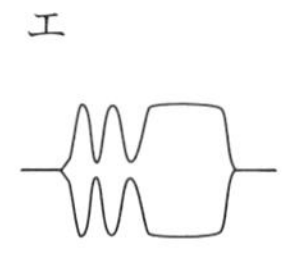

キークリック

オ

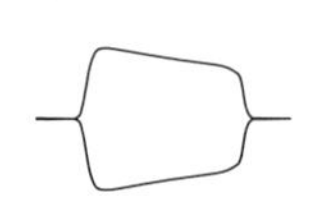

電源容量の不足

問題 4

次の記述は，AM (A3E) 送信機の動作等について述べたものである．［　　］内に入れるべき字句の正しい組合せを下の番号から選べ．

(1) 緩衝増幅器は，発振器に負荷の変動の影響を与えず，発振周波数を**安定**にするよう，水晶発振器の出力と次段の結合をできるだけ［ A ］にするために用いられる増幅器で，通常**A級**で動作させる．

(2) 高電力変調方式は，低電力変調方式に比べて変調器出力が［ B ］，また，終段の電力増幅器は効率の良い［ C ］で動作させることができる．

	A	B	C
1	密	大きく	A級
2	密	小さく	C級
3	疎	大きく	C級
4	疎	小さく	A級

結合を「密」は，どの問題でも誤りだよ．
結合は「疎」にするんだよ．

問題 5

AM (A3E) 送信機において，無変調時の搬送波電力が 100〔W〕，変調信号が単一正弦波で変調度 90〔%〕のときの，振幅変調 (A3E) 波の平均電力の値として，最も近いものを下の番号から選べ．

1 140〔W〕
2 180〔W〕
3 210〔W〕
4 250〔W〕
5 280〔W〕

搬送波電力 P_C，変調度（実数比）m のとき，振幅変調波の平均電力 P は，次の式で表されるよ．

$$P=P_C\left(1+\frac{m^2}{2}\right)\text{〔W〕}$$

解説

搬送波電力を $P_C=100$〔W〕，変調度（実数比）を $m=0.9$ とすると，振幅変調された送信波の平均電力 P〔W〕は，次式で表されます．

$$P=P_C\left(1+\frac{m^2}{2}\right)$$

$$=100\times\left(1+\frac{0.9^2}{2}\right)$$

$$=100\times\left(1+\frac{0.81}{2}\right)$$

$$\fallingdotseq 100\times 1.4=140\text{〔W〕}$$

問題6 

電力増幅器において，高周波出力電力が200〔W〕で直流供給電流が6.25〔A〕のときの直流供給電圧の値として，正しいものを下の番号から選べ．ただし，電力増幅器の電力効率は80〔%〕とする．

1　30〔V〕
2　40〔V〕
3　50〔V〕
4　60〔V〕

出力電力P_O，供給電力Pのとき，電力効率ηは次の式で表されるよ．

$$\eta = \frac{P_O}{P} \times 100〔\%〕$$

解説

高周波出力電力をP_O〔W〕，電源から供給される直流電力をP〔W〕とすると，電力増幅器の電力効率ηは，次式で求めることができます．

$$\eta = \frac{P_O}{P}$$

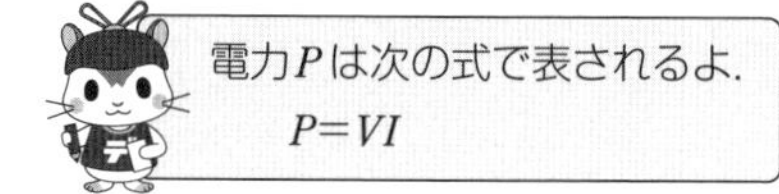

電力効率（実数比）を$\eta = 0.8$とすると，

$$0.8 = \frac{200}{P} \quad より，\quad P = \frac{200}{0.8} = 250〔W〕$$

直流供給電流をI〔A〕とすると，直流供給電圧V〔V〕は，次式で表されます．

$$V = \frac{P}{I} = \frac{250}{6.25} = 40〔V〕$$

解答

問題1→4　**問題2**→4
問題3→ア−2　イ−1　ウ−1　エ−2　オ−1　**問題4**→3
問題5→1　**問題6**→2

5.2 SSB送信機・FM送信機 重要知識

出題項目 Check!

- □ SSB (J3E) 送信機の構成，特徴，各部の動作
- □ SSB波の発生方法
- □ SSB通信方式，FM通信方式の特徴
- □ FM (F3E) 送信機の構成，特徴，各部の動作

1 SSB (J3E)

(1) SSB

図5.5の振幅変調波（DSB）のうち，図5.8のように片方の側波帯のみ伝送すれば同じ情報を伝送することができます．このような方式をSSB（J3E）といい，図（a）のように周波数の低い側波帯のみを使用する方式をLSB，図（b）のように周波数の高い側波帯のみを使用する方式をUSBといいます．

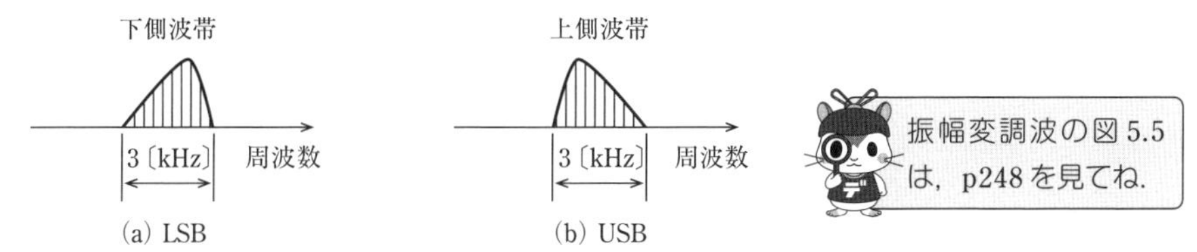

図5.8 SSB

SSBは，Single（シングル：単）SideBand（サイドバンド：側波帯），DSBは，Double（ダブル：両）SideBand（サイドバンド：側波帯）のことだよ．

(2) フィルタ法

フィルタ法を用いたSSB変調器の構成図を図5.9に示します．**リング変調回路**等の**平衡変調器**を用いて，**搬送波が抑圧された両側波帯**のうちいずれかの側波帯のみを**帯域フィルタ（BPF）**を用いて取り出してSSB波を作ります．

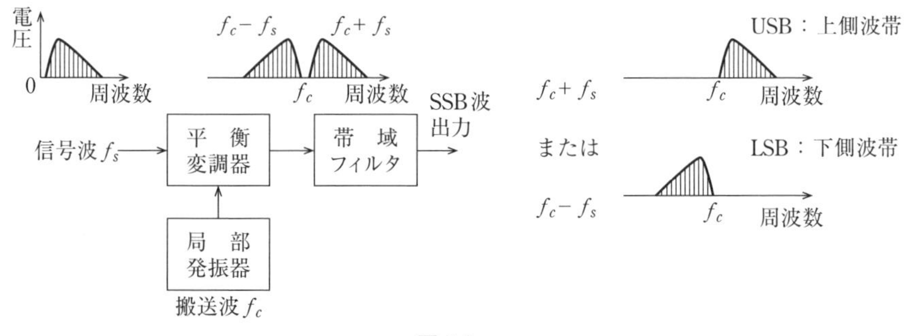

図 5.9

(3) 移相法

移相法を用いたSSB変調器の構成図を図5.10に示します．搬送波と信号波のそれぞれを**π/2 移相器**によって，位相を変化させた成分と変化させない成分を平衡変調し，それを合成することにSSB波を取り出します．信号波の周波数範囲にわたって一様にπ/2〔rad〕移相偏移を得るためにアナログ回路以外にデジタル移相器も用いられます．

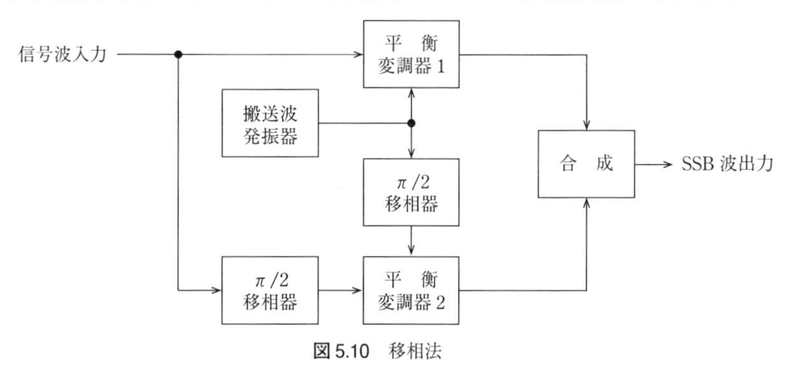

図 5.10　移相法

(4) DSP

DSP（デジタル・シグナル・プロセッサ）は音声等のアナログ信号を**A−D変換器**（アナログ−デジタル変換器）でデジタル信号に変換した後に用いられるデジタル信号処理専用の演算プロセッサです．信号を**演算処理**するので，複雑な信号処理が可能で演算処理部の**ソフトウェア**の入れ替えでいくつもの機能を実現することができます．

2　SSB (J3E) 送信機

(1) SSB (J3E) 送信機の構成

搬送波を振幅変調したとき発生する上側波帯または下側波帯のうち，どちらか片方の側波帯を送信する装置です．図5.11にフィルタ法を用いたSSB送信機の構成を示します．各部の動作は次のようになります．DSB送信機と同じ部分は省略します．

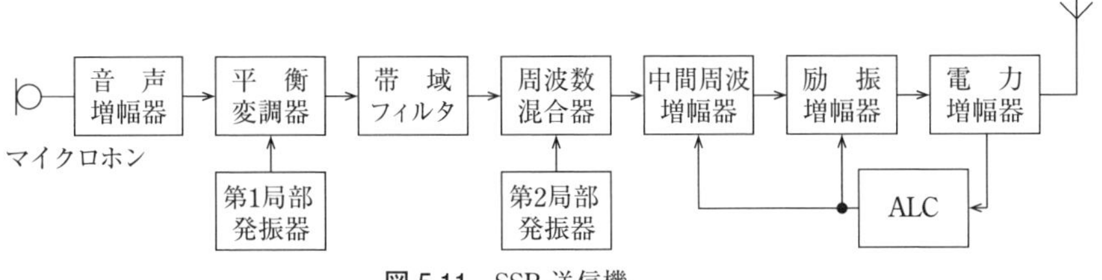

図 5.11　SSB 送信機

① **第 1 局部発振器**：中間周波数の搬送波を作り出す回路です．水晶発振回路が用いられます．

② **平衡変調器**：搬送波が抑圧された（抑えられた）振幅変調波を得る回路です．トランジスタを二つ使った平衡変調器やダイオードを四つ使った**リング変調器**などが用いられます．

③ **帯域フィルタ**（BPF）：平衡変調されたDSB波から上側波帯または下側波帯のどちらかを取り出す回路です．水晶フィルタなどが用いられます．

④ **中間周波増幅器**：中間周波数のSSB信号を増幅します．

⑤ **周波数混合器**：中間周波数と第 2 局部発振器の出力周波数を混合して，必要な送信周波数を得ます．

⑥ **第 2 局部発振器**：必要な送信周波数に変換するための高周波を発振します．**可変周波数発振器**（**VFO**）が用いられます．

⑦ **励振増幅器**：電力増幅器に必要とする電圧まで増幅します．

⑧ **電力増幅器**：アンテナから放射するために必要とする電力に増幅する回路です．SSB変調波を増幅するので，ひずみの少ないA級またはB級動作とします．

⑨ **ALC回路**：電力増幅器に大きな入力電圧が加わるとひずみが発生するので，入力レベルを制限してひずみを軽減するための回路です．SSB送信機では音声入力が大きくなると出力電力が比例して大きくなるので，ALC回路によって**過変調を抑えて平均変調度を上げる**ことができます．

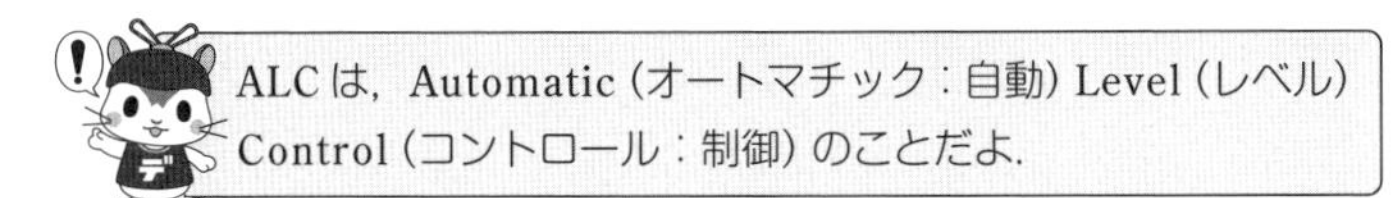

Point

周波数混合器

周波数 f_s〔Hz〕の高周波信号波と周波数 f_0〔Hz〕の局部発振器の出力を混合器に入力すると，出力はそれらの**和**の f_s+f_0〔Hz〕**および差**の f_s-f_0〔Hz〕の**周波数成分**が表れる．そのうち必要な周波数成分を帯域フィルタで取り出して，**他の周波数に変換する**．

振幅変調された信号を増幅する SSB 送信機では周波数混合器を用いる．ひずみが多い周波数逓倍器は用いられない．

(2) SSB方式の特徴

DSB方式と比較するとSSB方式は次の特徴があります．

① **占有周波数帯幅が 1/2．**

② **選択性フェージングの影響が小さい．**

③ 通話中以外は電波が放射されないので，**ビート妨害が少ない**ので**干渉が軽減**できる．

④ **信号対雑音比が良い．**

⑤ 送信機の**消費電力が少ない．DSB の全電力の 1/6．**

3 周波数変調（F3E）

信号波の振幅に応じて，搬送波の**周波数**を変化させる変調方式を周波数変調（FM）といいます．図 5.12 (a) のような搬送波を図 (b) のような信号波で周波数変調すると，図 (c) のような周波数変調波が得られます．周波数変調波の側波の一例は図 (d) のようになります．周波数変調波の側波は，信号波の振幅により複雑に変化します．また，最大値の信号波を与えたときの周波数の偏移を最大周波数偏移といいます．

信号波の最高周波数を f_s〔Hz〕，最大周波数偏移を f_d〔Hz〕とすると占有周波数帯幅 B〔Hz〕は，次式で表されます．

$$B \fallingdotseq 2(f_d+f_s)\text{〔Hz〕} \tag{5.5}$$

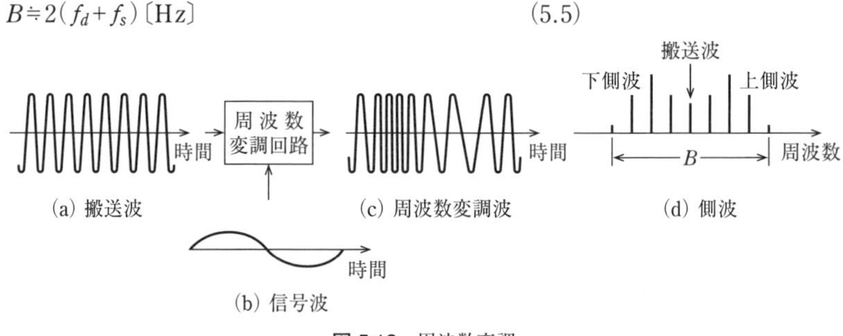

図 5.12　周波数変調

振幅変調の側波は，上下に一つずつだけど，周波数変調の側波は，たくさんあるから占有周波数帯幅が広いんだね．

4 FM (F3E) 送信機

(1) FM (F3E) 送信機の構成

周波数変調の電波を送信する装置です．周波数変調は搬送波の周波数を音声信号で変化させます．おもに超短波（VHF：30～300〔MHz〕）以上の周波数で用いられます．図5.13に間接FM方式の送信機の構成を示します．各部の動作は次のようになります．今までと共通部分は省略します．

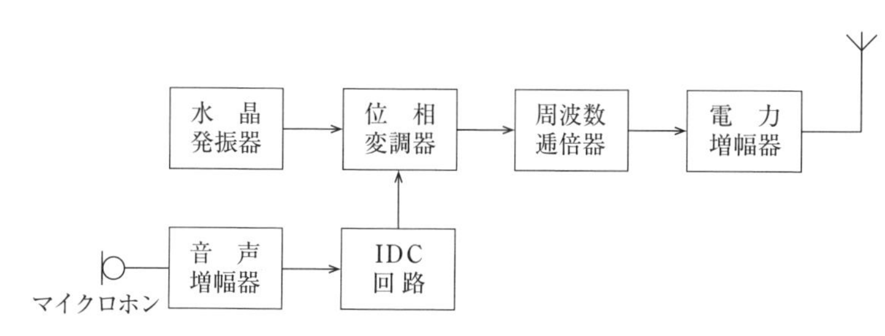

図5.13 FM送信機

① **IDC回路**：大きな信号入力や高い周波数の入力が加わっても**最大周波数偏移**を制限して規定値以下に制御する回路です．

② **位相変調器**：信号入力の電圧の変化を搬送波の周波数の変化にする周波数変調を行う回路です．IDC回路を通った信号入力を位相変調すると周波数変調波になります．

③ **周波数逓倍器**：発振周波数を整数倍にする回路です．ひずみの多いC級増幅を使って出力の高調波から入力周波数の整数倍の出力周波数を得ます．周波数変調波の周波数偏移も整数倍の偏移を得ることができます．

④ **電力増幅器**：アンテナから放射するために必要とする電力に増幅する回路です．FM変調波は振幅が一定なので，**効率の良いC級動作**とすることができます．

Point

周波数変調（FM）

周波数変調は，信号波の振幅が大きくなったり周波数が高くなっても周波数偏移を一定値に抑えることができる．位相変調は位相偏移が大きくなると周波数偏移も大きくなる．そこで，**IDC回路**によって，信号波の振幅と周波数を制御して**位相変調**を行うことで等価的に**周波数変調波**を得ることができる．よって，周波数偏移を抑えることができる．

IDC回路と位相変調器で周波数変調波を得る方式を間接FM方式という．この方式では発振器に水晶発振回路を用いることができるので，周波数安定度を高くすることができる．自励発振器を周波数変調する方法を直接FM方式という．直接FM方式では自励発振器の周波数安定度を良くするために**自動周波数制御（AFC）回路**が必要になる．

IDCは，Instantaneous（インスタンテニアス：瞬時）Deviation（デビエーション：周波数偏移）Control（コントロール：制御），AFCは，Automatic（オートマチック：自動）Frequency（フリークエンシー：周波数）Control（コントロール：制御）のことだよ．

(2) FM方式の特徴

DSB方式と比較するとFM方式は次の特徴があります．

① **占有周波数帯幅が広い**．

② **衝撃性雑音の影響を受けにくい**．

③ 忠実度が良い．

④ 受信入力レベルがある程度変動しても，**復調出力レベルはほぼ一定**である．

⑤ **信号対雑音比（S/N）が良い**が，受信入力レベルが**限界値以下になると，雑音が急激に増加**する．

⑥ 変調に要する電力が少なくて済む．

⑦ 回路の非直線性によるひずみの発生が少ない．

⑧ 混信妨害波が弱いときは妨害波の影響を受けない．逆に強いときは妨害波のみしか受信できない．

試験の直前 Check!

- □ **SSB波の発生** ≫ フィルタ法，移相法，DSP．
- □ **SSB移相法** ≫ 平衡変調器，$\pi/2$ 移相器，合成．帯域フィルタ（BPF）が不要．信号波の周波数範囲にわたって一様に $\pi/2$〔rad〕位相偏移が必要．
- □ **DSP** ≫ A－D変換器，演算処理．
- □ **SSB送信機の構成** ≫ 音声増幅器，平衡変調器（リング変調器），局部発振器，帯域フィルタ，中間周波増幅器，周波数混合器，励振増幅器，電力増幅器，ALC回路．
- □ **ALC回路** ≫ 過変調を抑える．平均変調度を上げる．
- □ **SSBの特徴** ≫ 搬送波が抑圧，選択性フェージングの影響小．干渉が軽減，占有周波数帯幅が狭い，消費電力が少ない．DSBの全電力の1/6．
- □ **FM送信機の構成** ≫ 水晶発振器，IDC回路，位相変調器，周波数逓倍器，電力増幅器．
- □ **IDC回路** ≫ 周波数偏移を規定値以内．
- □ **FMの特徴** ≫ 信号対雑音比（S/N）が良い，復調レベルが一定，衝撃性雑音の影響を受けない，占有周波数帯幅が広い，受信限界値以下で雑音が急激に増加．
- □ **AFC回路** ≫ 自励発振器の周波数安定度を良くする．

国家試験問題

問題 1

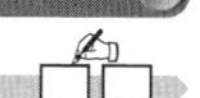

次の記述は，SSB (J3E) 波の発生方法について述べたものである．□内に入れるべき字句の正しい組合せを下の番号から選べ．なお，同じ記号の□内には，同じ字句が入るものとする．

(1) フィルタ法では，平衡変調器や**リング変調器**を用いて抑圧搬送波両側波帯を発生させ，次に，いずれか一方の側波帯のみを取り出す．

(2) 図は，移相法によるSSB変調器の構成例を示したものである．この方法は，フィルタ法に必要となる急峻な[A]が不要な反面，信号波の全域にわたり平坦な位相特性を有する[B]移相器が必要である．デジタル信号処理の発展に伴うデジタル移相器の実現により，この方法が実用化されている．

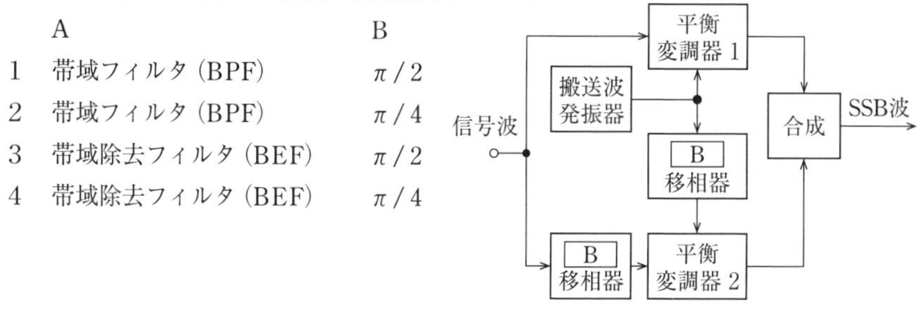

	A	B
1	帯域フィルタ (BPF)	$\pi/2$
2	帯域フィルタ (BPF)	$\pi/4$
3	帯域除去フィルタ (BEF)	$\pi/2$
4	帯域除去フィルタ (BEF)	$\pi/4$

太字は穴あきになった用語として，出題されたことがあるよ．

フィルタ法は，いずれか一方の側波帯のみを取り出すから，その帯域だけを通過させる帯域フィルタ (BPF) が必要だね．

問題2

次の記述は，無線通信機器に使用されている基本的なDSP (Digital Signal Processor) を用いたデジタル信号処理について述べたものである．［　　］内に入れるべき字句の正しい組合せを下の番号から選べ．

(1) デジタル信号処理では，例えば音声のアナログ信号を［A］でデジタル信号に変換してDSPと呼ばれるデジタル信号処理専用のプロセッサに取り込む．

(2) DSPは，信号を［B］することにより，デジタルフィルタ等が実現できる．

	A	B
1	D−A変換器	演算処理
2	D−A変換器	位相変換
3	A−D変換器	演算処理
4	A−D変換器	位相変換

アナログ (A) をデジタル (D) に変換するから，A−D変換だね．
プロセッサは演算処理装置のことだよ．

問題3

次の記述は，DSB (A3E) 通信方式と比べたときの，SSB (J3E) 通信方式の特徴について述べたものである．［　　］内に入れるべき字句を下の番号から選べ．

(1) 送話のときだけ電波が発射され，［ア］が抑圧されているためにビート妨害が生じない．

(2) 占有周波数帯幅は，ほぼ［イ］であり，［ウ］の影響が少ない．

(3) 100〔%〕変調をかけたDSB送信機出力の，片側の側波帯と等しい電力をSSB送信機で送り出すとすれば，SSB送信機出力は，DSBの搬送波電力の［エ］，すなわち，全DSB送信機出力の［オ］の値で済む．

1	選択性フェージング	2	デリンジャ現象	3	上側波帯	4	下側波帯
5	搬送波	6	1/2	7	1/3	8	1/4
9	1/5	10	1/6				

解説

100〔%〕変調の搬送波電力を1とすると，DSBの二つの側波帯の電力は (1/4) と (1/4) だから，全電力は1+(1/4)+(1/4)=6/4となる．SSBの電力は1/4だから全電力の6/4に比較して1/6となる．

問題 4

SSB (J3E) 送信機のALC回路の働きについての記述として，正しいものを下の番号から選べ.

1 送信機と空中線との整合が取れていないとき，送信の動作を止める.
2 電力増幅器に一定レベル以上の入力電圧が加わったとき，増幅器の増幅度を自動的に下げる.
3 音声入力レベルが低いとき，マイクの増幅度を自動的に上げる.
4 音声の低音部を強調する.

問題 5

図は，SSB (J3E) 送信機の原理的な構成例を示したものである. ［　　］内に入れるべき字句の正しい組合せを下の番号から選べ.

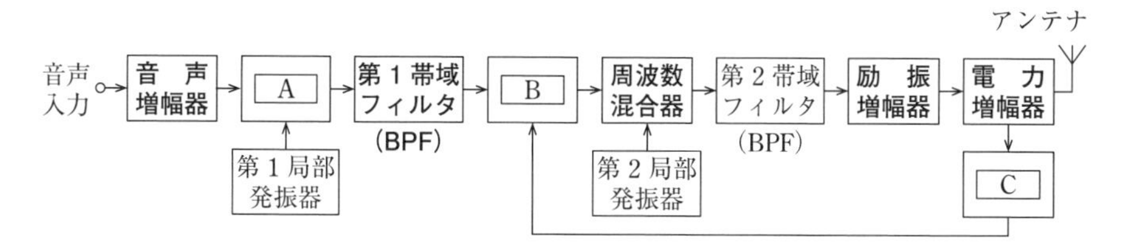

	A	B	C
1	平衡変調器	電圧制御発振器	ALC回路
2	平衡変調器	電圧制御発振器	AFC回路
3	平衡変調器	中間周波増幅器	ALC回路
4	周波数逓倍器	電圧制御発振器	ALC回路
5	周波数逓倍器	中間周波増幅器	AFC回路

問題 6

図は，直接周波数変調方式を用いたFM (F3E) 送信機の構成例を示したものである. ［　　］内に入れるべき字句の正しい組合せを下の番号から選べ.

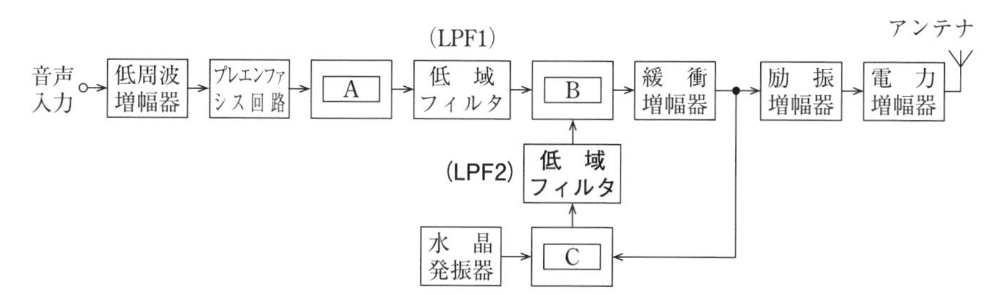

	A	B	C
1	IDC回路	電圧制御発振器（VCO）	位相比較器
2	IDC回路	周波数弁別器	分周器
3	AFC回路	電圧制御発振器（VCO）	分周器
4	AFC回路	周波数弁別器	局部発振器

問題 7

FM（F3E）送信機に用いられるIDC回路の働きについての記述として，正しいものを下の番号から選べ．

1　搬送波周波数を送信周波数まで高める．
2　電力増幅段に過大な入力が加わらないようにする．
3　送信機出力が規定値以内となるようにする．
4　変調信号波の高い周波数成分を強調する．
5　最大周波数偏移が規定値以内となるようにする．

IDCはInstantaneous Deviation Controlの略語で，Dのデビエーションは周波数偏移のことだよ．

問題 8

次の記述は，送信機に用いられる各種回路について述べたものである．［　　］内に入れるべき字句の正しい組合せを下の番号から選べ．

(1) 自励発振器等の発振周波数の安定度を良好にするために用いられる回路を［ A ］回路という．
(2) 間接FM方式のFM（F3E）送信機において，入力信号が大きくなっても最大周波数偏移が規定値以下となるように制御する回路を［ B ］回路という．

	A	B
1	BFO	AGC
2	BFO	IDC
3	AFC	AGC
4	AFC	IDC

BFO（ビート周波数発振器）とAGC（自動利得制御）は受信機に用いられるよ．選択肢からこれらを除くと，選択肢は4しか残らないね．

解答

問題1 →1　問題2 →3
問題3 →ア－5　イ－6　ウ－1　エ－8　オ－10　問題4 →2
問題5 →3　問題6 →1　問題7 →5　問題8 →4

5.3 通信システム

重要知識

出題項目 Check!

- □ PCM方式の変調過程とデジタル通信方式の特徴
- □ RTTY方式の特徴
- □ アマチュア衛星の特徴
- □ FS送信機の構成

1 PCM方式

連続量を持つアナログ信号を2値で表されるデジタル信号に変換するには，PCM方式が用いられます．図5.14にPCMの変換過程を示します．

① **標本化**（サンプリング）：アナログ信号の振幅を一定の時間間隔の T〔s〕で抽出します．

② **量子化**：標本化されたパルスの振幅を何段階かの定まったレベルとします．

③ **符号化**：量子化されたパルスの振幅の値を，2進数の符号で表される一定振幅のパルスにします．

PCM信号を送信機でデジタル変調することによって信号を伝送することができます．受信側では図5.14の逆の過程でアナログ信号に復元します．

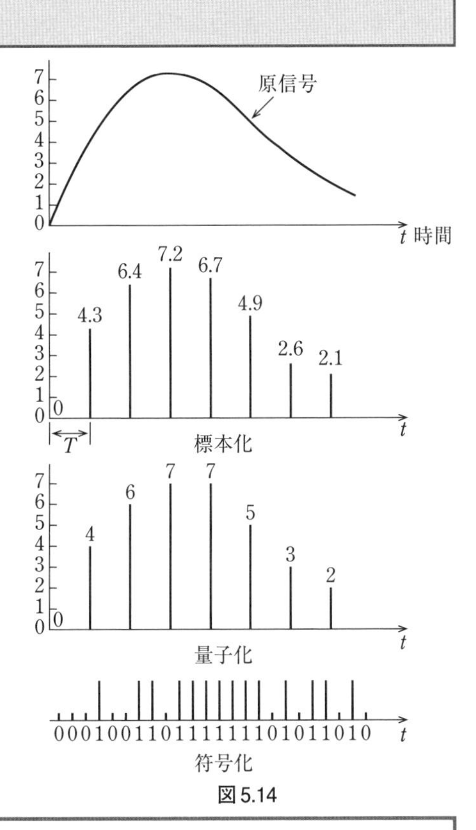

図5.14

Point

圧縮

2進数符号を計算処理することによって，不要な情報を低減して伝送することができるので，占有周波数帯幅を狭くすることができる．

多重化

音声や映像などのいくつかの情報を含むデジタル信号を，時間で分割して同じ周波数で伝送することができるので，周波数の利用効率が良くなる．

2 デジタル変調方式

PCM信号などの2値で表されるデジタル信号に応じて，搬送波を変化させるデジタル変調には次の変調方式などがあります．これらの方式によって変調された波形を図5.15に示します．

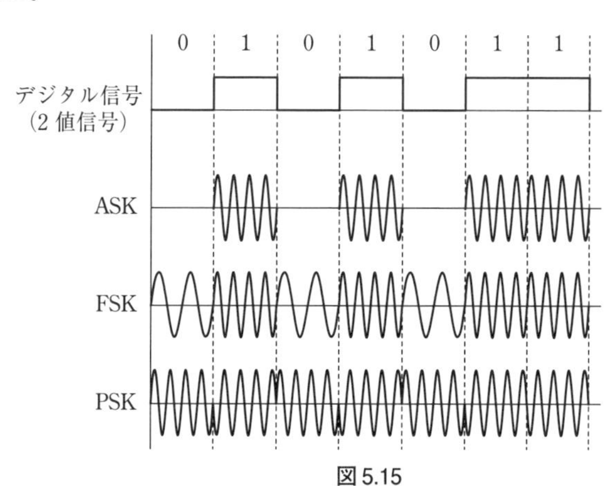

図5.15

① ASK（振幅偏移キーイング）：搬送波の振幅を変化させる方式です．

② FSK（周波数偏移キーイング）：搬送波の周波数を変化させる方式です．

③ PSK（位相偏移キーイング）：搬送波の位相を変化させる方式です．図5.15のPSK波形はデジタル信号に応じて搬送波の位相を180〔°〕変化させる2PSK方式です．

3 無線印刷電信（RTTY）

キーボードから入力した文字を電信符号に変えて送信し，受信側ではディスプレやプリンタ等で文字として受信します．符号はマーク（短点）とスペースに応じて搬送波の周波数を偏移させる**FSK**方式と，可聴周波数の副搬送波の周波数を偏移させる**AFSK**方式が用いられます．AFSK方式は可聴周波数によりキーイングした信号を，電話送信機のマイクロホン端子に入力して送信する方式です．送信機から発射される電波は，発射電波の中心周波数を基準にそれぞれ**正または負へ一定値だけ偏移**します．周波数偏移幅は，一般的に**170〔Hz〕**が使われています．一つの文字や記号を表すために，5短点を用いる符号を5単位符号と呼びます．

RTTY符号を構成している1単位の長さをT〔s〕とすると，**通信速度b〔ボー〕**は，次式で表されます．

$$b = \frac{1}{T}〔ボー〕 \quad (5.6)$$

4 パケット通信

主にVHF帯以上の周波数帯でパソコン通信を行うときに用いられる方式です．パケットとは小包の意味で，送信データを**パケット**と呼ばれる一定量のデータブロックとして，これにアドレスなどを付加して伝送する**デジタル通信**方式です.

アマチュア無線で用いられる方式では，データリンク層のプロトコルとして**AX.25**が主に用いられています．パソコンと送受信機の接続には**TNC**(Terminal Node Controller)が用いられます.

5 ファクシミリ

静止画像や文字等を画素に分解して送信し，受信側ではこれを組み立てて原画を再現します．SCFM方式は，副搬送波を画信号で変調し，変調された副搬送波で搬送波を変調する方式です．副搬送波は，可聴周波数を用いるので送信機の音声入力端子に入力して送信することができます.

6 ATV (アマチュアTV)

動画を用いるFSTVと静止画を用いるSSTV方式があります．FSTVは1,200〔MHz〕帯以上の周波数で，主に放送局と同じ方式が用いられます．SSTV方式は伝送帯域が音声と同じ3〔kHz〕と狭いので，HF帯の周波数帯で用いることができます.

7 レピータ

見通しの良い高層建築物や山頂に無線中継局を設置したものです．小電力やアンテナ高が低くても遠距離通信を行うことができます．一般に，同一周波数帯内の異なる送受信周波数により中継します．周波数帯は，主に，430〔MHz〕帯，1,200〔MHz〕帯，2,400〔MHz〕帯が用いられています.

8 衛星通信

衛星通信を行うアマチュア衛星には**周回人工衛星**が用いられています．**ドプラ効果**により衛星が近づいて来るときは受信周波数が高く，遠ざかるときには周波数が低くなります．地上から衛星に向けた回線を**アップリンク**，衛星から地上に向けた回線を**ダウンリンク**といいます．また，衛星の**中継器**を**トランスポンダ**といいます．一般にアップリンクとダウンリンクの**周波数帯は異なります．144〔MHz〕帯以上**の周波数は，電離層による減衰がなく**宇宙雑音の影響が少ない**ので衛星通信に用いられます.

9 FS送信機の構成

デジタル信号を送信するためにFSK(周波数偏移キーイング)変調を行うFS送信機が用いられます．デジタル信号によって**リアクタンス回路**のリアクタンスが2値で変化すると，自励発振器の発振周波数f_S〔Hz〕が$f_S \pm \Delta f$〔Hz〕の周波数に偏移します．これを**平衡変調器**で搬送波と混合して，帯域フィルタを通すことによって，必要とする送信周波数に変換します．FS信号は**励振増幅器**で必要なレベルとし，電力増幅器で必要な電力に増幅して送信します．

試験の直前 Check!

- □ **PCM方式の変調過程** ≫ 標本化，量子化，符号化．
- □ **デジタル信号** ≫ 圧縮により占有周波数帯幅を狭く．多重化により効率的伝送．
- □ **RTTY方式** ≫ 短点とスペース，5単位符号，通信速度 $= \dfrac{1}{\text{短点時間}}$〔ボー〕，FSKまたはAFSK方式，正または負へ周波数偏移，170〔Hz〕．
- □ **パケット通信** ≫ デジタル通信，AX.25プロトコル，TNCとパソコン．
- □ **アマチュア衛星** ≫ 周回衛星，トランスポンダ搭載，衛星からダウンリンク，地上からアップリンク，送受信異なる周波数，144〔MHz〕以上は雑音が小．
- □ **FS送信機の構成** ≫ 振幅制限器，低域フィルタ，リアクタンス回路，自励発振器，水晶発振器，緩衝増幅器，平衡変調器，帯域フィルタ，励振増幅器，電力増幅器．

国家試験問題

問題 1

次の記述は，無線印刷電信（RTTY）に使用される印刷電信符号等について述べたものである．このうち誤っているものを下の番号から選べ．

1　一つの文字や記号を表すために，短点5個分の長さの符号を用いるものを5単位符号という．

2　通信速度を表す単位として，1単位（短点）の長さを秒で表した時間（s）を用いる．

3　発射される電波は，発射電波の中心周波数を基準にそれぞれ正または負へ一定値だけ偏移させる．

4　周波数を偏移させる主な方式には，FSK（Frequency Shift Keying）方式とAFSK（Audio Frequency Shift Keying）方式がある．

RTTYの通信速度は時間の逆数だよ．
移動速度も距離を時間で割るよね．

問題 2

次の記述は，無線印刷電信（RTTY）に使用される印刷電信符号等について述べたものである．このうち誤っているものを下の番号から選べ．

1　一つの文字や記号を表すために，短点5個分の長さの符号を用いるものを5単位符号という．

2　通信速度を表す単位として，1単位（短点）の長さを秒で表した時間の逆数である「ボー」を用いる．

3　発射される電波は，発射電波の中心周波数を基準にそれぞれ正または負へ一定値だけ偏移させる．

4　アマチュア局が使用するRTTYの周波数偏移幅は，一般的に270〔Hz〕が使われている．

解説

4　周波数偏移幅は，一般的に**170〔Hz〕**が使われている．

太字は誤っている箇所を正しくしてあるよ．
次に出題されるときは正しい選択肢になっていることもあるよ．

問題 3

次の記述は，アマチュア衛星について述べたものである．このうち誤っているものを下の番号から選べ．

1　現在打ち上げられているアマチュア衛星は，周回衛星が多い．

2　周回衛星から発射される電波は，衛星が受信点に近づくときには送信周波数より低い周波数で受信される．

3　自局の信号が正常に中継されていることを確認するため，アップリンク時にダウンリンクの周波数を受信できる設備が望ましい．

4　用途は通信衛星が多いが，地球観測や天体観測などを行う衛星もある．

5　衛星を可視できる仰角が低いほど遠距離との通信が可能である．

救急車が近づいてくるとピーポー音は高くなるね．

解説

2　周回衛星から発射される電波は，衛星が受信点に近づくときには送信周波数より**高い**周波数で受信される．

解答

問題 1 →2　**問題 2** →4　**問題 3** →2

6.1 AM受信機・スーパヘテロダイン受信機 重要知識

出題項目 Check!

- □ スーパヘテロダイン受信機の構成と各部の動作
- □ スーパヘテロダイン受信機の単一調整とは
- □ スーパヘテロダイン受信機の各部の周波数と影像周波数の求め方
- □ スーパヘテロダイン受信機のAGC回路の動作

1 AM (A3E) 受信機

振幅変調波を受信する受信機をAM受信機またはDSB受信機といいます．図6.1に構成図を示します．各部の動作は次のようになります．

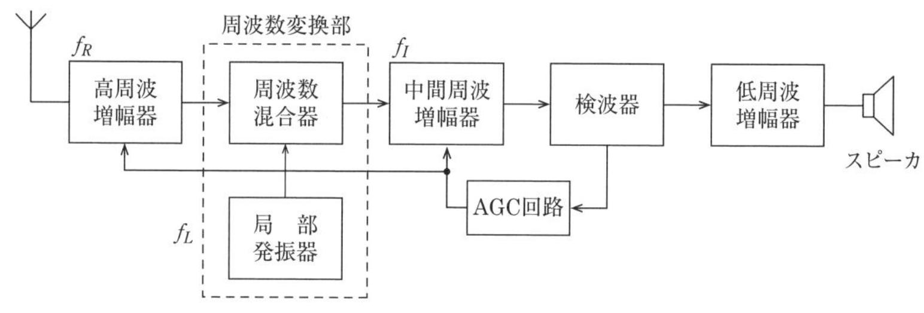

図6.1 AM受信機

① **高周波増幅器**：受信電波をそのまま増幅します．**感度を向上**させる（信号対雑音比が改善される），**影像周波数混信に対する選択度を良く**する，**局部発振器の出力がアンテナから放射されるのを防ぐ**，**信号対雑音比（S/N）を改善する**，などの目的があります．

② **周波数混合器**：受信電波の周波数と局部発振器の出力周波数とを混合して中間周波数に変換します．

③ **局部発振器**：受信電波の周波数と局部発振器の周波数との差が常に一定な中間周波数となるような周波数を発振します．必要な条件として，よけいな電波を受信しないようにスプリアス成分が少ないことがあります．

周波数混合器は，ひずみの大きい増幅回路を使用して周波数を変換するので，周波数変換部は増幅回路よりも多くの雑音が発生します．そこで高周波増幅回路であらかじめ受信信号を強くすれば信号対雑音比が改善されます．

受信信号Sと雑音Nの比S/Nを信号対雑音比というよ．
S/Nが大きいほど受信機の感度は良いんだよ．

④ **中間周波増幅器**：中間周波数に変換された受信電波を増幅します．中間周波数は一

定の低い周波数（たとえば455〔kHz〕）なので安定な増幅を行うことができ，利得（感度）を向上させることができます．また，中間周波変成器（IFT）やクリスタル（水晶）フィルタなどにより，近接周波数の選択度を向上させて**近接周波数妨害を除去する**ことができます．中間周波増幅器の**通過帯域幅**が受信電波の占有周波数帯幅に比べて極端に**広いと，選択度が悪く**なります．また，**通過帯域幅**が極端に**狭いと，忠実度が悪く**なります．

⑤ **検波器**：中間周波数に変換された受信電波から，音声などの信号を取り出します．直線検波回路などが用いられます．直線検波回路は，中間周波信号波と低周波の検波出力が直線的な特性を持ちます．大きな中間周波出力電圧が加わってもひずみが少ない，入出力の直線性が良いので忠実度が良い特徴があります．

⑥ **低周波増幅器**：検波された音声などの低周波信号が，スピーカを動作させるために必要な電力となるように増幅します．

⑦ **AGC**（自動利得制御）**回路**：受信する電波の強さが変動すると出力レベルが不安定となるので，受信入力レベルが変動しても**受信機の出力を一定に保つ**ための回路です．フェージングの影響を少なくすることができます．フェージングとは電波の伝搬状態により受信点で電波の強さが時間とともに変動する現象です．

⑧ **Sメータ**：受信電波の強さを指示するメータです．受信電波の強さに比例する検波電流などによってメータを振らせます．

Point

AGC

受信電波が強いときは，受信機の利得を下げる．受信電波が弱いときは，利得を上げる．**検波器の出力電圧**から受信電圧に比例した**直流電圧**を取り出して，**中間周波増幅器**や**高周波増幅器**の制御電圧として加える．受信電圧が強いときは増幅度が小さく，受信電圧が弱いときは増幅度が大きくなるように受信機の**増幅度**（利得）を制御して，受信入力レベルが変動しても出力レベルを一定に保つ．

AGC（自動利得制御）は，Automatic（オートマチック：自動）Gain（ゲイン：利得）Control（コントロール：制御）のことだよ．

2 スーパヘテロダイン受信機

受信した電波の周波数を中間周波数に変換して増幅する受信機をスーパヘテロダイン受信機といいます．スーパヘテロダイン受信機は次のような特徴があります．

① 受信した電波の周波数を一定の周波数の中間周波数に変換する．

② 感度が良い．

第6章 受信機

感度とはどれくらい弱い電波まで受信できるかということです．

③　選択度が良い．

選択度とは希望する電波以外の周波数の電波をどのくらい取り除いて，希望する電波のみを受信することができるかということです．

④　**影像（イメージ）周波数混信**を受けることがある．

影像周波数とは，周波数変換部で**中間周波数**（f_I）に変換するときに**受信電波の周波数**（f_R）と**局部発振器の周波数**（f_L）の差（$f_I=f_R-f_L$ または $f_I=f_L-f_R$）の周波数成分をとって中間周波数としますが，局部発振器の周波数と**混信する電波の周波数**（f_U）の差が中間周波数となる関係があるときに妨害が発生します．**高周波増幅器の選択度を向上させる**ことで妨害を軽減することができます．

図 6.2 (a) のように $f_R-f_L=f_I$ のときは，$f_L-f_U=f_I$ の関係となる f_U の周波数の電波が混信します．また，$f_L=f_R-f_I$ なので，次式によって求めることもできます．

$$f_U=f_L-f_I=f_R-2f_I \qquad (6.1)$$

図 6.2 (b) のように $f_L-f_R=f_I$ のときは，$f_L=f_R+f_I$ なので，f_U は次式で表されます．

$$f_U=f_L+f_I=f_R+2f_I \qquad (6.2)$$

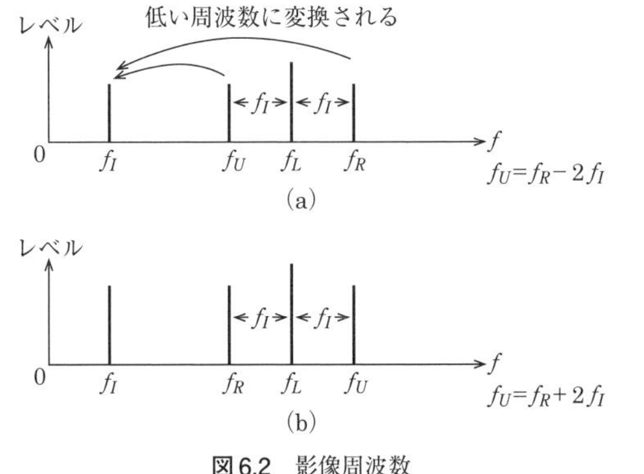

図 6.2　影像周波数

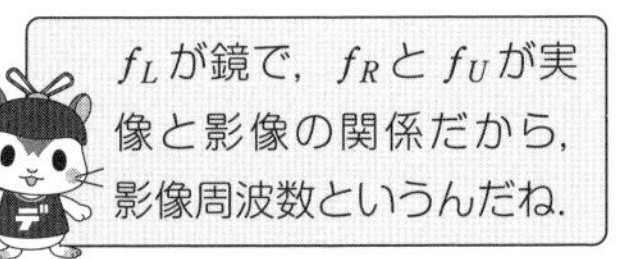

⑤　局部発振器の出力がアンテナから放射されることがある．

⑥　安定度が良い．

⑦　副次的に発する電波が出ることがある．

3　単一調整

スーパヘテロダイン受信機では，高周波増幅器の同調周波数 f_R と局部発振器の発振周波数 f_L が異なります．また，受信周波数を受信周波数帯域内で変化させたときに，最高周波数と最低周波数の比 $f_{R\max}/f_{R\min}$ と $f_{L\max}/f_{L\min}$ は異なります．ところが，高周波増幅器の同調回路と局部発振器の発振周波数を変化させるために同じ静電容量の連動可変コンデンサ（バリコン）を用いると，二つのバリコンの最大静電容量C_{max}と最小静電容量C_{min}の比C_{max}/C_{min}が同じなので，受信周波数帯域内において，それぞれの回路の同調周波数f_Rと発振周波数f_Lに誤差が生じます．それを補正するためには，各バリコンに小容量の可変コンデンサを接続し，周波数帯域の**最高周波数**，**中心周波数**，**最低周波数**において可変コンデンサを**調整**します．そのとき，発生する誤差を**単一調整誤差**（**トラッキングエラー**）と呼びます．トラッキングエラーが発生すると，受信周波数帯域内で感度が低下したり，受信電波の側波帯内で感度が低下することがあるので忠実度が低下することがあります．

4 直線検波回路

受信機で振幅変調波を復調するときは，直線検波回路などが用いられます．直線検波回路の特性を図6.3に示します．入力電圧が大きいときに入力電圧と出力電圧の関係が直線的な特性を持っていますので，振幅変調された搬送波の振幅の変化から信号波を取り出すことができます．

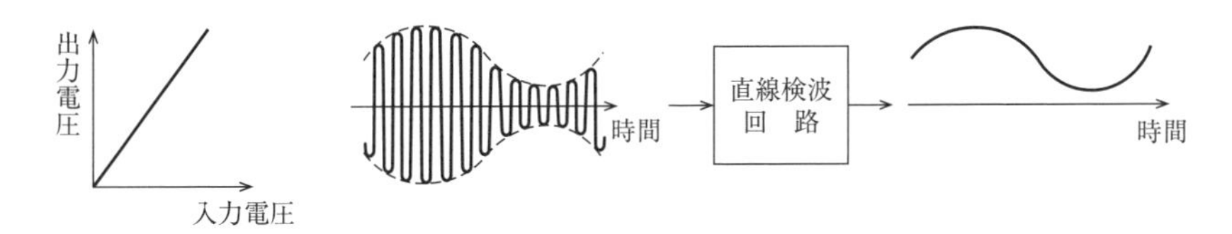

(a) 直線検波回路の特性　(b) 振幅変調波の復調

図6.3 直線検波回路

試験の直前 Check!

- □ **高周波増幅器** ≫ 感度の向上．影像（イメージ）周波数混信の選択度を良く．局部発振器の出力がアンテナから漏れるのを防ぐ．信号対雑音比（S/N）の改善．
- □ **中間周波増幅器** ≫ 中間周波数の信号を増幅．近接周波数妨害を除去．通過帯域幅が広いと選択度が悪い．狭いと忠実度が悪い．
- □ **AGC** ≫ 受信入力レベルが変動しても出力を一定．検波器出力から直流電圧，中間周波増幅器に加える．
- □ **局部発振周波数** ≫ $f_L=f_R-f_I$ または $f_L=f_R+f_I$，f_R：受信電波の周波数，f_I：中間周波数．
- □ **影像周波数** ≫ $f_U=f_L-f_I=f_R-2f_I$ または $f_U=f_L+f_I=f_R+2f_I$
- □ **影像周波数混信の軽減** ≫ 高周波増幅回路の選択度向上．中間周波数を高く．
- □ **トラッキングエラー** ≫ 高周波同調回路と局部発振周波数がずれる．忠実度が低下．感度が低下．受信周波数帯域の最高，中心，最低周波数で調整．

国家試験問題

問題 1

次のうち，スーパヘテロダイン受信機における高周波増幅器の働きの記述として，誤っているものを下の番号から選べ.

1　アンテナから漏れる局部発振器の出力の抑圧
2　感度の向上
3　信号対雑音比 (S/N) の改善
4　局部発振器の出力周波数の安定度の向上
5　影像周波数による混信の軽減

問題 2

次の記述は，スーパヘテロダイン方式の AM (A3E) 受信機の中間周波増幅器について述べたものである. [　　] 内に入れるべき字句を下の番号から選べ.

(1) 中間周波増幅器は周波数混合器で作られた中間周波数の信号を増幅するとともに，[ア] 妨害を除去する働きをする.

(2) 中間周波増幅器の通過帯域幅が受信電波の占有周波数帯幅と比べて極端に [イ] 場合には，必要としない周波数帯域まで増幅されるので [ウ] 度が悪くなる. また，通過帯域幅が極端に [エ] 場合には，必要とする周波数帯域の一部が増幅されないので [オ] が悪くなる.

1	過変調	2	狭い	3	選択	4	忠実度	5	影像 (イメージ) 周波数
6	混変調	7	広い	8	変調	9	安定度	10	近接周波数

問題 3

図に示すスーパヘテロダインA1A受信機の構成例において，受信周波数f_Rが14.1〔MHz〕のときの影像周波数の値として，正しいものを下の番号から選べ．ただし，中間周波数f_Iは455〔kHz〕とし，局部発振器の発振周波数f_Lは受信周波数f_Rより高いものとする．

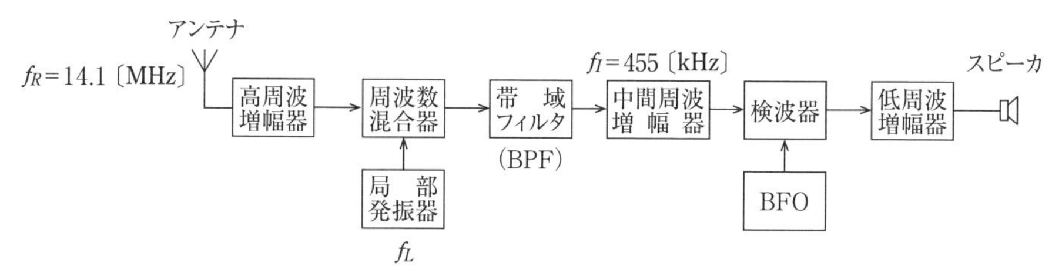

1　14.327〔MHz〕　2　14.555〔MHz〕　3　15.010〔MHz〕　4　15.465〔MHz〕

局部発振周波数f_Lは，$f_L=f_R+f_I$の式で求めることができるよ．
影像周波数f_Uはそれよりf_I高いから，$f_U=f_L+f_I$の式で求めてね．

解説

受信周波数をf_R=14.100〔MHz〕，中間周波数をf_I=455〔kHz〕=0.455〔MHz〕とすると，局部発振周波数f_L〔MHz〕が受信周波数f_R〔MHz〕よりも高い場合は，解説図のような関係となるので，f_L〔MHz〕は次式で表されます．

$f_L = f_R + f_I = 14.100 + 0.455 = 14.555$〔MHz〕

このとき，影像周波数f_U〔MHz〕の妨害波が，$f_U - f_L = f_I$〔MHz〕の周波数にあると周波数混合器で受信電波と同じ周波数f_I〔MHz〕に変換されるので影像周波数妨害が発生します．影像周波数f_U〔MHz〕は，次式で求めることができます．

$f_U = f_L + f_I = 14.555 + 0.455 = 15.010$〔MHz〕

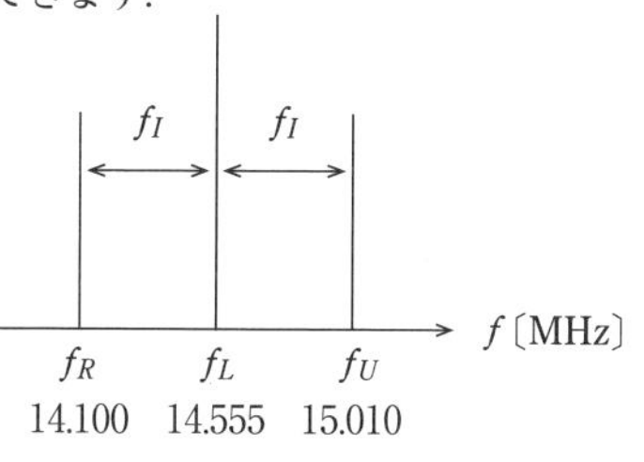

図を描いて求めてね．f_Lが鏡で，f_Rとf_Uが実像と影像だよ．
$f_U=f_R+2f_I$の式で求めることもできるよ．

問題 4

スーパヘテロダイン受信機において，受信周波数433.2〔MHz〕を局部発振周波数f_L〔MHz〕と共に周波数混合器に加えて，中間周波数10.7〔MHz〕を得るとき，局部発振周波数f_L〔MHz〕および影像周波数f_U〔MHz〕の組合せとして，正しいものを下の番号から選べ.

	f_L	f_U
1	443.9	465.3
2	443.9	401.1
3	422.5	454.6
4	422.5	411.8

選択肢の数値からf_Lとf_Uの差を求めると，選択肢1は21.4〔MHz〕，2は42.8〔MHz〕，3は32.1〔MHz〕，4は10.7〔MHz〕だね．この差が中間周波数の10.7〔MHz〕になる周波数が影像周波数だよ.

解説

受信周波数をf_R〔MHz〕，中間周波数をf_I〔MHz〕とすると，局部発振周波数f_L〔MHz〕が受信周波数f_R〔MHz〕よりも低い（$f_L < f_R$）場合は，解説図（a）の関係となるので，f_L〔MHz〕は次式で表されます.

$$f_L = f_R - f_I$$
$$= 433.2 - 10.7 = 422.5 \text{〔MHz〕} \quad \cdots\cdots (1)$$

影像周波数f_U〔MHz〕は，さらにf_I〔MHz〕低い周波数なので，

$$f_U = f_L - f_I$$
$$= 422.5 - 10.7 = 411.8 \text{〔MHz〕} \quad \cdots\cdots (2)$$

式（1），式（2）の組合せは選択肢4と一致するので，正解となります.

確認のために，局部発振周波数f_L'〔MHz〕が受信周波数よりも高い（$f_L' > f_R$）場合の

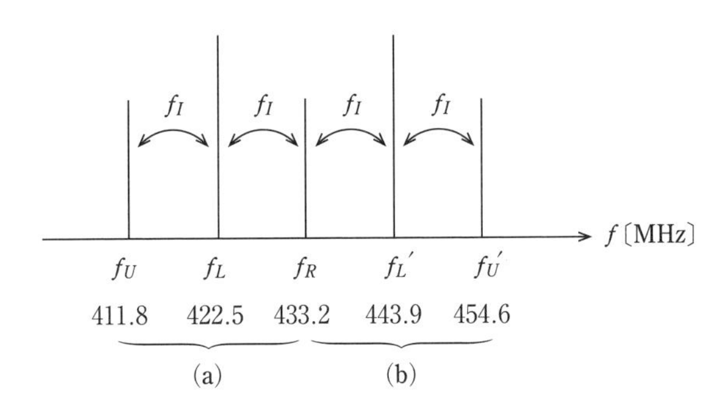

計算をすると，解説図 (b) の関係となるので，

$f_L{}' = f_R + f_I$

$= 433.2 + 10.7 = 443.9$〔MHz〕 …… (3)

影像周波数 $f_U{}'$〔MHz〕は，さらに f_I〔MHz〕高い周波数なので，

$f_U{}' = f_L{}' + f_I$

$= 443.9 + 10.7 = 454.6$〔MHz〕 …… (4)

となり，局部発振周波数 f_L〔MHz〕が受信周波数 f_R〔MHz〕よりも高い場合の組合せは選択肢にはありません．

影像周波数混信は，受信電波の中間周波数と同じ周波数に，妨害波が変換されて発生する混信だよ．

問題 5

次の記述は，スーパヘテロダイン受信機の影像（イメージ）周波数混信とその対策について述べたものである．［　　］内に入れるべき字句の正しい組合せを下の番号から選べ．

(1) 中間周波数が 455〔kHz〕の受信機において，局部発振器の発振周波数が受信周波数より高いときの影像周波数は，受信周波数より **910〔kHz〕**［ A ］．

(2) 影像周波数混信を軽減するには，［ B ］増幅器の同調回路の選択度を向上させる．また，中間周波数を［ C ］選んで，受信周波数と影像周波数との差が大きくなるようにする．

	A	B	C
1	低い	高周波	低く
2	低い	中間周波	高く
3	高い	高周波	低く
4	高い	中間周波	低く
5	高い	高周波	高く

太字は穴あきになった用語として，出題されたことがあるよ．

周波数混合器で，受信周波数の電波と影像周波数の妨害波が中間周波数に変換されるよ．それらは同じ周波数だから中間周波増幅器の選択度を良くしてもだめだね．周波数混合器より前にある高周波増幅器の選択度をよくすれば混信が軽減されるよ．

解答

問題 1 →4　**問題 2** →ア－10　イ－7　ウ－3　エ－2　オ－4

問題 3 →3　**問題 4** →4　**問題 5** →5

6.2 電信受信機・SSB受信機

重要知識

出題項目 Check!

- □ 電信（A1A）受信機の構成と各部の動作
- □ SSB（J3E）受信機の構成と各部の動作
- □ SSB（J3E）受信機の調整方法
- □ 各電波型式で用いられる受信機の通過帯域幅と減衰傾度の特性

1 電信（A1A）受信機

電信（A1A）電波を受信する受信機を電信受信機といいます．構成は，ほぼSSB受信機と同じです．A1A電波は，電けん操作によって搬送波が断続しているだけなので，DSB受信機で受信しても電波が断続するときに生じる**クリック音**となって信号音とはなりません．そこで，**復調用局部発振器（BFO）**を中間周波数の信号波に加えて，それらの差の信号を検波することにより，**電信のマーク**受信時に可聴周波信号（ピーピーという音）に変換します．

BFOは，Beat（ビート：打つ，リズム），Frequency（フリークエンシー：周波数），Oscillator（オッシレーター：発振器）のことだよ．

2 SSB（J3E）受信機

SSB電波を受信する受信機をSSB受信機といいます．図6.4に構成図を示します．各部の動作は次のようになります．DSB受信機と同一の部分は省略します．

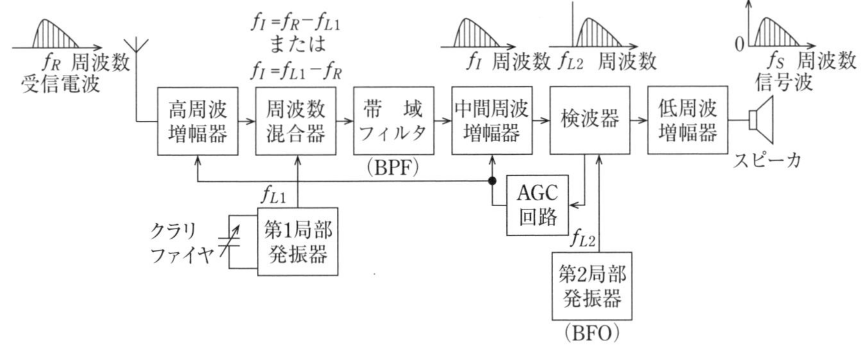

図6.4　SSB受信機

① **クラリファイヤ**(RIT):リットとも呼びます．**局部発振器の発振周波数を微調整する**回路です．SSBでは送信周波数と受信周波数がずれると復調した音声などの周波数もずれて，受信機の出力信号にひずみが生じて明りょう度が悪くなります．そこで受信周波数を微調整することによって**受信信号の明りょう度を良くします**．

② **検波器**(**復調器**):局部発振器の周波数と混合して，中間周波数に変換された受信電波から音声などの信号波を取り出します．プロダクト検波回路などが用いられます．

③ **第2局部発振器**(**復調用局部発振器**):SSB電波は**搬送波が抑圧**されているので，局部発振器で搬送波に相当する周波数を発振して検波器に加えます．中間周波数をf_I〔kHz〕とすると，**第2局部発振器の周波数**f_{L2}〔kHz〕は，次式で表されます．

$f_{L2}=f_I-1.5$〔kHz〕(USB) または $f_{L2}=f_I+1.5$〔kHz〕(LSB)　　(6.3)

Point

通過帯域幅

中間周波増幅器の通過帯域幅は，電波型式によって決める．

電信 (A1A):0.5〔kHz〕
SSB (J3E):3 〔kHz〕
DSB (A3E):6 〔kHz〕

また，帯域外の**減衰傾度はできるだけ急峻**にすることによって，**忠実度を低下させずに近接周波数による混信を避ける**ことができる．

中間周波増幅器に中間周波数変成器などの適切な特性の帯域フィルタを用いると，近接周波数による混信を軽減することができる．中間周波数変成器の調整が崩れて帯域幅が広がると，近接周波数による混信を受けやすくなる．帯域フィルタの通過帯域幅が受信電波の占有周波数帯幅と比べて極端に狭い場合は，忠実度が悪くなって受信信号の周波数特性が悪くなる．

3 SSB (J3E) 復調回路

SSBの復調にはプロダクト検波回路などが用いられます．被変調波(変調された電波)には搬送波がありませんから搬送波に相当する周波数の電圧を局部発振器から検波回路に加えます．被変調波と局部発振器の周波数の差をとった(引かれた)周波数成分が信号電圧となります．

試験の直前 Check!

- □ **高周波増幅器** ≫ 受信周波数信号を増幅．感度向上．影像周波数混信を除去．
- □ **中間周波増幅器** ≫ 中間周波数信号を増幅．近接周波数混信を除去．
- □ **BFO（復調用局部発振器）** ≫ 受信信号を可聴周波信号に変換．クリック音を電信のマーク時に可聴音．
- □ **クラリファイヤ（RIT）** ≫ J3E 電波は搬送波が抑圧，復調用発振器が必要．局部発振周波数がずれるとひずみが発生．周波数を微調整して明りょう度を良くする．
- □ **第2局部発振器** ≫ 復調用局部発振器．中間周波数から 1.5〔kHz〕離れた周波数．
- □ **中間周波数** ≫ $f_I = f_R - f_{L1}$ または $f_I = f_{L1} - f_R$
- □ **第2局部発振周波数** ≫ $f_{L2} = f_I - 1.5$〔kHz〕(USB) または $f_{L2} = f_I + 1.5$〔kHz〕(LSB)
- □ **通過帯域幅** ≫ A1A：0.5〔kHz〕，J3E：3〔kHz〕，A3E：6〔kHz〕．
- □ **帯域外減衰傾度** ≫ 急峻にして忠実度を低下させず近接周波数混信を避ける．

国家試験問題

問題 1

次の記述は，電信 (A1A) 電波の復調について述べたものである．[　　]内に入れるべき字句の正しい組合せを下の番号から選べ．

AM (A3E) 受信機で電信 (A1A) 電波を受信すると，[A]音しか得られない．このため，AM (A3E) 受信機に[B]を付加し，その出力を中間周波数信号と共に検波器に加えて検波すれば，電信の[C]受信時に可聴音が得られる．

	A	B	C
1	クリック	BFO	マーク
2	クリック	トーン発振器	スペース
3	ビート	BFO	スペース
4	ビート	トーン発振器	マーク

問題 2

次の記述は，図に示す SSB (J3E) 受信機の各部の動作について述べたものである．このうち誤っているものを下の番号から選べ．

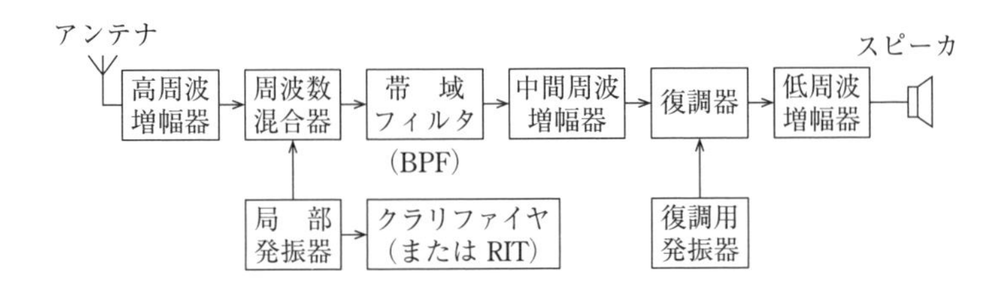

1　高周波増幅器は，受信周波数の信号を増幅し，感度および選択度の向上を図る．
2　周波数混合器により中間周波数となった信号は，帯域フィルタ（BPF）を通過する際に，影像（イメージ）周波数による混信が除去される．
3　復調器は，中間周波数に変換された信号に復調用発振周波数を加えて信号波を取出す．
4　復調用発振器は，送信側で抑圧された搬送波に相当する周波数を発振する．
5　クラリファイヤ（またはRIT）は，局部発振器の発振周波数をわずかに変えて，受信した音声信号の明りょう度が良くなるように調整する．

解説

2　周波数混合器により中間周波数となった信号は，帯域フィルタ（BPF）を通過する際に，**近接周波数**による混信が除去される．

太字は誤っている箇所を正しくしてあるよ．
次に出題されるときは正しい選択肢になっていることもあるよ．

問題 3

次の記述は，SSB（J3E）用スーパヘテロダイン受信機について述べたものである．□内に入れるべき字句の正しい組合せを下の番号から選べ．

(1) J3E電波は，搬送波が［A］されているので，受信機で復調するためには，搬送波に相当する周波数を発振する復調用局部発振器が必要である．

(2) 受信機の周波数変換部における［B］がずれると，ひずみが生じ音声出力の明瞭度が悪くなるので，調整のため［C］が用いられる．

	A	B	C
1	抑圧	局部発振周波数	クラリファイヤ（またはRIT）
2	抑圧	単一調整（トラッキング）	水晶発振器
3	低減	局部発振周波数	水晶発振器
4	低減	単一調整（トラッキング）	クラリファイヤ（またはRIT）

電波の型式J3EのJは，振幅変調であって抑圧搬送波による単側波帯を表すよ．水晶発振器は周波数を調整できないよ．「クラリファイ」は澄んだ音にする意味だから，クラリファイヤは明瞭度をよくする回路だね．

問題4

図は，SSB（J3E）受信機の構成例を示したものである．中間周波増幅器の出力信号の周波数として，正しいものを下の番号から選べ．ただし，アンテナの受信波，第1局部発振器，第2局部発振器およびスピーカからの出力信号の周波数を，それぞれ3,600〔kHz〕，3,145〔kHz〕，453.5〔kHz〕および1.5〔kHz〕とする．

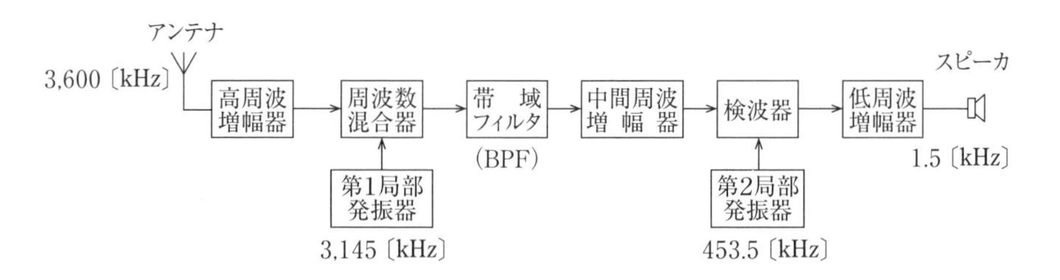

1　450.5〔kHz〕　　2　452.0〔kHz〕　　3　453.5〔kHz〕　　4　455.0〔kHz〕

解説

受信周波数を f_R=3,600〔kHz〕，第1局部発振周波数を f_{L1}=3,145〔kHz〕とすると，f_R が f_{L1} よりも高い（$f_R > f_{L1}$）ときの中間周波数 f_I〔kHz〕は，次式で表されます．

$$f_I = f_R - f_{L1} = 3{,}600 - 3{,}145 = 455 \text{〔kHz〕}$$

よって，中間周波増幅器の出力信号の周波数は，455〔kHz〕となります．

また，解説図のように455〔kHz〕に変換されたSSB信号は，検波器で第2局部発振周波数 f_{L2}=453.5〔kHz〕と混合され1.5〔kHz〕の復調信号となります．

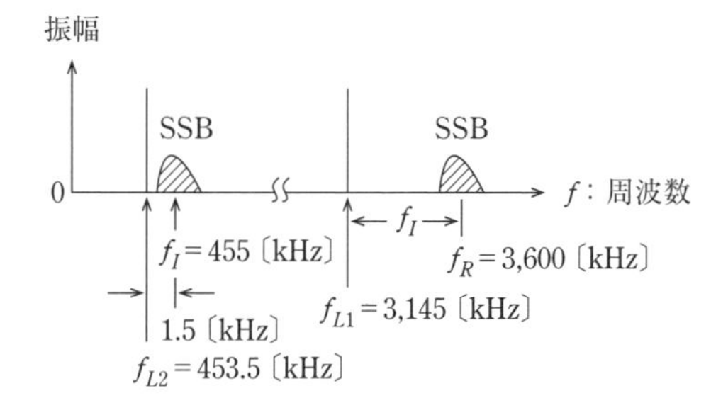

第6章　受信機

解答

問題1 →1　問題2 →2　問題3 →1　問題4 →4

6.3 FM受信機・受信機の混信妨害 重要知識

出題項目 Check!

□ FM受信機の構成と各部の動作
□ 受信機の混信の種類と発生原理，除去する方法

1 FM（F3E）受信機

周波数変調波を受信する受信機をFM受信機といいます．図6.5に構成図を示します．各部の動作は次のようになります．DSB，SSB受信機と同一の部分は省略します．

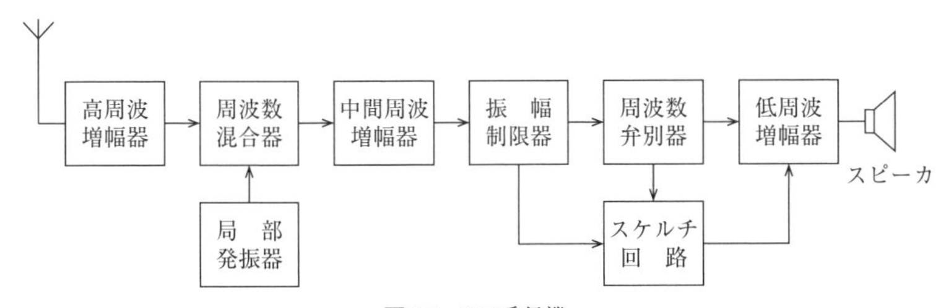

図6.5 FM受信機

① **振幅制限器**（リミタ）：受信電波が**ある電圧以上になると振幅を一定**にして，**雑音などの振幅変調（AM）成分を取り除き**ます．振幅制限器の働きによって受信機出力の信号対雑音比（S/N）が改善されます．

② **周波数弁別器**（復調器）：周波数変調（FM）波を復調する回路です．周波数変調波の**周波数の変化を振幅の変化に変換**して信号波を取り出します．

③ **スケルチ回路**：FM受信機は受信電波がないときは，受信機の出力に大きく耳障りな雑音が発生します．雑音電圧により低周波増幅器の動作を止めて**雑音を消す回路**です．

Point

エンファシス

信号波の高域のS/Nを改善するために用いられる回路で，送信側ではプレエンファシス回路を用いて高い周波数の成分を強調して送信する．受信側では**ディエンファシス回路**を用いて高い周波数成分を減衰させることによって，信号波の周波数特性は元に戻って高域のS/Nが改善される．

2 FM（F3E）復調回路

FMの復調には**比検波器**，**フォスターシーリー回路**，PLL復調回路などが用いられます．FM復調回路の特性を図6.6に示します．この回路は入力周波数と出力電圧の関係が

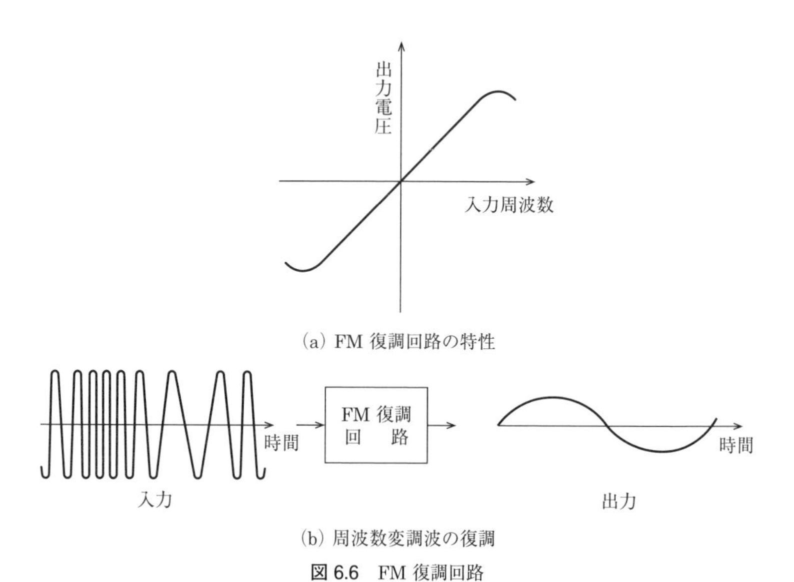

図 6.6　FM 復調回路

直線的な特性を持っているので，周波数変調された搬送波の周波数の変化から信号波を取り出すことができます.

3 受信機の混信妨害

(1) 影像周波数混信を軽減する方法

① アンテナ回路にウェーブトラップを挿入する.
　ウェーブトラップによって，影像周波数の電波を受信機に入力しないようにします.
② 高周波増幅部の選択度を良くする.
③ 中間周波数を高くする.
　イメージ周波数を受信周波数から離すことができます.

中間周波数が f_I で，局部発振周波数 f_L が受信周波数 f_R より高いときの妨害波の周波数は $f_U=f_R+2f_I$ になって，f_L が f_R より低いときは $f_U=f_R-2f_I$ になるよ.
中間周波数が高くなれば，妨害波の周波数は受信周波数から離れるよ.

(2) 感度抑圧妨害を軽減する方法

① アンテナ回路にウェーブトラップを挿入する.
② 高周波増幅部の選択度を良くする.
③ 中間周波増幅部の選択度を良くする.

感度抑圧効果は，受信電波に近接する周波数の強力な電波によって受信機の感度が低下する現象です.

(3) 相互変調妨害を軽減する方法

① **高周波増幅部の選択度を良く**する.

② 高周波増幅部や中間周波増幅部を入出力特性の**直線領域で動作**させる.

相互変調は二つ以上の妨害波が受信周波数 f_R と特定の関係のとき妨害を受ける現象です．たとえば，妨害波が f_1，f_2 のとき $2f_1-f_2=f_R$ の関係があると受信周波数に妨害が発生します．相互変調は強力な不要波が受信機内部の回路に加わると回路の**非直線性**により，**不要波の整数倍の周波数**が発生して，それらの和や差の周波数が**受信周波数**，**中間周波数**，**影像周波数**に合致したときに発生します.

非直線性の回路に正弦波の基本波が加わると，出力波形がゆがむよね．それによって発生するひずみは，基本波の周期より短い周期となるので，基本波周波数の整数倍のひずみが発生するよ．そのとき，基本波の周期より長い周期となる，基本波周波数の正数分の 1 のひずみは発生しないよ.

Point

相互変調

妨害となる周波数が二つの妨害波 f_1，f_2 によって，周波数 f に相互変調妨害を発生するとき次のような次数で表される.

2 次の相互変調　$f_1 \pm f_2 = f$

3 次の相互変調　$2f_1 \pm f_2 = f$　　または，　　$f_1 \pm 2f_2 = f$

これらのうち，3 次の相互変調は近接した周波数の妨害波によって妨害が発生する．たとえば，$f_1 = 145.01$〔MHz〕，$f_2 = 145.02$〔MHz〕のとき，

$2 \times 145.01 - 145.02 = 145.00$〔MHz〕

または，

$145.01 - 2 \times 145.02 = -145.03$〔MHz〕

計算結果は絶対値をとるので，145.00〔MHz〕または 145.03〔MHz〕の受信周波数に相互変調妨害が発生する.

(4) 近接周波数よる混信を軽減する方法

中間周波増幅器に中間周波数変成器（IFT）やクリスタルフィルタなどの適切な特性の帯域フィルタ（BPF）を用います.

クリスタルフィルタは，水晶発振子をいくつも使った帯域フィルタだよ．Q が高いので急峻な周波数特性のフィルタが作れるよ.

(5) 受信機の雑音の原因を確かめる方法

アンテナ端子とアース端子間を導線でつなぎます．このとき，雑音が止まれば外来雑音の影響で，止まらなければ受信機内部の雑音です.

試験の直前 Check!

- □ **FM受信機の構成** ≫ 高周波増幅器，周波数混合器，局部発振器，中間周波増幅器，振幅制限器，周波数弁別器，スケルチ回路，低周波増幅器.
- □ **FMの復調** ≫ 周波数弁別器，周波数の変化を振幅の変化に変換．比検波器，フォスターシーリー回路.
- □ **振幅制限器** ≫ リミタ．振幅の変動（AM成分）を除去．ある電圧以上で出力一定．S/N改善.
- □ **スケルチ** ≫ 雑音を消去.
- □ **ディエンファシス** ≫ 高い周波数成分を減衰．高域のS/N改善.
- □ **感度抑圧効果** ≫ 強力な電波によって受信機の感度が低下.
- □ **相互変調混信** ≫ 非直線回路で不要波の整数倍の周波数が発生．和や差の周波数が受信周波数，中間周波数，影像周波数に合致.
- □ **相互変調妨害の軽減** ≫ 高周波増幅部の選択度を良くする．高周波増幅部，中間周波増幅部を直線動作.

国家試験問題

問題 1

次の記述は，FM（F3E）受信機に用いられる各種回路について述べたものである．□内に入れるべき字句の正しい組合せを下の番号から選べ.

(1) 復調器出力における信号対雑音比（S/N）の改善やひずみの低減のため，受信されたFM波の振幅変動を除去して一定の振幅とする回路を［A］回路という.

(2) 復調された信号波において，送信側で強調された高い周波数の成分を減衰させるとともに，高い周波数成分の雑音も減衰させ，周波数特性とS/Nを改善するための回路を［B］回路という.

(3) FM受信機では入力波がなくなると，復調器出力に大きな雑音が現れるので，自動的に低周波増幅器の動作を止めて，雑音を消去する回路を［C］回路という.

	A	B	C
1	ノイズブランカ	プレエンファシス	スケルチ
2	ノイズブランカ	ディエンファシス	AGC
3	リミタ	ディエンファシス	スケルチ
4	リミタ	プレエンファシス	AGC

リミタは制限する，プレは前に，ディは逆に，エンファシスは強調する，AGCは自動利得制御，スケルチは黙らせるという意味だよ．ノイズブランカは，パルス性の雑音を除去する回路でAM受信機やSSB受信機に用いられるよ.

問題2

FM (F3E) 受信機に用いられる振幅制限器の働きについての記述として，正しいものを下の番号から選べ.

1　高周波増幅器の選択度を向上させ，影像周波数の混信を軽減する.
2　受信機の入力がなくなったときに発生する大きな雑音を除去する.
3　受信した電波の振幅の変動を除去し，振幅を一定にする.
4　周波数の変化を振幅（電圧）の変化に変換し，信号波を取り出す.
5　受信した電波の周波数を中間周波数に変換する.

問題3

次の記述は，FM (F3E) 受信機に用いられる振幅制限器について述べたものである. [　　] 内に入れるべき字句の正しい組合せを下の番号から選べ.

(1) FM受信機では，中間周波増幅器と [A] との間に，振幅制限器を挿入して，この段までに入ってくる雑音，混信その他による [B] 成分を除去し，中間周波信号の振幅を一定に保つようにする.

(2) 振幅制限器は，ある電圧 [C] の入力に対しては出力電圧が一定になるような特性を持つ回路であり，これを用いることにより，受信機出力の信号対雑音比 (S/N) の改善や復調された信号波のひずみを低減することができる.

	A	B	C
1	周波数混合器	AM	以下
2	周波数混合器	FM	以上
3	周波数弁別器	FM	以下
4	周波数弁別器	FM	以上
5	周波数弁別器	AM	以上

中間周波増幅器の後段は，変調信号を復調する復調器（検波器）だよ. FM の復調器は周波数弁別器というよ. FM は振幅が一定で変化しないよ. AM は振幅が変化するよ.

問題4

次の記述は，FM (F3E) 受信機に用いられる周波数弁別器について述べたものである. [　　] 内に入れるべき字句の正しい組合せを下の番号から選べ.

周波数弁別器は，FM (F3E) 波の [A] の変化から信号波を取り出す回路であり， [B] や**比検波器**などがある. 周波数弁別器の入力周波数－出力電圧特性は [C] である.

第6章　受信機

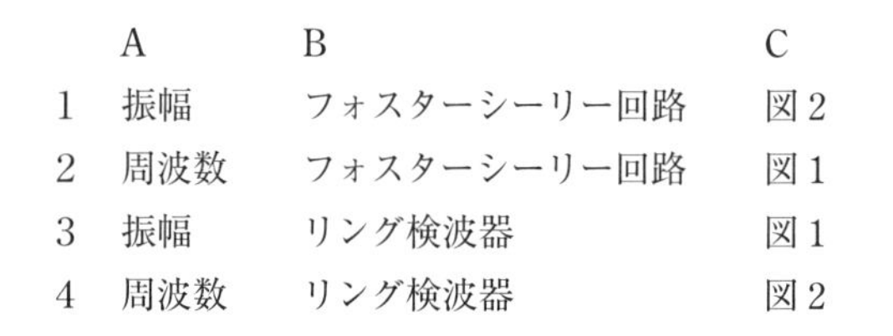

	A	B	C
1	振幅	フォスターシーリー回路	図2
2	周波数	フォスターシーリー回路	図1
3	振幅	リング検波器	図1
4	周波数	リング検波器	図2

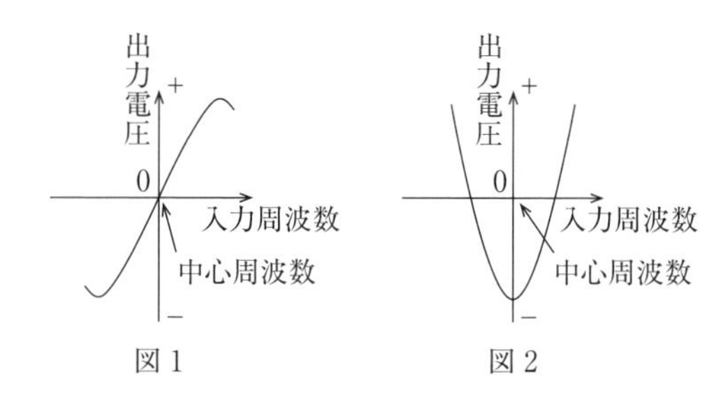

太字は穴あきになった用語として，出題されたことがあるよ.

FMのFはフリークエンシーで周波数のことだよ．信号波の振幅で搬送波の周波数を変化させる変調方式だよ．復調するときは周波数の変化から信号波を取り出すよ．包絡線は振幅の変化を結んだ線だよ.

問題5

次の記述のうち，FM (F3E) 受信機のスケルチ回路についての記述として，正しいものを下の番号から選べ.

1　受信機への入力信号が一定レベル以上のとき，雑音出力を消去する.
2　受信電波の周波数変化を振幅の変化にする.
3　受信電波の変動を除去し，振幅を一定にする.
4　受信機出力のうち周波数の高い成分を補正する.
5　周波数弁別器の出力の雑音が一定レベル以上のとき，低周波増幅器の動作を停止する.

スケルチは黙らせるという意味だよ.
雑音がうるさいから必要なんだね.

問題 6

希望する電波を受信しているとき，近接周波数の強力な電波により受信機の感度が低下した．この現象に該当する名称を下の番号から選べ．

1 影像周波数妨害
2 感度抑圧（感度抑圧効果）
3 引込み現象
4 トラッキングエラー

受信機の感度が抑えられて低下するから，感度抑圧だよ．

問題 7

次の記述は，受信機で発生する相互変調による混信について述べたものである．[　　　]内に入れるべき字句の正しい組合せを下の番号から選べ．

ある周波数の電波を受信しているとき，受信機に希望波以外の二つ以上の強力な不要波が混入すると，回路の[A]により，不要波の周波数の[B]の和または差の周波数成分が生じ，これらの周波数の中に受信周波数の他，受信機の[C]や影像周波数に合ったものがあるとき混信を生ずることがある．

	A	B	C
1	直線性	整数分の 1	中間周波数
2	直線性	整数倍	局部発振周波数
3	非直線性	整数分の 1	局部発振周波数
4	非直線性	整数倍	中間周波数
5	非直線性	整数分の 1	中間周波数

回路が直線性の動作ではひずみは生じないよ．非直線性の動作のときにひずみが生じて，不要波の周波数の整数倍の周波数成分が生じるよ．非直線性の動作によるひずみでは正数分の 1 の周波数成分は生じないんだよ．

解答

問題 1 → 3　問題 2 → 3　問題 3 → 5　問題 4 → 2　問題 5 → 5
問題 6 → 2　問題 7 → 4

7.1 電波障害の種類・原因・対策 重要知識

出題項目 Check!

- □ 電波障害の送信機側の原因と対策
- □ 電波障害の受信機側の原因と対策

1 電波障害の種類

アマチュア局の送信する電波などによってテレビが見にくいなどの障害が発生することがあります．これを電波障害といいます．電波障害には，アマチュア局によるもののほか，自動車の点火栓（イグニッションノイズ），工場などにある高周波利用設備，電気溶接機，送電線の放電などによるものなどがあります．

アマチュア局が原因となる電波障害の主なものは次のとおりです．

① TVI：テレビジョン受像機に発生する障害です．

② BCI：ラジオ受信機に発生する障害です．

③ テレホンI：電話機に発生する障害です．

④ アンプI：音楽プレーヤーなどに発生する障害です．

2 電波障害の送信機側の原因

送信機側（アマチュア局側）の原因は次のものがあります．

① 高調波の発射：高調波は送信周波数の2倍3倍…の周波数に発生します．アマチュア局の発射する電波に含まれている高調波の発射に原因がある場合は，特定の周波数の受信機に妨害が発生します．たとえば28〔MHz〕帯の送信機の発射できる周波数は，28〔MHz〕から29.7〔MHz〕ですが，第3高調波が84〔MHz〕から89.1〔MHz〕になるので，表7.1より76〔MHz〕から95〔MHz〕を受信するFM放送の受信機に妨害が発生します．

表7.1 放送のチャネルと周波数

放送	物理チャネル	周波数〔MHz〕
テレビ	13～52	470～710
FM		76～95

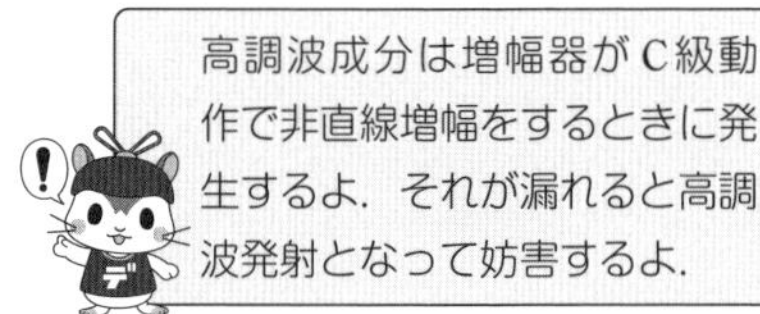

単位のM（メガ）は，10^6を表します．

$$1\,〔\mathrm{MHz}〕=1\times10^6\,〔\mathrm{Hz}〕=1{,}000{,}000\,〔\mathrm{Hz}〕$$

② 寄生振動の発生：送信電波の周波数と関係のない周波数の不要な電波の発射を**寄生振動**といいます．

③　過変調：DSB送信機では，変調度が100〔%〕を超えて**過変調**になると送信電波の波形がひずんで側波が広がったり高調波が発生したりします．

④　電信波形の異常：電信（A1A）送信機では，**キークリック**が発生するなどの電信波形が異常になると，送信電波の波形がひずんで側波が広がったり高調波が発生したりします．

⑤　アンテナ結合回路の調整が悪い場合：アンテナ結合回路の結合が密になっていると高調波などが発射しやすくなります．

⑥　送信アンテナが送電線（電灯線）に近い．

3 送信機側の対策

送信機側（アマチュア局側）の対策は次のものがあります．

①　送信機を厳重に遮へいします．

②　送信機を正しく調整して，自己発振や**寄生振動を防止**します．

③　送信機に電波障害の対策回路を設けます．
　電信送信機では，**キークリック防止回路**を設けます．

④　送信機と給電線の結合を疎結合にします．

⑤　送信機と給電線との間に適切なフィルタを挿入します．

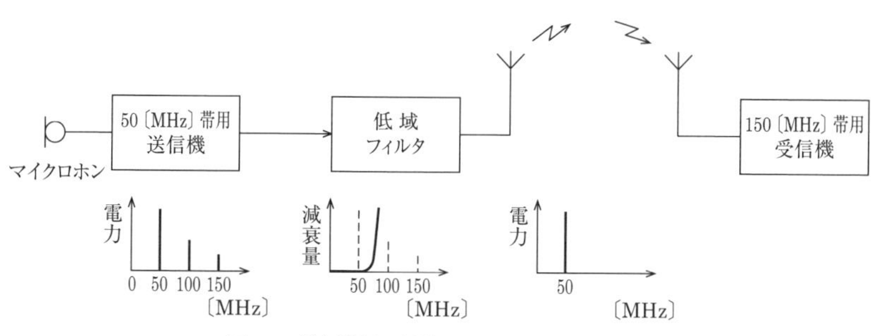

図 7.1　送信機側の対策の一例

送信電波の周波数が受信電波の周波数より低い場合は**低域フィルタ（LPF）**を，送信電波の周波数が受信電波の周波数より高い場合は高域フィルタ（HPF）を挿入します．送信電波の周波数の上下に受信電波がある場合は帯域フィルタ（BPF）を挿入します．

低域フィルタ（LPF）は低い周波数を通す回路，高域フィルタ（HPF）は高い周波数を通す回路，帯域フィルタ（BPF）は特定の周波数を通す回路だよ．

⑥　送信機の**電源に AC ラインフィルタ（低域フィルタ）**を挿入します．

⑦　接地を完全にします．

⑧　送信アンテナの位置を変えます．

Point

低域フィルタ（LPF）

送信機の**高調波を除去**するための**低域フィルタは，基本波に対する減衰量が小さく，高調波に対する減衰量は十分に大きなもの**を用いる．**遮断（カットオフ）周波数**はフィルタの出力電圧が入力電圧の $1/\sqrt{2}$ となる周波数のことで，遮断（カットオフ）周波数は**基本波の周波数よりも高く，第２高調波の周波数よりも低い**フィルタを用いる．基本波は送信周波数のことである．

4 送信機の寄生振動対策

送信機で発生する自己発振や寄生振動を防止するには次の方法があります．

① 高周波用トランジスタは**電極間容量の小さいもの**を選びます．

② トランジスタ電力増幅回路において，コレクタ側とベース側の部品を遮へいして結合を疎にします．

③ トランジスタ電力増幅回路において，コレクタ側とベース側の結合を打ち消すため，**中和回路**を取り付けます．

④ トランジスタ電力増幅回路のコレクタ回路またはベース回路の電極の近くに，直列に**寄生振動防止回路**を挿入します．寄生振動防止回路は抵抗とコイルを並列に接続した回路です．

⑤ 高周波回路の配線を短くします．

⑥ 高周波同調回路のコイルと高周波チョークコイルなどの**相互結合が少なくなるように配置**します．

5 受信機側（被障害機器側）の原因

受信機側の原因は次のものがあります．

① 混変調妨害

② 相互変調妨害

③ 低周波増幅回路の検波作用によるもの

6 受信機側の対策

受信機の対策は次のものがあります．

① 受信機と給電線との間に適切なフィルタを挿入します．アマチュア局が短波（HF：3～30〔MHz〕）帯の電波を発射した場合に超短波（VHF：30～300〔MHz〕）帯の受信機や極超短波（UHF：300～3,000〔MHz〕）帯のテレビション受像機にTVIが発生したときは，その基本波によって妨害が発生した場合は，送信周波数よりも受信周波数が高いので，図7.2のように，受信機のアンテナ端子と給電線との間に高域フィルタ

(HPF) を挿入します.

② 受信アンテナの位置を変えます.

③ 低周波増幅回路に高周波が混入しないように防止回路を取り付けます.

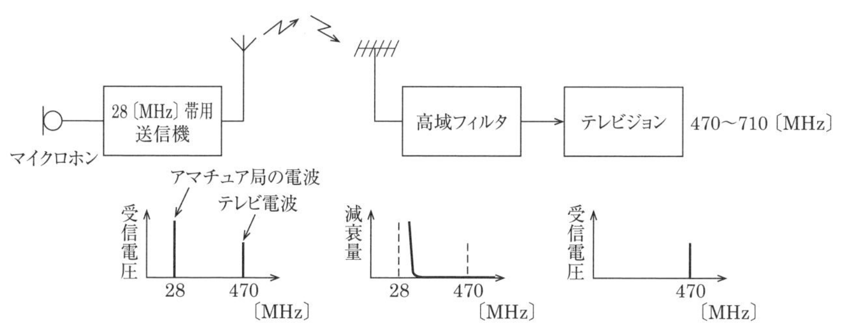

図 7.2 受信機側の対策の一例

アマチュア局が短波帯で，その基本波によって超短波帯の受信機に妨害するときは，受信機のアンテナ端子と給電線の間に，高い周波数を通して低い周波数を減衰させる高域フィルタ (HPF) を入れるよ.

Point

原因と対策する側

送信側の送信機から発射される**基本波によって障害が発生**する場合は，受信側の**被障害機器で対策**を行う.

送信側の送信機から発射される**不要輻射によって障害が発生**する場合は，**送信機で対策**を行う.

受信側の被障害機器が妨害波の影響をどの程度のレベルまで受けても電波障害を起こさない能力を持っているかを表す指標を**イミュニティ** (免疫という意味) という.

試験の直前 Check!

□ **高調波除去フィルタ** ≫ 低域フィルタ (LPF)，基本波の減衰が小，高調波の減衰が大.

□ **送信機側の対策** ≫ 寄生振動防止．過変調防止．高調波防止の低域フィルタ．電源に AC ラインフィルタ (低域フィルタ).

□ **送信機の寄生振動防止** ≫ トランジスタの電極間容量が小，コレクタとベース回路の結合が疎，中和回路，コイルと抵抗の寄生振動防止回路，配線を短く，部品の結合小.

□ **被障害機器の指標** ≫ イミュニティ

国家試験問題

問題 1

次の記述は，アマチュア無線局の電波障害に関する対策について述べたものである．□内に入れるべき字句の正しい組合せを下の番号から選べ．

(1) 電信（A1A）送信機の電鍵操作においては，[A]が生じないようにする．
(2) 高調波が放射されないよう，送信機と給電線の間に[B]を挿入する．
(3) 電灯線（低圧配電線）へ電波が漏れないよう，電源の入力部に[C]を挿入する．

	A	B	C
1	ハウリング	高域フィルタ（HPF）	AC ラインフィルタ
2	ハウリング	低域フィルタ（LPF）	セラミックフィルタ
3	キークリック	低域フィルタ（LPF）	AC ラインフィルタ
4	キークリック	高域フィルタ（HPF）	セラミックフィルタ

問題 2

次の記述は，BCI等を防止するために送信機側で行う寄生振動防止対策について述べたものである．このうち誤っているものを下の番号から選べ．

1　トランジスタは，なるべく電極間容量の小さいものを選ぶ．
2　電力増幅器のコレクタ側とベース側の結合を大きくする．
3　電力増幅器のコレクタ回路またはベース回路の電極の近くに，直列に寄生振動防止回路を挿入する．
4　同調回路と高周波チョークコイルなどとの相互の結合が少なくなるように配置する．

解説

2　電力増幅器のコレクタ側とベース側の結合を**疎にする**．

太字は誤っている箇所を正しくしてあるよ．
次に出題されるときは正しい選択肢になっていることもあるよ．

第7章 電波障害

問題3

図に示すように，FM (F3E) 送信機とアンテナの間に挿入する高調波除去用フィルタの特性として，適切なものを下の番号から選べ．ただし，送信電波の搬送波の周波数を f_0，送信出力に含まれる第2高調波の周波数を f_2，第3高調波の周波数を f_3 とする．

1 遮断周波数が f_0 より高く，f_2 より低い低域フィルタ (LPF)
2 遮断周波数が f_2 より高い高域フィルタ (HPF)
3 遮断周波数が f_3 の低域フィルタ (LPF)
4 中心周波数が f_0 の帯域除去フィルタ (BEF)
5 通過周波数帯域が f_2 から f_3 までの帯域フィルタ (BPF)

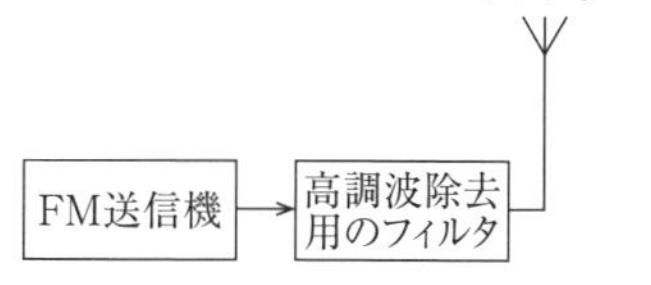

低域フィルタ (LPF) は遮断周波数より低い周波数を通すんだよ．
高調波の防止には有効だね．
遮断周波数が高調波の周波数より高いと入れる意味がないよ．

問題4

次の記述は，アマチュア局の電波による電波障害の原因と対策について述べたものである．［　　］内に入れるべき字句の正しい組合せを下の番号から選べ．

(1) ラジオ受信機および電子機器などの被障害機器に，アマチュア局の送信電波による電波障害が発生することがある．その主な原因として，アマチュア局の送信機から発射された電波の基本波と不要輻射（スプリアス）によるものがある．
　電波障害の原因が基本波の場合は，［ A ］側の対策が有効であり，電波障害の原因が不要輻射の場合は，［ B ］側の対策が有効である．

(2) 一方，被障害機器などがアマチュア局など無線局の電波による電磁界の影響を，どの程度のレベルまで受けても電波障害を起こさない能力を持っているかを表す指標を一般に［ C ］という．

	A	B	C
1	送信機	被障害機器	二信号特性
2	送信機	被障害機器	安定度
3	被障害機器	送信機	イミュニティ
4	被障害機器	送信機	周波数許容偏差

解答

問題1 → 3　問題2 → 2　問題3 → 1　問題4 → 3

8 電源

8.1 電池 重要知識

出題項目 Check!

- □ 鉛蓄電池の構造と特徴
- □ 電池を接続したときの電圧，容量，内部抵抗の求め方
- □ 浮動充電方式の動作と特徴

送信機や受信機を動作させるために必要な電圧と電流を供給する装置を電源といいます．電池は，電解液と金属の化学作用を利用して直流の電圧を発生する電源です．

電池に負荷となる回路を接続して，電流を流して**電気エネルギーを取り出す**ことを**放電**といいます．電池には，電池の性能で決まった量の放電をすると，再び使うことができなくなってしまう1次電池と，電池に外から電流を流して充電すると再び使うことができる2次電池があります．**充電**は蓄電池に**電気エネルギーを蓄積**することです．

1 電池の種類

電池の種類は，次のものがあります．

① 乾電池

マンガン乾電池やアルカリ乾電池などがあります．大きさによって単一形，単二形，単三形などの種類があります．電圧は1.5〔V〕です．充電することはできない1次電池です．

② 蓄電池

鉛蓄電池，ニッケル水素蓄電池，リチウムイオン蓄電池などがあります．鉛蓄電池の電圧は約2〔V〕，ニッケルカドミウム蓄電池およびニッケル水素蓄電池の電圧は1.2〔V〕，リチウムイオン蓄電池の電圧は3.6〔V〕程度です．これらの電池は繰り返し充電して使用することができる2次電池です．

Point

鉛蓄電池

① 2次電池なので繰り返して充放電ができる．
② **陽極に二酸化鉛**，**陰極に鉛**を用いて，**電解液には希硫酸**を使用する．
③ 1個当たりの公称電圧は**2.0**〔V〕である．
④ 充電を開始すると電解液の**比重が徐々に上昇する**．
⑤ 充電中に**酸素**と**水素**ガスが発生する．

リチウムイオン蓄電池

① **2次電池**なので繰り返して充放電ができる．
② 正極に**コバルト酸リチウム**，負極に**炭素系材料**，電解液に**非水系有機電解液**．

③ 自己放電量が小さい.
④ 小型軽量・高エネルギー密度である.
⑤ セル 1 個の公称電圧は **3.6〔V〕程度**.
⑥ メモリー効果がないので継ぎ足し充電が可能である.
⑦ **過充電・過放電**すると**性能が劣化**する.
⑧ **破損・変形**による**発火の危険性**がある.

メモリー効果は，電池を放電しきらない状態で継ぎ足し充電を繰り返すと，使える容量が減少することだよ.

2 電池の接続

① **直列接続**

図 8.1 (a) のような電池の接続を直列接続といいます．電池を直列接続すると合成電圧は，接続した**電池の電圧の和**になりますが，電池の**容量は変わりません**.

② **並列接続**

図 8.1 (b) のような電池の接続を並列接続といいます．電池を並列接続すると**合成電圧は変わりません**が，電池の容量は接続した**電池の容量の和**になります.

電池の電圧を高くするためには直列接続を，使用時間を長くするためには並列接続を用います.

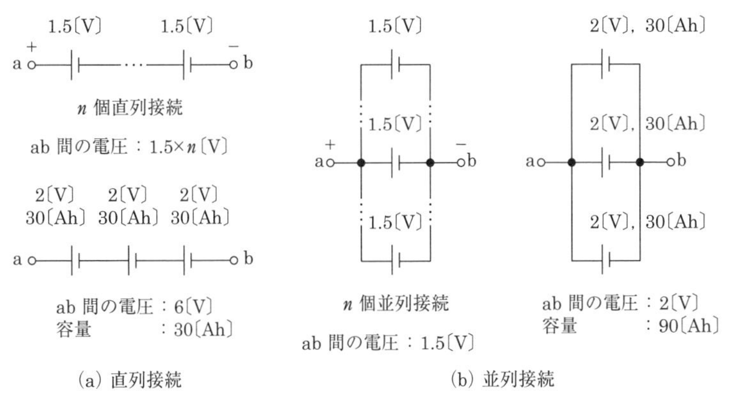

図 8.1 電池の接続

3 電池の容量

電池に負荷を接続して電流を流すと，一定の時間電流が流れてから急に電圧が下がって電流が流れなくなります．どれだけの時間電流を流せるかの能力を電池の容量といいます．電池の容量は，放電する電流と時間の積で表されます．単位はアンペア時（記号〔Ah〕）です．通常，10時間を基準とした**10時間率**で表されます．

Point

容量の計算

電池の容量〔Ah〕は，**放電電流**〔A〕と**放電時間**（hour）〔h〕の掛け算で表される．

容量〔Ah〕＝電流〔A〕×時間〔h〕

3〔A〕の放電電流を10〔h〕時間流すことができる電池の容量は，

3〔A〕×10〔h〕＝30〔Ah〕

30〔Ah〕の容量の電池を3個，直列接続すると，30〔Ah〕（変わらない）．

30〔Ah〕の容量の電池を3個，並列接続すると，30〔Ah〕×3＝90〔Ah〕．

4 電池の内部抵抗

電池に負荷を接続して電流を流すと，電池の端子電圧が低下します．これは等価的に電池の内部に内部抵抗があると表すことができます．同じ電圧と内部抵抗r〔Ω〕の電池をn個**直列接続すると内部抵抗は個数倍**のnr〔Ω〕になります．**並列接続すると内部抵抗は個数分の1**のr/n〔Ω〕になります．

5 浮動充電

蓄電池は充電してから負荷に接続して放電しますが，電池を負荷に接続して電流を流しながら充電する方式を浮動充電（フローティング）方式といいます．浮動充電方式は整流装置に**蓄電池と負荷を並列に接続**して，負荷に電流を流して電力を供給しながら蓄電池の**自己放電を補う**程度の小電流で充電する方式です．蓄電池は常に完全充電状態となるので，いつでも整流電源を切り離して使用することができます．負荷に流れる電流が大きくなると蓄電池から電流が供給されるので，**出力電圧の変動が少なく**，また，整流装置の**リプル含有率が小さくなる**特徴があります．

試験の直前 Check!

- □ **充電と放電** ≫≫ 電気エネルギーの蓄積：充電．電気エネルギーの取り出し：放電．
- □ **鉛蓄電池** ≫≫ 陽極：二酸化鉛．陰極：鉛．電解液：希硫酸．充電すると電解液の比重が上昇，酸素と水素が発生．
- □ **リチウムイオン蓄電池** ≫≫ 2次電池．正極にコバルト酸リチウム．負極に炭素系材料．電解液に非水系有機電解液．自己放電量が小．小型軽量・高エネルギー密度．公称電圧は3.6〔V〕程度．メモリー効果がない，継ぎ足し充電できる．過充電・過放電すると性能が劣化．破損・変形による発火の危険性．
- □ **電池の容量** ≫≫ 放電電流×放電時間〔Ah〕

□ **同じ電圧と容量の電池の直列接続** ≫ 電圧が個数倍，容量は変わらない．
□ **同じ電圧と容量の電池の並列接続** ≫ 容量が個数倍，電圧は変わらない．
□ **内部抵抗** ≫ n 個直列接続すると nr，n 個並列接続すると r/n
□ **浮動充電** ≫ 整流装置，蓄電池，負荷を並列接続．蓄電池は自己放電分の電流．電圧の変動が小．リプル含有率が小．

国家試験問題

問題 1

次の記述は，蓄電池について述べたものである．□内に入れるべき字句を下の番号から選べ．

(1) 鉛蓄電池は陽極に二酸化鉛，陰極に鉛を用い，電解液には［ア］を用いている．
(2) 蓄電池に電気エネルギーを蓄積することを［イ］といい，蓄電池から電気エネルギーを取り出すことを［ウ］という．
(3) 蓄電池から取り出し得る電気量を，蓄電池の［エ］といい，一般にその単位を［オ］で表す．

1 帯電　2 〔Ah〕　3 希塩酸　4 充電　5 比重
6 放電　7 〔A/m〕　8 希硫酸　9 整流　10 容量

問題 2

次の記述は，リチウムイオン蓄電池について述べたものである．□内に入れるべき字句を下の番号から選べ．

(1) セル 1 個の公称電圧は［ア］〔V〕より高い．
(2) ［イ］電池である．
(3) 電解液には［ウ］が使われる．
(4) 過充電・過放電すると性能が［エ］する．
(5) 破損・変形による発火の危険性が［オ］．

1 非水電解液　2 2 次　3 ない　4 2.0　5 向上
6 蒸留水　7 1 次　8 ある　9 9.0　10 劣化

リチウムイオン蓄電池は，スマホや電気自動車などに使われているね．
充電できないのが 1 次電池，充電できるのが 2 次電池だよ．

問題3

次の記述は，鉛蓄電池の容量について述べたものである．［　　］内に入れるべき字句の正しい組合せを下の番号から選べ．

(1) 鉛蓄電池の容量は，通常，放電電流の大きさと［A］の積で表される．

(2) 負荷に供給する電圧および電流に応じて複数の電池を接続して用いることがある．電圧が E〔V〕，内部抵抗が r〔Ω〕で容量の等しい鉛蓄電池2個を図に示すように直列に接続したとき，端子abから見た［B］の値はそれぞれ2倍になり，［C］の値は1個のときと同じである．

	A	B	C
1	放電電圧	電圧と内部抵抗	容量
2	放電電圧	内部抵抗と容量	電圧
3	放電時間	電圧と内部抵抗	容量
4	放電時間	電圧と容量	内部抵抗

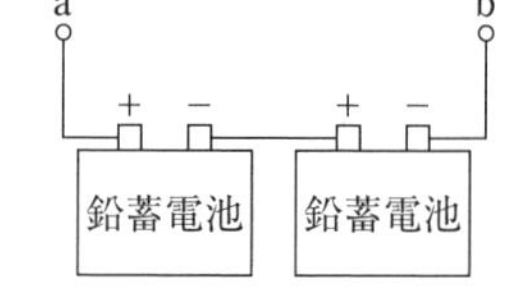

電池の直列接続は，電圧と内部抵抗が大きくなるよ．

問題4

次の記述は，鉛蓄電池の容量について述べたものである．［　　］内に入れるべき字句を下の番号から選べ．

(1) 鉛蓄電池の容量は，通常，放電電流の大きさと放電［ア］の積で表され，［イ］時間率の値を用いることが多い．

(2) 図に示すように，電圧が E〔V〕，内部抵抗が r〔Ω〕で容量の等しい鉛蓄電池2個を並列に接続したとき，端子abから見た電圧は［ウ］〔V〕，内部抵抗は［エ］〔Ω〕であり，(1)の時間率で表した合成容量は1個のとき［オ］．

1	$2r$	2	E	3	電圧
4	60	5	と同じである	6	$r/2$
7	$2E$	8	時間	9	10
10	の約2倍になる				

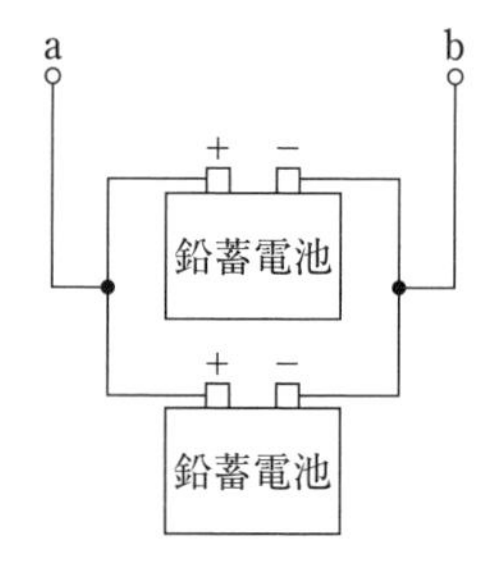

電池の並列接続は，電圧は同じで内部抵抗は小さくなるよ．

問題 5

次の記述は，蓄電池の浮動充電（フローティング）方式について述べたものである．［　　］内に入れるべき字句の正しい組合せを下の番号から選べ．

浮動充電方式は，整流装置に蓄電池および負荷を［ A ］に接続する方式であり，負荷に電力を供給しながら，蓄電池の［ B ］を補う程度の小電流で充電し，常に蓄電池を完全充電状態にしておくようにする．この方式では，出力電圧の変動が少なく，また，出力電圧の［ C ］含有率も非常に小さい．

	A	B	C
1	直列	自己放電	雑音
2	直列	過放電	リプル
3	並列	過放電	雑音
4	並列	自己放電	リプル

過放電は，電池を使い続けて使えなくなったことだよ．信号に含まれる不規則な信号や変動は雑音というけど，電源に含まれる交流成分の脈動はリプルというよ．

解答

問題 1 →ア－8　イ－4　ウ－6　エ－10　オ－2

問題 2 →ア－4　イ－2　ウ－1　エ－10　オ－8　**問題 3** →3

問題 4 →ア－8　イ－9　ウ－2　エ－6　オ－10　**問題 5** →4

8.2 整流電源　重要知識

出題項目 Check!

- □ 整流電源回路の構成と各部の動作
- □ 整流回路の種類と整流器の逆耐電圧
- □ 平滑回路の種類と特徴
- □ 交流電圧の最大値，実効値，平均値の求め方

1 整流電源回路

トランジスタ等を動作させるためには直流の電源が必要なので，家庭用の商用電源を利用するときは，交流（AC）を直流（DC）に変換する整流電源回路を用います．図 8.2 に整流電源回路の構成を示します．

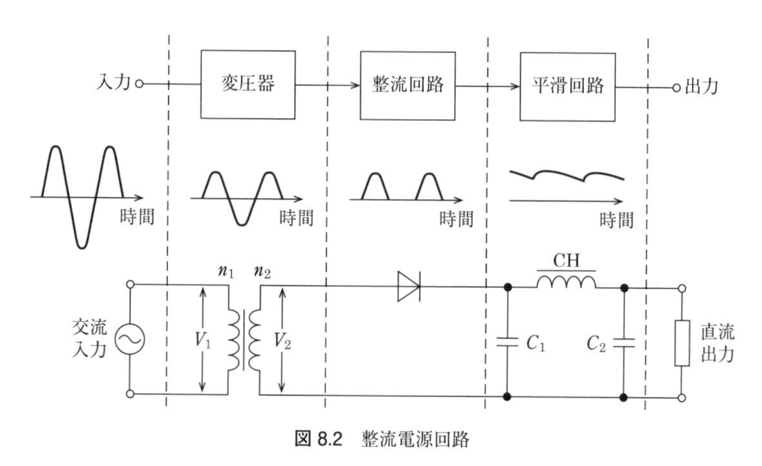

図 8.2　整流電源回路

各部の動作は次のとおりです．

① **電源変圧器**（トランス）

入力交流電圧を必要とする電圧に変換します．変圧器の 1 次側の巻数を n_1，2 次側の巻数を n_2，1 次側の電圧を V_1〔V〕，2 次側の電圧を V_2〔V〕とすると次式の関係があるので電圧を変換することができます．

$$\frac{V_2}{V_1}=\frac{n_2}{n_1} \quad より， \quad V_2=\frac{n_2}{n_1}\times V_1 \text{〔V〕} \qquad (8.1)$$

② **整流器**

整流器は＋－に変化する交流電圧を，一方向の極性で変化する脈流電圧にするものです．接合ダイオードは順方向電圧を加えたときの内部抵抗が小さく，逆方向電圧を加え

たときの内部抵抗が大きいので，順方向に電流を流し，逆方向は電流を流さない特性を利用します．

③　整流回路

図 8.3 に整流回路を示します．図 (a) に示すように交流電圧の半周期のみを整流する**半波整流回路**と，図 (b) のように＋の半周期と－の半周期で電圧の向きを変えて整流することによって，全周期にわたって片方の極性の電圧を取り出す**全波整流回路**があります．図 (c) のブリッジ整流回路の出力は全波整流回路と同じです．

半波整流回路の出力に現れるリプル（脈流）の周波数は入力交流の周波数と同じです．全波整流回路の出力に現れるリプル（脈流）の周波数は入力交流の周波数の 2 倍になります．

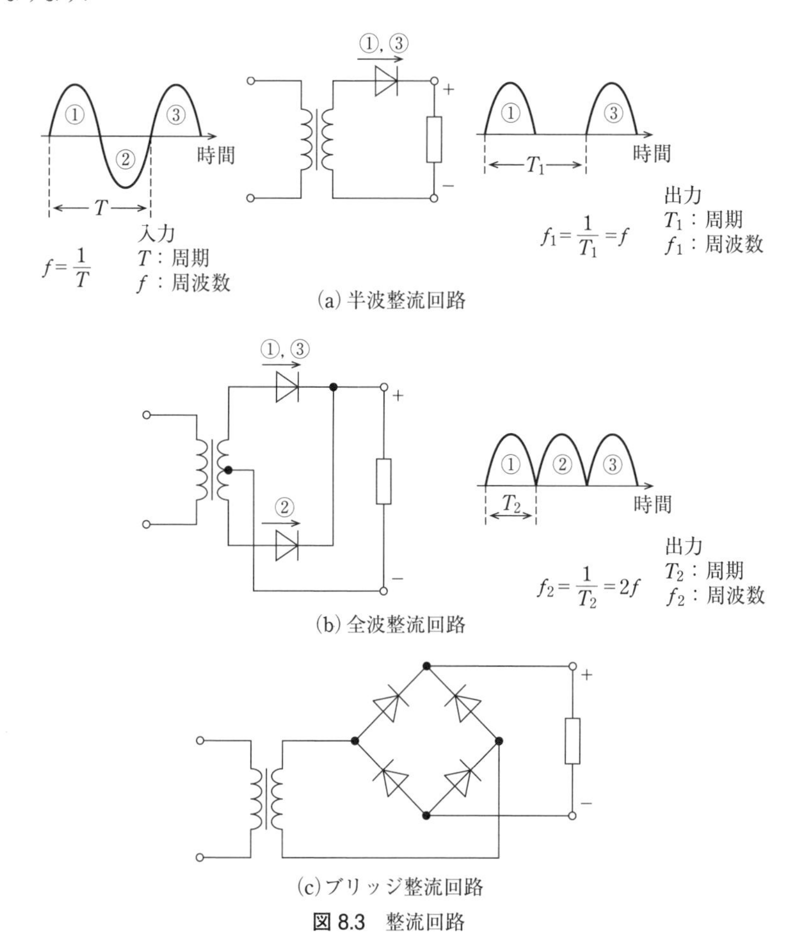

図 8.3　整流回路

④　**倍電圧整流回路**

図8.4に倍電圧整流回路を示します．交流入力電圧が＋の半周期①と－の半周期②のときに，整流回路に電流が流れて，コンデンサを交流電圧の最大値に充電します．これらの和の電圧を出力電圧として取り出すことができるので，倍電圧整流回路の出力は交流入力電圧の最大値 V_m〔V〕の約2倍となります．

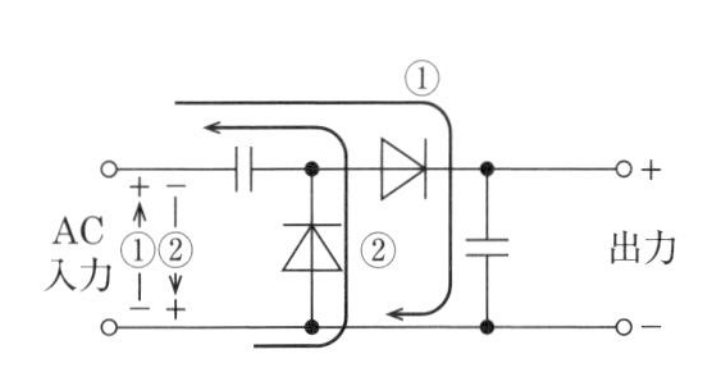

(a) 単相半波倍電圧整流回路

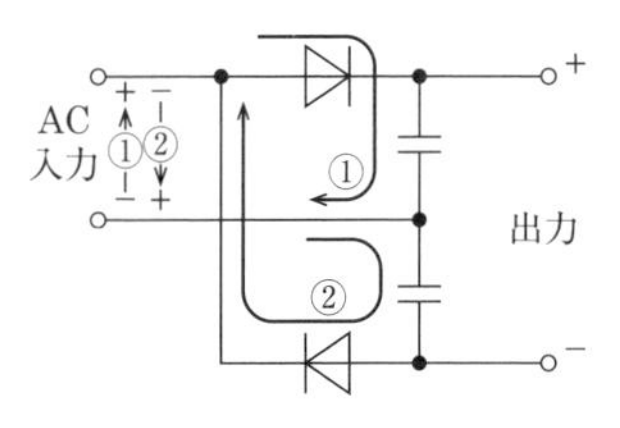

(b) 単相全波倍電圧整流回路

①，②は，入力電圧および電流の±に変化する向きを表す

図8.4　各種整流回路

倍電圧整流回路の出力電圧を交流電圧の実効値の V_e で表すと，$2\sqrt{2}V_e$ になるよ．

⑤　**平滑回路**

整流回路で整流された脈流はそのままでは電圧の変動が大きくて直流としては使えません．この脈流をなだらかにして直流とする回路です．コンデンサ C_1，C_2 は直流電圧を蓄えて，交流電流を通します．チョークコイルCHは直流電流を通して，交流電流を妨げます．

コンデンサ入力形，**チョーク入力形**平滑回路があります．**コンデンサ入力形**はチョーク入力形に比較して，比較的**大きい電圧**が得られる，**電圧変動率が大きい**，負荷電流を多く流すと**リプル率が大きくなる**などの特徴があります．

2　整流回路の出力電圧

交流の電圧や電流は時間とともに変化しますので，一般に**直流と同じ電力を消費する値**で表されます．その値を**実効値**といいます．交流電圧の**最大値**を V_m〔V〕とすると，**実効値** V_e〔V〕は次式で表されます．

$$V_e = \frac{1}{\sqrt{2}} V_m \fallingdotseq 0.71 \times V_m \text{〔V〕} \quad (8.2)$$

交流波形を平均した交流電圧を平均値といいます．**全波整流回路**の出力電圧では図8.5(b)で表される波形となり，**平均値** V_a〔V〕は次式で表されます．

$$V_a = \frac{2}{\pi} V_m \fallingdotseq 0.64 \times V_m \text{〔V〕} \quad (8.3)$$

半波整流回路の平均値は，全波整流回路の平均値電圧の1/2となるので，$0.32\times V_m$〔V〕となります．

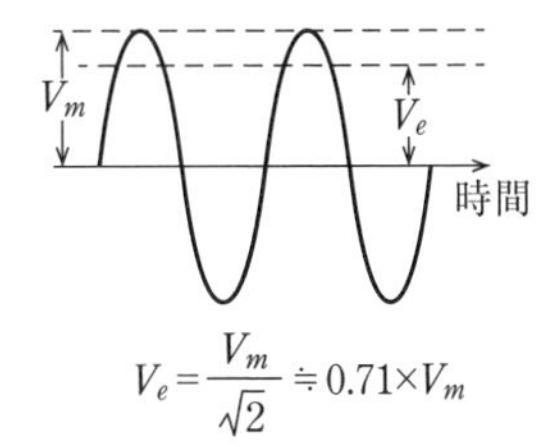

$V_e=\dfrac{V_m}{\sqrt{2}}\fallingdotseq 0.71\times V_m$

$V_a=\dfrac{2V_m}{\pi}\fallingdotseq 0.64\times V_m$

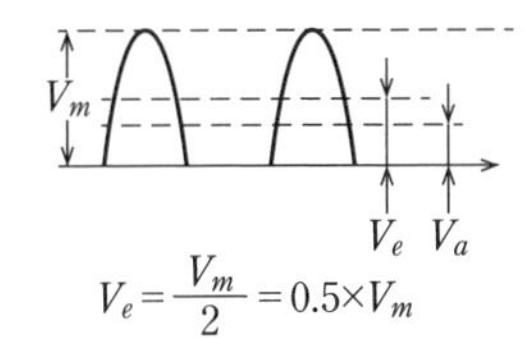

$V_a=\dfrac{V_m}{\pi}\fallingdotseq 0.32\times V_m$

(a) 入力波形　(b) 全波整流回路の出力波形　(c) 半波整流回路の出力波形

図 8.5　整流回路の出力波形

計算に使う数値を覚えてね．≒の記号は約を表すよ．
$\sqrt{2}\fallingdotseq 1.4$　$\dfrac{1}{\sqrt{2}}\fallingdotseq 0.71$　$\pi\fallingdotseq 3.14$　$\dfrac{1}{\pi}\fallingdotseq 0.32$

3 整流用ダイオードの逆方向電圧

図 8.6に示す**半波整流回路**では，入力交流電圧が正の半周期にコンデンサに電流が流れて，コンデンサは入力交流電圧の最大値V_m〔V〕に充電されます．次に負の半周期には，充電電圧と入力電圧の和が，整流用のダイオードに逆方向電圧として加わります．このとき，**ダイオードに加わる逆電圧の最大値**は，次式で表されます．

$$V_D=2V_m=2\sqrt{2}V_e\text{〔V〕}\qquad(8.4)$$

ただし，V_e〔V〕：入力交流電圧の実効値

全波整流回路も半波整流回路と同じ逆方向電圧が加わります．**ブリッジ整流回路**は$V_D=V_m=\sqrt{2}V_e$〔V〕の逆方向電圧が加わります．

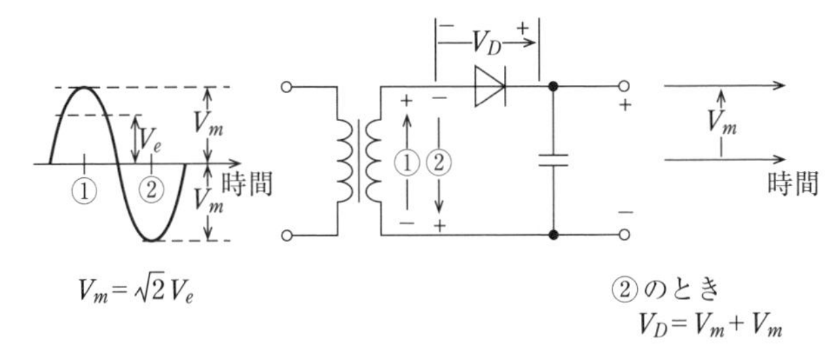

図 8.6　半波整流回路

コンデンサに電圧を加えると電流が流れて電荷がたまるよ．そのとき，交流の最大値まで電圧が増えるんだね．負荷がなければ電流が流れないので電圧はそのままだよ．

試験の直前 Check!

- □ **整流電源回路の構成** ≫ 変圧器，整流回路，平滑回路．
- □ **整流回路の種類** ≫ 半波整流回路．全波整流回路．半波倍電圧整流回路．全波倍電圧整流回路．
- □ **コンデンサ入力平滑回路** ≫ 大きい直流電圧．電圧変動率大．リプル大．
- □ **交流電圧** ≫ 実効値で表す．$V_e=\dfrac{1}{\sqrt{2}}V_m \fallingdotseq 0.71\times$最大値
- □ **交流電圧の平均値，全波整流回路の平均値電圧** ≫ $V_a=\dfrac{2}{\pi}V_m \fallingdotseq 0.64\times$最大値
- □ **半波整流回路の平均値電圧** ≫ $V_a=\dfrac{1}{\pi}V_m \fallingdotseq 0.32\times$最大値
- □ **整流用ダイオードの逆方向電圧** ≫ 半波，全波：$V_D=2V_m=2\sqrt{2}\,V_e$，ブリッジ：$V_D=V_m=\sqrt{2}\,V_e$

国家試験問題

問題 1

次の記述は，正弦波交流の電圧または電流について述べたものである．[　　]内に入れるべき字句の正しい組合せを下の番号から選べ．

(1) 正弦波交流の電圧または電流の大きさは，一般に[A]で表される．

(2) 正弦波交流の瞬時値のうちで最も大きな値を最大値といい，平均値は最大値の[B]倍になり，実効値は最大値の[C]倍になる．

	A	B	C
1	平均値	$\dfrac{2}{\pi}$	$\dfrac{1}{\sqrt{2}}$
2	平均値	$\dfrac{1}{\sqrt{2}}$	$\dfrac{2}{\pi}$
3	実効値	$\dfrac{2}{\pi}$	$\dfrac{1}{\sqrt{2}}$
4	実効値	$\dfrac{1}{\sqrt{2}}$	$\dfrac{2}{\pi}$

直流と交流の電気を使うとき，電圧や電流がどちらも同じ値だったら，同じ電力として使えた方がいいよね．その値が交流の実効値だよ．最大値の $1/\sqrt{2}$ 倍だよ．

問題 2

次の記述は，図に示す電源回路において，コンデンサ C_1 が短絡（ショート）した後に起こる可能性のある現象または状態について述べたものである．このうち，誤っているものを下の番号から選べ．

1　電源変圧器Tが過熱する．
2　整流用ダイオードDが破損する．
3　チョークコイルCHが過熱する．
4　コンデンサ C_2 は破損しない．
5　負荷に過大な電流は流れない．

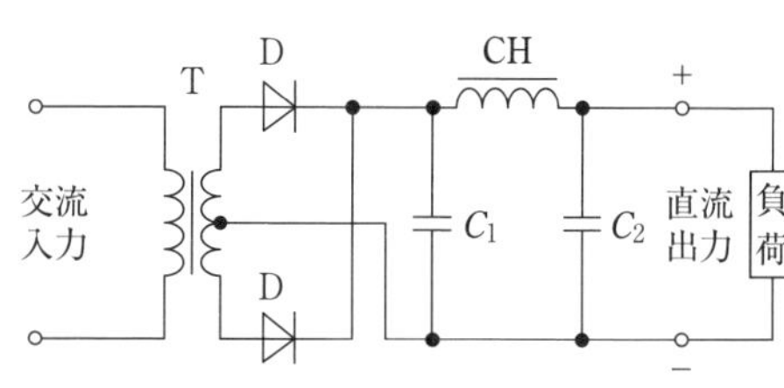

C_1 が短絡すると，そこから出力側の電圧は加わらなくなるので，CHには電流が流れなくなるから加熱もしないね．

問題 3

図に示す電源用整流回路の名称として，正しいものを下の番号から選べ．

1　単相半波整流回路
2　単相半波倍電圧整流回路
3　単相全波倍電圧整流回路
4　三相全波倍電圧整流回路

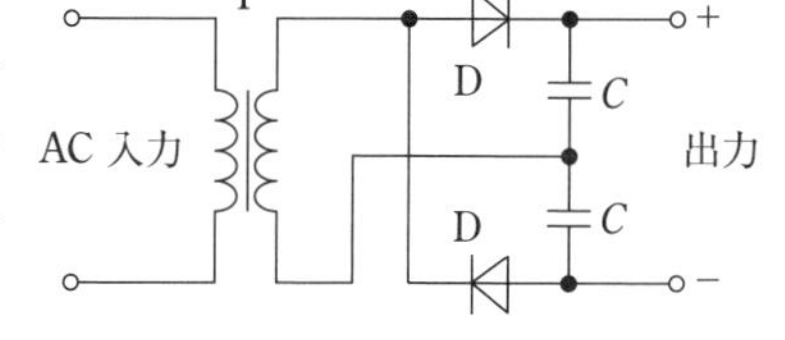

T：変成器
D：ダイオード
C：コンデンサ

問題 4

図に示す電源の整流回路の特徴として，正しいものを下の番号から選べ．ただし，交流入力は，実効値が E〔V〕の正弦波とし，回路は理想的に動作するものとする．

1　全波整流回路で，出力電圧の最大値は，約 $\sqrt{2}E$〔V〕である．
2　全波整流回路で，出力電圧の最大値は，約 $2\sqrt{2}E$〔V〕である．
3　半波整流回路で，出力電圧の最大値は，約 $\sqrt{2}E$〔V〕である．
4　半波整流回路で，出力電圧の最大値は，約 $2E$〔V〕である．

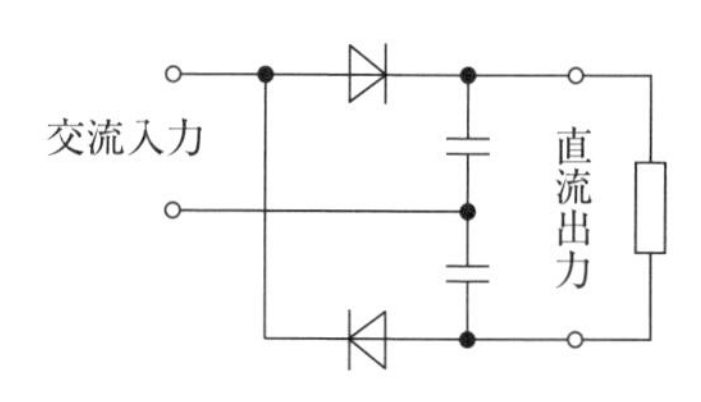

コンデンサに充電される電圧は，正弦波の最大値だから実効値の約 $\sqrt{2}$ 倍だよ．出力は上下のコンデンサの電圧が足されるよ．

問題 5

図に示す電源の整流回路の特徴として，正しいものを下の番号から選べ．ただし，交流入力は実効値が E〔V〕の正弦波とし，回路は理想的に動作するものとする．

1　全波整流回路で，出力電圧の最大値は，約 $2\sqrt{2}E$〔V〕である．
2　全波整流回路で，出力電圧の最大値は，約$\sqrt{2}E$〔V〕である．
3　半波整流回路で，出力電圧の最大値は，約 $2\sqrt{2}E$〔V〕である．
4　半波整流回路で，出力電圧の最大値は，約 $2E$〔V〕である．

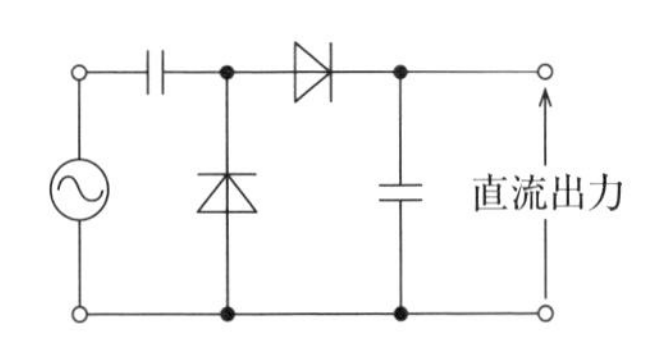

ダイオードが二つある回路は，たいてい全波だけど，これは全波じゃないよ．

問題 6

図に示す整流回路において，電源電圧 E が実効値 11.2〔V〕の正弦波交流であるとき，負荷にかかる脈流電圧の平均値として，最も近いものを下の番号から選べ．ただし，D_1 から D_4 までのダイオードの特性は，理想的なものとする．

1　8〔V〕
2　9〔V〕
3　10〔V〕
4　11〔V〕

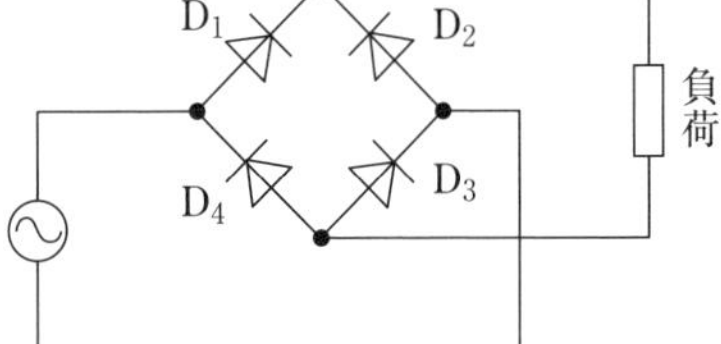

実効値 E から最大値 V_m を求めて，最大値 V_m から平均値 V_a を求めてね．

$V_m=\sqrt{2}E$〔V〕　，　$V_a=\dfrac{2}{\pi}V_m$〔V〕　だよ．

解説

交流電源電圧の実効値電圧を E〔V〕とすると，最大値 V_m〔V〕は，次式で表されます．

$$V_m=\sqrt{2}E$$
$$\fallingdotseq 1.4\times 11.2\fallingdotseq 15.7\text{〔V〕}$$

ブリッジ整流回路の負荷にかかる脈流電圧の平均値電圧 V_a〔V〕は，次式で表されます．

$$V_a=\frac{2}{\pi}V_m$$
$$\fallingdotseq 2\times 0.32V_m=0.64\times 15.7\fallingdotseq 10\text{〔V〕}$$

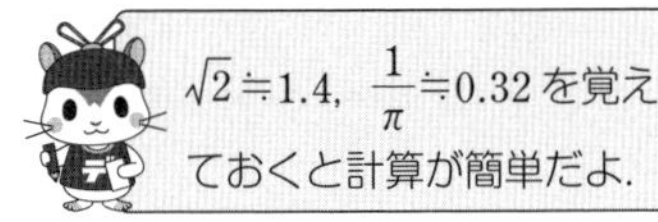

$\sqrt{2}\fallingdotseq 1.4$，$\dfrac{1}{\pi}\fallingdotseq 0.32$ を覚えておくと計算が簡単だよ．

問題 7

図に示す整流回路において，交流電源電圧Vが実効値25〔V〕の正弦波交流電圧であるとき，各ダイオードDに加わる逆電圧の最大値として，最も近いものを下の番号から選べ．ただし，交流電源電圧を加える前に，コンデンサには電荷が蓄えられていないものとし，整流回路は理想的に動作するものとする．

1　30〔V〕
2　35〔V〕
3　43〔V〕
4　50〔V〕
5　70〔V〕

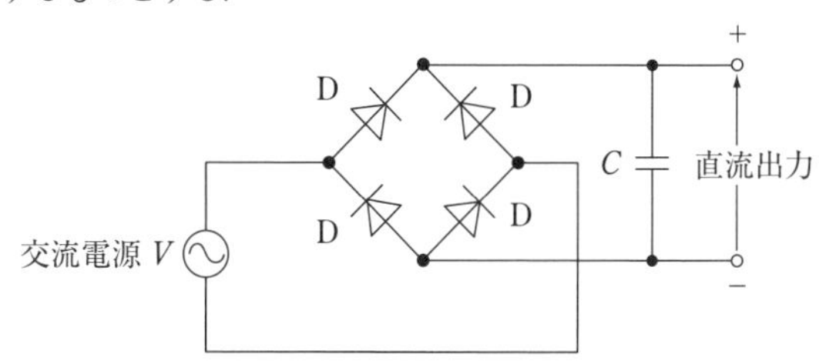

解説

問題の図のブリッジ整流回路では，入力交流電圧が正の半周期の間にコンデンサに充電される電圧は，入力交流電圧の最大値V_m〔V〕となります．次に，負の半周期では，解説図のようにD_2とD_4は導通状態となってコンデンサに電流を充電します．このときD_1とD_3には逆電圧が加わります．D_2とD_4が導通していることによって，D_1とD_3は並列に接続された状態となるので，それぞれのダイオードに加わる電圧はV_mとなります．

交流電源電圧の実効値電圧をV〔V〕とすると，それぞれのダイオードに加わる逆電圧の最大値V_D〔V〕は，次式で表されます．

$$V_D = V_m$$
$$= \sqrt{2}\,V \fallingdotseq 1.4 \times 25 = 35\text{〔V〕}$$

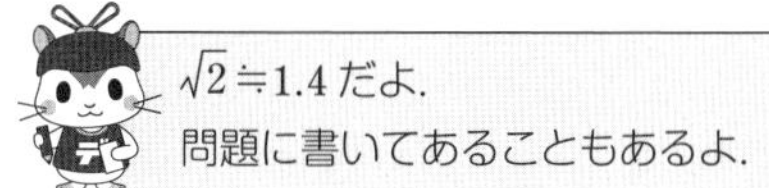

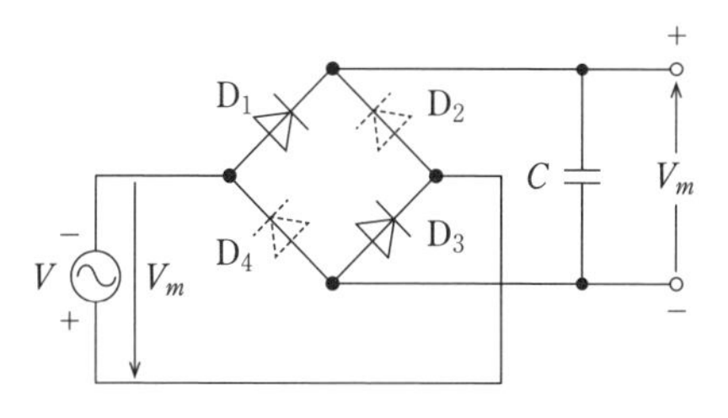

D_2，D_4：導通

解答

問題1→3　問題2→3　問題3→3　問題4→2　問題5→3
問題6→3　問題7→2

8.3 定電圧電源・電源装置

重要知識

出題項目 Check!

- □ 電圧変動率の求め方
- □ 定電圧電源回路の構成と動作
- □ 電源装置の種類と動作

1 電圧変動率

無負荷のときの出力電圧を E_0〔V〕，定格負荷のときの出力電圧を E_L〔V〕とすると**電圧変動率** ε（イプシロン）〔%〕は，次式で表されます．

$$\varepsilon = \frac{E_0 - E_L}{E_L} \times 100〔\%〕 \qquad (8.5)$$

定格負荷の電圧を基準（分母）とするよ．

2 リプル率

平滑回路を通った整流電源の電圧には，交流成分のいくらかが含まれています．出力電圧の交流分と直流分の比をリプル率あるいはリプル含有率といいます．出力の直流電圧を V_d〔V〕，交流分の実効値を V_e〔V〕とすると，リプル率 γ（ガンマ）〔%〕は次式で表されます．

$$\gamma = \frac{V_e}{V_d} \times 100〔\%〕 \qquad (8.6)$$

3 定電圧回路

整流電源などに接続する負荷にたくさんの電流を流すと出力電圧が下がってしまいます．負荷や入力電圧が変化しても出力電圧を一定にするために用いられる回路を定電圧回路といいます．**ツェナーダイオード**（定電圧ダイオード）を用いた定電圧回路を図 8.7 に示します．ツェナーダイオードは**逆方向電圧**を加えて電圧を増加させると，ある電圧で急に大きな電流が流れ，電圧が一定になる特性を持っています．この特性を利用して定電圧回路に用いられます．無負荷のときにツェナーダイオードに流れる電流 I_0〔A〕は安定抵抗 R〔Ω〕の値によって求めることができます．負荷を接続するとツェナーダイオードに流れる電流は減少し，その分の電流が負荷に流れます．負荷を流れる電流が I_0〔A〕の範囲において，**負荷の電圧を一定にする**ことができます．

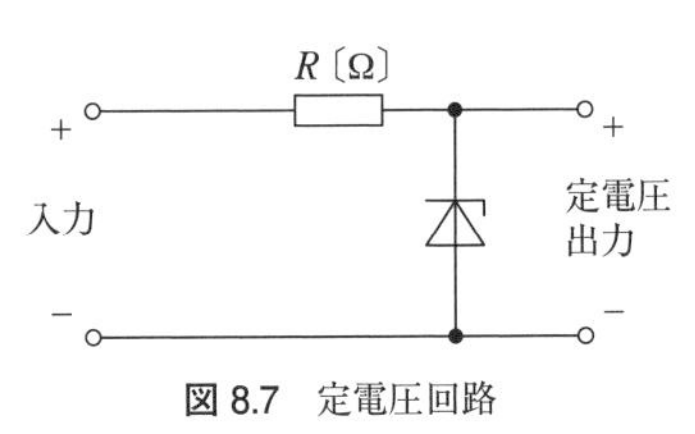

図 8.7　定電圧回路

無負荷のときにツェナーダイオードに流れている電流が，負荷をつなぐと負荷に流れるんだよ．だから，その範囲で安定になるよ．それを超えると安定しないよ．

ツェナーダイオードとトランジスタ増幅回路を用いて定電圧回路を構成すると，より安定で電圧変動率の低い定電圧回路とすることができます．これらの制御形電源回路は安定抵抗やトランジスタの損失が大きいので，トランジスタを損失の少ないスイッチング動作をさせることによって効率を改善した回路に**スイッチング電源回路**があります．スイッチング電源回路はトランジスタをスイッチのように用いて，出力電圧と基準電圧の誤差信号に応じて，**スイッチのオン・オフする時間を制御する**ことにより，平均出力電圧を制御します．次にパルス状の出力電圧を平滑して直流電圧とします．スイッチング電源回路は，効率は良いが雑音が出やすい特徴があります．

4 電源装置

① **インバータ**

直流を交流に変換する装置です．トランジスタ発振回路と**変圧器**等で構成されています．変圧器で所要の交流電圧とすることができます．

② **コンバータ**

直流の電圧を変換する装置です．DC−DC コンバータはインバータに変圧器，整流回路，平滑回路を取り付けた構成です．**直流を交流に変換して，変圧器で異なる電圧としてから，整流電源で直流にする**回路です．

試験の直前 Check!

- □ **電圧変動率** ≫ $\varepsilon=\dfrac{E_0-E_L}{E_L}\times 100$〔%〕
- □ **定電圧電源回路** ≫ ツェナーダイオードを用いる．負荷電流増加：ツェナー電流減少．
- □ **インバータ** ≫ 直流を交流に変換．変圧器で所要の交流電圧．
- □ **DC−DC コンバータ** ≫ 直流を電圧の異なる直流に変換．
- □ **スイッチング電源回路** ≫ オン・オフ時間制御，平均出力電圧制御．

国家試験問題

問題 1

電源装置の電圧変動率εを表す式として，正しいものを下の番号から選べ．ただし，無負荷の場合の出力電圧を E_0〔V〕および定格負荷を接続したときの出力電圧を E_L〔V〕とする．

1　$\varepsilon=\{(E_L-E_0)/E_0\}\times 100$〔%〕

2　$\varepsilon=\{(E_0-E_L)/E_0\}\times 100$〔%〕

3　$\varepsilon=\{(E_0-E_L)/E_L\}\times 100$〔%〕

4　$\varepsilon=(E_L/E_0)\times 100$〔%〕

5　$\varepsilon=(E_0/E_L)\times 100$〔%〕

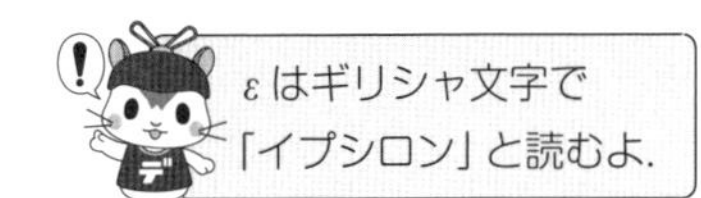

問題 2

電源回路において，定格負荷時の出力電圧が 12.5〔V〕，無負荷時の出力電圧が 14.0〔V〕であった．この回路の電圧変動率の値として，最も近いものを下の番号から選べ．

1　6〔%〕　　2　8〔%〕　　3　10〔%〕　　4　12〔%〕

解説

無負荷のときの出力電圧を E_0〔V〕，定格負荷のときの出力電圧を E_L〔V〕とすると，電圧変動率 ε〔%〕は，次式で表されます．

$$\varepsilon=\frac{E_0-E_L}{E_L}\times 100=\frac{14-12.5}{12.5}\times 100=\frac{1.5}{12.5}\times 100=\frac{150}{12.5}=12〔\%〕$$

問題 3

次の記述は，図に示す電源回路について述べたものである．このうち誤っているものを下の番号から選べ．ただし，回路は正常に動作しているものとする．

1　破線で囲まれた部分は，定電圧回路である．

2　D_Zは，ツェナーダイオードである．

3　負荷に加わる電圧は，端子aが正（+），端子bが負（−）である．

4　負荷を流れる電流が増加すると，D_Zを流れる電流は減少する．

5　負荷の電圧は，負荷を流れる電流の値が変わっても，ほぼ一定である．

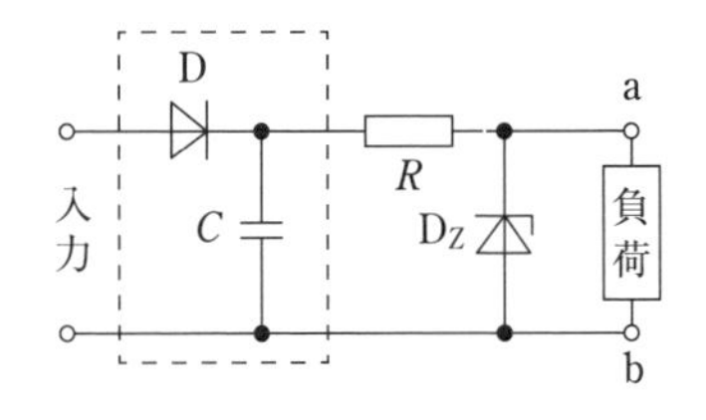

D：コンデンサ　　　R：抵抗
C：ダイオード

定電圧回路は，抵抗RとツェナーダイオードD_Zで構成された回路だよ．

解説

1 破線で囲まれた部分は，**整流回路と平滑回路**である．

太字は誤っている箇所を正しくしてあるよ．
次に出題されるときは正しい選択肢になっていることもあるよ．

問題 4

次の記述は，電源回路に用いられるインバータの動作原理について述べたものである．□内に入れるべき字句の正しい組合せを下の番号から選べ．

インバータは，蓄電池等の直流電圧を[A]等を用いて[B]電圧にし，これを[C]で昇圧または降圧して，所要の電圧を得るようにした装置である．

	A	B	C
1	トランジスタ	交流	変圧器
2	トランジスタ	交流	整流器
3	トランジスタ	直流	整流器
4	バリスタ	交流	変圧器
5	バリスタ	直流	整流器

問題 5

次の表は，電源に用いられる回路等の分類と，これに対応する名称を示したものである．□内に入れるべき字句を下の番号から選べ．

分　類	名　称
入力の交流電圧を，必要とする大きさの交流電圧に変換する回路	[ア]
スイッチのオン・オフする時間を制御することにより，平均出力の定電圧を得る電源回路	[イ]
整流された出力に含まれる交流分を取り除く回路	[ウ]
いったん放電し終わると，充放電の繰返しができない電池	[エ]
ニッケル・カドミウム蓄電池と公称電圧が同一の蓄電池	[オ]

1 平滑回路　2 リチウムイオン蓄電池　3 1次電池
4 太陽電池　5 スイッチング電源回路　6 変圧回路
7 ニッケル・水素蓄電池　8 2次電池　9 整流回路
10 倍電圧整流電源回路

解答

問題 1 →3　問題 2 →4　問題 3 →1　問題 4 →1
問題 5 →ア－6　イ－5　ウ－1　エ－3　オ－7

9 アンテナと給電線

9.1 電波・アンテナの特性　重要知識

出題項目 Check!

- □ アンテナの共振と延長コイル，短縮コンデンサの目的と使用条件
- □ 実効高，放射電力，利得，放射効率の意味と求め方

1 電波の特性

(1) 電波の発生

空中に張られた導線（アンテナ）に高周波電流を流すと電波が発生します．電波は電界と磁界の波が空間を伝わっていく波で電磁波ともいいます．電波は光と同じ電磁波なので真空中の自由空間を伝わる**電波の速度**は30万〔km/s〕$=3\times10^8$〔m/s〕です．電波の波長は光より長いので，光より波としての性質が多く表れます．

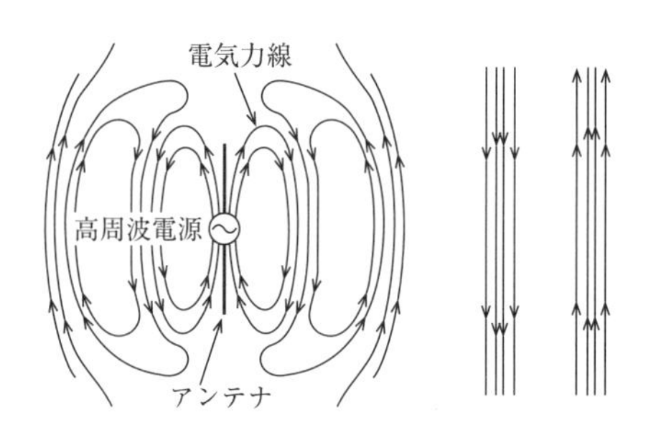

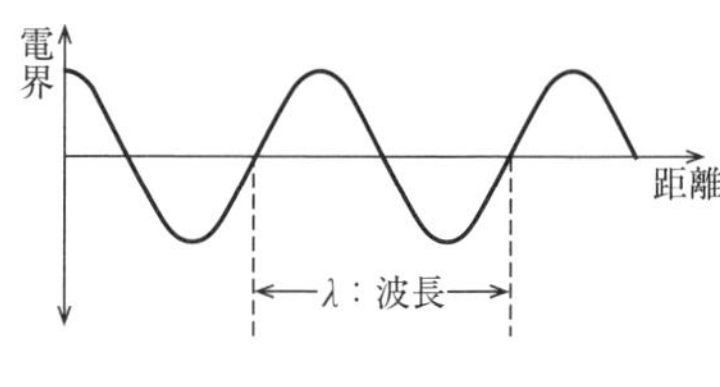

図 9.1　波長

(2) 波長

高周波電源は，時間がたつと周期的にその大きさが変化します．高周波電源によって発生する電波の電界は，時間がたつとその大きさが周期的に変化する波となります．ある時刻のときの電波の電気力線は図9.1のようになります．このとき電界の一つの周期が繰り返す長さを波長（単位：メートル〔m〕）といいます．

電波の**周波数**を f〔MHz〕とすると，**波長** λ〔m〕は次式で表されます．

$$\lambda=\frac{300}{f}\ \text{〔m〕}\qquad \text{または，}\qquad f=\frac{300}{\lambda}\ \text{〔MHz〕}\qquad (9.1)$$

(3) 偏波

図 9.2 のように大地に垂直に張られたアンテナからは，大地に垂直に電気力線が発生します．電界も大地に垂直になります．このように電界が大地に垂直な電波を垂直偏波といいます．また，大地に水平に張られたアンテナからは，大地に平行な電界を持つ電波が発生します．これを水平偏波といいます．

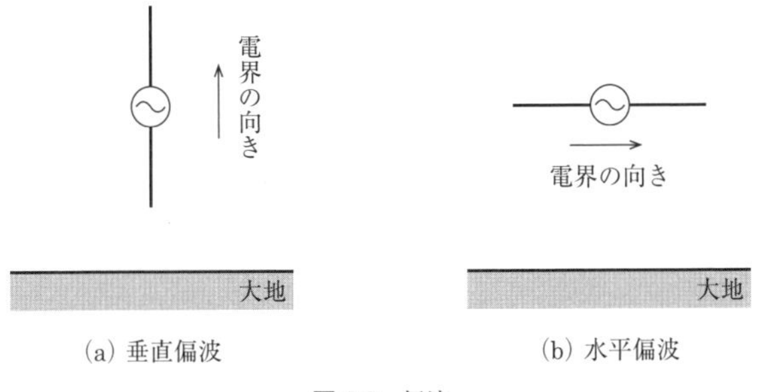

図 9.2　偏波

2 アンテナの特性

(1) アンテナの共振

アンテナに給電する高周波電源の周波数を変化させると，直列共振回路と同じように，ある周波数で電流が最大になります．このときアンテナが共振したといいます．アンテナの共振は共振周波数の奇数倍の周波数でも起きますが，共振する最低の周波数を固有周波数，その波長を固有波長といいます．その波長を固有波長といいます．図 9.3 (a) の 1/4 波長垂直接地アンテナでは，アンテナの長さが 1/4 波長のとき共振します．

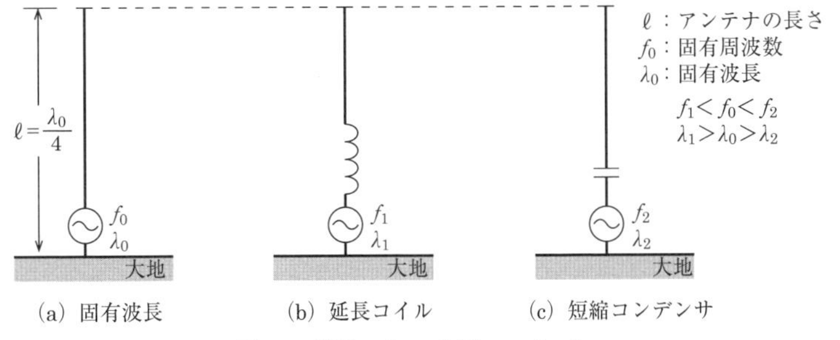

図 9.3　延長コイル，短縮コンデンサ

(2) 延長コイル，短縮コンデンサ

図 9.3 (b) のように，**使用する電波の波長** λ_1〔m〕**がアンテナの固有波長** λ_0〔m〕**より長い場合（使用する電波の周波数** f_1〔MHz〕**がアンテナの固有周波数** f_0〔MHz〕**より低い場**

合）は，アンテナ回路に**直列に延長コイル**を挿入してアンテナの電気的長さを長くして共振させます．

図 9.3 (c) のように，**使用する電波の波長** λ_2〔m〕**がアンテナの固有波長** λ_0〔m〕**より短い場合**（**使用する電波の周波数** f_2〔MHz〕**がアンテナの固有周波数** f_0〔MHz〕**より高い場合**）は，アンテナ回路に**直列に短縮コンデンサ**を挿入してアンテナの電気的長さを短くして共振させます．

(3) 放射抵抗

アンテナは空間にエネルギーとして電波を放射するのでこれを高周波電源側から見ると，抵抗の接続された回路と同じように計算することができます．この抵抗を放射抵抗といいます．アンテナから**放射される電力** P_R〔W〕は，**放射抵抗**を R_R〔Ω〕，**アンテナ電流**を I〔A〕とすると次式で表されます．

$$P_R = R_R \times I^2 \text{〔W〕} \quad (9.2)$$

1/4 波長垂直接地アンテナの放射抵抗は約 36〔Ω〕，
半波長ダイポールアンテナの放射抵抗は約 73〔Ω〕だよ．

(4) 電流分布，電圧分布

アンテナ素子（導線）に高周波を給電すると，アンテナ素子上の電流と電圧の大きさはその位置によって異なります．アンテナを固有周波数で共振させたときの電流と電圧の状態は図 9.4 のようになります．このようなアンテナ上の分布を定在波と呼び，これを**電流分布**，**電圧分布**といいます．定在波が発生するアンテナを定在波アンテナといいます．

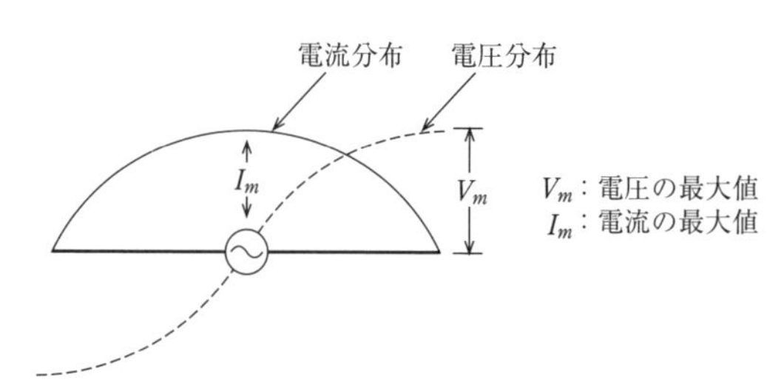

図 9.4 電流分布，電圧分布

(5) 実効高

アンテナの電流分布を均等なものとして扱ったときのアンテナの等価的な長さを**実効高**（**実効長**）といいます．実効高はアンテナに誘起する受信電圧を求めるときに用います．

電界強度を E〔V/m〕，アンテナの実効高を h_e〔m〕とすると，アンテナに誘起する起電力 V〔V〕は，次式で表されます．

$$V=Eh_e \text{〔V〕} \quad (9.3)$$

アンテナの長さが$\lambda/2$の半波長ダイポールアンテナの実効長はλ/π，長さが$\lambda/4$の垂直接地アンテナの実効高は$\lambda/(2\pi)$です．

Point

ループアンテナの実効高

面積がA〔m^2〕，巻数N回のループアンテナを電波の波長λ〔m〕で用いたときの**実効高** h_e〔m〕は，次式で表される．

$$h_e=\frac{2\pi AN}{\lambda} \text{〔m〕}$$

半径r〔m〕で直径D〔m〕の**円形ループの面積**A〔m^2〕は，次式で表される．

$$A=\pi r^2=\pi\left(\frac{D}{2}\right)^2=\frac{\pi D^2}{4} \text{〔m}^2\text{〕}$$

(6) 指向性（指向特性）

アンテナから電波を放射したり受信したりするとき電波の強さは，アンテナの向きによって異なります．そのようすを表したものを指向性といいます．図9.5の1/4波長垂直接地アンテナの水平面指向性は**全方向性**（無指向性）です．

等方性アンテナは，全ての方向に同じ強さで電波を放射する理想的なアンテナで，その指向性は無指向性というよ．それ以外はみんな指向性があるので水平面や垂直面のどちらかで指向性を持たないアンテナの場合は全方向性というよ．

(7) 利得

基準アンテナと比較して，どのくらい強く電波を送受信することができるかのことです．基準アンテナとしては半波長ダイポールアンテナ等が用いられます．

アンテナの最大放射方向に同一距離離れた点において，基準アンテナと測定するアンテナからの電界強度が同じとき，基準アンテナの放射電力をP_0〔W〕，測定するアンテナの放射電力をP〔W〕とすると，測定する**アンテナの利得**Gは，次式で表されます．

$$G=\frac{P_0}{P} \quad (9.4)$$

普通の式は基準となる値は分母なのだけど，アンテナの利得は分子だよ．送信機から供給する放射電力が小さいと利得が大きいんだよ．

Point

絶対利得と相対利得

基準アンテナを**等方性アンテナ**にしたときの利得を**絶対利得**，**半波長ダイポールアンテナ**にしたときの利得を**相対利得**という．等方性アンテナは全方向に対して無指向性の理想的なアンテナである．**半波長ダイポールアンテナの絶対利得**は 1.64（真数），dB で表すと約 2.15〔dB〕である．

dB値

アンテナの利得は，電力比で表される．

2 倍：3〔dB〕より，4 (2×2) 倍：3+3=6〔dB〕，8 倍 (2×4)：3+6=9〔dB〕

真数の掛け算は dB の足し算，
真数の割り算は dB の引き算だよ．

(8) 放射効率

アンテナに供給される電力を P〔W〕，アンテナから放射される電力を P_R〔W〕とすると，**放射効率** η（イータ）は次式で表されます．

$$\eta = \frac{P_R}{P} \quad (9.5)$$

また，アンテナの**放射抵抗**を R_R〔Ω〕，**損失抵抗**を R_L〔Ω〕とすると，

$$\eta = \frac{R_R}{R_R + R_L} \quad (9.6)$$

によって表されます．損失抵抗には，アンテナの**導体抵抗**，**接地抵抗**，**誘電体損**等があります．

Point

放射効率の改善

アンテナ素子の**導体抵抗を小さくする**．アンテナを支持する誘電体などの**誘電損を小さくする**．接地アンテナでは，アンテナの実効高を高くして**放射抵抗をできるだけ大きくする**．大地の**導電率がなるべく大きい**土地にアンテナを設置して**接地抵抗を小さくする**．などの方法がある．

試験の直前 Check!

- □ **波長** ≫ $\lambda = \dfrac{300}{f\text{〔MHz〕}}$〔m〕
- □ **延長コイル** ≫ アンテナの固有波長より使用する電波の波長が長い．
- □ **短縮コンデンサ** ≫ アンテナの固有波長より使用する電波の波長が短い．

- □ **延長コイル，短縮コンデンサの挿入** ≫ アンテナ回路に直列.
- □ **1/4 波長垂直接地アンテナの固有波長** ≫ $\lambda = 4 \times \ell$
- □ **放射電力** ≫ $P_R = R_R \times I^2$，1/4 波長垂直接地アンテナ：$R_R \doteqdot 36$〔Ω〕，半波長ダイポールアンテナ：$R_R \doteqdot 73$〔Ω〕
- □ **ループアンテナの実効高** ≫ $h_e = \dfrac{2\pi AN}{\lambda}$
- □ **円形ループアンテナの面積** ≫ $A = \pi \left(\dfrac{D}{2} \right)^2$
- □ **利得** ≫ $G = \dfrac{P_0}{P}$ ，2 倍：3〔dB〕，4 倍：6〔dB〕
- □ **放射効率改善** ≫ 導体抵抗を小．誘電損を小．放射抵抗を大．土地の導電率を大．接地抵抗を小．

国家試験問題

問題 1

長さが 8.5〔m〕の 1/4 波長垂直接地アンテナを用いて周波数が 10〔MHz〕の電波を放射するとき，この周波数でアンテナを共振させるために一般的に用いられる方法として，正しいものを下の番号から選べ．ただし，アンテナの短縮率は無視するものとする．

1　アンテナにコイルを直列に接続する．
2　アンテナに抵抗を直列に接続する．
3　アンテナにコンデンサを直列に接続する．
4　アンテナの接地抵抗を小さくする．

解説

使用周波数を f〔MHz〕とすると，電波の波長 λ〔m〕は，次式で表されます．

$$\lambda \doteqdot \frac{300}{f} = \frac{300}{10} = 30 \text{〔m〕}$$

垂直接地アンテナの固有波長は $\lambda/4$ だから，$30 \div 4 = 7.5$〔m〕となり，問題のアンテナは長さが 8.5〔m〕なので，7.5〔m〕より長いから，アンテナに短縮コンデンサを直列に接続して共振させます．

垂直接地アンテナは，アンテナの長さがほぼ $\lambda/4$ のときに共振するよ．等価的に直列共振回路と同じだよ．周波数が同じでアンテナの長さを長くするとアンテナのインピーダンスは誘導性になるので，共振させるためには短縮コンデンサが必要になるよ．アンテナの長さを短くするとアンテナのインピーダンスは容量性になるので，延長コイルが必要になるよ．

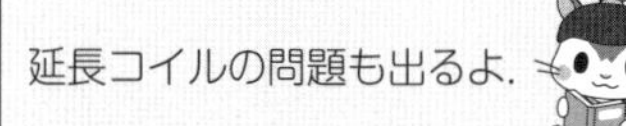

問題２

半波長ダイポールアンテナの放射電力を 150〔W〕とするために，アンテナに供給する電流の値として，最も近いものを下の番号から選べ．ただし，熱損失となるアンテナ導体などの抵抗分は無視するものとする．

1　1.0〔A〕　　2　1.4〔A〕　　3　1.8〔A〕　　4　2.2〔A〕

半波長ダイポールアンテナの放射抵抗 R_R は，約 73〔Ω〕だよ．
放射電力 P，供給する電流 I のとき，次の式が成り立つよ．

$$P=I^2R_R\ 〔\mathrm{W}〕$$

解説

放射抵抗を $R_R \fallingdotseq 73$〔Ω〕，放射電力を P〔W〕，供給する電流を I〔A〕とすると，

$$P=I^2R_R \qquad 150 \fallingdotseq I^2\times 73 \qquad \text{よって，} I^2 \fallingdotseq \frac{150}{73} \fallingdotseq 2\ 〔\mathrm{A}〕$$

したがって，I を求めると次式となります．

$$I=\sqrt{2} \fallingdotseq 1.4\ 〔\mathrm{A}〕$$

1/4 波長垂直接地アンテナの問題も出るよ．
放射抵抗 R_R は，約 36〔Ω〕だよ．

問題３

周波数が 1.9〔MHz〕の電波を，ループの直径が 1.0〔m〕，巻数 N が 100 の円形ループアンテナで受信したとき，このアンテナの実効高の値として，最も近いものを下の番号から選べ．ただし，ループの面積を A〔m^2〕，電波の波長を λ〔m〕とすると，ループアンテナの実効高 h_e は次式で表されるものとする．

$$h_e=\frac{2\pi AN}{\lambda}\ 〔\mathrm{m}〕$$

1　3.1〔m〕　　2　6.2〔m〕　　3　9.3〔m〕　　4　12.4〔m〕　　5　15.5〔m〕

周波数 f〔MHz〕の電波の波長 λ は，
次の式で表されるよ．

$$\lambda=\frac{300}{f\,〔\mathrm{MHz}〕}\ 〔\mathrm{m}〕$$

解説

半径を r〔m〕，直径を D〔m〕とすると，ループの面積 A〔m^2〕は，次式で表されます．

$$A=\pi r^2=\pi\left(\frac{D}{2}\right)^2=\pi\left(\frac{1}{2}\right)^2=\frac{\pi}{4}\text{〔m}^2\text{〕}$$

周波数を f〔MHz〕とすると，電波の波長 λ〔m〕は，次式で表されます．

$$\lambda\fallingdotseq\frac{300}{f}=\frac{300}{1.9}\fallingdotseq 160\text{〔m〕}$$

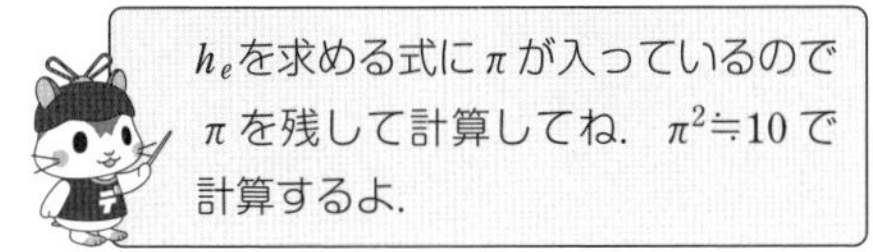

実効高 h_e〔m〕は，次式で表されます．

$$h_e=\frac{2\pi AN}{\lambda}=\frac{2\pi\times\dfrac{\pi}{4}\times 100}{160}=\frac{2\times\pi^2\times 100}{4\times 160}\fallingdotseq\frac{200}{64}\fallingdotseq 3.1\text{〔m〕}$$

問題 4

次の記述は，接地アンテナの放射効率を改善する方法について述べたものである．□内に入れるべき字句の正しい組合せを下の番号から選べ．

(1) アンテナ素子の導体抵抗を小さくし，支持物等による誘電体損失を［A］する．

(2) アンテナの実効高を高くし，放射抵抗をできるだけ［B］する．

(3) 導電率のなるべく［C］土地にアンテナを設置し，接地抵抗をできるだけ小さくする．

	A	B	C
1	大きく	大きく	小さい
2	大きく	小さく	大きい
3	小さく	大きく	小さい
4	小さく	小さく	小さい
5	小さく	大きく	大きい

導電率が大きいと，その逆数の抵抗率は小さくなるよ．

問題５

送信点Aから半波長ダイポールアンテナに対する相対利得6〔dB〕の八木アンテナ（八木・宇田アンテナ）に50〔W〕の電力を供給し電波を送信したとき，最大放射方向の受信点Bで電界強度E_0〔V/m〕が得られた．次にAから半波長ダイポールアンテナで送信したとき，最大放射方向のBで同じ電界強度E_0〔V/m〕を得るために必要な供給電力の値として，最も近いものを下の番号から選べ．ただし，アンテナに損失はないものとし，$\log_{10}2 \fallingdotseq 0.3$とする．

1　100〔W〕　　2　200〔W〕　　3　300〔W〕　　4　400〔W〕

dBで表すと，3〔dB〕+3〔dB〕=6〔dB〕，
電力比の真数で表すと，2×2=4になるよ．

解説

相対利得のデシベルをG_{dB}〔dB〕，真数をGとすると，次式の関係があります．

$$G_{dB}=10\log_{10}G$$

数値を代入すると，

$$6\,〔\mathrm{dB}〕=10\log_{10}G$$

$$3+3 \fallingdotseq 10\times(\log_{10}2+\log_{10}2)$$

$$=10\times\log_{10}(2\times 2)$$

したがって，

$$G=4$$

dBの足し算は真数の掛け算だよ．
3〔dB〕は2倍，3+3=6〔dB〕は2×2=4倍，
3+3+3=9〔dB〕は2×2×2=8倍だよ．
logを使うdBの計算問題は，あんまりないからdBの数値を覚えてね．

半波長ダイポールアンテナの供給電力をP_0〔W〕，八木アンテナの供給電力をP〔W〕とすると，次式の関係があります．

$$G=\frac{P_0}{P}$$

よって，

$$P_0=GP=4\times 50=200\,〔\mathrm{W}〕$$

解答

問題１→3　問題２→2　問題３→1　問題４→5　問題５→2

9.2 アンテナの種類

重要知識

出題項目 Check!

- □ 垂直接地アンテナの特性
- □ 半波長ダイポールアンテナの特性，短縮率を考慮したエレメント長の求め方
- □ インバーテッドVアンテナ，折返し半波長ダイポールアンテナの特性
- □ トラップ付き半波長ダイポールアンテナの構造と動作
- □ ブラウンアンテナ，スリーブアンテナの構造と特性
- □ 八木アンテナ，キュビカルクワッドアンテナ，各種アンテナの構造と特性

1　1/4 波長垂直接地アンテナ

図 9.5 (a) のような構造のアンテナを 1/4 波長垂直接地アンテナといいます．アンテナ素子と接地した大地に給電します．アンテナが同調する最も低い周波数が固有周波数です．

① 電流分布：図 9.5 (a) のように先端で 0，底部で最大です．

② 実効高：$\dfrac{\lambda}{2\pi}$〔m〕

③ 指向性：水平面指向性は，図 (b) のように全方向性です．

④ 放射抵抗 (給電点インピーダンス)：約 36〔Ω〕

⑤ 接地抵抗が小さいほど効率が良い．

⑥ 固有周波数の 3 倍，5 倍などの奇数倍の周波数で同調を取ることができます．

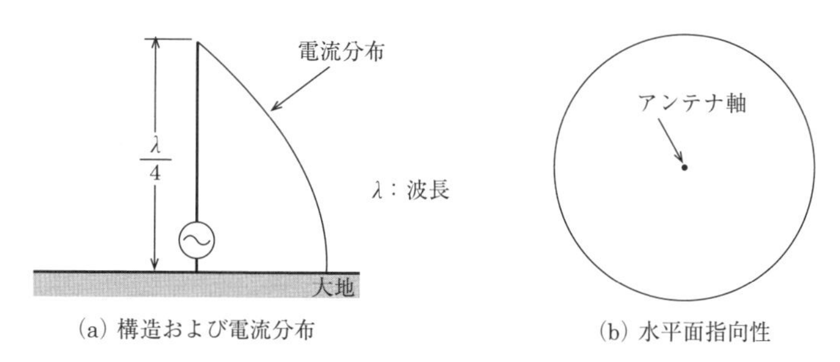

図 9.5　1/4 波長垂直接地アンテナ

2　半波長ダイポールアンテナ（1/2 波長ダイポールアンテナ）

図 9.6 のように給電点の両側に 1/4 波長の長さのエレメント (アンテナ素子) を取り付けた構造のアンテナを半波長ダイポールアンテナといいます．アンテナ全体の長さはほぼ 1/2 波長です．大地に水平に取り付けたものを水平半波長ダイポールアンテナ，垂直に取り付けたものを垂直半波長ダイポールアンテナといいます．

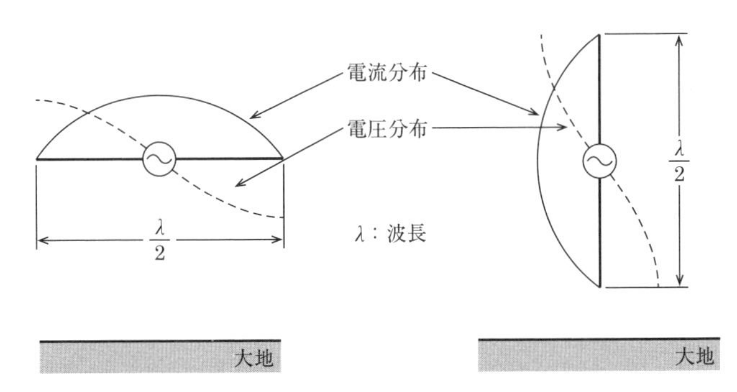

(a) 水平半波長ダイポールアンテナ　　(b) 垂直半波長ダイポールアンテナ

図 9.6　半波長ダイポールアンテナ

(1) 半波長ダイポールアンテナの特性

① **電流分布**：図 9.6 のように**先端で最小**．アンテナ**中央部の給電点で最大**です．また，**電圧分部は先端で最大**です．このようにアンテナ導線の位置によって異なる電流分布や電圧分布が生じることを定在波と呼び，定在波が発生するアンテナを定在波アンテナといいます．

② **実効長**：$\dfrac{\lambda}{\pi}$〔m〕

③ **指向性**：**水平半波長ダイポールアンテナ**の水平面指向性は図 9.7 (a) のように **8 字形**，垂直面指向性は，図 9.7 (b) のように全方向性です．

垂直半波長ダイポールアンテナの水平面指向性は**全方向性**，垂直面指向性は 8 字形になります．

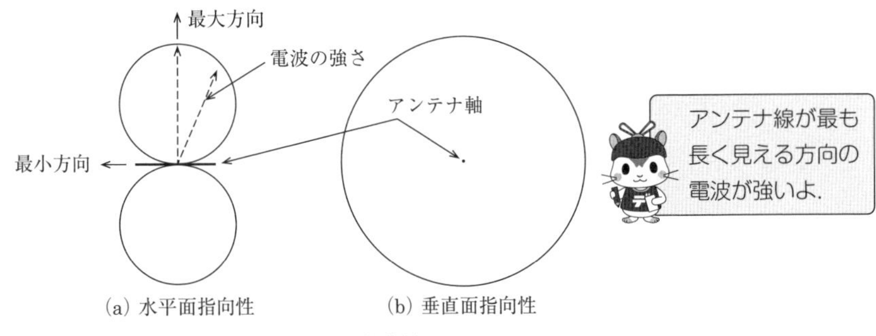

(a) 水平面指向性　　(b) 垂直面指向性

図 9.7　指向性

④ **放射抵抗**（給電点インピーダンス）：**約 73〔Ω〕**

⑤ **短縮率**：エレメント長が λ / 2 のとき，給電点インピーダンスはリアクタンス成分を

持ちます．エレメント長を数〔%〕短くすると，そのリアクタンス成分が打ち消されて，送信機から電力を供給しやすくなります．その値を短縮率と呼びます．**短縮率**の真数を k とすると，エレメントの全長 ℓ〔m〕は次式で表されます．

$$\ell = \frac{\lambda}{2} \times (1-k)\ \text{〔m〕} \tag{9.7}$$

Point

半波長

半波長はエレメントの長さのことで 1/2 波長の長さ．周波数 f〔MHz〕の波長 λ〔m〕は，

$$\lambda = \frac{300}{f\text{〔MHz〕}}\ \text{〔m〕}$$

アマチュア無線で運用できる周波数 7〔MHz〕の波長は約 40〔m〕，14〔MHz〕の波長は約 20〔m〕，21〔MHz〕の波長は約 15〔m〕．エレメントの長さはその 1/2.

(2) インバーテッド V（逆V）アンテナ

水平半波長アンテナの中心部を頂点として V の文字と逆の向きに設置したアンテナを**インバーテッド V（逆V）アンテナ**と呼びます．狭い敷地に設置することができる特徴があります．特性は，水平半波長ダイポールアンテナとほぼ同じですが，エレメントの**頂点の角度を狭くすると給電点インピーダンスは小さく**なります．

(3) 折返し半波長ダイポールアンテナ

図 9.8 のように半波長ダイポールアンテナの先端を折り返して，2 本の近接したアンテナ素子で構成したアンテナを折返し半波長ダイポールアンテナといいます．**給電点インピーダンス**は半波長ダイポールアンテナの放射インピーダンスの **4 倍**となるので，73×4=**292**〔**Ω**〕です．**実効長**は半波長ダイポールアンテナの **2 倍**となるので **2 λ / π**〔m〕，利得や指向性は半波長ダイポールアンテナと同じです．周波数帯域は半波長ダイポールアンテナより**広帯域**です．放射インピーダンスが高いので，八木アンテナの放射器として用いられます．

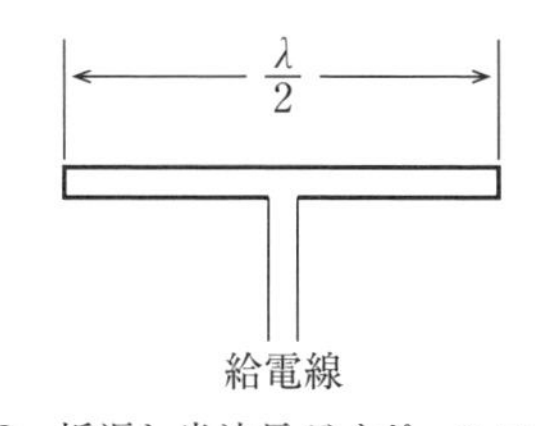

図 9.8 折返し半波長ダイポールアンテナ

折り返すことで実効長は 2 倍の $2\lambda/\pi$，指向性や利得はほぼ同じ，広帯域だよ．

(4) トラップ付き半波長ダイポールアンテナ

複数の周波数帯で動作させるために，アンテナ線の中間にコイルとコンデンサの LC 共振回路で構成されたトラップを挿入したアンテナを，トラップ付きダイポールアンテナと呼びます．

3 ブラウンアンテナ（グランドプレーンアンテナ）

1/4 波長垂直接地アンテナの素子（エレメント）を大地に接地する代わりに図 9.9 (a) のように数本の **1/4 波長**の水平素子（**地線**）を用いたアンテナです．給電点インピーダンスは**約 21**〔Ω〕，水平面指向性は図 9.9 (b) のように**全方向性**です．

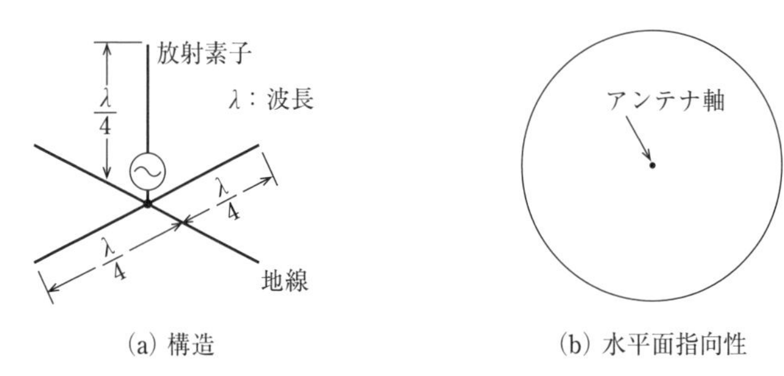

(a) 構造　(b) 水平面指向性

図 9.9　ブラウンアンテナ

ブラウンアンテナの放射素子として，**垂直半波長ダイポールアンテナ**を垂直方向の一直線上に，等間隔に多段接続した構造のアンテナを**コーリニアアレーアンテナ**といいます．隣り合う半波長ダイポールアンテナの素子は互いに同振幅，**同位相の電流**で励振します．高利得で，**水平面内**指向性は**全方向性**の特徴があります．

4 スリーブアンテナ

半波長ダイポールアンテナの片方の素子を，給電線の同軸ケーブルにかぶせた**スリーブ**（筒管）としたものです．特性は**垂直半波長ダイポールアンテナとほぼ同じ**ですが，スリーブの作用により同軸ケーブルで直接給電することができます．

半波長ダイポールアンテナは平衡形アンテナなので，不平衡形給電線の同軸ケーブルを直接接続できないよ．スリーブアンテナは不平衡形アンテナなので，直接接続できるね．

5 八木アンテナ（八木・宇田アンテナ）

半波長ダイポールアンテナを用いた**長さが 1/2 波長の放射器**の近く（約 1/8 から 1/4 波長）に 1/2 波長より**少し短い導波器**と**少し長い反射器**を図 9.10 のように配置した構造のアンテナです．給電する素子は放射器のみです．指向性は図 (b) のように単方向に鋭い指向性を持っています．特定の方向に指向性を持つアンテナを指向性アンテナといいます．導波器の数を増やすか図 (c) のような**スタック**にすると指向性が鋭くなり利得が増加します．

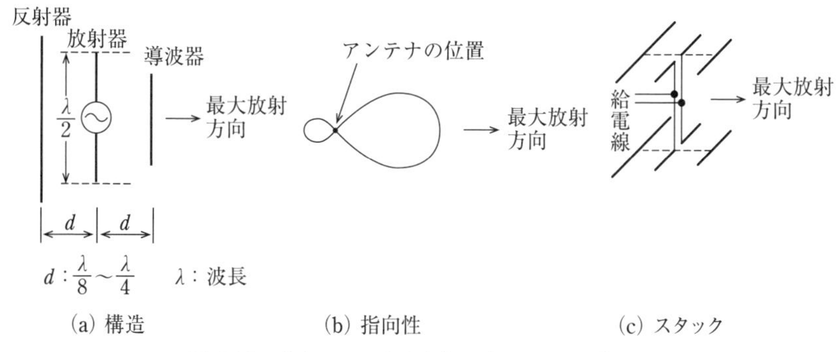

図 9.10　八木アンテナ（八木・宇田アンテナ）

Point

放射エレメントの長さ

ブラウンアンテナの放射エレメントの長さは1/4波長なので，垂直接地アンテナと同じ．八木アンテナ（八木・宇田アンテナ）の放射器の長さは1/2波長なので，半波長ダイポールアンテナと同じ．

6 キュビカルクワッドアンテナ

図9.11のように1辺の長さが1/4波長でループの全長が**約1波長の四角形**のアンテナ導線で構成された**放射器**の近く（約1/10から1/4波長）に1波長よりわずかに長い**反射器**を配置した構造のアンテナです．給電する素子は放射器のみです．反射器に取り付けられたスタブとショートバーによって，反射器の長さを1波長よりわずかに長くします．指向性はループ面と直角で放射器の方向に単方向に鋭い指向性を持っています．水平導線に給電したアンテナの偏波面は水平偏波です．

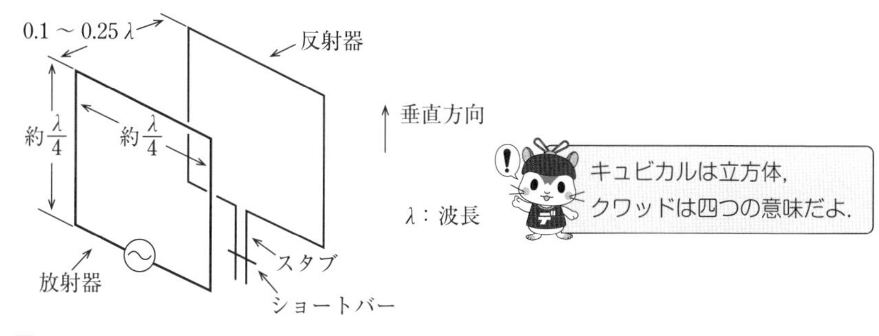

図 9.11　キュビカルクワッドアンテナ

試験の直前 Check!

- □ **半波長ダイポールアンテナ** ≫ 長さ：1/2 波長．電流分布：中央で最大．電圧分布：両端で最大．実効長：λ/π．給電点インピーダンス：73〔Ω〕．水平半波長ダイポールの水平面指向性：8 字形．垂直半波長ダイポールの水平面指向性：全方向性．
- □ **短縮率とエレメント長** ≫ $\ell = \dfrac{\lambda}{2} \times (1-k)$
- □ **インバーテッドVアンテナ** ≫ 半波長ダイポールアンテナを逆V形．頂点の角度狭く，インピーダンス小．
- □ **折返し半波長ダイポールアンテナ** ≫ 給電点インピーダンス：73×4＝292〔Ω〕，実効長：$2\lambda/\pi$，指向性と利得は半波長ダイポールアンテナと同じ，広帯域．
- □ **トラップ付きアンテナ** ≫ 14〔MHz〕でトラップが共振，7〔MHz〕は誘導性．
- □ **ブラウンアンテナ** ≫ またはグランドプレーンアンテナ．中心導体：$\lambda/4$，地線：$\lambda/4$，給電点インピーダンス：21〔Ω〕，水平面指向性：全方向性．
- □ **コーリニアアレーアンテナ** ≫ 垂直半波長ダイポールアンテナを一直線上に多段接続．隣り合う素子を互いに同振幅，同位相の電流で励振．高利得．水平面指向性：全方向性．
- □ **スリーブアンテナ** ≫ 中心導体：$\lambda/4$，スリーブ：$\lambda/4$，給電点インピーダンス：73〔Ω〕，水平面指向性：全方向性．
- □ **八木アンテナ（八木・宇田アンテナ）** ≫ 導波器：短い，放射器：$\lambda/2$，反射器：長い．導波器の方向に鋭い指向性．
- □ **キュビカルクワッドアンテナ** ≫ 四角形の素子．放射器と反射器．

国家試験問題

問題 1

半波長ダイポールアンテナについての記述として，誤っているものを下の番号から選べ．

1　定在波アンテナである．
2　放射抵抗は約 73〔Ω〕である．
3　アンテナ利得を絶対利得で表すと，約 2.15〔dB〕である．
4　アンテナを水平に設置すると，水平面内の指向性は 8 字形となる．
5　電圧分布は両端で最小となる．

解説

5　電圧分布は両端で**最大**となる．

太字は誤っている箇所を正しくしてあるよ．
次に出題されるときは正しい選択肢になっていることもあるよ．

問題 2

次の記述は，インバーテッドV（逆V）アンテナについて述べたものである．[　　]内に入れるべき字句の正しい組合せを下の番号から選べ．

(1) このアンテナは，水平半波長ダイポールアンテナのエレメントの[A]にある給電点部分を頂点にして，それぞれのエレメントを大地に向かって傾斜させたもので，Vの形を逆にしたような形状であり比較的狭い敷地でも建設が容易である．

(2) アンテナの[B]分布は，給電点の部分が最大になり，給電点部分の頂点の角度を狭く（小さく）すると給電点のインピーダンスは[C]なる．なお，水平面指向特性は，給電点が同じ高さの水平半波長ダイポールアンテナと比べ，エレメントが傾斜していることによる影響を若干受けることがある．

	A	B	C
1	両端	電圧	高く
2	両端	電流	低く
3	中心	電圧	高く
4	中心	電流	低く
5	中心	電圧	低く

問題 3

次の記述は，折返し半波長ダイポールアンテナについて述べたものである．[　　]内に入れるべき字句を下の番号から選べ．

(1) 二線式の折返し半波長ダイポールアンテナの給電点インピーダンスは，約[ア]〔Ω〕であり，特性インピーダンスが比較的[イ]給電線に[ウ]しやすい．

(2) アンテナの折返し導体の本数を多くしたり，また，その導体を[エ]することにより，周波数特性は半波長ダイポールアンテナに比べてやや[オ]となる．

1 整合　2 太く　3 大きな　4 73　5 狭帯域
6 同期　7 細く　8 小さな　9 292　10 広帯域

半波長ダイポールアンテナの給電点インピーダンスは約 73〔Ω〕で，折返し半波長ダイポールアンテナは 4 倍の約 292〔Ω〕だよ．よく使われる同軸給電線の特性インピーダンスは 50〔Ω〕と 75〔Ω〕だから半波長ダイポールアンテナとちょうどよくて，平行二線式給電線は 300〔Ω〕のものがあるので，折返し半波長ダイポールアンテナは，特性インピーダンスが比較的高い給電線にちょうどいいね．

問題４

次の記述は，図に示す素子の太さが均一な折返し半波長ダイポールアンテナについて述べたものである．［　　］内に入れるべき字句を下の番号から選べ．

(1) 給電点インピーダンスは，約［ア］〔Ω〕である．
(2) 利得は，半波長ダイポールアンテナ［イ］である．
(3) 帯域は，一般に半波長ダイポールアンテナに比べ，［ウ］である．
(4) 実効長は，使用する電波の波長を λ〔m〕とすれば［エ］〔m〕で表すことができる．
(5) 大地に［オ］に設置されたときの水平面内の指向性は，半波長ダイポールアンテナとほぼ同様な８字特性である．

1	の約２倍	2	垂直
3	292	4	狭帯域
5	λ/π	6	とほぼ同じ
7	水平	8	73
9	広帯域	10	$2\lambda/\pi$

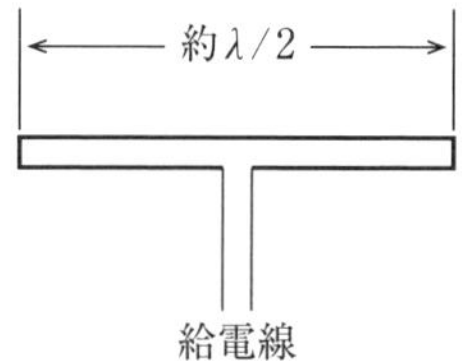

指向性が鋭くなると利得は大きくなるので，半波長ダイポールアンテナと折返し半波長ダイポールアンテナの指向性はほぼ同じだから，利得もほぼ同じだよ．

問題５

次の記述は，図に示す周波数 21〔MHz〕および 28〔MHz〕の２バンド用のトラップ付き半波長ダイポールアンテナについて述べたものである．［　　］内に入れるべき字句の正しい組合せを下の番号から選べ．

(1) アンテナを 21〔MHz〕で励振したときは，LC回路が［A］リアクタンスとして働くので，アンテナエレメントの①と②の間に［B］が入ったことと等価になり，アンテナエレメントの①および②の部分が半波長ダイポールアンテナとして動作する．
(2) アンテナを 28〔MHz〕で励振したときは，LC回路（トラップ）が共振してインピーダンスが［C］なり，アンテナエレメントの②の部分は，電気的に切り離された状態となり，①の部分が半波長ダイポールアンテナとして動作する．

	A	B	C
1	誘導性	延長コイル	低く
2	誘導性	延長コイル	高く
3	容量性	延長コイル	低く
4	容量性	短縮コンデンサ	高く
5	容量性	短縮コンデンサ	低く

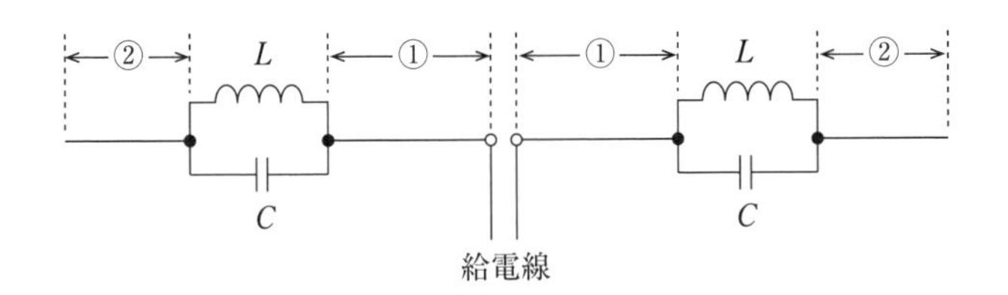

選択肢3の容量性リアクタンスが延長コイルは違うね．残りの選択肢のAとBは同じ組合せだから，AとCの穴に入る字句が分かればいいんだね．図のLC回路が電気的に切り離された状態になるには，インピーダンスが高くなったときだね．だから，Cは高くだね．LC回路は並列共振回路だから，共振周波数でインピーダンスが高く（無限大）となるよ．そのときの共振周波数が28〔MHz〕でしょう．それより低い周波数の21〔MHz〕になると共振回路は誘導性となるよ．

問題 6

次の記述は，図に示すブラウンアンテナ（グランドプレーンアンテナ）について述べたものである．____内に入れるべき字句を下の番号から選べ．なお，同じ記号の____内には，同じ字句が入るものとする．

(1) ブラウンアンテナは，一般に同軸給電線の中心導体を［ア］波長だけ垂直に延ばして放射素子とし，大地の代わりとなる長さが［ア］波長の［イ］を，同軸給電線の外部導体に放射状に付けたものである．

(2) 放射電波は［ウ］偏波で，水平面内の指向特性は［エ］である．

(3) 給電点のインピーダンスは，［イ］が外部導体と直角のときは約［オ］〔Ω〕である．

1	地線	2	21	3	水平	4	1/4	5	全方向性（無指向性）
6	トラップ	7	73	8	垂直	9	1/2	10	8字形

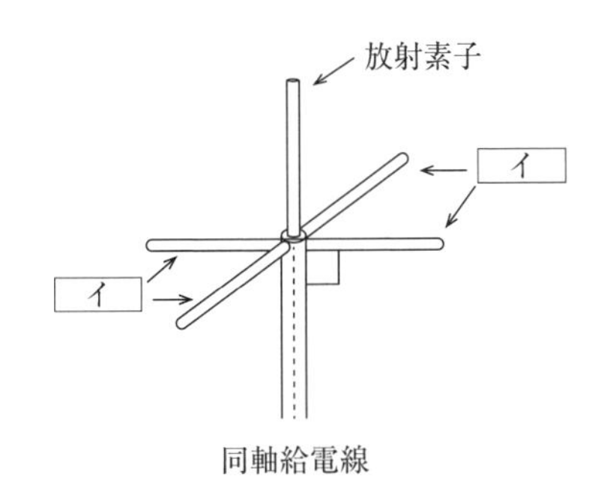

1/4 波長垂直接地アンテナと同じような動作をするアンテナだから，放射素子の長さは 1/4 波長だよ．1/4 波長垂直接地アンテナの給電点インピーダンスは約 36〔Ω〕で，ブラウンアンテナはそれより少し低くなって約 21〔Ω〕だよ．

問題 7

次の記述は，図に示すアンテナ a および b について述べたものである．[　　]内に入れるべき字句の正しい組合せを下の番号から選べ．

(1) グランドプレーン（ブラウン）アンテナは，[A]である．

(2) アンテナ b の水平面内指向性は，[B]である．

(3) アンテナ a と b の給電点のインピーダンスは，[C]．

	A	B	C
1	b	全方向性（無指向性）	異なる
2	b	単一指向性	等しい
3	a	全方向性（無指向性）	異なる
4	a	単一指向性	等しい
5	a	全方向性（無指向性）	等しい

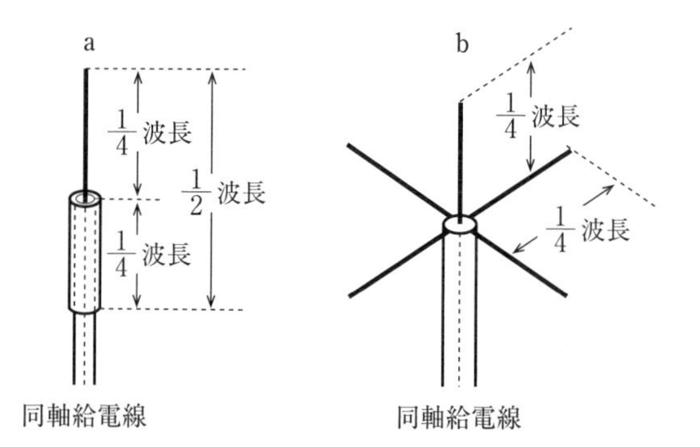

グランドは運動場のことで，プレーンは平面だから，図の b のアンテナの形だね．図の形をしたグランドプレーンアンテナの給電点インピーダンスは約 21〔Ω〕で，a のアンテナの給電点インピーダンスは約 73〔Ω〕だよ．図の a のアンテナは，洋服の袖を表す名前のスリーブアンテナだよ．

問題 8

次の記述は，垂直偏波で用いるコーリニアアレーアンテナについて述べたものである．［　］内に入れるべき字句の正しい組合せを下の番号から選べ．

(1) 原理的に，放射素子として［ A ］アンテナを垂直方向の一直線上に等間隔に多段接続した構造のアンテナである．

(2) ［ B ］では鋭いビーム特性を持ち，［ C ］の指向性は**全方向性**である．

	A	B	C
1	1/4 波長垂直接地	垂直面内	水平面内
2	1/4 波長垂直接地	水平面内	垂直面内
3	垂直半波長ダイポール	垂直面内	水平面内
4	垂直半波長ダイポール	水平面内	垂直面内

太字は穴あきになった用語として，出題されたことがあるよ．

1/4 波長垂直接地アンテナは，大地とアンテナ素子に給電する構造だから，それをいくつも垂直方向に並べるなんて無理だよね．垂直半波長ダイポールアンテナの水平面の指向性は全方向性だよ．どの方向から見てもアンテナ長さが同じでしょう．アンテナが長く見える方向の電波が強いんだよ．

問題 9

周波数 14〔MHz〕で用いる八木アンテナ（八木・宇田アンテナ）の放射器の長さ ℓ として，最も近いものを下の番号から選べ．ただし，短縮率は 3〔%〕とする．

1　10.0〔m〕
2　10.4〔m〕
3　10.8〔m〕
4　11.2〔m〕

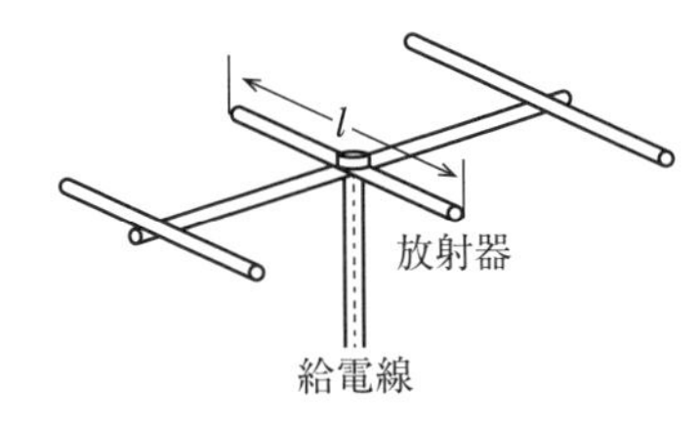

短縮率 3〔%〕の真数比は 0.03 だよ．この比率分，放射器の長さ ℓ が短くなるよ．
周波数 f〔MHz〕の電波の波長 λ は，次の式で表されるよ．

$$\lambda = \frac{300}{f\,[\mathrm{MHz}]}\ [\mathrm{m}]$$

ℓ は半波長ダイポールアンテナと同じ長さだよ．半は半分のことだね．

解説

使用周波数を f〔MHz〕とすると，電波の波長 λ〔m〕は，次式で表されます．

$$\lambda \doteqdot \frac{300}{f} = \frac{300}{14} \doteqdot 21.4\,〔\mathrm{m}〕$$

八木アンテナの放射器の長さ ℓ〔m〕は，半波長ダイポールアンテナと同じで長さが $\lambda/2$ だから，アンテナの短縮率の真数を $k=0.03$ とすると，次式で表されます．

$$\ell = \frac{\lambda}{2}(1-k)$$

$$\doteqdot \frac{21.4}{2}(1-0.03) = 10.7 - 10.7\times 0.03$$

$$\doteqdot 10.7 - 0.3 = 10.4\,〔\mathrm{m}〕$$

掛け算を先に計算するよ．
短縮した分の長さを引いて計算した方が，
分かりやすいし計算ミスもおきないよ．

問題 10

次の記述は，図に示す八木アンテナ（八木・宇田アンテナ）について述べたものである．□内に入れるべき字句の正しい組合せを下の番号から選べ．

(1) 電波は，放射器から見て［ A ］の方向に強く放射される．

(2) 給電点インピーダンスは，導波器や反射器と放射器との間隔により変化するが，おおむね，単独の半波長ダイポールアンテナより［ B ］なる．

(3) 放射器を折返し半波長ダイポールアンテナに変えると，給電点インピーダンスは，変更前より［ C ］なる．

	A	B	C
1	反射器	低く	低く
2	反射器	高く	高く
3	導波器	低く	低く
4	導波器	高く	高く
5	導波器	低く	高く

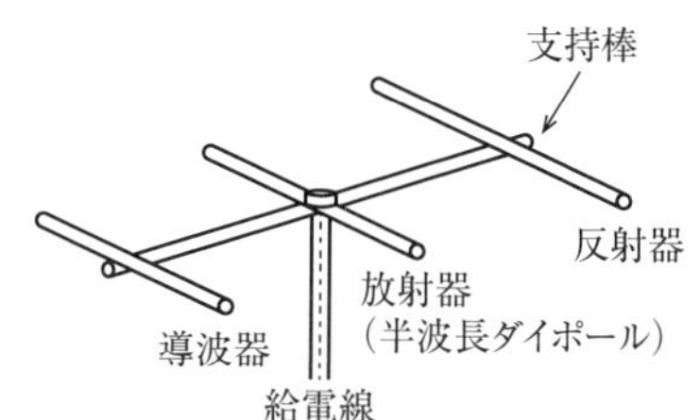

問題 11

直線偏波の八木アンテナ（八木・宇田アンテナ）を2本使ってアマチュア衛星通信に用いる円偏波アンテナを実現する方法として，正しいものを下の番号から選べ．

1　2本の八木アンテナを図1のように上下に一定間隔で配置して，同じ位相でそれぞれのアンテナに給電する．

2　2本の八木アンテナを図1のように上下に一定間隔で配置して，90度の位相差をもたせてそれぞれのアンテナに給電する．

3　2本の八木アンテナを図2のようにそれぞれのエレメント（素子）が互いに直角となるように配置して，同じ位相でそれぞれのアンテナに給電する．

4　2本の八木アンテナを図2のようにそれぞれのエレメント（素子）が互いに直角となるように配置して，90度の位相差をもたせてそれぞれのアンテナに給電する．

図1

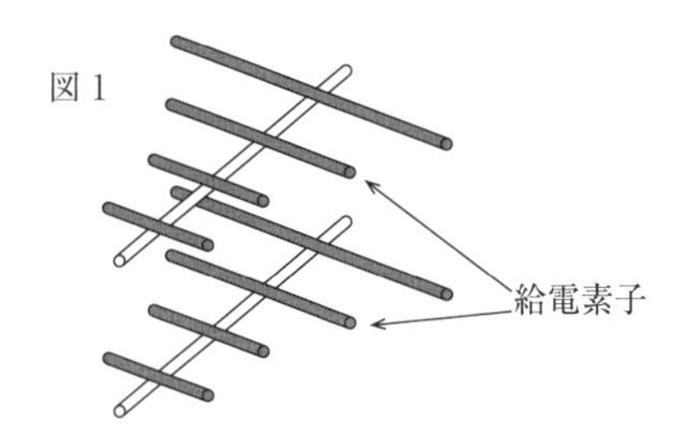

図2

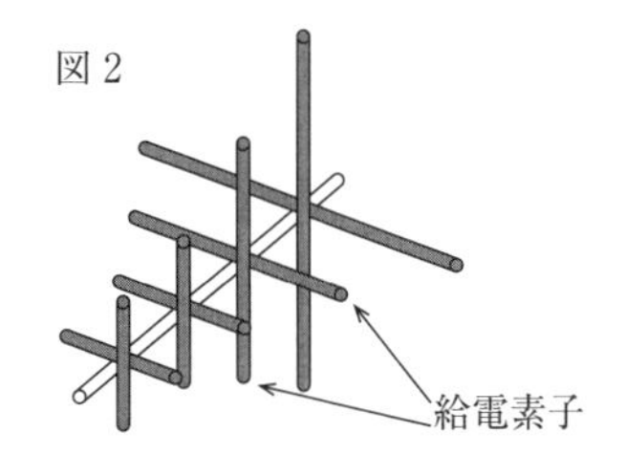

解答

問題 1 →5　**問題 2** →4

問題 3 →ア－9　イ－3　ウ－1　エ－2　オ－10

問題 4 →ア－3　イ－6　ウ－9　エ－10　オ－7　**問題 5** →2

問題 6 →ア－4　イ－1　ウ－8　エ－5　オ－2　**問題 7** →1

問題 8 →3　**問題 9** →2　**問題 10** →5　**問題 11** →4

9.3 給電線

重要知識

出題項目 Check!

- □ 給電線に必要な条件
- □ 同軸給電線，平行２線式給電線の種類，構造，特性
- □ バランの用途
- □ VSWR，アンテナと給電線の整合方法

送受信機とアンテナを接続する導線を給電線といいます．

1 給電線に必要な条件

① **損失が少ない．**

高周波エネルギーを無駄なく伝送することができます．損失には導体の**抵抗損**（オーム損）と誘電体による**誘電体損**があります．

② 給電線から**電波を放射しない．**

③ 給電線が外部から電波を受信しない．

④ **外部から**雑音や誘導などの**電気的影響を受けない．**

⑤ 特性インピーダンスが均一である．

⑥ **絶縁耐力が大きい．**

2 同軸給電線

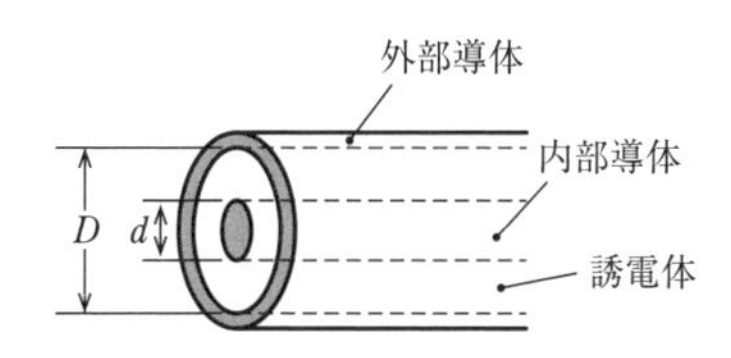

図 9.12　同軸給電線

給電線は主に図 9.12 のような同軸給電線（同軸ケーブル）が用いられます．給電線に高周波を給電したときに持つインピーダンスを特性インピーダンスといい，給電線の構造によって一定の値を持ちます．同軸ケーブルは特性インピーダンスが，50〔Ω〕または 75〔Ω〕のものがよく用いられます．同軸給電線の**内部導体の外径**が d，**外部導体の内径**が D，誘電体（絶縁物）の比誘電率が ε_r のとき，特性インピーダンス Z_0〔Ω〕は，次式で表されます．

$$Z_0 = \frac{138}{\sqrt{\varepsilon_r}} \log_{10} \frac{D}{d} \text{〔Ω〕} \tag{9.8}$$

真空の誘電率が ε_0，物質の比誘電率が ε_r とすると，物質の誘電率 ε は，$\varepsilon = \varepsilon_r \varepsilon_0$ で表されるよ．

50〔Ω〕と75〔Ω〕の同軸ケーブルを比較すると，内部導体の外径と比誘電率が同じならば，**外部導体の内径**（太さ）は，特性インピーダンスが小さい**50〔Ω〕の同軸ケーブルのほうが小さく**なります．また，**周波数が高くなる**と導体損と**誘電体損が増加**します．

50〔Ω〕は通信や計測用，
75〔Ω〕はテレビ受信用だよ．

3　平行2線式給電線

2本の導線を平行に並べた給電線を平行2線式給電線といいます．同軸給電線に比較して，構造が簡単ですが，**外部からの誘導妨害を受けやすい**特徴があります．平行2線式給電線は**平衡形給電線**なので，平衡形アンテナの半波長ダイポールアンテナに直接給電することができますが，**同軸給電線と接続するときはバラン**が必要です．

平行2線式給電線では，給電線に定在波を発生させて給電することができます．アンテナの給電点において電圧分布を最大にする給電方法を電圧給電といいます．電圧給電では給電点の電流分布は最小になります．給電点の電流分布を最大にする給電方法を電流給電といいます．電流給電では給電点の電圧分布は最小になります．

4　バラン

半波長ダイポールアンテナのように，二つの素子が大地に対して電気的に平衡しているアンテナを平衡形アンテナといい，グランドプレーンアンテナのように放射素子と地線が平衡していないアンテナを不平衡形アンテナといいます．同軸給電線は外部導体を接地して使用するので不平衡形給電線です．半波長ダイポールアンテナのような**平衡形アンテナに同軸給電線を接続**するとき，電気的な平衡を取るために用いる平衡不平衡変換回路を**バラン**と呼びます．

平衡（バランス）と不平衡（アンバランス）を接続するからバランだよ．

5　SWR（定在波比）

送信機の出力インピーダンスと給電線の特性インピーダンスが同じ値のとき，給電線の特性インピーダンスとアンテナのインピーダンスを同じ値に合わせると，給電線の電圧はどの位置でも一定になります．この状態を**整合**しているといいます．これらの値が異なると図9.13のように給電線上の位置によって電圧の値が異なります．この状態を**電圧定在波**と呼びます．このとき，給電線上の電圧の最大値$V_{\max}$と最小値$V_{\min}$の比を

VSWR と呼び**電圧定在波比** S は次式で表されます．

$$S=\frac{V_{\rm max}}{V_{\rm min}} \tag{9.9}$$

給電線の特性インピーダンス Z_0〔Ω〕が負荷のインピーダンス Z_R〔Ω〕と等しくて，整合しているとき，$S=1$ となり不整合による損失は発生しません．S が大きいと損失が大きくなります．

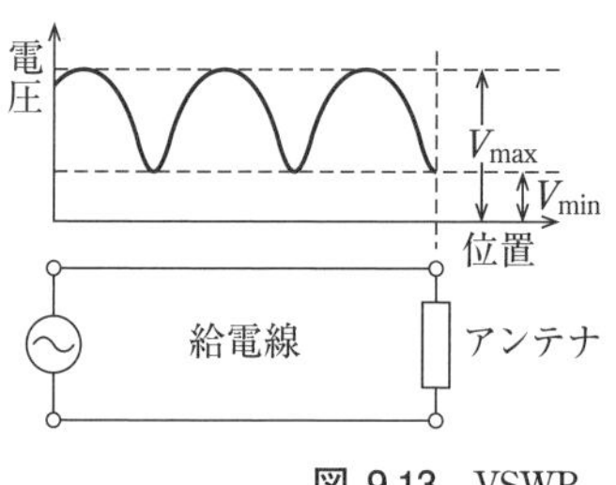

$S=\dfrac{V_{\rm max}}{V_{\rm min}}$

S：電圧定在波比
$V_{\rm max}$：電圧の最大値
$V_{\rm min}$：電圧の最小値

図 9.13　VSWR

試験の直前 Check!

- □ **給電線の条件** ≫≫ 抵抗損（オーム損）が少ない．誘電体損が少ない．電波を放射しない．雑音や誘導を受けない．絶縁耐力が十分．
- □ **同軸給電線の特性** ≫≫ 誘電体損は周波数が高いほど大．平衡形アンテナはバランを挿入．
- □ **同軸給電線の種類** ≫≫ 50〔Ω〕：通信，計測，D/d が小さい．75〔Ω〕：テレビ．
- □ **平行２線式給電線** ≫≫ 平衡形．同軸給電線と接続するときバランが必要．
- □ **バラン** ≫≫ 同軸ケーブルと平衡形アンテナや平衡形給電線を接続．
- □ **VSWR** ≫≫ $S=\dfrac{V_{\rm max}}{V_{\rm min}}$．$Z_0=Z_R$（整合）のとき $S=1$．

国家試験問題

問題 1

次の記述は，給電線に必要な電気的条件について述べたものである．このうち正しいものを1，誤っているものを2として解答せよ．

ア　絶縁耐力が小さいこと．

イ　導体の抵抗損が少ないこと．

ウ　誘電損が大きいこと．

エ　給電線から放射される電波が少ないこと．

オ　外部から雑音または誘導を受けにくいこと．

解説

ア　絶縁耐力が**大きい**こと．

ウ　誘電損が**少ない**こと．

太字は誤っている箇所を正しくしてあるよ．
次に出題されるときは正しい選択肢になっていることもあるよ．

問題 2

次の記述は，同軸給電線について述べたものである．このうち正しいものを1，誤っているものを2として解答せよ．

ア　同軸給電線の特性インピーダンスは，内部導体の外径，外部導体の内径および内部導体と外部導体の間の絶縁物の比誘電率を用いて求められる．

イ　特性インピーダンスが50〔Ω〕と75〔Ω〕の2種類の同軸給電線があるとき，それぞれの内部導体の外径が等しく絶縁物の比誘電率が同じならば，外部導体の内径は75〔Ω〕の同軸給電線の方が小さい．

ウ　内部導体と外部導体の間の絶縁物による損失は，周波数が低くなるほど大きくなる．

エ　外部導体がシールドの役目をするので，雑音など外部からの影響を受けにくい．

オ　同軸給電線を半波長ダイポールアンテナに直接接続すると，同軸給電線の外部導体に漏洩電流が流れ，給電線から電波が放射されてしまう場合がある．

解説

イ　…外部導体の内径は75〔Ω〕の同軸給電線の方が**大きい**．

ウ　…周波数が**高くなるほど**大きくなる．

問題３

次の記述は，同軸給電線および平行２線式給電線について述べたものである．［　　］内に入れるべき字句を下の番号から選べ．

(1) 同軸給電線は，中心導体と外部導体とからなり，両導体間に［ア］が詰められている［イ］形の給電線である．

(2) 平行２線式給電線は，太さの等しい２本の導線を平行にした線路で［ウ］形の給電線である．この給電線は構造が簡単であり，同軸給電線に比べ外部から誘導などの妨害を［エ］．

(3) 同軸給電線と平行２線式給電線を接続するときは，［オ］を用いて平衡不平衡変換を行う．

1	バラン	2	受けにくい	3	絶縁物	4	SWR計	5	不平衡
6	スタブ	7	受けやすい	8	半導体	9	短縮コンデンサ	10	平衡

平衡はバランス，不平衡はアンバランス，
それらを変換するからバランだよ．

問題４

次の記述は，給電線のVSWRについて述べたものである．［　　］内に入れるべき字句を下の番号から選べ．

VSWRとは［ア］のことである．給電線上に［イ］が生ずる場合，電圧の最大のところと最小のところができる．このときの最小電圧をV_1，最大電圧をV_2とすると，VSWRは，［ウ］で表される．給電線にその［エ］と等しい負荷を接続すると，給電線のVSWRの値が［オ］になる．

1	電流定在波比	2	周波数特性	3	V_2/V_1
4	抑圧搬送波	5	0（零）	6	電圧定在波比
7	特性インピーダンス	8	V_1/V_2	9	定在波
10	1				

問題 5

次の記述は，給電線とアンテナのインピーダンスの整合について述べたものである．このうち誤っているものを下の番号から選べ．ただし，給電線と送信機側は整合しているものとする．

1　整合していないと定在波が生じるので，給電線上の電圧（または電流）分布には，山と谷が生じる．

2　整合していると定在波が生じないので，給電線上の電圧（または電流）分布は，どの場所でも一様になる．

3　整合して反射波が生じないとき，電圧定在波比（VSWR）の値は 0 である．

4　効率良く電力をアンテナに供給するためには，給電線とアンテナとを整合させ，反射波を生じないようにする．

定在波が生じると，給電線上の電圧（または電流）の分布が一様ではなくなるよ．場所によって異なる最大電圧と最小電圧の比を電圧定在波比というよ．

解説

3　整合して反射波が生じないとき，電圧定在波比（VSWR）の値は 1 である．

解答

問題 1 →ア－2　イ－1　ウ－2　エ－1　オ－1

問題 2 →ア－1　イ－2　ウ－2　エ－1　オ－1

問題 3 →ア－3　イ－5　ウ－10　エ－7　オ－1

問題 4 →ア－6　イ－9　ウ－3　エ－7　オ－10　**問題 5** →3

10 電波の伝わり方

10.1 電波の伝わり方・電離層　重要知識

出題項目 Check!

- □ 電波の伝わり方の分類と周波数の関係
- □ 電離層の種類と特徴，周波数の関係
- □ 電離層の減衰の種類とLUF，MUFの関係
- □ 臨界周波数と跳躍距離
- □ MUF，FOTの求め方

1 電波の伝わり方

送信アンテナから放射された電波は，図10.1のように受信アンテナに伝わります．実際の電波の伝わり方では，これらが複合されて伝わることがあります．

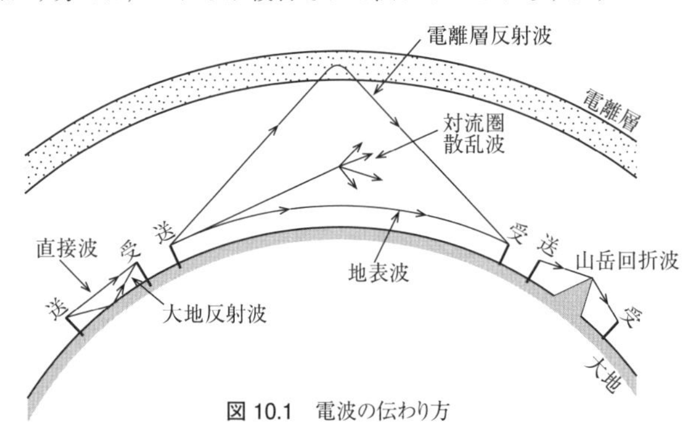

図10.1　電波の伝わり方

電波の伝わり方は次のように分類されます．

(1) 地上波

地上を伝わる電波です．次のように分類されます．

① 直接波：送受信アンテナの間を直接伝わる電波

② 大地反射波：送信アンテナから出た電波が大地に反射して伝わる電波

③ 地表波：地球が球体で曲がっていても大地の表面に沿って伝わる電波

主に中波帯（MF：300〔kHz〕～3〔MHz〕）以下の周波数の電波が伝わります．

④ 回折波：見通しのきかない山かげなどに回折によって伝わる電波

(2) 対流圏波

地上を伝わる電波のうち大気の影響を受けて伝わる電波です．超短波帯以上の電波は大気によって屈折や散乱などの影響を受けて伝わることがあります．

(3) 電離層波（電離層反射波）

送信アンテナから出た電波が電離層で反射して伝わる電波です．

地上波は，地上を伝わる電波の伝わり方全体のことで，対流圏波や電離層波と区別する呼び方だよ．地表波は大地に沿って曲がって伝わる電波の伝わり方だよ．

2 電離層

地上高さ約 60 ～約 400〔km〕の距離にある電波の伝わり方に影響を与える層です．電波を反射，屈折，吸収する性質を持っています．太陽の影響によって薄い空気の分子が電子とイオンに分離されてできた層です．図 10.2 のように，地上から D 層，E 層，F 層に分けられます．

各層の特徴を表 10.1 に示します．

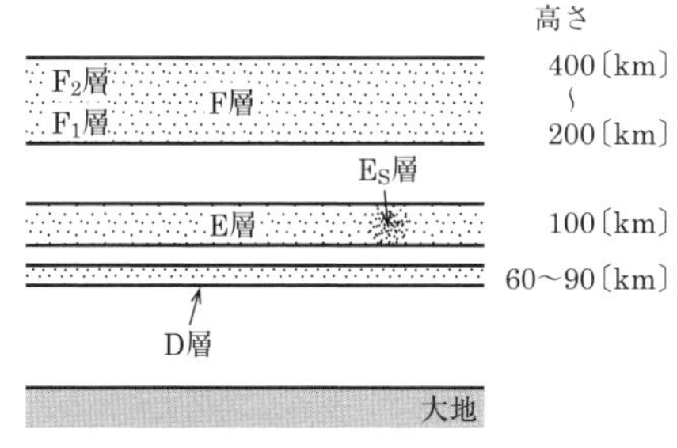

図 10.2 電離層

表 10.1 電離層の特徴

	D 層	E 層	E_S 層	F 層
高さ	約 60〔km〕～ 90〔km〕	約 100〔km〕	約 100〔km〕	約 200〔km〕～ 400〔km〕 F_1 層約 200〔km〕 F_2 層約 300〔km〕
電子密度	小	中	**大**	大
電離の原因	太陽の紫外線	太陽の紫外線	不明	太陽の紫外線
日変化	昼間のみ発生	太陽の高さで変化，**正午に最大**	日中，突発的に発生	**正午に最大，** 夜は F_2 層のみ
季節変化	夏に発生	夏は電子密度大	**夏に発生**	F_1 層は夏に発生， 夏は電子密度大
太陽活動	活発なとき（黒点が多いとき）電子密度大	活発なとき電子密度大	あまり影響しない	**活発なとき電子密度大**
電波に与える影響	**LF を反射，MF 以上は減衰**	昼は MF 以上を減衰，夜は MF 以下を反射	**VHF を反射**	**HF を反射**

E_S 層：**スポラジック E 層**
LF：長波帯（30〔kHz〕～ 300〔kHz〕）MF：中波帯（300〔kHz〕～ 3〔MHz〕，HF：短波帯（3 ～ 30〔MHz〕），
VHF：超短波帯（30 ～ 300〔MHz〕）

(1) 電子密度

電離層の中に電子がどれくらいの割合であるかを電子密度といいます．電子密度は太陽の影響で変化し，太陽活動が活発になると，電子密度は高くなります．電子密度が高いほど電波を大きく減衰させたり反射させたりします．

(2) 臨界周波数

電波が電離層に垂直に入射したときに反射する最高の周波数を臨界周波数といいます．図 10.3 のように電離層に入射する角度 θ が大きくなると，高い周波数の電波でも反射するようになります．また，電離層を**突き抜けるときの減衰を第 1 種減衰，反射するときの**

減衰を第 2 種減衰といいます．電波が電離層を突き抜けるときに受ける減衰は，周波数が**低いほど大きく**（高いほど小さく）なります．また，反射されるときに受ける減衰は，周波数が**高いほど大きく**（低いほど小さく）なります．

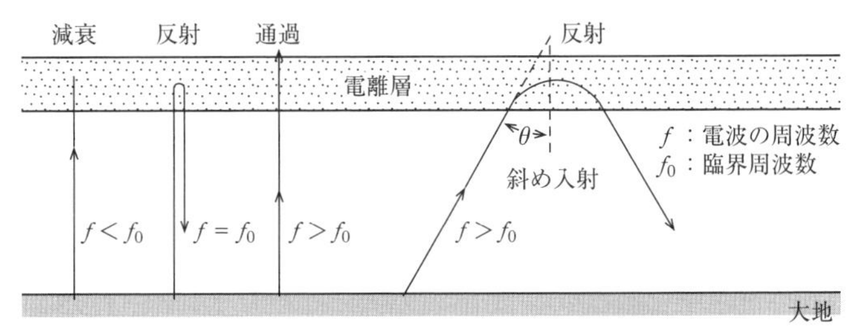

図 10.3　臨界周波数

3　短波帯（HF：3 ～ 30〔MHz〕）の電波の伝わり方

地表波は中波帯（MF：300〔kHz〕～ 3〔MHz〕）以下の周波数に比べて減衰が大きく，おもに電離層反射波が電離層と大地の間で反射を繰り返しながら地球の裏側の遠距離まで伝わります．図 10.4 のように電離層反射波は電離層に**斜めに入射した**ほうが反射しやすくなります．使用する周波数によっては図のように**入射角がある角度以上にならないと反射しない**ので，電離層で反射して最も近い地表に戻ってくる距離以上にならないと電波が伝わりません．初めて地上に到達する地点と送信点との地上距離を**跳躍距離**といいます．また，地表波はある距離以上になると減衰して伝わらなくなるので，そこから跳躍距離までの間は，どちらの電波も伝わりません．これを**不感地帯**といいます．

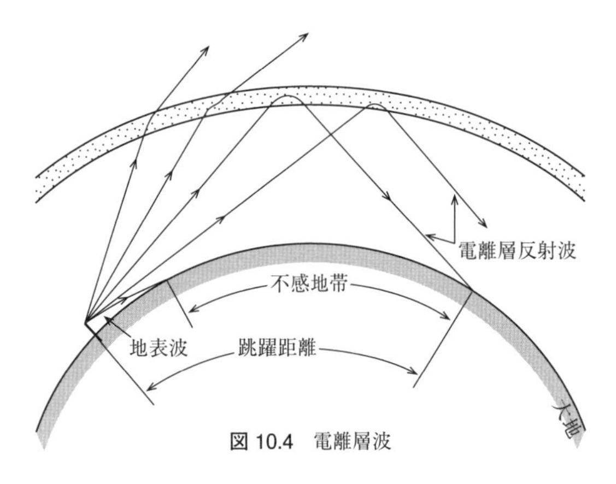

図 10.4　電離層波

4　LUF，MUF，FOT

特定の2地点間で通信を行うとき，電離層波で通信を行うことができる最低の周波数を最低使用可能周波数（LUF），最高の周波数を最高使用可能周波数（MUF）といいます．電波が電離層で反射する地点の**臨界周波数**を f_0〔MHz〕，電離層への入射角を θ，MUFを f_M〔MHz〕とすると，f_M は次式で表されます．

$$f_M = f_0 \sec\theta = \frac{f_0}{\cos\theta} \qquad (10.1)$$

三角関数の $\sec\theta$（セカントシータ）は $1/\cos\theta$（コサインシータ）で表されます．図10.5では送信点から電離層の反射点までの距離と高さの比から，$\sec\theta = \ell/h$ で表されます．

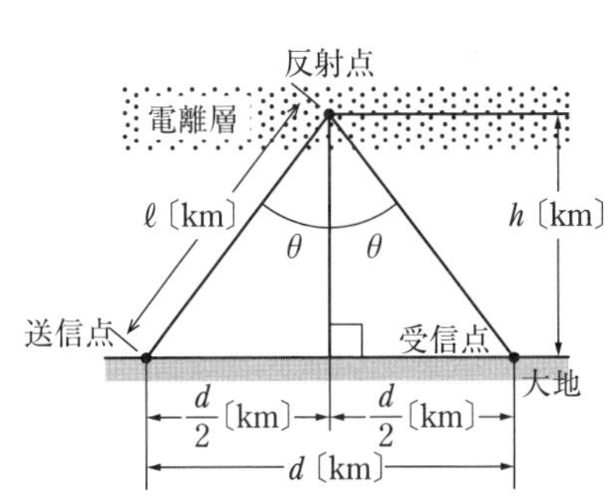

h〔km〕：電離層の見かけの高さ
d〔km〕：送受信点間の距離
ℓ〔km〕：送信点から電離層までの距離

$f_m : f_c = \ell : h$ の比になるよ．ℓの長さが計算できれば簡単だね．

図10.5　2地点間の電離層反射波

MUFは，**臨界周波数が高い**ほど，**送受信点間の距離が長い**ほど**高く**なります．

LUFとMUFの間の周波数で通信に適した周波数を選ばなければなりません．このとき通信に適した周波数を**最適使用周波数**（FOT）と呼び，FOTを f_F〔MHz〕とすると，f_F は次式で表されます．

$$f_F = 0.85 \times f_M \text{〔MHz〕} \qquad (10.2)$$

Point

電離層の電子密度

電子密度が高くなると臨界周波数が高くなり，MUFも高くなる．

昼間は電離層の電子密度が高いので，アマチュアバンドでは**昼間は周波数の高い**21〔MHz〕帯や28〔MHz〕帯を，**夜間は周波数の低い**7〔MHz〕帯や3.5〔MHz〕帯を使うと遠距離通信が可能となる．

試験の直前 Check!

- □ **電離層減衰の種類** ≫ 突き抜けるとき：第 1 種減衰．反射するとき：第 2 種減衰．
- □ **電離層伝搬** ≫ LF 帯：D 層，E 層で反射．MF 帯：ほとんど D 層で減衰．HF 帯：F 層で反射．VHF 帯：スポラジック E 層で反射．
- □ **電離層の状態** ≫ 電子密度高：MUF 高，臨界周波数高．太陽活動活発：電子密度高．F 層の電子密度：D 層，E 層より高．
- □ **E 層** ≫ 高さ 100〔km〕．正午に電子密度最大，夜間は非常に低下．
- □ **スポラジック E 層** ≫ E 層と同じ高さ．突発的発生．夏季の昼間多い．電子密度が大．VHF 帯の電波を反射．
- □ **臨界周波数** ≫ 垂直入射で反射する最高周波数 f_0．電子密度が高いと高く．
- □ **跳躍距離** ≫ 電離層反射波が到達する地点と送信所との距離．
- □ **最高使用可能周波数（MUF）** ≫ $f_M = f_0 \sec\theta$．2 地点間で通信可能な最高周波数．臨界周波数が高く送受信点間の距離が長いと高い．
- □ **最低使用可能周波数** ≫ LUF．2 地点間で通信可能な最低の周波数．LUF 以下の周波数は第 1 種減衰大．
- □ **最適使用周波数（FOT）** ≫ $f_F = 0.85 \times f_M$
- □ **短波帯の使用周波数** ≫ 昼間は高い周波数，夜間は低い周波数．

国家試験問題

問題 1

次の記述は，電離層について述べたものである．このうち誤っているものを下の番号から選べ．

1　電離層の電子密度が低くなると，最高使用可能周波数（MUF）は低くなる．
2　電離層の電子密度が高くなると，臨界周波数は低くなる．
3　太陽活動が活発になると，電離層の電子密度は高くなる．
4　通常，F 層の電子密度は E 層の電子密度より高い．

電離層は地上から約 60 ～ 400〔km〕にあって，下から D 層，E 層，F 層（F_1 層，F_2 層）の順番だよ．上の層の方が電子密度が高くて，臨界周波数も高いよ．

解説

2　電離層の電子密度が高くなると，臨界周波数は**高くなる**．

太字は誤っている箇所を正しくしてあるよ．
次に出題されるときは正しい選択肢になっていることもあるよ．

問題 2

次の記述は，電離層の特徴について述べたものである．この記述に該当する電離層の名称として，正しいものを下の番号から選べ．

地上から約 60 ～ 90〔km〕付近にあり，昼間に発生するが，夜間は消滅すると言われている．

1　D層

2　E層

3　スポラジック E層（E_S層）

4　F_1層

問題 3

次の記述は，電離層の特徴について述べたものである．この記述に該当する電離層の名称として，正しいものを下の番号から選べ．

地上から約 100〔km〕付近にあり，電子密度は，年間を通して太陽の南中時（正午）に最大となり，夜間には非常に低下する．

1　D層

2　E層

3　スポラジック E層（E_S層）

4　F_1層

5　F_2層

問題 4

次の記述は，電離層の特徴について述べたものである．この記述に該当する電離層の名称として，正しいものを下の番号から選べ．

地上から約 200〔km〕以上の高さにあり，電子密度の日変化の大きさは，夏季より冬季の方が大きい．

1　D層

2　E層

3　スポラジック E層（E_S層）

4　F層

問題 5

次の記述は，短波の電離層伝搬における減衰について述べたものである．[　　]内に入れるべき字句の正しい組合せを下の番号から選べ．

(1) 電波がD層またはE層を通過するとき，電波はエネルギーの一部を失うため減衰する．この減衰を第 1 種減衰といい，減衰の大きさは周波数が低いほど[A]なる．

(2) 電波がE層またはF層で反射するときに受ける減衰を第 2 種減衰といい，減衰の大きさは周波数が低いほど[B]．

また，第 2 種減衰は周波数が MUF に近づくほど急激に[C]なる．

	A	B	C
1	小さく	大きい	大きく
2	小さく	大きい	小さく
3	小さく	小さい	小さく
4	大きく	小さい	小さく
5	大きく	小さい	大きく

問題 6

次の記述は，短波 (HF) 帯の電波伝搬について述べたものである．[　　]内に入れるべき字句の正しい組合せを下の番号から選べ．なお，同じ記号の[　　]内には，同じ字句が入るものとする．

(1) 地上から上空に向かって垂直に発射された電波は，その周波数が[A]より高いと電離層を突き抜けるが，これより低いと反射して地上に戻ってくる．

(2) 使用周波数が，[A]よりかなり高くなると，電離層への[B]角が小さい間は突き抜け，ある程度[B]角が大きくなって初めて反射が起こり，地上に戻るようになる．このように送信点からある距離までの範囲には，電離層反射波は届かない．この距離を[C]距離という．

	A	B	C
1	臨界周波数	入射	跳躍
2	臨界周波数	屈折	可視
3	LUF (最低使用可能周波数)	屈折	跳躍
4	LUF (最低使用可能周波数)	入射	可視

問題 7 

次の記述は，最高使用可能周波数（MUF）について述べたものである．□内に入れるべき字句の正しい組合せを下の番号から選べ．

(1) ある距離の間で，電波を電離層に対し［A］に入射させて通信を行う場合に使用できる最高の周波数を最高使用可能周波数（MUF）という．電離層への入射角を θ 度，電離層の臨界周波数を f_0 とすれば，MUF＝［B］で表される．

(2) MUF は，送受信点間の距離および電離層の臨界周波数などにより変化するが，臨界周波数が高いほど，また，送受信点間の距離が［C］ほど高くなる．

	A	B	C
1	垂直	$f_0\sec\theta$	短い
2	垂直	$f_0\cos\theta$	長い
3	斜め	$f_0\sec\theta$	短い
4	斜め	$f_0\cos\theta$	短い
5	斜め	$f_0\sec\theta$	長い

電波が斜めに入射すると，高い周波数の電波を反射させるので，MUF＞f_0 だよ．
三角関数の公式より，セカントシータ（$\sec\theta$）は，コサインシータ（$\cos\theta$）の逆数だから，

$\sec\theta=\dfrac{1}{\cos\theta}$ で表されるよ．$\cos\theta\leqq 1$ なので，$\sec\theta\geqq 1$ となるよ．

問題 8 

短波（HF）帯の電離層伝搬についての記述として，正しいものを下の番号から選べ．

1 最高使用可能周波数（MUF）は，臨界周波数より低い．

2 最高使用可能周波数（MUF）は，送受信点間の距離が変わっても一定である．

3 最高使用可能周波数（MUF）の 50〔%〕の周波数を最適使用周波数（FOT）という．

4 地上から垂直に電波を発射したとき，電離層で反射されて地上に戻ってくる電波の最高の周波数を臨界周波数という．

5 最低使用可能周波数（LUF）以上の周波数の電波は，電離層の第 1 種減衰が大きいために使用できない．

誤っている選択肢を選ぶ問題として出題されたこともあるよ．

解説

1　…臨界周波数より**高い**.

2　…距離が**変わると変化する**.

3　…の **85〔%〕**の周波数を最適使用周波数 (FOT) という.

5　最低使用可能周波数 (LUF) **以下**の周波数…

問題 9

図は，短波 (HF) 帯における，ある 2 地点間の MUF/LUF 曲線の例を示したものであるが，この区間における 12 時 (JST) の最適使用周波数 (FOT) の値として，最も近いものを下の番号から選べ．ただし，MUF は最高使用可能周波数，LUF は最低使用可能周波数を示す．

1　10〔MHz〕

2　14〔MHz〕

3　18〔MHz〕

4　21〔MHz〕

5　24〔MHz〕

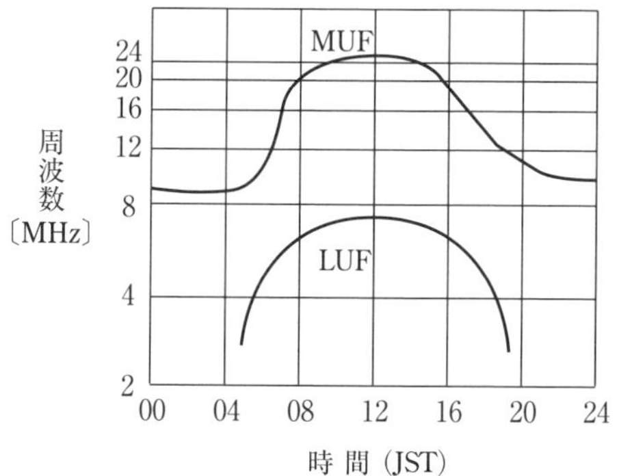

解説

FOT は，MUF の 85〔%〕です．また，問題の図の横軸が 12 時 (JST) のときの MUF を縦軸の目盛りから読み取ると，f_M≒25〔MHz〕となります．このときの FOT を f_F〔MHz〕とすると，次式で表されます．

$$f_F = 0.85 \times f_M$$
$$= 0.85 \times 25$$
$$= 21.25 \fallingdotseq 21 \text{〔MHz〕}$$

解答

問題 1 →2　問題 2 →1　問題 3 →2　問題 4 →4　問題 5 →5
問題 6 →1　問題 7 →5　問題 8 →4　問題 9 →4

10.2 周波数帯別の電波の伝わり方・異常現象 重要知識

出題項目 Check!

- □ 超短波帯以上の周波数帯の電波の伝わり方の特徴
- □ 電波の伝わり方の異常現象の種類と特徴
- □ 衛星通信で生じる現象
- □ 周波数帯別の電波の伝わり方の特徴
- □ 電波の強度に対する安全基準と電波の強度の算出方法

1 超短波帯（VHF：30～300〔MHz〕），極超短波帯（UHF：300～3,000〔MHz〕）の電波の伝わり方

地表波はほとんど伝わりません．電離層波は電離層を突き抜けてしまいますので，直接波が伝わります．このとき，図10.6 (a) のように，**直接波**と大地の表面で反射した**大地反射波**が同時に受信アンテナに到達すると，これらの**合成波**の**干渉**によって受信電波の強さが変化します．この状態は，送受信点間の距離とアンテナの高さ，周波数などによって影響を受けます．図10.6 (b) に送信点から受信点までの距離を変えた場合の電界強度の変化を示します．

また，直接波は見通し距離内を伝わるので送受信アンテナの高さを高くして見通し距離が延びれば，電波の伝わる距離を延ばすことができます．

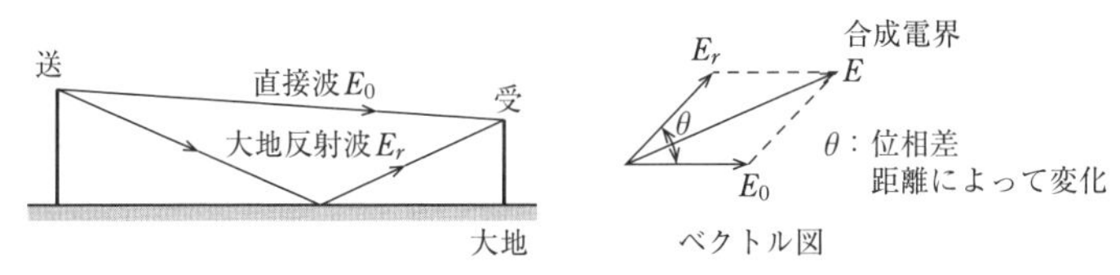

(a) 直接波と大地反射波の合成

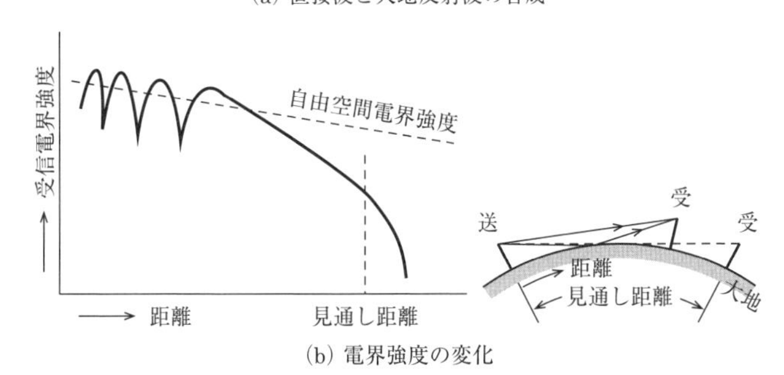

(b) 電界強度の変化

図10.6　地上波の電界強度の変化

Point

直接波と大地反射波の干渉による電界強度

直接波の電界強度が E_0〔V/m〕，反射波の電界強度が E_r〔V/m〕のとき，大地で完全反射したとき E_r は E_0 とほぼ等しくなる．干渉による電界強度の変化は，二つの電波の位相が**同相**のときに $2E_0$〔V/m〕となり，**逆相**のときはほぼ0〔V/m〕となる．電界強度の2倍を**デシベル**で表すと，次式で表される．

$$20\log_{10}2 \fallingdotseq 6\,〔\text{dB}〕$$

2 見通し距離外に伝わる場合

次の場合は超短波（VHF）帯以上の周波数の電波が，見通し距離外に伝わることがあります．

① **スポラジックE層**

E層と同じ高さに突発的に狭い地域で発生します．日本では夏季の昼間に多く発生し電子密度が大きいので超短波（VHF）帯の電波を反射することがあります．

② **大気による散乱，屈折，反射**

大気の不均一な部分で電波がちらばって伝わったり，大気の屈折率の異なる部分で屈折して伝わります．

③ **ラジオダクト**

通常の大気による電波の屈折率は，地表からの高さが高くなると小さくなります．気象状況によって，**大気の屈折率**の高さ方向の分布が**逆転した大気層**が発生することがあります．超短波（VHF）帯以上の周波数の電波が，この層の内で反射を繰り返しながら遠距離まで伝搬することがあります．この大気層を**ラジオダクト**といいます．

ラジオダクトは，晴天や無風のときに発生しやすいよ．

④ **山岳による回折**

回折によって，山かげに電波が回り込んで伝わります．

3 異常現象

(1) フェージング

電波を受信していると受信電波が強くなったり弱くなったりすることがあります．これをフェージングといいます．フェージングには次の種類があります．

① **吸収性フェージング**：短波帯の電波は電離層のD層およびE層を通過して，F層で反射します．電離層を通過するときに受ける**第1種減衰**および電離層で反射するときに受ける第2種減衰が**時間とともに変化**するために発生します．

② **跳躍性フェージング**：跳躍距離（電離層反射波が地表に到達する最短距離）の近くでは，電離層の電子密度の変化により，電波が**電離層を突き抜けたり，反射したりする**ために発生します．**短波帯のF層反射**伝搬において，使用周波数がMUF（最高使用可能周波数）に近いときに発生します．

③ **偏波性フェージング**：電離層反射波が，**地球磁界**の影響を受けて，だ円偏波となって地上に到達します．この**だ円軸が時間的に変化**するときに発生します．

④ **干渉性フェージング**：電離層反射波が二つ以上の**異なる通路を通って受信点に達する**ことによって電波が干渉するときや，直接波と大地反射波が干渉するときに発生します．

⑤ **K形フェージング**：気象状況の影響で，**大気の屈折率の高さによる減少割合の変動**にともなって，等価地球半径係数Kが変化すると，電波の通路が変化して発生するフェージングです．

大気で電波が少し曲がるので，電波の見通し距離は，数学的な見通し距離よりも，ちょっと長いよ．電波を直線として等価的に地球を大きく計算するよ．その比率を等価地球半径係数といってKの記号で表すよ．

(2) 磁気あらし

太陽活動の変化によって地球磁気の乱れが発生します．これに伴って電離層が乱れ短波帯の通信が数日間にわたってできなくなることがあります．

(3) デリンジャー現象

太陽活動の急な変化によって電離層の電子密度が大きくなり**短波帯の通信**が突発的にできなくなることがあります．数分から数10分で回復します．

試験問題では「デリンジャ」と書いてあることもあるけど同じだよ．

(4) 対せき点（対しょ点）効果

地球上の送受信点が互いに地球の中心に対して，ちょうど反対の位置にある場合に生ずる現状です．送受信点を結ぶ大円コースが無数に存在するので，受信点にはあらゆる方向から**電離層反射波**の電波が到達します．受信点の電波の到来方向は変動しますが，**距離が大きい割に受信電界強度が大きい**現象が現れます．日本の対せき点は**南米アルゼンチンの東側**の大西洋上です．

4 衛星通信

アマチュア無線では，その軌道が，ある地表面に対して移動している**周回衛星**が用いられています．衛星通信における電波伝搬の特徴を次に示します．

① **ドプラ効果**：周回衛星から発射される電波は，衛星が**近づいて来るときには送信周**

波数より高い周波数で受信され，**最も近づいたときは同じ周波数，遠ざかって行くときには低い周波数**で受信される現象を**ドプラ効果**といいます．

② **ファラデー回転**：電離層を通過する電波は偏波面が回転します．これを**ファラデー回転**といいます．

5 雑音

受信機の外部で発生する雑音には自然界で発生する自然雑音と人工的に発生する人工雑音があります．

① **自然雑音**

雷の放電で発生する**空電**や太陽から発生する太陽雑音等があります．空電雑音は短波帯（HF：3～30〔MHz〕）以下の周波数帯に雑音が発生します．

② **人工的に発生する雑音**

ア．高周波ミシン

イ．電気溶接機

ウ．自動車の点火栓（点火装置）

6 電波の強度に対する安全基準

電波法の規定により，無線設備にはその無線設備から発射される電波の強度が表10.2に定める値を超える場所（人が通常，集合し，通行し，その他出入りする場所に限る．）に取扱者のほか容易に出入りすることができないように施設をしなければならないことが規定されています．**電波の強度**は，**電界強度**，**磁界強度**，**電力束密度**によって規定されています．

表10.2　電波の強度に対する安全基準

周波数	電界強度〔V/m〕	磁界強度〔A/m〕	電力束密度〔mW/cm^2〕	平均時間〔分〕
10〔kHz〕－30〔kHz〕	275	27.8		6
30〔kHz〕－3〔MHz〕	275	$2.18/f$		
3〔MHz〕－30〔MHz〕	$824/f$	$2.18/f$		
30〔MHz〕－300〔MHz〕	27.5	0.0728	0.2	
300〔MHz〕－1.5〔GHz〕	$1.585\sqrt{f}$	$\sqrt{f}/237.8$	$f/1{,}500$	
1.5〔GHz〕－300〔GHz〕	61.4	0.163	1	

f：周波数〔MHz〕

表10.2の周波数3〔MHz〕－1.5〔GHz〕の基準値において，自由空間の固有インピーダンスを $Z_0=120\pi\fallingdotseq 377$〔Ω〕とすると，電界強度 E〔V/m〕と磁界強度 H〔A/m〕は，次式の関係があります．

$$E = Z_0 H \fallingdotseq 377H \text{〔V/m〕} \tag{10.3}$$

また，電力束密度S〔mW/cm^2〕は，次式で表されます．

$$S = \frac{E^2}{Z_0}$$
$$= \frac{E^2}{377} \text{〔W/m}^2\text{〕} = 377H^2 \text{〔W/m}^2\text{〕}$$
$$= \frac{E^2}{3{,}770} \text{〔mW/cm}^2\text{〕} = 37.7H^2 \text{〔mW/cm}^2\text{〕} \tag{10.4}$$

1〔W〕$=10^3$〔mW〕，1〔m^2〕$=10^4$〔cm^2〕だよ．
1〔W〕/1〔m^2〕$=10^3$〔mW〕/10^4〔cm^2〕$=1/10$〔mW/cm^2〕だね．

試験の直前 Check!

- □ **超短波帯地上波伝搬** ≫ 近距離で直接波と大地反射波の合成波が干渉．同位相の電界強度：2倍の6〔dB〕増加．逆位相の電界強度は低下．
- □ **超短波（VHF）帯見通し距離外伝搬** ≫ 山岳回折．大気による散乱，屈折，反射．ラジオダクト，スポラジックE層．
- □ **ラジオダクト** ≫ 大気の屈折率の逆転層．超短波（VHF）帯以上の電波が層内を反射して遠距離伝搬．
- □ **吸収性フェージング** ≫ 第1種減衰が時間とともに変化．
- □ **跳躍性フェージング** ≫ F層反射波，電離層を突き抜ける，反射の状態が変化，跳躍距離付近で発生．
- □ **偏波性フェージング** ≫ 電離層反射波，地球磁気の影響，だ円偏波が変化．
- □ **干渉性フェージング** ≫ 通路の異なる電波，合成電界が干渉で変動．
- □ **K形フェージング** ≫ 大気の屈折率の変動による電波通路の変化．地球等価半径係数Kが変化．
- □ **対せき点効果** ≫ アルゼンチンの東側．電離層反射波が伝搬．受信方向が変動．伝搬距離の割に電界強度大．
- □ **衛星のドプラ効果** ≫ 近づくとき：送信周波数より高．最も接近：送信周波数と同じ．遠ざかるとき：送信周波数より低．
- □ **電波の電力束密度** ≫ $S = \dfrac{E^2}{3{,}770}$

国家試験問題

問題 1

次の記述は，地上波伝搬について述べたものである．［　　］内に入れるべき字句の正しい組合せを下の番号から選べ．

(1) 超短波（VHF）帯以上の電波の伝搬において，送受信アンテナが波長に比べて大地から十分に高く設置されているとき，受信アンテナには主に［ A ］と大地反射波との合成波が受信される．

(2) 受信点の電界強度は，この二つの電波の位相が同相で，かつ，大きさが同じであれば，大地反射波がないときの電界強度に比べてほぼ［ B ］増加する．また，この二つの電波の位相が逆相のときは，電界強度が著しく低下する．

	A	B
1	地表波	3〔dB〕
2	地表波	6〔dB〕
3	直接波	3〔dB〕
4	直接波	6〔dB〕

VHF帯の周波数は，30～300〔MHz〕で直接波が伝搬するよ．地表波が伝搬するのは，周波数が300～3,000〔kHz〕のMF帯以下だよ．

解説

二つの電波の位相が同相の場合は，電界強度は約 2 倍になります．電圧比で計算するのでほぼ 6〔dB〕増加します．

問題 2

図は，超短波（VHF）帯における，電波の電界強度と送受信点間の距離との関係の例を示したものである．見通し距離内においても，図中の a のように受信点の電界強度が著しく低下する地点がある理由として，正しいものを下の番号から選べ．

1　電波の回折現象によるものである．
2　スポラジック E（E_S）層によるものである．
3　電波のシンチレーションフェージングによるものである．
4　直接波と大地反射波の位相が逆相で，両方の電界強度が，ほぼ同じためである．
5　直接波と電離層の反射波が干渉して互いに打ち消し合うためである．

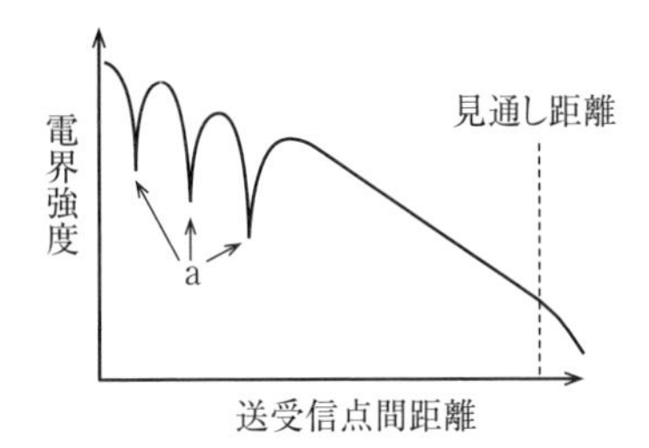

問題 3

次の記述は，超短波（VHF）帯の電波伝搬について述べたものである．[　　]内に入れるべき字句の正しい組合せを下の番号から選べ．

(1) 見通し距離内での受信波は，通常，[A]と大地等の反射波との合成波である．

(2) 電波が[B]内を伝搬するとき，減衰が非常に小さく，見通し距離外まで伝搬することがある．

(3) 山岳[C]により，見通し距離外まで伝搬することがある．

	A	B	C
1	散乱波	ラジオダクト	減衰
2	散乱波	スポラジックE層（E_S層）	回折
3	直接波	ラジオダクト	回折
4	直接波	スポラジックE層（E_S層）	減衰

問題 4

次の記述は，周波数帯別の電波伝搬の特徴について述べたものである．このうち正しいものを下の番号から選べ．

1　中波（MF）帯の電波の伝搬は，日中はD層による減衰が大きいため，地表波伝搬が主となる．

2　一般に短波（HF）帯の電波を用いる通信回線では，昼間は比較的低い周波数を使用し，夜間は比較的高い周波数を使用する．

3　短波（HF）帯の電波の伝搬は，季節変化の影響を受けず年間を通して変わらない．

4　超短波（VHF）帯の電波は直進する性質があり，あらゆる建物や障害物等の背後に全く届かない．

解説

2　…昼間は比較的**高い**周波数を使用し，夜間は比較的**低い**周波数を使用する．

3　…季節変化の**影響を受けて季節が変わると変化する**．

4　…直進する**性質があるが，建物や障害物等の背後には回折によって伝搬する**．

太字は誤っている箇所を正しくしてあるよ．
次に出題されるときは正しい選択肢になっていることもあるよ．

問題 5

次の記述は，主に短波（HF）帯において発生するフェージングについて述べたものである．［　　］内に入れるべき字句の正しい組合せを下の番号から選べ．

(1) 短波（HF）帯の通信では，主に F 層反射を利用するが，電離層の高さや電子密度および使用周波数の関係により，電波が電離層を突き抜けたり，反射したりするために，受信点において電波が入感したり消滅したりするフェージングが生ずる．このようなフェージングを［ A ］フェージングという．

(2) 電離層反射波は，地球磁界の影響を受けて，だ円偏波となって地上に到達する．このだ円軸が時間的に変化するために生ずるフェージングを，［ B ］フェージングという．

(3) 送信点から放射された電波が二つ以上の異なった経路を通って受信点に到達するとき，各到来波の位相がそれぞれ別々に変動し，その合成の電界強度が変動するために生ずるフェージングを［ C ］フェージングという．

	A	B	C
1	跳躍性	偏波性	干渉性
2	跳躍性	選択性	干渉性
3	跳躍性	偏波性	吸収性
4	干渉性	吸収性	選択性
5	干渉性	偏波性	選択性

問題 6

次の記述は，スポラジック E 層（E_S層）について述べたものである．［　　］内に入れるべき字句の正しい組合せを下の番号から選べ．

(1) スポラジック E 層（E_S層）は，地上約 100〔km〕の［ A ］層付近に突発的に現れる電子密度の極めて［ B ］電離層である．

(2) 我が国では夏季の［ C ］に発生することが多く，超短波（VHF）帯の電波の異常伝搬の原因となる．

	A	B	C
1	E	小さい	夜間
2	D	小さい	昼間
3	E	大きい	昼間
4	D	大きい	夜間

問題 7

次の記述は，超短波（VHF）帯および極超短波（UHF）帯などの通信において発生するフェージングについて述べたものである．この記述に該当するフェージングの名称を下の番号から選べ．

「気象状況の影響で，大気の屈折率の高さによる減少割合の変動にともなう電波の通路の変化により発生するフェージング」

1 シンチレーションフェージング
2 偏波性フェージング
3 跳躍性フェージング
4 吸収性フェージング
5 K形フェージング

問題 8

次の記述は，周回衛星から発射される電波のドプラ効果について述べたものである．[ ]内に入れるべき字句の正しい組合せを下の番号から選べ．

周回衛星から発射される電波は，衛星が受信点に近づくときには送信周波数より[A]周波数で受信され，受信点に最も近づいたときには[B]周波数で受信される．また，衛星が受信点から遠ざかるときには[C]周波数で受信される．

	A	B	C
1	高い	送信周波数より低い	送信周波数と同じ
2	高い	送信周波数と同じ	送信周波数より低い
3	低い	送信周波数より高い	送信周波数と同じ
4	低い	送信周波数と同じ	送信周波数より高い

救急車が近づくときにはピーポー音が高くなって，遠ざかるときには低くなるのと同じだよ．

問題 9

次の記述は，短波（HF）帯による遠距離通信の場合の電波伝搬に関連する対せき点（対しょ点）効果について述べたものである．[　　]内に入れるべき字句の正しい組合せを下の番号から選べ．

(1) 地球上における 1 地点に対して，正反対（裏側）の位置を対せき点（対しょ点）という．例えば東京の対せき点は，[A]の大西洋上にある．

(2) ある点とその対せき点との間で通信を行う場合，2 地点を結ぶ地球上の最短の大円コースは無数にあることになり，そのうちの[B]による減衰の少ない通路を経て電波のエネルギーが伝わる．

(3) この伝搬減衰の少ない電波通路は季節や時間などによって，ほぼ全方向にわたって変動し，最大の電界強度を示す受信方向は変動するが，[C]が大きい割に受信電界強度が大きい．

	A	B	C
1	アルゼンチンの東側	電離層	伝搬距離
2	アルゼンチンの東側	対流圏	伝搬距離
3	アルゼンチンの東側	電離層	定在波比
4	カナダの東側	対流圏	定在波比
5	カナダの東側	電離層	伝搬距離

日本は北半球にあるから，地球の裏側は南半球だね．そんな遠くまでは電離層反射を繰り返さないと伝わらないよ．定在波比は給電線の電圧だから関係ないね．HF帯の周波数は，3 ～ 30〔MHz〕で電離層反射波が伝搬するよ．

問題 10

次の記述は，30〔MHz〕を超える電波の強度に対する安全基準および電波の強度の算出方法の概要について述べたものである．[　　]内に入れるべき字句の正しい組合せを下の番号から選べ．なお，同じ記号の[　　]内には，同じ字句が入るものとする．

無線局の開設には，電波の強度に対する安全施設の設置が義務づけられている．人が通常出入りする場所で無線局から発射される電波の強度が基準値を超える場所がある場合には，無線局の開設者が柵などを施設し，一般の人が容易に出入りできないようにする必要がある．

周波数	電界強度の実効値〔V/m〕	磁界強度の実効値〔A/m〕	[A]の実効値〔mW/cm^2〕
30MHzを超え300MHz以下	27.5	0.0728	0.2
300MHzを超え1.5GHz以下	$1.585\sqrt{f}$	$\sqrt{f}/237.8$	$f/1{,}500$
1.5GHzを超え300GHz以下	61.4	0.163	1

fは，MHzを単位とする周波数とする．電界強度，磁界強度および[A]は，それらの6分間における平均値とする．

上の表は，通常用いる基準値の表（電波の強度の値の表）の一部を示したものである．この表の[A]を算出する基本算出式は，次式で与えられている．

$$S=\frac{PG}{40\pi R^2}\times K\text{〔mW/cm}^2\text{〕}$$

P：空中線入力電力〔W〕　G：空中線の主放射方向の絶対利得（真数）

R：空中線からの距離（算出地点までの距離）〔m〕　K：大地等の反射係数

また，上記のSと電界強度E〔V/m〕の相互換算をする場合には，次式を用いる．

$S=$[B]$/3{,}770$〔mW/cm^2〕

	A	B
1	電力束密度	E
2	電力束密度	E^2
3	磁束密度	E
4	磁束密度	E^2

電圧E，抵抗Rのとき，電力Pは，

$$P=\frac{E^2}{R}$$

で表されるのと同じ関係だよ．

解答

問題1 →4　問題2 →4　問題3 →3　問題4 →1　問題5 →1

問題6 →3　問題7 →5　問題8 →2　問題9 →1　問題10 →2

11.1 指示電気計器・分流器・倍率器 重要知識

出題項目 Check!

- □ 指示電気計器の種類，図記号，特徴
- □ 永久磁石可動コイル形，電流力計形，熱電対形計器の構造，動作，特徴
- □ 電圧計，電流計の測定値から電池の内部抵抗の求め方
- □ 分流器，倍率器の抵抗値の求め方

電流や電圧の大きさを指針や数字で表すものを指示電気計器といいます．直流電流計，直流電圧計，交流電流計，交流電圧計等があります．

1 指示電気計器の種類

指示電気計器の分類と図記号を図 11.1 に示します．

種類	記号	使用回路	用途	動作原理	特徴
永久磁石可動コイル形		DC	VAΩ	**永久磁石**の磁界と**可動コイル**の電流による**電磁力**	確度が高い，高感度，平均値指示
可動鉄片形		AC (DC)	VA	固定コイルの電流による磁界中の可動鉄片に働く力	構造が簡単，丈夫，安価
電流力計形		AC DC	VAW	**固定・可動両コイル**を流れる電流間に働く力	AC・DC 両用，電力計，2 乗目盛
整流形	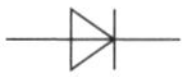	AC	VA	整流器と永久磁石可動コイル形計器の組合せ	ひずみ波の測定で誤差を生じる，平均値を実効値に換算して指示
熱電対形（ねつでんつい）(非絶縁熱電対形)		AC DC	VA	**熱電対**と永久磁石可動コイル形計器の組合せ	直流から**高周波**まで使用できる，**実効値**指示
静電形		AC DC	V	電極間の静電吸引力または反発力	高電圧の測定に適する
誘導形		AC	VAW	固定コイルの電流による磁界と回転円板に発生するうず電流間の電磁力	回転角が大きい，2 乗目盛，実効値指示，電力量計

表中の記号　AC：交流，DC：直流，V：電圧計，A：電流計，Ω：抵抗計，W：電力計

図 11.1　各種指示電気計器の動作原理と分類・用途

2 指示電気計器の動作原理

主な指示電気計器の動作原理と特徴を次に示します．

(1) **永久磁石可動コイル形計器**　構造を図 11.2 に示します．わく形の可動コイルに電流を流すと，**電流と永久磁石の磁界間**に働く**電磁力**が**駆動トルク**となって針は回転します．次に，電流による力と**渦巻きばねによる逆方向の制御トルク**がつり合ったところで指針が止まります．このとき回転する角度が電流の大きさに比例するので電流を計ることができます．永久磁石可動コイル形計器は，次のような特徴があります．

① 目盛りが等間隔である．

② 感度が良い．

③ 直流電流や直流電圧を測定できる．

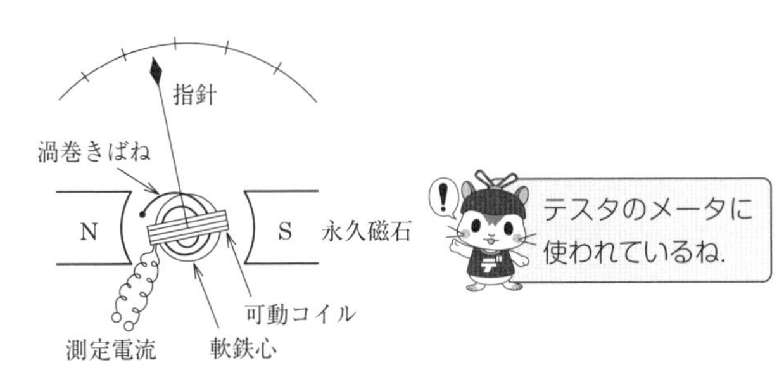

図 11.2　永久磁石可動コイル形計器

(2) **整流形計器**　図 11.3 のように，永久磁石可動コイル形計器と整流器を組み合わせた計器です．交流の電流や電圧を測定することができます．

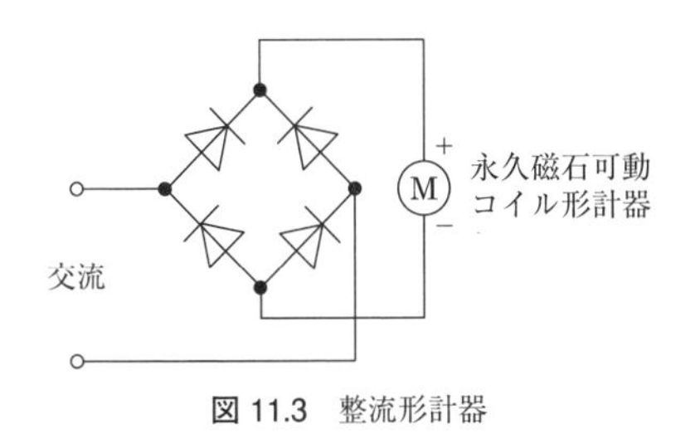

図 11.3　整流形計器

(3) **熱電対形計器**　熱電形計器とも呼びます．永久磁石可動コイル形計器に**熱線**と**熱電対**を組み合わせた計器です．熱線を流れる電流による発熱によって熱電対に起電力が発生するので，その電圧を**永久磁石可動コイル形計器**で測定します．直流および交流の**実効値**を測定することができます．**測定器のインピーダンスが小さい**ので**高周波電流の測定**に適しています．

3 電流，電圧の測定方法

電流を測定するときは，**電流計を測定する回路に直列**に接続します．電圧を測定するときは，**電圧計を測定する回路に並列**に接続します．このとき，電流計や電圧計には等価的な内部抵抗が存在します．**電流計の内部抵抗**によって測定電圧が低下する誤差が発生し，**電圧計の内部抵抗**によって，測定電流が増加する誤差が発生します．

4 分流器

電流計の測定範囲を拡大するために，図11.4のように電流計と並列に接続する抵抗のことです．電流計の内部抵抗を r〔Ω〕，測定範囲の倍率を m とすれば，**分流器**の抵抗 R〔Ω〕は次式で表されます．

$$R = \frac{r}{m-1} \text{〔Ω〕} \tag{11.1}$$

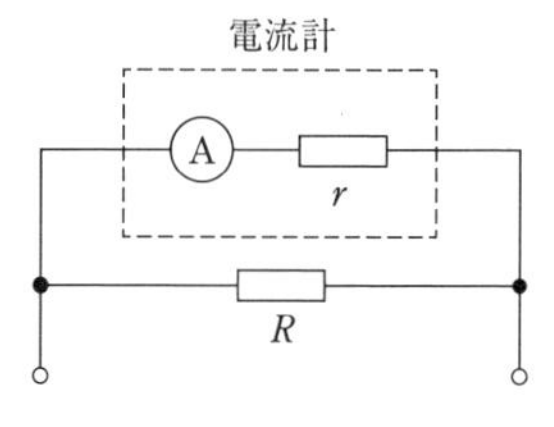

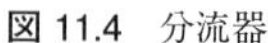

図11.4　分流器

分流器や倍率器の抵抗値は，各部の電圧や電流から求めることもできるよ．

5 倍率器

電圧計の測定範囲を拡大するために，図11.5のように電圧計と直列に接続する抵抗のことです．電圧計の内部抵抗を r〔Ω〕，測定範囲の倍率を m とすれば，**倍率器**の抵抗 R〔Ω〕は次式で表されます．

$$R = r(m-1) \text{〔Ω〕} \tag{11.2}$$

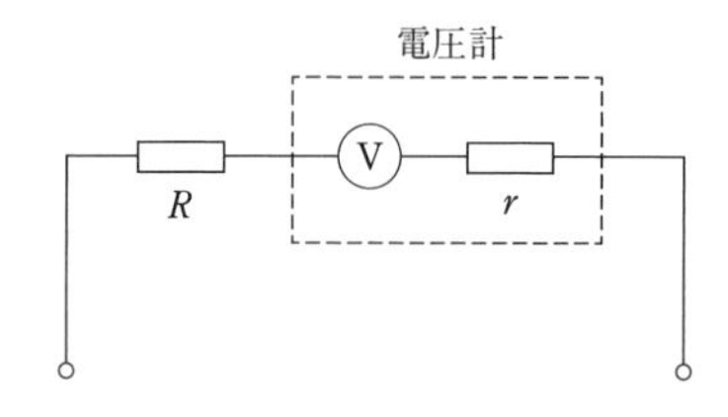

図11.5　倍率器

Point

分流器と倍率器

分流器は，**計器に並列に接続**して多くの電流を流す小さい抵抗.

倍率器は，**計器に直列に接続**して多くの電圧が加わる大きい抵抗.

全体の倍率 m 倍から内部抵抗分に相当する 1 を引いて，分流器は内部抵抗の値を $(m-1)$ で割る．倍率器は内部抵抗の値に $(m-1)$ を掛けて求める．

試験の直前 Check!

- □ **指示電気計器の記号** >> 永久磁石可動コイル形：馬蹄形，永久磁石．可動鉄片形：ジグザグコイル．整流形：ダイオード．熱電対形：熱電対．静電形：コンデンサ．誘導形：円板．
- □ **永久磁石可動コイル形計器の動作** >> 永久磁石の磁界，可動コイルの電流，電磁力：駆動トルク，渦巻きばね：制御トルク．
- □ **電流力計形** >> 電流計，電圧計，電力計．固定コイル，可動コイルで構成．
- □ **熱電対形計器の構造** >> 熱線，熱電対，永久磁石可動コイル形計器．
- □ **熱電対形計器の特徴** >> 交流の実効値指示，インピーダンスが小さい，高周波測定．
- □ **電流，電圧の測定** >> 電流計：直列．電圧計：並列．計器の内部抵抗が誤 差．
- □ **分流器** >> 電流計と並列に接続，分流器の抵抗 $R=\dfrac{r}{m-1}$
- □ **倍率器** >> 電圧計と直列に接続，倍率器の抵抗 $R=r(m-1)$

国家試験問題

問題 1

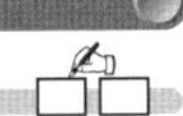

次の図は，指示電気計器の動作原理の情報を表す記号である．□内に入れるべき名称を下の番号から選べ．

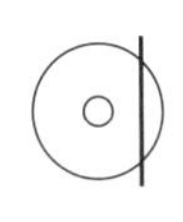
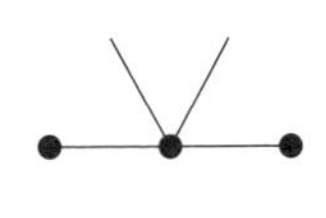
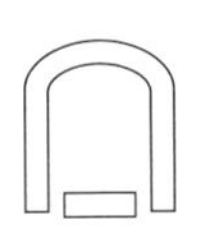
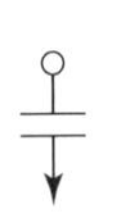

ア	イ	ウ	エ	オ

1　可動鉄片形	2　振動片形	3　誘導形
4　電流力計形	5　永久磁石可動コイル形	6　比率計形
7　非絶縁熱電対形	8　整流形	9　静電形
10　熱線形		

記号は動作原理を表しているよ．選択肢アは交流磁気で動く誘導円板，イは熱線と熱電対，ウは馬蹄形永久磁石とコイル，エは静電気で動く電極，オは固定コイルの中に可動鉄片だよ．アの計器は家に引き込む電力線に付いていて，円板がクルクル回っている電力量計だよ．

問題2

次の記述は，永久磁石可動コイル形計器について述べたものである． 内に入れるべき字句の正しい組合せを下の番号から選べ．

(1) 可動コイルに流れる電流と永久磁石の磁界との間に働く A を利用した計器である．

(2) 可動コイルに流れる電流の大きさに比例した B トルクと，渦巻ばねなどによる逆方向の C トルクが等しくなったとき，この計器の指針は静止する．

	A	B	C
1	電磁力	制御	駆動
2	電磁力	駆動	制御
3	静電力	制御	駆動
4	静電力	駆動	制御

電流と磁界で発生するのは電磁力だね．電磁力でコイルが回るから駆動トルク，そのままだとぶつかるまで回っちゃうから，それを途中で止めるのがばねの制御トルクだよ．

問題3

次の記述は，永久磁石可動コイル形計器について述べたものである．このうち正しいものを1，誤っているものを2として解答せよ．

ア　電流の流れている2個のコイル相互間に作用する電磁力を利用した計器である．

イ　永久磁石の磁界とコイルに流れる電流との間に働く電磁力を利用した計器である．

ウ　計器内部において交流を整流して，直流計器で交流を測れるようにした計器である．

エ　可動コイルに流れる電流の大きさに比例した駆動トルクと，渦巻ばね等による逆方向の制御トルクが等しくなったとき，この計器の指針は静止する．

オ　固定コイルによる磁界と軟鉄片との間に働く電磁力を利用した計器である．

可動コイル形計器だから，固定コイルは違うね．整流器が入っていれば整流形計器だよ．永久磁石と可動コイルだから，2個のコイルの電磁力も違うね．

解説

誤っている選択肢は次の計器の記述です．

ア　電流力計形計器　　ウ　整流形計器　　オ　可動鉄片形計器

問題 4

次の記述は，電流力計形計器について述べたものである．このうち正しいものを1，誤っているものを2として解答せよ．

ア　固定コイルおよび可動コイル等から構成される．

イ　直流電流の高精度な測定に適している．

ウ　主に高周波電流の測定に用いられる．

エ　電圧計としては使用できない．

オ　電力計として使用できる．

解説

イ　**交流電力**の測定に適している．

ウ　主に**商用電源**の測定に用いられる．

エ　電圧計として**使用できる**．

太字は誤っている箇所を正しくしてあるよ．
次に出題されるときは正しい選択肢になっていることもあるよ．

問題 5

次の記述は，図に示す熱電対形電流計の特徴等について述べたものである．［　　］内に入れるべき字句を下の番号から選べ．

(1) 図において，a の部分は［ ア ］で，b の部分は［ イ ］であり，指示計には［ ウ ］形計器が用いられる．

(2) 熱電対形電流計は交流電流の［ エ ］および直流電流を測定でき，図中の a の部分のインピーダンスが広帯域にわたり極めて［ オ ］ため，高周波電流の測定にも適する．

1	リッツ線	2	小さい	3	平均値	4	熱電対	5	誘導
6	熱線	7	大きい	8	実効値	9	分流器	10	永久磁石可動コイル

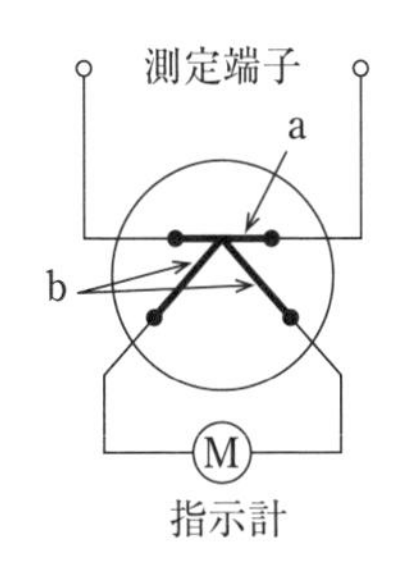

問題 6

次の記述は，直流電流計の測定範囲の拡大について述べたものである．[　　]内に入れるべき字句の正しい組合せを下の番号から選べ．

(1) 測定範囲を拡大するため，電流計に[　A　]に抵抗を接続する．

(2) 接続する抵抗を電流計の内部抵抗の 1/9 倍の値とすれば，電流計の測定範囲は[　B　]倍となる．

(3) 電流計の内部抵抗を r〔Ω〕，測定範囲の倍率を m とするためには，接続する抵抗 R〔Ω〕は，$R=$[　C　]〔Ω〕で表される．

	A	B	C
1	並列	10	$\frac{r}{m-1}$
2	並列	9	$\frac{r}{m+1}$
3	並列	9	$\frac{r}{m-1}$
4	直列	9	$\frac{r}{m+1}$
5	直列	10	$\frac{r}{m-1}$

電流計は抵抗を並列だよ．抵抗が 1/9 なら電流が 9 倍流れるので，電流計の電流の 1 を足して 10 倍計れるよ．

解説

解説図より，分流器に流れる電流 I_R〔A〕は，次式で表されます．

$$I_R=(m-1)I_A \quad \cdots\cdots (1)$$

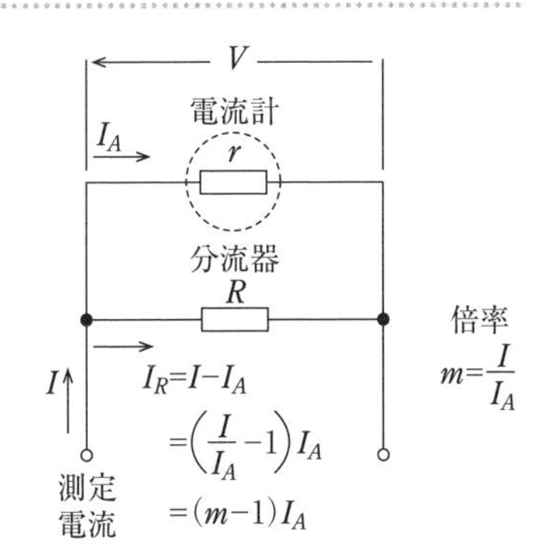

式 (1) の電流は，電圧 V〔V〕を用いると，

$$\frac{V}{R}=(m-1)\frac{V}{r}$$

よって，

$$R=\frac{r}{m-1}〔\Omega〕 \quad \cdots\cdots (2)$$

式 (2) より，$R=r/9$ として測定範囲の倍率 m を求めると，

$$\frac{r}{9}=\frac{r}{m-1}$$

$$m-1=9$$

よって，$m=10$ となります．

問題 7

次の記述は，直流電圧計の測定範囲の拡大について述べたものである．□内に入れるべき字句の正しい組合せを下の番号から選べ．

(1) 測定範囲を拡大するため，電圧計に[A]に抵抗を接続する．

(2) 接続する抵抗を電圧計の内部抵抗の 9 倍の値とすれば，電圧計の測定範囲は[B]倍となる．

(3) 電圧計の内部抵抗を r〔Ω〕，測定範囲の倍率を m とすれば，接続した抵抗 R〔Ω〕は，$R=$[C]〔Ω〕で表される．

	A	B	C
1	並列	10	$r(m-1)$
2	並列	9	$r(m-1)$
3	直列	10	$r(m-1)$
4	直列	9	$r(m+1)$
5	直列	10	$r(m+1)$

電圧計は抵抗を直列だよ．抵抗が 9 倍なら電圧計の電圧の 1 を足して 10 倍計れるよ．

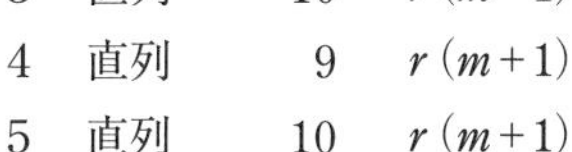

解説

解説図より，回路を流れる電流 I〔A〕は，次式で表されます．

$$I=\frac{V_V}{r}=\frac{V}{R+r} \quad \cdots\cdots (1)$$

測定範囲の倍率 m は，式 (1) と題意の値 $R=9r$ を用いると，次式で表されます．

$$m=\frac{V}{V_V}=\frac{R+r}{r}=\frac{r(9+1)}{r}=10 \quad \cdots\cdots (2)$$

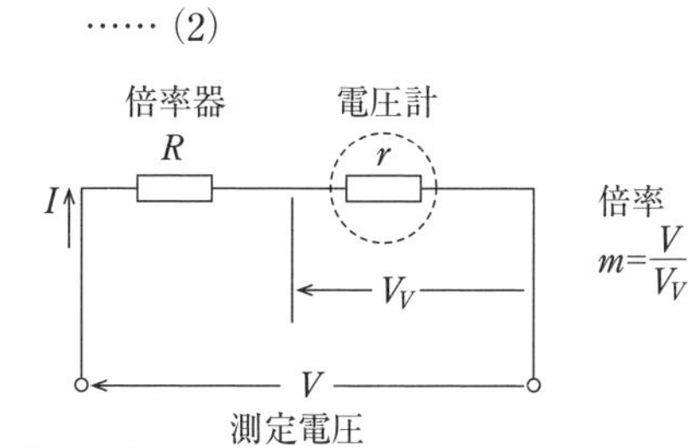

また，式 (2) より，

$$m=\frac{R+r}{r}=\frac{R}{r}+1$$

よって，R〔Ω〕は次式となります．

$$R=r(m-1)〔\Omega〕$$

計算が難しいから式を覚えておくといいよ．
倍率器の抵抗値は内部抵抗の $(m-1)$ 倍，
分流器の抵抗値は内部抵抗を $(m-1)$ で割るよ．

問題 8

次の記述は，直流電流計および直流電圧計の測定範囲の拡大について述べたものである．□内に入れるべき字句を下の番号から選べ．

(1) 測定範囲を拡大するため，[ア]計には直列に抵抗を，[イ]計には並列に抵抗を接続する．

(2) 電流計の内部抵抗が r〔Ω〕のとき，測定範囲を m 倍にするためには，接続する抵抗 R の値は，$R=$ [ウ]〔Ω〕で表される．この抵抗を[エ]とよぶ．

(3) 電圧計の内部抵抗が r〔Ω〕のとき，測定範囲を m 倍にするためには，接続する抵抗 R の値は，$R=$ [オ]〔Ω〕で表される．

1　$r(m-1)$　　2　電圧　　3　r/m　　4　直列抵抗器（倍率器）

5　$r/(m-1)$　　6　$r(m+1)$　　7　電流　　8　rm

9　分流器　　10　$r/(m+1)$

測定範囲の倍率 m，電圧計の内部抵抗 r のとき，倍率器の抵抗 R は，$R=r(m-1)$ の式で表されるよ．分流器の抵抗 R は，$R=r/(m-1)$ で表されるよ．倍率器は大きい抵抗，分流器は小さい抵抗だよ．

問題 9

図に示す測定回路において，スイッチ S を開いた状態のとき，電圧計の指示値は 5.5〔V〕であった．次に，スイッチ S を閉じて負荷抵抗 R〔Ω〕を接続したとき，電圧計の指示値が 5.0〔V〕，電流計の指示値が 1.0〔A〕になった．電池の内部抵抗 r の値として，正しいものを下の番号から選べ．ただし，電圧計および電流計の内部抵抗の影響はないものとする．

1　0.1〔Ω〕
2　0.2〔Ω〕
3　0.5〔Ω〕
4　1.0〔Ω〕

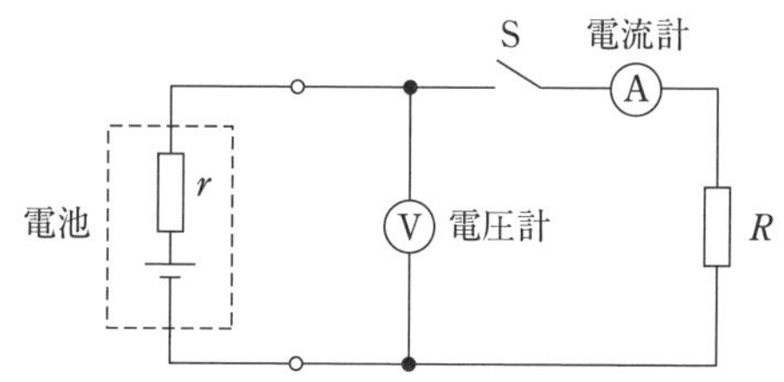

解説

スイッチ S を開いたときの電圧計の指示値より，電池の起電力は，$E_0=5.5$〔V〕となります．S を閉じたときは，電圧計の指示値が V_R〔V〕となるので，電池の内部抵抗 r〔Ω〕による電圧降下は，E_0-V_R となります．そのとき，回路に流れる電流を $I=1$〔A〕とすると，電池の内部抵抗 r〔Ω〕は，次式で表されます．

$$r=\frac{E_0-V_R}{I}$$

$$=\frac{5.5-5}{1}=\frac{0.5}{1}=0.5\text{〔Ω〕}$$

解答

問題 1 →ア－3　イ－7　ウ－5　エ－9　オ－1　**問題 2** →2
問題 3 →ア－2　イ－1　ウ－2　エ－1　オ－2
問題 4 →ア－1　イ－2　ウ－2　エ－2　オ－1
問題 5 →ア－6　イ－4　ウ－10　エ－8　オ－2　**問題 6** →1
問題 7 →3　**問題 8** →ア－2　イ－7　ウ－5　エ－9　オ－1
問題 9 →3

11.2 測定器

重要知識

出題項目 Check!

- □ 測定器の種類，構成，用途，測定方法
- □ テスタによる電池の劣化，静電容量の測定方法
- □ 共振回路の静電容量の測定方法
- □ オシロスコープによる波形測定
- □ 補助接地板を用いた接地抵抗の測定

1 テスタ（回路計）

1台で直流電流，直流電圧，交流電圧，抵抗値等を測定することができる測定器です．

①　直流電流の測定

測定に先立ち，メータの指針が0を指しているか確かめて，ずれていたら**零位調整ねじ**を回して調整します．メータを読むときは，テスタを**水平**に置いて指針の**真上から読み取り**ます．ほかの測定量についても同じです．

計ろうとする電流が測定できる範囲のレンジに切り替えて，回路に直列に挿入して測定します．測定レンジが高いほど，計器の内部抵抗が小さくなります．

②　直流電圧の測定

計ろうとする電圧が測定できる範囲のレンジに切り替えて，回路に並列に挿入して測定します．**測定レンジが低いほど，計器の内部抵抗が小さく**なります．

電池の劣化を測定するときは，適切な負荷抵抗をつないで直流電圧レンジで測るよ．

③　交流電圧の測定

交流電圧は永久磁石可動コイル形計器に，整流器によって整流された全波整流波形の電流を流して測定します．永久磁石可動コイル形計器は電流の平均値で動作するので，正弦波電圧の最大値が V_m のとき，次式の関係があり，

$$\frac{\text{実効値}}{\text{平均値}} = \frac{\dfrac{V_m}{\sqrt{2}}}{\dfrac{2V_m}{\pi}} = \frac{\pi}{2\sqrt{2}} \fallingdotseq 1.11 \qquad (11.3)$$

方形波は，平均値も最大値も同じなので，最大値の1.11倍を指示するよ．

平均電圧の1.11倍を指示するようになっています．

交流電圧の測定において，正弦波以外の方形波などの電圧を測定すると，波形誤差が生じます．このとき，方形波などの測定波形が持つ平均値電圧の1.11倍の電圧が表示されます．

④ **抵抗の測定**

次の手順で測定します．

ア．計ろうとする抵抗が測定できる範囲のレンジを選んで切り替えます．

イ．テスト棒を短絡させます．短絡するとは赤と黒色の測定用テスト棒の先端を接触させることです．

ウ．ゼロオーム調整つまみによってテスタの針が0〔Ω〕となるように**ゼロオーム調整**をとります．

エ．テスト棒を抵抗の端子に接続して測定します．

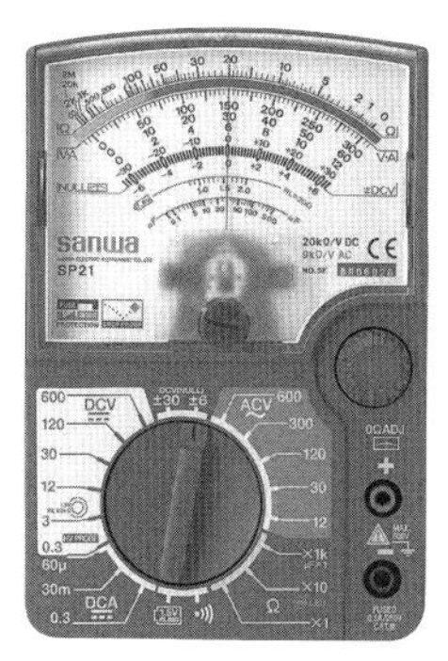

図11.6　テスタ（三和電気計器株式会社提供）

抵抗レンジのとき，コンデンサを接続すると，最初に充電電流が流れて，低い抵抗値まで指針が振れるけど，すぐに無限大〔Ω〕まで戻るよ．

2 デジタル電圧計

測定値を表示器に数字で表示する測定器で，アナログ電圧をパルス数に変換するA-D変換器，パルス数を数える計数回路，数字で表示する表示回路によって構成されています．

直流の電圧と電流，交流の電圧と電流，抵抗値等の測定機能を1台のデジタル式計器にまとめた測定器を**デジタルマルチメータ**といいます．電流や抵抗値等の測定量は，A-D変換器によって通常は**直流電圧に変換して測定**します．入力変換部，A-D変換器，表示器駆動回路，表示器によって構成されます．A-D変換器における入力量と基準量との比較方式は，直接比較方式と間接比較方式があります．

デジタル機器は，アナログ式計器に比較して，**入力インピーダンス**が高い，感度が良い，**読み取り誤差がない**，等の特徴があります．

3 定在波比測定器（SWRメータ）

アンテナと給電線の整合状態を調べる測定器です．アンテナと給電線の間に接続して給電線の定在波比（SWR）を測定します．

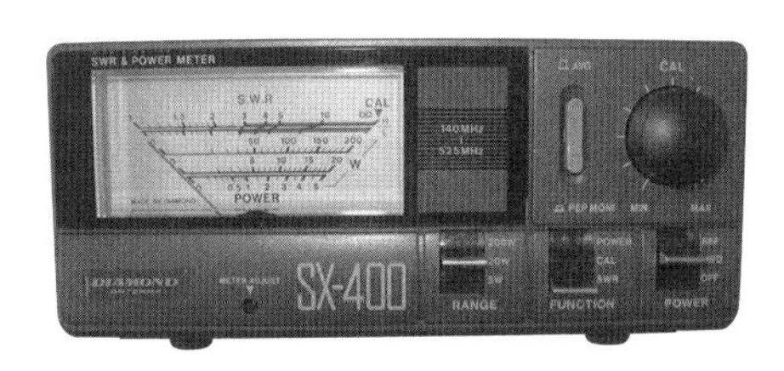

図 11.7　SWR メータ（第一電波工業株式会社提供）

4 通過形電力計（CM形電力計）

給電線からアンテナへ進行する進行波の電力とアンテナから反射する反射波の電力が測定できる測定器です．給電線とアンテナとの間に接続して電力を測定したとき，進行波電力を P_f〔W〕，反射波電力を P_r〔W〕とするとアンテナに供給される電力 P〔W〕は，次式で表されます．

$$P=P_f-P_r \text{〔W〕} \qquad (11.4)$$

通過形電力計は，SWR メータと共用しているものもあります．

送信機の送信電力の測定では，アンテナに変えて送信機の出力インピーダンスに整合させた**擬似負荷**も用いられます．

Point

CM結合

通過形電力計に用いられる CM 結合は，**容量結合**（C）と**誘導結合**（M）を利用して，主同軸線路に副同軸線路を結合させる．容量結合によって発生する電圧は，給電線の**電圧に比例し**，誘導結合によって発生する電圧は給電線の**進行波電流と反射波電流に比例する**．これらの成分の和と差から，**進行波電力**と**反射波電力**を測定することができる．負荷の消費電力のほかに負荷の電圧反射係数を測定して**整合状態**を知ることもできる．

5 ディップメータ

コルピッツ発振回路の LC 自励発振器と電流計を組み合わせた測定器です．**可変コンデンサと差し替え式のコイル**を使用することによって，HF から VHF の周波数帯にわたって連続して発振周波数を変化させることができます．

***LC* 共振回路の共振周波数**，アンテナの共振周波数，発振回路の発振周波数，送信機のおおよその送信周波数や寄生発射の有無などを測定することができます．

LC 共振回路の共振周波数の測定は，次のように行います．

ア．測定する回路にディップメータの発振コイルを疎に結合する．

イ．ディップメータの可変コンデンサを調整する．

ウ. ディップメータの発振周波数と共振回路の共振周波数が一致するとディップメータの発振出力が吸収されて**電流計の指示が最小になる**(**ディップする**).

エ. このときの可変コンデンサのダイヤル目盛りから，共振回路の共振周波数を読み取る.

6 標準信号発生器

受信機の感度測定などに用いられる測定器です．高周波発振器，変調器，出力減衰器などで構成され，確度と安定度の高い周波数および出力電圧が得られます．高周波発振回路には位相同期ループ(PLL)発振器が用いられます．位相同期ループ発振器は基準水晶発振器，位相比較器，低域フィルタ(LPF)，電圧制御発振器，可変分周器で構成されます．基準水晶発振器に同期した安定な高周波を発振することができます.

7 ヘテロダイン周波数計

測定しようとする周波数をゼロビート法によって測定する測定器です．校正用水晶発振器，可変周波数発振器，検波器，増幅器，受話器(イヤホン)で構成されます，被測定周波数の入力高周波と可変周波数発振器の出力を検波器で受信すると，それらの周波数差をビート音として復調することができます．そのとき，復調音の周波数が0になれば，可変周波数発振器の周波数目盛りより周波数を測定することができます．校正用水晶発振器は，発振周波数の高調波を被測定周波数と同様にビート音として復調して，可変周波数発振器の目盛りを構成することができます.

8 周波数カウンタ

測定しようとする周波数をデジタル表示で直読できる測定器です．発振回路の発振周波数や送信機の送信周波数などを測定することができます．基準周波数により制御された**ゲート回路**を一定の時間区切り，その時間中に含まれている振幅数を**計数回路で数える**ことによって周波数を測定します．入力正弦波は，**波形整形回路**で**方形波**に整形され，**パルス変換回路**の**微分回路**で計数しやすいパルスに変換されます．ゲートの開いた時間を T〔s〕，通過したパルス数を N とすると，**入力信号の周波数** $f=N/T$〔Hz〕で表されます.

入力信号とゲート波形の相互の位相関係により発生する誤差で，入力信号の±1カウントに相当する誤差をカウント誤差というよ.

9 オシロスコープ

図11.8のような表示器によって，入力電圧の波形を直接観測できる測定器です．垂直軸(縦軸)入力には測定する電圧を加え，水平軸(横軸)は，のこぎり波の掃引電圧を加え

ると，入力波形の時間的な変化を観測することができます．画面の表示から電圧，周波数および位相差を測定することができます．

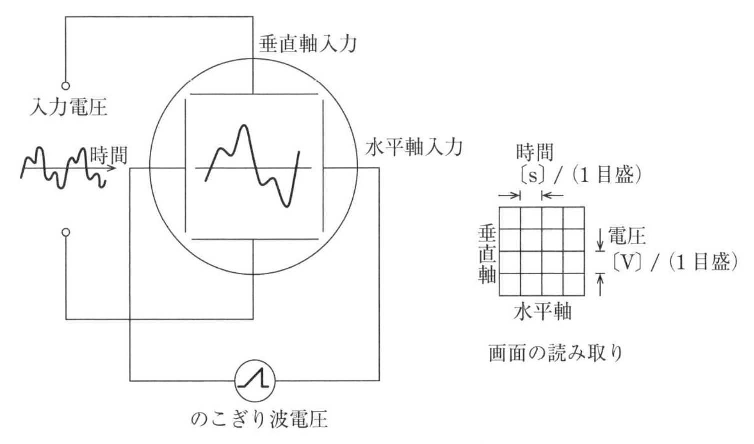

図11.8　オシロスコープ

10 接地抵抗計

接地抵抗は一般に数10〔Ω〕以下の小さい値です．また，測定する土壌は水分を含んでいるので直流で測定すると，電解液のように成極作用が発生して測定誤差を生じます．そこで，接地抵抗の測定は交流ホイートストンブリッジ回路，あるいはその原理を応用した接地抵抗計が用いられます．

接地抵抗の測定は，図11.9のように補助接地棒を2本用いて接地端子と補助接地棒間の抵抗値を測定します．接地端子と補助接地棒間の抵抗の測定値をR_{12}，R_{13}〔Ω〕，2本の補助接地棒間の抵抗の測定値をR_{23}〔Ω〕とすると，接地抵抗R_1〔Ω〕は次式で表されます．

$$R_1 = \frac{R_{12} + R_{13} - R_{23}}{2} \text{〔Ω〕} \qquad (11.4)$$

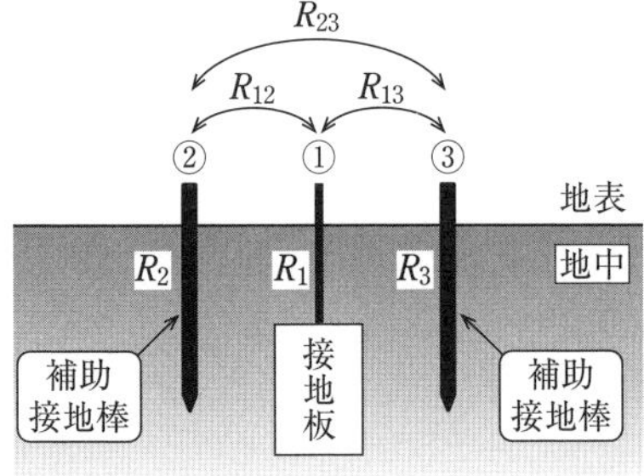

図11.9　接地抵抗の測定

Point

オシロスコープの縦軸と横軸

画面の縦軸は電圧，横軸は時間を表す．測定波形の**周期**を T〔s〕とすると，測定波形の**周波数** f〔Hz〕は次式で表される．周期は，目盛の数に1目盛の時間を掛ければ求めることができる．

$$f=\frac{1}{T}=\frac{1}{1\text{周期の目盛の数}\times 1\text{目盛の時間}}\ \text{〔Hz〕}$$

時間の計算

〔m〕（ミリ）は 10^{-3} を表す．

指数の計算

$1=10^0$　　$1{,}000=10^3$

真数の掛け算は指数の足し算，真数の割り算は指数の引き算で計算する．

$\frac{1}{10^3}=1\div 10^3=10^{0-3}=10^{-3}$　　なので，　　$\frac{1}{10^{-3}}=10^{0-(-3)}=10^3$

試験の直前 Check!

- □ **テスタ** ≫ 可動コイル形．直流電圧：低レンジは抵抗小．交流電圧：低周波．
- □ **テスタで測定** ≫ 零位調整．水平配置．電圧測定：内部抵抗大．最大目盛付近で測定．方形波：最大値の1.11倍指示．
- □ **テスタで電池の測定** ≫ 適切な負荷を接続，直流電圧レンジで測定．
- □ **テスタで静電容量の測定** ≫ 抵抗レンジ，接続すると指針が振れて戻る．
- □ **デジタルマルチメータ** ≫ 直流と交流の電圧と電流，抵抗などの測定．直流電圧に変換して測定．入力インピーダンスが高い．読み取り誤差がない．
- □ **通過形電力計** ≫ CM形電力計．容量結合，誘導結合．給電線の電圧と電流に比例する成分の和と差から進行波電力と反射波電力を測定．整合状態を知る．
- □ **ディップメータ** ≫ LC 共振周波数の測定，コルピッツ発振回路．差し替えコイル．可変コンデンサ．
- □ **ヘテロダイン周波数計** ≫ 測定周波数と可変発振器の差，ゼロビートで一致．
- □ **計数形周波数計** ≫ 波形整形回路で方形波，微分回路でパルスに変換．ゲート時間 T のパルス数 N を測定．周波数 $f=N/T$．
- □ **オシロで周波数測定** ≫ $f=\frac{1}{T}=\frac{1}{\text{周期}}=\frac{1}{\text{目盛の数}\times 1\text{目盛の時間}}$
- □ **オシロで変調度測定** ≫ $M=\frac{S}{C}=\frac{A-B}{A+B}\times 100$〔%〕，$C$：搬送波の振幅，$S$：信号波の振幅，$A$：最大振幅，$B$：最小振幅．
- □ **接地抵抗測定** ≫ $R_1=\frac{R_{12}+R_{13}-R_{23}}{2}$，補助接地棒2本．

国家試験問題

問題 1

次の記述は，永久磁石可動コイル形計器を用いるアナログ式回路計（テスタ）の使用方法について述べたものである．このうち誤っているものを下の番号から選べ．

1　電圧の測定誤差を減らすため，測定する値がテスタの最大目盛に近くなるような測定レンジを選ぶ．

2　メータの指示を読み取るときは，メータの正面から読み取る．

3　測定に先立ち，メータの指針の指示を確かめ，ずれていたら零位調整ネジを回して修正する．

4　電圧を測定する場合，使用するテスタの内部抵抗が大きいほど，被測定回路に与える電気的影響は小さい．

5　交流電圧測定レンジを使用すれば，どんな波形の交流でも正確に電圧を測定できる．

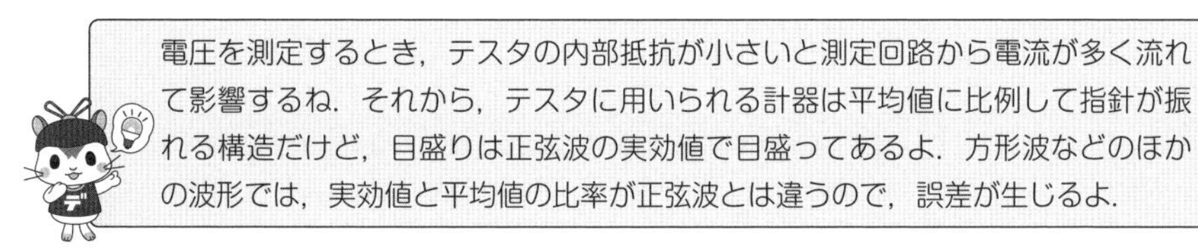

解説

5　交流電圧測定レンジを使用して，**正弦波交流以外の電圧を測定すると，測定値に誤差を生ずる**．

太字は誤っている箇所を正しくしてあるよ．
次に出題されるときは正しい選択肢になっていることもあるよ．

問題 2

図は，比較的静電容量が大きく，かつ，同じ定格の3個の電解コンデンサ（C_1，C_2 および C_3）の良否を，アナログ方式の回路計（テスタ）の抵抗レンジで調べたときの，メータの振れの時間的変化を示したものである．この場合における各コンデンサの状態の組合せとして，適切なものを下の番号から選べ．

	C_1	C_2	C_3
1	容量抜け	絶縁不良	正常
2	容量抜け	正常	絶縁不良
3	正常	絶縁不良	容量抜け
4	正常	容量抜け	絶縁不良
5	絶縁不良	正常	容量抜け

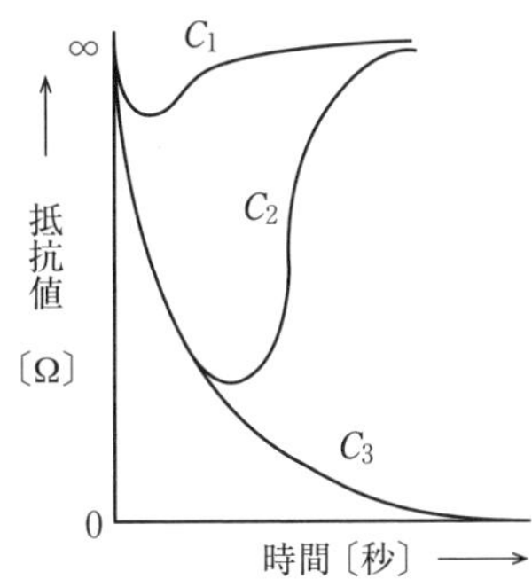

テスタの抵抗レンジは，電流レンジの値が0の位置が抵抗値の∞，電流レンジの値が最大の位置が抵抗値の0だよ．静電容量が大きいと電荷がたまるまで，大きな電流が流れるよ．だんだん電流が流れなくなるから抵抗値の無限大に戻るけど，絶縁不良だと戻らないね．

問題 3

次の記述は，デジタルマルチメータについて述べたものである．［　　］内に入れるべき字句の正しい組合せを下の番号から選べ．

(1) 被測定量は，通常，［ A ］電圧に変換して測定する．

(2) 電圧測定では，アナログ電圧計に比べて入力インピーダンスが［ B ］，被測定物に接続したときの被測定量の変動が小さい．

(3) 測定結果はデジタル表示され，読取り誤差が［ C ］．

	A	B	C
1	交流	高く	ある
2	交流	低く	ない
3	直流	高く	ない
4	直流	低く	ある

問題 4

次の記述は，CM形電力計による電力の測定について述べたものである．［　　］内に入れるべき字句を下の番号から選べ．

CM形電力計は，送信機と［ア］またはアンテナとの間に挿入して電力の測定を行うもので，容量結合と［イ］を利用し，給電線の電流および電圧に［ウ］する成分の和と差から，進行波電力と［エ］電力を測定することができるため，負荷の消費電力のほかに［オ］を知ることもできる．CM形電力計は，取扱いが容易なことから広く用いられている．

1	高調波	2	占有周波数帯幅	3	比例	4	抵抗結合	5	受信機
6	反射波	7	負荷の整合状態	8	反比例	9	誘導結合	10	擬似負荷

問題 5

次の記述は，ディップメータの原理的動作について述べたものである．［　　］内に入れるべき字句の正しい組合せを下の番号から選べ．

(1) 校正された自励発振器のコイルを，他の［A］回路へ近づけて，自励発振器の発振周波数を変化させると，両者の周波数が等しくなったときに自励発振器の出力が吸収されて低下し，メータの指示が振れる（ディップする）．

(2) 自励発振器は，通常［B］発振回路が用いられる．コイルの差し換えと［C］の使用により，HFからVHFの周波数帯にわたって連続的に発振させることができる．

	A	B	C
1	CR発振	ブロッキング	可変コンデンサ
2	CR発振	ウィーンブリッジ	固定コンデンサ
3	LC共振	コルピッツ	可変コンデンサ
4	LC共振	クリスタル	固定コンデンサ

コイルLを近づけて，出力が吸収されるのは同じLだから，LC共振回路だね．連続的に発振させるためには可変コンデンサが必要だね．これだけで答えが何番か分かるね．コルピッツ発振回路は選択肢に一つしかないから，これが分かれば答えが何番か分かるよ．

問題 6

図に示す回路において，最初にスイッチSを断（OFF）にしたとき，可変コンデンサ C_V が，200〔pF〕で電圧計の指示値が最大になった．次にSを接（ON）にしたとき，C_V が 50〔pF〕で電圧計の指示値が最大になった．このときの未知のコンデンサ C_X の値として，正しいものを下の番号から選べ．ただし，コイルの自己インダクタンス，交流電源の周波数および電圧は一定とする．

1　50〔pF〕
2　100〔pF〕
3　150〔pF〕
4　200〔pF〕
5　250〔pF〕

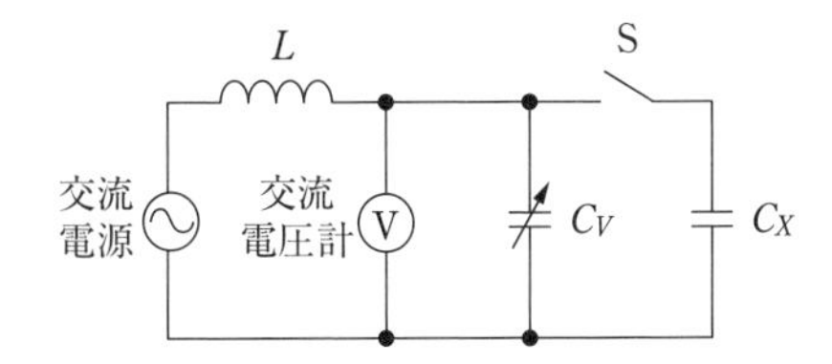

解説

スイッチSを断（OFF）にしたとき，可変コンデンサ $C_{V1}=200$〔pF〕で，回路は共振して電圧計の指示値が最大になります．

スイッチSを接（ON）にしたとき，可変コンデンサ $C_{V2}=50$〔pF〕で，電圧計の指示値が最大になったので，次式が成り立ちます．

$$C_X+C_{V2}=C_{V1}$$

したがって，C_X〔pF〕は次式で表されます．

$$C_X=C_{V1}-C_{V2}$$

$$=200-50=150\text{〔pF〕}$$

問題 7

次の記述は，図に示す計数形周波数計（周波数カウンタ）の構成例について述べたものである．□内に入れるべき字句の正しい組合せを下の番号から選べ．なお，波形整形回路およびパルス変換回路の出力の繰返し周期は等しいものとする．

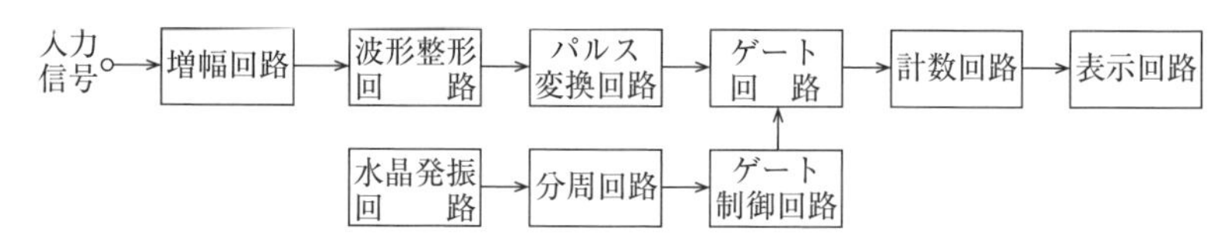

(1) 波形整形回路は，入力信号を［ A ］に整形する．

(2) パルス変換回路は，波形整形後の信号を［ B ］を用いて計数しやすいパルスに変換する．

(3) ゲートの開いた T〔s〕間に N 個のパルスが計数されたとき，入力信号の周波数は［ C ］〔Hz〕である．

	A	B	C
1	方形波	微分回路	N/T
2	方形波	乗算回路	T/N
3	正弦波	微分回路	T/N
4	正弦波	乗算回路	N/T

問題 8

オシロスコープで図に示すような波形を観測した．この波形の繰り返し周波数の値として，正しいものを下の番号から選べ．ただし，横軸（掃引時間）は，1目盛り当たり0.5〔ms〕とする．

1　0.5〔kHz〕

2　1.0〔kHz〕

3　1.5〔kHz〕

4　2.0〔kHz〕

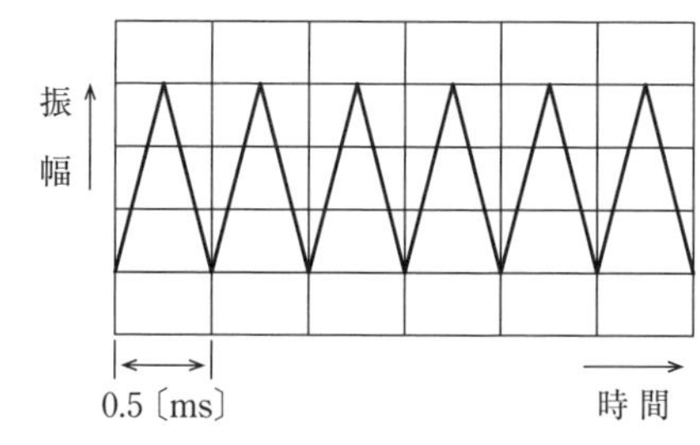

解説

波形の1周期 T〔ms〕は，問題の図において横軸の1目盛りだから，

$T=0.5\times 1=0.5$〔ms〕

求める周波数 f〔Hz〕は，次式で表されます．

$$f=\frac{1}{T}=\frac{1}{0.5\times 10^{-3}}=\frac{1}{0.5}\times 10^{3}=2\times 10^{3}\,[\mathrm{Hz}]=2\,[\mathrm{kHz}]$$

問題 9 

図は，オシロスコープで観測した正弦波の波形である．この正弦波の実効値Vおよび周波数fの値の組合せとして，最も近いものを下の番号から選べ．ただし，縦軸（振幅）は1目盛当たり5〔V〕，横軸（掃引時間）は1目盛当たり100〔μs〕とする．

	V	f
1	7.0〔V〕	5.0〔kHz〕
2	7.0〔V〕	2.5〔kHz〕
3	3.5〔V〕	5.0〔kHz〕
4	3.5〔V〕	2.5〔kHz〕

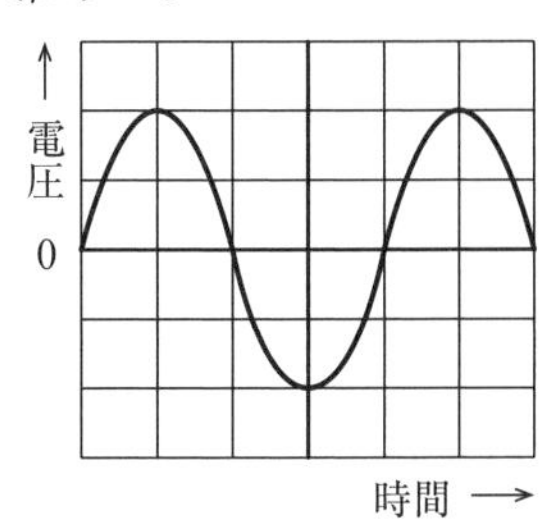

最大値V_mのとき，実効値Vは，次の式で表されるよ．

$$V=\frac{V_m}{\sqrt{2}}\text{〔V〕}$$

周期Tのとき，周波数fは，次の式で表されるよ．

$$f=\frac{1}{T}\text{〔Hz〕}$$

解説

オシロスコープの縦軸（振幅）は1目盛当たり5〔V〕なので，観測した正弦波の波形の最大値V_m〔V〕は，2目盛りだから，次式で表されます．

$$V_m=5\times2=10\text{〔V〕}$$

よって，この正弦波の実効値V〔V〕は，次式で表されます．

$$V=\frac{V_m}{\sqrt{2}}=\frac{10}{\sqrt{2}}=\frac{10\times\sqrt{2}}{\sqrt{2}\times\sqrt{2}}=\frac{10\sqrt{2}}{2}\fallingdotseq5\times1.4=7\text{〔V〕}$$

また，オシロスコープの横軸（掃引時間）は1目盛当たり100〔μs〕なので，観測した正弦波の波形の周期T〔s〕は，4目盛りだから，次式で表されます．

$$T=100\times4=400\text{〔}\mu\text{s〕}=400\times10^{-6}\text{〔s〕}$$

したがって，この正弦波の周波数f〔Hz〕は，次式で表されます．

$$f=\frac{1}{T}=\frac{1}{400\times10^{-6}}$$

$$=\frac{1}{400}\times10^{6}=\frac{1{,}000}{400}\times10^{3}$$

$$=2.5\times10^{3}\text{〔Hz〕}=2.5\text{〔kHz〕}$$

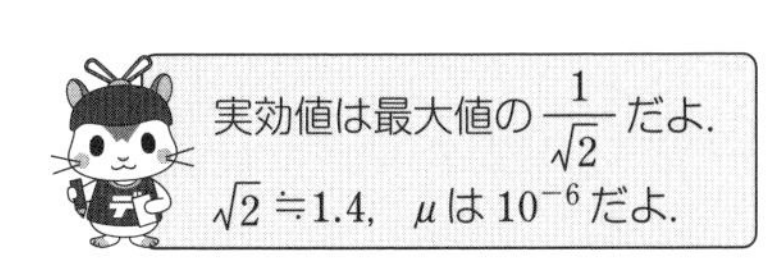

問題 10

図は，AM（A3E）波をオシロスコープで観測したときの波形である．無変調のときの搬送波の振幅が 10〔V〕，単一正弦波で変調したときの最大振幅が 16〔V〕のときの変調度の値として，正しいものを下の番号から選べ．

1　25〔%〕
2　33〔%〕
3　40〔%〕
4　50〔%〕
5　60〔%〕

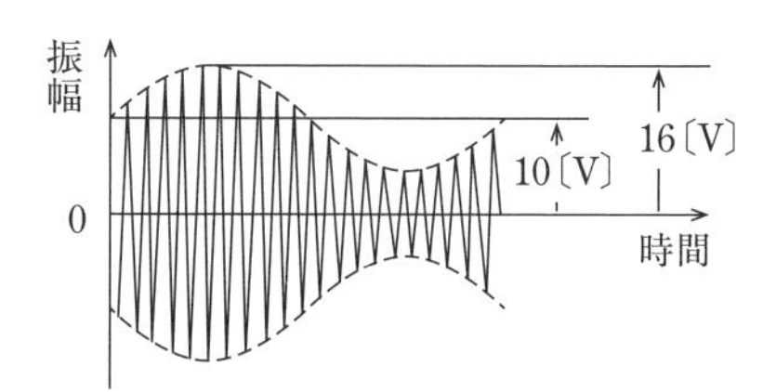

搬送波の振幅 V_C=10〔V〕の位置から，信号波に比例して振幅が正負に V_S=6〔V〕変化しているね．変調度 m は，次の式で表されるよ．

$$m=\frac{V_S}{V_C}\times 100〔\%〕$$

解説

問題の図において，AM 波の搬送波の振幅は，V_C=10〔V〕，信号波の振幅は，V_S=16−10=6〔V〕となります．よって，AM 波の変調度 m〔%〕は，次式で表されます．

$$m=\frac{V_S}{V_C}\times 100=\frac{6}{10}\times 100=0.6\times 100=60〔\%〕$$

問題 11

図は，接地板の接地抵抗の測定例を示したものである．図において端子①－②，①－③，②－③間の抵抗値がそれぞれ R_{12}〔Ω〕，R_{13}〔Ω〕，R_{23}〔Ω〕のとき，端子①に接続された接地板の接地抵抗 R を求める式として，正しいものを下の番号から選べ．ただし，補助接地棒の長さ，接地板と補助接地棒の配置および相互の距離は適切に設定されているものとする．

1　$R=\dfrac{R_{12}-R_{13}-R_{23}}{2}$〔Ω〕

2　$R=\dfrac{R_{12}-R_{13}+R_{23}}{2}$〔Ω〕

3　$R=\dfrac{R_{12}+R_{13}-R_{23}}{2}$〔Ω〕

4　$R=\dfrac{R_{12}+R_{13}+R_{23}}{2}$〔Ω〕

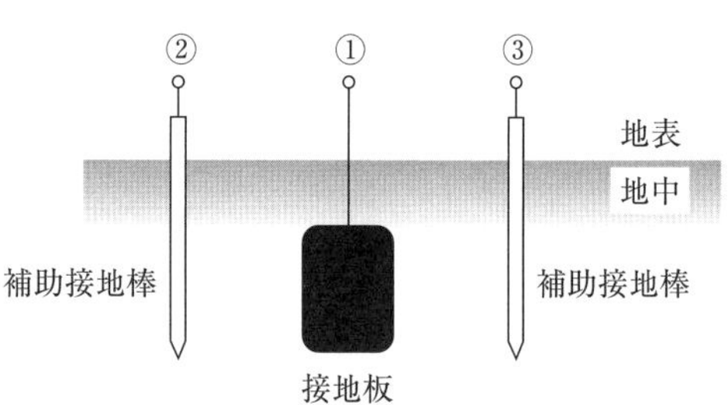

解説

接地板と補助接地棒の接地抵抗をそれぞれR，R_2，R_3〔Ω〕，端子①－②，①－③，②－③間の抵抗値をそれぞれR_{12}，R_{13}，R_{23}〔Ω〕とすると，解説図より，次式が成り立ちます．

$$R_{12}=R+R_2 \text{〔Ω〕} \quad \cdots\cdots (1)$$

$$R_{13}=R+R_3 \text{〔Ω〕} \quad \cdots\cdots (2)$$

$$R_{23}=R_2+R_3 \text{〔Ω〕} \quad \cdots\cdots (3)$$

式 (1) と式 (2) を加えると，

$$R_{12}+R_{13}=(R+R_2)+(R+R_3)=2R+R_2+R_3 \quad \cdots\cdots (4)$$

式 (4)－式 (3) より，接地抵抗Rを求めると，

$$R_{12}+R_{13}-R_{23}=(2R+R_2+R_3)-(R_2+R_3)$$
$$=2R+R_2+R_3-R_2-R_3$$
$$=2R$$

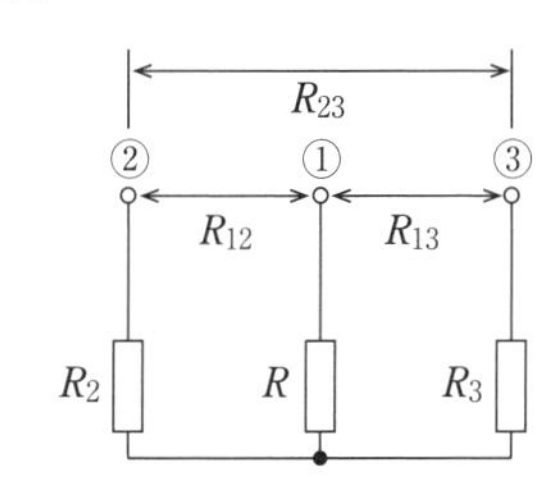

よって，R〔Ω〕は次式で表されます．

$$R=\frac{R_{12}+R_{13}-R_{23}}{2} \text{〔Ω〕}$$

式 (1) は端子①と②の間のRとR_2の直列抵抗を求めて，③のR_3は閉じた回路になっていないので，切り離されていると考えるんだよ．式 (2) は端子①と③の間のRとR_3の直列抵抗で，式 (3) は端子②と③の間のR_2とR_3の直列抵抗だよ．

解答

問題 1 →5　問題 2 →2　問題 3 →3
問題 4 →ア－10　イ－9　ウ－3　エ－6　オ－7　問題 5 →3
問題 6 →3　問題 7 →1　問題 8 →4　問題 9 →2
問題 10 →5　問題 11 →3

索引

■さ行

■た行

■な行

■は行

■ま行

■や行

■ら行

■わ行

■英数字

【著者紹介】

吉川忠久（よしかわ・ただひさ）

学　歴　東京理科大学物理学科卒業
職　歴　郵政省関東電気通信監理局
日本工学院八王子専門学校
中央大学理工学部兼任講師
明星大学理工学部非常勤講師

第二級アマチュア無線技士試験　集中ゼミ

2023年 1 月 30 日　第 1 版 1 刷発行　　ISBN 978-4-501-33490-1 C3055

著　者　吉川忠久

発行所　学校法人 東京電機大学
東京電機大学出版局
〒120-8551　東京都足立区千住旭町 5 番
Tel. 03-5284-5386（営業）03-5284-5385（編集）
Fax. 03-5284-5387 振替口座 00160-5-71715
https://www.tdupress.jp/

編集：（株）QCQ 企画　　キャラクターデザイン：いちはらまなみ
印刷：（株）加藤文明社　　製本：誠製本（株）　　装丁：齋藤由美子
落丁・乱丁本はお取り替えいたします。　　Printed in Japan